HISTOIRE

A BREGÉE

DES INSECTES

QUI SE TROUVENT

AUX ENVIRONS DE PARIS.

TOME PREMIER.

HISTOIRE

ABREGÉE

DES INSECTES

QUI SE TROUVENT

AUX ENVIRONS DE PARIS;

Dans laquelle ces Animaux font rangés fuivant un ordre méthodique.

Admiranda tibi levium fpectacula rerum. Virg. Georg. iv.

TOME PREMIER.

A PARIS,

Chez **DURAND**, rue du Foin, la premiere porte cochere en entrant par la rue S. Jacques, au Griffon.

M. DCC. LXII.

AVEC APPROBATION ET PRIVILEGE DU ROI.

DISCOURS

PRÉLIMINAIRE.

DEPUIS quelques années , l'étude de l'Histoire naturelle est plus cultivée qu'elle ne l'a jamais été. De grands hommes ont défriché avec soin ce vaste champ , qui offre tous les jours tant de merveilles aux yeux d'un exact Observateur. On est parvenu à connoître cette immense quantité de végétaux , dont la surface de la terre est couverte , & l'étude de la Botanique , si confuse autrefois , est devenue facile par les travaux des savans qui s'y sont appliqués ; ils ont débrouillé ce chaos en rangeant les végétaux & les distribuant par classes & par genres. Quoique leurs méthodes soient différentes , elles tendent toutes plus ou moins directement au même but, & les plus défectueuses ont préparé la voie à d'autres plus parfaites. Quelques Botanistes ont considéré le régne végétal , sous un aspect difféent ; la Physique des plantes , leur structure intérieure , leur anatomie leur ont fourni la matere d'une infinité de découvertes, toutes également curieuſes & ſouvent utiles.

Quoique la compoſition des minéraux ſoit plus groſſiere & moins organiſée que celle des végétaux, l'étude de cette partie n'a pas paru moins curieuſe & moins néceſſaire. L'utilité que nous retirons des métaux & des autres minéraux, étoit une raiſon pour engager les Naturaliſtes à ne pas négliger ce régne : leur travail n'a pas été infructueux, & ſans parler des Ouvrages de pluſieurs excellens Minéralogiſtes, il ſuffit de jetter les yeux ſur celui de Valérius, dont une main habile nous a enrichi depuis peu d'années.

Mais parmi les différens corps naturels, il n'en eſt aucuns qui ſemblent plus mériter notre attention que les animaux. Les mieux organiſés de toute la nature, ils ont droit de nous intéreſſer plus particuliérement, eux qui approchent davantage de l'homme, qui, malgré la ſupériorité que ſon ame lui donne, n'eſt que le chef & le premier des animaux. Auſſi le régne animal a-t-il été examiné avec le plus grand ſoin : mais comme il eſt plus nombreux, que ſon étude eſt plus difficile par la quantité des eſpéces qu'il renferme, & par la délicateſſe des corps qui le compoſent, la plûpart des Naturaliſtes ſe ſont attachés à des branches & des diviſions de cette immenſe partie. Les poiſſons, les oiſeaux, les quadrupedes ont fourni autant d'objets différens

de travail, capables feuls d'occuper d'excellens
Obfervateurs : quelques-uns même fe font bornés à quelques animaux particuliers, & fouvent
ils n'ont pas encore épuifé la matiere qu'ils trai-
toient.

Les infectes, qui font une partie confidérable,
& la plus nombreufe du régne animal, ne font
pas moins dignes de nos regards & de notre attention. Quelque vils que paroiffent ces petits
animaux aux yeux d'un homme peu inftruit, un
Philofophe ne les confidére pas avec moins d'admiration : leur petiteffe même, la fineffe & la
délicateffe des organes qui les compofent, les
rendent encore plus merveilleux. Jufqu'ici cependant la claffe des infectes, eft celle du régne
animal, & j'ofe dire de tous les corps naturels,
qui a été la moins travaillée. Ce n'eft pas que l'on
n'ait examiné les infectes, & que l'on n'ait écrit
fur ces animaux ; mais tout ce qu'on nous a donné fur cet article, ou manque par un défaut d'ordre & de méthode, ou n'embraffe que quelques
efpéces du nombre immenfe que renferme cette
claffe.

Je ne dis rien de ce que les anciens ont écrit
fur cette matiere. Le défaut d'obfervations fuivies
a empêché Ariftote & Pline de donner rien de
détaillé fur les infectes. Ils s'en font tenus à des
généralités fouvent fautives & fabuleufes, &
quant aux remarques qui regardent les différentes

efpéces, nous nous trouvons fouvent hors d'état d'en profiter, le défaut de caracteres fpécifiques nous empêchant de diftinguer les efpéces dont ils ont voulu parler.

Parmi les modernes, Mouffet eft un des premiers qui ait écrit fur les infectes en particulier. Son Ouvrage, qui d'ailleurs contient plufieurs bonnes obfervations & defcriptions, pêche tellement par le défaut de méthode & de caracteres, que fans les planches qu'il y a joint, il feroit impoffible de deviner les efpéces différentes dont il traite, & même malgré ces planches, il y en a plufieurs qu'on ne peut reconnoître, d'après fes figures qui font groffieres & en bois. On en peut dire autant d'Aldrovande cet infatigable compilateur, & de Jonfton qui a fouvent copié Aldrovande & Mouffet. Les defcriptions de Raj font plus exactes & plus détaillées & peuvent fouvent caractérifer affez bien l'animal dont il parle. Mais comment retrouver un infecte dans un Ouvrage où ces animaux ne font rangés fuivant aucune méthode, & où les defcriptions feules peuvent en donner quelque connoiffance ? Lifter, autre Auteur Anglois, ainfi que Raj & Mouffet, a donné peu de chofes fur les infectes, & fes Ouvrages peuvent être mis dans le rang de ceux de Raj.

Je ne parle point ici de ceux qui fe font contentés de donner des figures d'infectes, tels que

Robert, Goedart, Mademoiselle Merian, Albi-
nus, &c. ces collections utiles en elles-mêmes,
& dont on doit savoir beaucoup de gré à ceux
qui les ont données, ne sont que des matériaux
fournis aux Naturalistes par de bons Peintres,
tels qu'étoient ces Auteurs. Ils y ont joint quelques observations quelquefois bonnes, plus souvent fautives, telles en un mot qu'on les pouvoit attendre de personnes peu versées dans l'Histoire naturelle, que les apparences trompoient,
& qui ne pouvoient s'aider de l'analogie & des
connoissances qui leur manquoient. Si Goedart
eût connu la nature, il n'auroit jamais imaginé
qu'une mouche pût sortir d'une chenille ou de sa
coque, & il auroit jugé que la mouche mere de-
voit avoir confié ses œufs à l'une ou à l'autre. Je
ne dis rien ici de Frisch, dont les figures paroissent très-bonnes, mais dont l'Ouvrage considérable, étant écrit en Allemand, se trouve hors de
ma portée. Il en est de même de Roesel, qui a
surpassé par la beauté de ses figures exactement
enluminées, tout ce qui avoit été fait jusqu'ici sur
les insectes. Il seroit à souhaiter que quelqu'un
voulût mettre les Naturalistes François en état de
profiter de ce que ces deux Ouvrages paroissent
contenir de bon.

    Un autre genre d'Auteurs qui ont écrit sur les
insectes, comprend ceux qui se sont appliqués à
examiner leur intérieur, leur structure, leurs ma-

nœuvres & leurs mœurs, parties néceſſaires toutes à l'hiſtoire de ces petits animaux, & qui méritent bien d'être conſidérées. Auſſi devons-nous
beaucoup aux Naturaliſtes qui ſe ſont chargés
de ces obſervations. Rhedi, un des plus habiles
qu'ait produit l'Italie, parmi beaucoup de remarques excellentes, eſt le premier qui ait détruit
l'erreur tranſmiſe par les anciens, qui penſoient
que des corps auſſi parfaits & auſſi organiſés que
les inſectes, devoient leur exiſtence à la pourriture : erreur groſſiere, qui cependant a été reçue
unanimement, & que Bonani, malgré les obſervations qu'il avoit faites, a encore ſoutenue. Rhedi, après un examen judicieux & des expériences
très-exactes, a démontré que les inſectes naiſ-
ſoient, ainſi que les autres animaux, d'autres inſectes fécondés par l'accouplement. Après Rhedi, Swammerdam, Malphighi & Valliſnieri ont
enrichi cette partie de l'Hiſtoire naturelle, d'obſervations curieuſes & intéreſſantes : nous ſommes
redevables à Malphighi d'une excellente diſſertation ſur le ver-à-ſoie, dont il a donné l'anatomie la plus exacte, & qui peut auſſi ſervir pour
les différentes chenilles, dont le ver-à-ſoie n'eſt
qu'une eſpéce. Swammerdam a examiné avec le
plus grand ſoin différens inſectes, il a développé avec adreſſe leurs organes intérieurs les plus
délicats, & à cette deſcription anatomique, ſe
trouvent jointes pluſieurs remarques très-bien

faites fur les différentes manœuvres de ces animaux. C'eſt à peu près la même méthode qu'a
fuivi Valliſnieri à l'égard d'autres infectes.

Sur les traces de Swammerdam & de Valliſnieri, un illuſtre Obſervateur François, dont le
nom fera toujours cher à l'Hiſtoire naturelle, a
entrepris des *Mémoires pour ſervir à l'hiſtoire des
infectes*. Malheureuſement cet Auteur n'a donné
qu'une partie de ces Mémoires, où l'on trouve
une ſuite de faits intéreſſans, obſervés par un Naturaliſte qui ſavoit très-bien voir. Il a fait plus ; il
a établi quelques caracteres généraux, quelques
diſtributions ſommaires de ſections & de genres.
Mais ces commencemens de méthode ſont trop
ſuperficiels & trop peu ſyſtématiques pour être
mis en uſage, & on a beaucoup de peine à diſtinguer dans ce grand Ouvrage de M. de Reaumur,
l'animal dont il traite, faute de caracteres ſuffiſans
& d'une bonne deſcription : ſouvent il faut par-
courir ſix gros volumes, pour trouver ce que l'on
cherche. Malgré ce grand défaut, on peut regarder ce que cet habile Naturaliſte a donné, comme les meilleurs matériaux dont puiſſent ſe ſervir
ceux qui travaillent à l'hiſtoire des infectes, &
l'Ouvrage de M. de Reaumur remplit au moins
le titre modeſte dont il s'eſt ſervi. Je crois pouvoir mettre à côté de cet excellent infectologiſte,
M. de Geer, le Reaumur de Suéde, qui a déja
enrichi l'hiſtoire des infectes, de pluſieurs diffex-

rations particulieres, toutes frappées au bon coin, & qui a déja publié le premier volume d'un grand Ouvrage qu'il commence précisément dans le goût de celui de M. de Reaumur.

Par ce détail des différens Auteurs qui ont écrit jufqu'ici fur les infectes, on voit que tous peuvent fe rapporter à trois claffes différentes. Les uns n'ont envifagé que l'extérieur des infectes, comme feroit un Botanifte qui ne donneroit qu'une fimple defcription des plantes, fans parler de leurs ufages, du tems de les femer, de les planter, &c. Pour que l'Ouvrage de ces premiers eût été parfait en fon genre, il eut fallu qu'outre les defcriptions, ils euffent établi des caracteres exacts pour reconnoître les infectes, à peu près comme les Botaniftes le pratiquent à l'égard des plantes, & c'eft à quoi tous ont manqué, ce qui rend leurs Ouvrages défectueux & fouvent inutiles. Les autres ont confidéré les infectes, par rapport à leurs mœurs, à leurs manéges ou à leur ftructure intérieure, mais fans donner de defcriptions ni de caracteres des animaux dont ils parlent, ou en ne donnant que des defcriptions trop infuffifantes pour les reconnoître. Ils reffemblent aux Botaniftes qui ont détaillé les vertus & les propriétés de différentes plantes, fans décrire ces fimples, enforte qu'on eft fouvent très-embarraffé de favoir quelle eft la plante qu'ils ont traitée. Au refte, ce que ces Obfervateurs ont publié, eft fouvent très-
exact

exact & peut devenir utile lorfqu'on parvient à
découvrir l'infecte qui fait le fujet de leurs obfervations. Enfin la troifiéme & derniere claffe d'Auteurs, la moins nombreufe de toutes, comprend
ceux qui ont réuni les deux genres de travail,
qui ont examiné l'extérieur des infectes, ainfi que
leurs mœurs & leurs manœuvres, & dont l'hiftoire fe trouve, par ce moyen, plus complette.
Mais ces derniers Auteurs font tombés dans le
défaut des premiers : leurs defcriptions font im-
parfaites, il n'y a point de caracteres pour diftinguer les infectes, leurs ouvrages enfin manquent
de méthode, vice effentiel fur-tout en fait d'Hiftoire naturelle.

Ce défaut paroît venir de ce que l'on n'imagi-
noit pas pouvoir ranger méthodiquement les animaux & leur affigner des caracteres diftinctifs. Il
eft étonnant que les Zoologiftes ne cruffent pas
pouvoir exécuter ce qu'avoient fait les Botaniftes,
qui étoient parvenus à diftribuer avec ordre cette
foule de plantes, bien plus nombreufe que les
corps que renferme le régne animal ; & qui ont
tiré des caracteres génériques de parties beaucoup
plus petites dans les végétaux que dans les animaux. L'exemple de la Botanique, cette branche
confidérable de l'Hiftoire naturelle, auroit cependant dû inftruire les Naturaliftes & les Zoologiftes en particulier : ils auroient dû remarquer
combien l'étude des plantes, confufe, fans ordre

& très-difficile jufqu'alors, étoit devenue plus facile , plus claire & plus lumineufe , depuis qu'on y avoit joint un efprit d'ordre & de fyf-tême.

Cependant l'hiftoire des animaux , & fur - tout celle des infectes , eft reftée jufqu'à nos jours dans cette efpéce de confufion , & c'eft à M. Linnæus , cet infatigable Naturalifte Suédois , que nous devons le premier Ouvrage méthodique fur cette matiere. Il a cherché à jetter fur cette partie de l'étude de la nature , le même efprit d'ordre , de clarté & de méthode qu'il a répandu fur les autres branches de l'Hiftoire naturelle , & fi fon Ouvrage eft encore éloigné de la perfection , au moins doit-on lui favoir gré d'avoir montré la route qu'il faut fuivre.

Je fais que quelques favans de nos jours ne conviendront pas de ce que j'avance ici. Ennemis des fyftêmes & des ordres méthodiques , ils femblent vouloir faire retomber les fciences dans cette efpéce de confufion dont elles ont eu tant de peine à fortir , & ce qui paroît encore plus étonnant , c'eft que dans un fiécle auffi éclairé , de pareils paradoxes trouvent des fectateurs. Il ne faut cependant pas de grandes connoiffances , ni un effort de génie fupérieur pour juger de l'utilité des fyftêmes & des méthodes. Qu'on parle d'une plante , qu'on la décrive auffi exactement qu'il fera poffible , comment veut-on qu'entre neuf

ou dix mille efpéces de végétaux , je puiffe dif-
cerner celle dont il s'agit , fi je n'ai aucun caractere diftinctif qui me la faffe reconnoître ; il faut
néceffairement que je confronte ces dix mille
efpéces avec la defcription que je lis , & fi mal-
heureufement la culture ou le climat ont altéré
le port ou la figure de celle que je cherche , tout
ce long travail devient inutile : que fera-ce fi la
defcription fe trouve imcomplette & mal-faite ,
enforte qu'elle puiffe convenir à plufieurs efpéces
différentes ? Je me trouve alors dans un autre em-
barras plus grand que le premier. Il en eft des
infectes comme des plantes : fi je manque de caracteres , je ferai obligé d'examiner deux ou trois
mille efpéces d'infectes , toutes les fois que je
voudrai trouver un animal dont je lis la defcription. C'eft l'inconvénient où nous nous trouvons
tous les jours , par rapport aux Ouvrages des anciens Naturaliftes. Auffi ne favons-nous point
quelles font les plantes , quels font les animaux
qu'ils ont connus & défignés par tels & tels noms.
Les méthodes , même les moins bonnes , corri-
gent un fi grand inconvénient. Je trouve une
plante qui m'eft inconnue , il n'eft plus néceffaire
pour la connoître de la confronter avec plufieurs
milliers de defcriptions , il fuffit , fuivant les différens fyftêmes , d'examiner quelques parties caractériftiques qui déterminent la claffe , la fection
& le genre de ce végétal. Prenons pour exemple

la méthode de M. Linnæus, fondée fur le nombre des étamines & des piftilles. Je veux trouver le nom & le genre d'une plante : je compte le nombre de fes étamines. Il s'en trouve cinq : voilà déja cette plante rapportée à celles de la cinquiéme claffe dont les fleurs ont cinq étamines. Pour lors j'examine le nombre des piftilles, j'en trouve deux ; je range cette plante dans la feconde fection de la cinquiéme claffe. Il ne me refte plus qu'à examiner le calyce & la graine pour trouver le genre de cette même plante parmi celles de la feconde fection de la cinquiéme claffe, & je parviens par dégrés à connoître le nom d'un fimple que je n'avois jamais vû.

A l'aide d'un ordre méthodique, nous pratiquerons la même chofe fur les infectes, comme je le ferai voir dans la fuite de cet Ouvrage, & l'on pourra trouver le nom & l'efpéce d'un infecte inconnu auparavant.

Cet exemple fuffit pour faire voir à tout homme, je ne dis pas verfé dans l'Hiftoire naturelle, mais feulement un peu intelligent, l'utilité & la néceffité des fyftêmes méthodiques. Je fais qu'on peut varier ces méthodes à l'infini, qu'on peut tirer fes caracteres de telles ou telles parties, que la plûpart des fyftêmes pêchent en quelques points, & que ceux qui approchent le plus de l'ordre qui paroît naturel, s'en éloignent en plufieurs endroits. Je veux même que toutes ces diſtinctions de claſſes , de genres & d'eſpéces ſoient arbitraires , & nullement établies par la nature , que tous les corps naturels , depuis l'homme juſqu'au caillou le plus brut , ne ſoient qu'une ſuite d'un ſeul & unique genre , qui décroît par des nuances inſenſibles , il n'en ſera pas moins vrai que les ſyſtêmes ſont au moins néceſſaires pour faciliter l'étude de la nature , qui ſans cela devient impraticable. Sans cette eſpéce de clef , il eſt auſſi impoſſible de pénétrer dans cette ſcience , que de vouloir étudier les langues ſans ſavoir l'alphabet , l'arithmétique ſans connoître les chiffres , & les mathématiques ſans géométrie. Chaque ſcience a ſes élémens , & ceux qui veulent les proſcrire , donnent lieu de ſoupçonner qu'ils ne les connoiſſent pas.

Nous ſommes donc infiniment redevables à M. Linnæus d'avoir cherché le premier à ranger méthodiquement les inſectes , & à trouver des caracteres génériques qui les fiſſent plus aiſément connoître. Sa méthode eſt la ſeule que nous ayons juſqu'ici ſur cette claſſe des animaux. Son ſyſtême à la vérité eſt encore défectueux , comme il arrive ordinairement aux ouvrages de ceux qui les premiers ébauchent une matiere neuve. Ses caracteres ne ſont pas aſſez ſûrs , aſſez clairs & aſſez diſtincts : ſouvent on ne peut trouver par leur moyen le genre ou l'eſpéce d'un inſecte que l'on cherche , & de plus ſes genres qui ne ſont

pas affez caractérifés, réuniffent fouvent des animaux de genres différens, & que l'on voit au premier coup d'œil devoir être féparés les uns des
autres. C'eft ce dont s'apperçoivent tous les jours
ceux qui étudient cette partie de l'Hiftoire naturelle, en fe fervant de cette méthode, la feule
que nous ayons. Je fentis cet inconvénient en
voulant ranger ces animaux d'après ce fyftême.
Je voyois que les caracteres que donne M. Linnæus ne quadroient point avec ceux que font
voir les infectes. Plufieurs d'entr'eux tout-à-fait
femblables, fe trouvoient fuivant cet ordre éloignés & féparés les uns des autres. Je cherchai
donc de nouveaux caracteres que tout le monde
pût aifément faifir, & qui me ferviffent à ranger
cette claffe plus clairement & avec plus de méthode. Le grand nombre d'infectes que j'avois
amaffés me facilita cette recherche, & à l'aide
de ces caracteres, je fuis parvenu à mettre en
ordre environ deux mille efpéces, au lieu de huit
ou neuf cent que renferme l'Ouvrage de M.
Linnæus.

Le fyftême que je donne n'eft point un *fyftême
naturel*. Pour en former un, il faudroit connoître
tous les individus que peut renfermer la claffe
que l'on traite, tant ceux du pays, que les étrangers, ce qui paroît impoffible. Il eft vrai qu'avec
cette connoiffance on approcheroit beaucoup de
l'ordre naturel, fi on n'y parvenoit pas. En effet,

la nature n'a point établi parmi les corps qu'elle renferme cette diſtinction de régnes , de genres & d'eſpéces qu'ont imaginé les Naturaliſtes , elle ſemble avoir ſuivi des dégradations , des nuances inſenſibles , par leſquelles on ſe trouve naturelle- ment conduit d'un regne à un autre , & d'un gen- re au genre ſuivant. C'eſt ce que peuvent apper- cevoir ceux qui jettant un coup d'œil philoſophe ſur la nature , examinent en grand ſes différentes productions.

Rien ne paroît plus différent au premier aſpect qu'un animal & une plante. Cependant le paſſage d'un de ces régnes à l'autre, n'eſt pas ſubit & ne ſe fait pas tout à coup. Nous voyons des animaux , les derniers de ce régne, qui ſemblent tenir beau- coup de la plante , tandis que certaines plantes paroiſſent approcher de l'animal. Les vers , dont l'organiſation paroît auſſi ſimple que celle de quelques plantes , croiſſent & pouſſent preſque comme des végétaux. On ſait que les polypes , ces animaux ſinguliers découverts depuis quel- ques années , & qui ſont privés de preſque tous les ſens , ont la faculté de végéter comme les plantes. Si on les coupe en pluſieurs morceaux , chaque partie pouſſe , végéte , & ſemblable à une bouture , forme enſuite un animal entier. Au con- traire , parmi les plantes , la ſenſitive & quelques- autres , ſemblent douées de la faculté de ſentir , qui paroît refuſée à pluſieurs animaux.

Il en eft de même du paffage du régne végétal au regne minéral. La ftructure des minéraux paroît bien fimple, fi on la compare à l'organifation d'une plante. Cependant quelques plantes, telles que les champignons & les *likens* différent tellement des autres, qu'elles approchent de l'organifation fimple des pierres. Je ne parle pas ici du corail & de plufieurs plantes marines qui imitent la dureté & la nature de la pierre. On fait aujourd'hui que ces prétendues plantes ne font que des ouvrages de polypes. Mais il y a encore parmi les corps marins de véritables végétaux, comme les corallines & quelques coralloïdes, qui femblent plus tenir de la pierre que de la plante. Au contraire, entre les pierres, nous en voyons quelques-unes, comme les ftalactites, qui tous les jours s'accroiffent & femblent végéter.

Ce qu'on obferve par rapport au paffage d'un régne à l'autre, n'eft pas moins vrai à l'égard des genres différens de chaque régne. Les premieres efpéces approchent beaucoup des dernieres d'un genre précédent, & les dernieres de ce même genre tiennent des premieres du fuivant.

La nature n'a donc point établi cette divifion que l'on fuppofe de régnes & de genres. Tous les corps naturels font autant d'efpéces particulieres d'un feul & unique genre, qui peu à peu change, s'altere & conduit des animaux aux plantes, & des plantes aux minéraux. Mais pour fuivre

cette

cette marche de la Nature, il faudroit connoître parfaitement tous les corps qu'elle a formés, voir & étudier leurs différens rapports ensemble, & si quelqu'un de ces corps nous eſt inconnu, il ſe trouvera un vuide qui ſemblera produire une diviſion & un changement ſubit d'un genre en un autre. Comme une pareille connoiſſance eſt au-deſſus de notre portée, on peut aſſurer qu'un ordre véritablement naturel & méthodique eſt une de ces chimeres qu'on cherchera auſſi inutilement que la pierre philoſophale, ou la quadrature du cercle. Il faut donc néceſſairement que nous ayons recours à des ordres & à des ſyſtêmes artificiels, ſeulement nous pouvons approcher plus ou moins de l'ordre naturel, en examinant avec attention les différens rapports des corps entr'eux. De-là on peut conclure que plus on fera entrer de rapports & de caracteres dans une méthode artificielle, moins on s'éloignera de l'ordre naturel.

C'eſt le plan que j'ai tâché de ſuivre dans l'arrangement méthodique des inſectes que je donne aujourd'hui. J'ai cherché à rapprocher ceux que la nature ſemble avoir réunis. Pour cet effet, j'ai augmenté le nombre des rapports caractériſtiques dont je me ſuis ſervi, & je n'ai pas cru ne devoir tirer les caracteres que d'une ſeule partie. C'eſt aux Naturaliſtes à juger ſi j'ai rempli le plan que je me ſuis propoſé, & à réformer ce qu'ils trouveront de répréhensible dans cet Ouvrage. La découverte de nouvelles espéces & même de nouveaux genres pourra conduire à perfectionner aussi ce travail. J'espere au moins que le Public-Naturaliste me saura gré des efforts que j'ai faits pour lui applanir l'étude des insectes , quand même je n'aurois pas réussi dans cette entreprise ; & j'invite ceux qui trouveront quelques nouvelles espéces à les communiquer pour augmenter cette Collection.

Quoique les figures ne soient pas du goût de tous les Naturalistes , nous avons cependant cru devoir les ajouter à cet Ouvrage , & joindre aux descriptions la gravure d'un insecte de chaque genre. Chaque figure est accompagnée des parties qui constituent le caractere , souvent beaucoup aggrandies : pour l'insecte, il est de grandeur naturelle ; ou , lorsqu'il est grossi , comme il arrive souvent , nous avons eu soin de mettre à côté une échelle de la grandeur de l'animal. Nous espérons que ces planches faciliteront beaucoup l'intelligence de l'Ouvrage , & nous n'avons pas pensé devoir négliger un pareil secours , à l'aide duquel on voit clairement, & d'un coup d'œil, ce qu'une longue description n'explique souvent qu'imparfaitement. On trouvera quelquefois , quoique rarement , deux ou trois figures pour un seul genre , lorsque nous y avons été engagés par la singularité de certaines espéces. Il auroit été à fouhaiter que l'on eût pû rendre les planches encore plus nombreufes , & repréfenter toutes les efpéces qui ont des différences fpécifiques bien marquées. La crainte d'augmenter la cherté de l'Ouvrage nous a détournés de ce projet , & nous nous fommes bornés aux figures qui ont paru abfolument néceffaires.

Il ne me refte plus qu'à répondre à quelques reproches que l'on pourroit me faire. Un parcil Ouvrage , de pur amufement, & qui paroît avoir demandé une longue fuite d'obfervations , femblera peut - être à quelques perfonnes rouler fur des matieres trop étrangeres à ma profeffion , dont le travail immenfe & l'exercice épineux & difficile , ne doivent prefque laiffer aucun inftant de loifir. D'autres mépriferont un Ouvrage qui ne traite que des infectes , & s'applaudiront fecrettement dans la fphere étroite de leur petit génie, lorfqu'ils fe feront égayés fur l'Auteur , en le traitant de *diffequeur de mouches* , nom dont une efpéce de petits Philofophes a déja décoré un des Naturaliftes qui a fait le plus d'honneur à notre Nation. N'envions point aux derniers le plaifir de s'applaudir à eux - mêmes ; laiffons - les méprifer ce qu'ils ne connoiffent pas , & n'en admirons pas moins l'Auteur de la Nature , qui développant les plus grands refforts de fa puiffance dans le plus vil infecte , s'eft plu à confondre l'orgueil & la vanité de l'homme.

c ij

Quant au tems que j'ai employé à cet Ouvrage, on pourroit me faire de juſtes reproches s'il eût été pris aux dépens d'un travail plus ſérieux & néceſſaire. Mais obligé par état de travailler à l'étude des plantes, de les examiner, & de les recueillir, il ne m'étoit guères poſſible de ne pas obſerver en même tems les inſectes qui en font leur domicile & leur nourriture. J'ai mis peu à peu ſur le papier ce que j'obſervois ſur ces petits animaux, & c'eſt cette Collection de différens mémoires que je mets aujourd'hui en ordre. On n'eſt point étonné qu'une perſonne dont la profeſſion demande de la contention d'eſprit & de la fatigue, prenne quelques inſtans à la dérobée pour ſe délaſſer. J'ai cru ne devoir donner ces momens qu'à cet agréable amuſement. Le ſpectacle admirable que nous fournit le grand livre de la Nature, m'a paru un délaſſement aſſorti à la profeſſion de quelqu'un, dont l'état eſt d'étudier la Nature & la phyſique de l'homme.

Au reſte, il m'auroit été impoſſible de finir cette Hiſtoire, toute abrégée qu'elle eſt, ſans les ſecours qui m'ont été donnés de tous côtés. Hors d'état de pouvoir recueillir les inſectes depuis nombre d'années, j'en ai reçu de la plûpart des jeunes gens qui ſuivent les herboriſations. M. Bernard de Juſſieu, cet oracle en fait d'Hiſtoire naturelle, que l'on ne peut trop conſulter, & qui ſe fait un plaiſir de faire part de ſes vaſtes connoiſſances , a daigné me communiquer pluſieurs obſervations , & jeter un coup d'œil ſur cet Eſſai. Enfin je dois infiniment à un Gentilhomme de Champagne , M. du Pleſſis , qui s'appliquant uniquement depuis quelques années à l'Hiſtoire naturelle , a bien voulu m'aider dans la plus grande partie de ce travail. Je lui ſuis redevable d'un nombre infini d'obſervations , toutes curieuſes , & faites par une perſonne accoutumée à bien voir : & parmi les inſectes dont je parle , il y en a beaucoup qui ne ſe voyent que dans la riche & nombreuſe Collection qu'il poſſede.

C'eſt avec ces différens ſecours que je ſuis parvenu, dans mes heures de loiſir, à donner cette Hiſtoire des inſectes qui ſe trouvent à deux ou trois lieues aux environs de Paris , & que l'on peut rencontrer dans les différentes promenades que l'on fait autour de cette grande Ville. Peut-être cet abrégé pourra-t-il donner plus de goût pour obſerver les manéges merveilleux & ſinguliers de ces petits animaux , dont la perfection doit nous faire admirer la grandeur de celui qui les a créés.

O Jehova , quam magna ſunt opera tua !

TABLE ALPHABETIQUE

DES AUTEURS cités dans cet Ouvrage, avec l'explication de leurs noms abrégés.

Act. Acad. Reg. Scient.	MÉMOIRES de l'Académie Royale des Sciences. *Paris*, *in-4°.*
Act. nat. cur. Et act. lipf. }	Ephemerides medico-phificæ Academiæ naturæ curioforum, feu Germaniæ. *Francofurti & Lipfiæ*, 1684.
Act. Stoch. Act. Upf. }	Acta Societatis RegiæScientiarum Upfalienfis. *Stockolmiæ*, 1736.
Albin. inf............	Eleazar albinus Hiftoria naturalis infectorum anglicanorum. *Lond.* 1710, *in-4°.* tab. 100.
Aldrovand. inf........	Uliffes Aldrovandus. Libri 7, de animalibus infectis. *Bononiæ*, 1638, *in-fol.*
Baker micr............	Baker employment for the microfcope. *London*, 1753. *in-8°. fig.*
Barthol. act..........	Thomæ Bartholini Acta medica & philofophica Hafnienfia, figuris æneis illuftrata. *Haffniæ* 1673.
J. Bauh. hift..........	Joannis Bauhini Hiftoria plantarum. *Ebroduni*, 1660, *in-fol.*
C. Bauh. pin..........	Cafpari Bauhini Pinax theatri botanici. *Bafilcæ*, 1623 & 1671, *in-4°.*
Biblioth. regia........	Recueil d'infectes peints en miniature, par Robert, Aubriet & autres, confervé à la Bibliothéque du Roi, à Paris.
Blanc. belg..........	Stephanus Blancard. fchou-burg der Rupfen, Wormen, Maden. *Amfterd.* 1688, Belgice, tab. 17.
Bonan. microgr........	Bonanni Micrographia, feu Animalia viva in vivis. *Romæ*, 1691, *in-4°.*
Bradl. nat............	Richard Bradley. Philofophical account of works of natur. *London*, 1721, *in-4°.*

Breyn.act.phyf.med.N.C.   Joannis Breynii Hiftoria naturalis cocci radi-
     cum tinctorii. *Norimberg.* 1733 , in appen-
     dice ephemeridum naturæ curioforum.

Camer. epit..........   Joachimi Camerarii , de plantis epitome uti-
     liffima matthioli. *Francofurti ,* 1588 , *in-*
     4°.

Charlet. onom.........   Gualteri Charleton ; Onomafticon Zooicum.
     Londini , 1668 , *in-*4°.

Charlet. exercit........   Ejufdem .... exercitationes de differen-
     tiis & nominibus Animalium. *Oxonii,* 1677.
     *in-*4°.

Clus. pann...........   Caroli Clufii atrebatis variorum aliquot ftir-
     pium per pannoniam, auftriam &c. Obfer-
     vatorum Hiftoria. *Antuerpiæ ,* 1583.

Clut. hemerob........   Augerius Clutius , de Hemerobio & Verme
     maiali. *Amftelodami,* 1634 , *in-*4°.

Colum. ecphr.........   Fabii columnæ lincæi, minus cognitarum ftir-
     pium ecphrafis. *Romæ,* 1606 , *in-*4°.

Dale pharmac........   Samuelis Dalei Pharmacologia. *Lugduni bata-*
     vorum 1739.

Derrham. phyf. theol...   Théologie phyfique , ou démonftration de
     l'exiftence & des attributs de Dieu , tirée
     des œuvres de la création , par Derrham.
     Roterdam, 1726 , *in-*8°.

Eph. nat. cur.........   Vide fupra , *act. nat. cur.*

Flor. lapp...........   Caroli Linnæi flora lapponica, exhibens plan-
     tas per Lapponiam crefcentes , fecundum
     fyftema fexuale. *Amftelædam,* 737, *in-*8°.

Frifch. germ.........   Joanh Leonard Frifch. Befchreibeng von
     infecten in teutfchland. *Berlin ,* 1720 ,
     *in-*4°.

De Geer. mem.   } ...   De Geer memoires pour fervir à l'hiftoire des
De Geer hift. inf. }   infectes , *in-*4°.

De Geer act. holm.....   Voyez ci-deffus Act. Upf.

Goed. inf............   Joannis Goedart , Metamorphofis naturalis
     feu de infectis. Latinitate donata a Paulo
     Veczaerdt. *Medioburgi , in-*12 , 3 *vol.*

Goed. belg...........   La même en Hollandois. *Mildelb,* 3 *vol.*
     *in-*8°.

Goed. gall...........   Hiftoire des infectes par Goedart. *Amfterdam*
     1700 , *in-*8°. 3. *vol.*

Goed. lift...........   Joannes Goedartius de infectis , in methodum redactus ; opera Martini Listeri. *Londini*, 1685, *in-8°*.

Grew. mus............ Musæum Regiæ Societatis Londinensis, descriptum a nehemia grew. (anglice) *Londini*, 1695.

Hoefn. ins............ Joannes hoefnagel ; icones insectorum volatilium. *Francofurti*, 1692, *in-4°*.

Hoffm. flor. aldt...... Mauritii Hoffmanni floræ Altdorffinæ deliciæ sylvestres, sive Catalogus plantarum in agro Altdorffino sponte nascentium. *Altdorffii*, 1677, *in-4°*.

Hoock. micograph..... Hoock Micrographia seu Physiologicæ Descriptiones minutorum corporum factæ per vitra majorativa. (anglice) *Londini*, 1667, *in-fol*.

Jac. l'amir. ins........ Insectes gravés en maniere noire, par Jacob l'Amiral le jeune, avec l'explication des planches en Hollandois. 53 planch. *in-fol*.

Imperat............. Istoria naturale di ferrante imperato Neapolitano. *Neapoli*, 1599, *in-fol*.

It. oeland............ Itinerarium Œlandicum, ou voyage de Scanie. Par M. Linnæus. *Stockolm*, 1750.

Jonst. hist. nat........ Joannis Jonstoni M. D. Historia naturalis de exanguibus aquaticis, de insectis, de serpentibus &c. *Amstelodami*, 1657, *in-fol*.

Leche nov. ins. spec.... Novæ insectorum species, quas dissertationis Academicæ loco, præside Joanne Leche, proponit Isaacus Uddman. *Aboæ*, 1753, *in-4°*. *fig*.

Lewenhoeck. arc.nat... Antonii van Lewenhoeck arcana naturæ detecta ope microscopiorum ; ex Belgico Latine versa. *Delphis* 1695, *in-4°*.

Linn. faun. succ........ Caroli Linnæi fauna Suecica, sistens animalia Sueciæ. *Stockolmiæ*, 1746, *in-8°*.

Linn. syst. nat. edit. 10. Linnæi systema naturæ, editio décima, *in-8°*. 2 *vol*.

Linn. mat. med........ Ejusdem specimen materiæ medicæ in regno animali. *Stockolmiæ*, *in-8°*.

Linn. amœnit. acad.... Caroli Linnæi amœnitates Academicæ, seu dissertationes variæ physicæ, medicæ, botanicæ. *Holmiæ & Lipsiæ*, 1749, *in-8°*.

List-

Lift. aran. }
Lift. angl. } .... Martini Lifteri Hiftoria animalium Angliæ, 1°
de Araneis. 2°. De Cochleis tum terreftri-
bus, tum fluviatilibus. 3°. De Cochleis
marinis. *Londini*, 1678, *in-4°.*

Lift. append.......... Ejufdem Hiftoriæ pars pofterior.

Lift. goed............. Vid. Goed. lift.

Lift. mut............. Tables d'infectes fans explications, du même
Lifter, à la fin de fon édition latine de
Goedart.

Merian. europ. }
Merian. inf. } ...... Mariæ Sibyllæ Merian, Erucarum ortus & para-
doxa metamorphofis. *Amftel in-4°.* 1730.

Merian. gall.......... Hiftoire des infectes de l'Europe de Mademoi-
felle Merian, traduite du Hollandois en
François par Jean Marret. *Amfterdam*,
1730, *in-fol.*

Merret. pin........... Chrift. Merret Pinax rerum naturalium Britan-
nicarum *Londini*, 1667, *in-8°.*

Mouffet. inf........... Thomæ Mouffeti theatrum infectorum. *Londini*, 1634, *in-fol.*

Olear. muf........... Adami Olearii Mufeum. germanice. *Slefwig*,
1666, *in-4°.*

Paull. quadrip........ Simonis Paulli quadripartitum Botanicum.
Argentorati, 1667, *in-4°.*

Petiv. muf........... Jacobi Petiver. Centuriæ mufæi petiveriani.
Lond. 1695, *in-4°.*

Petiv. gazoph........ Ejufdem; gazophylacii naturæ & artis Deca-
des. *Lond.* 1702, *in-4°.*

Raj. cantabrig........ Joan. Raij Catalogus plantarum circa Canta-
brigiam nafcentium *Cantabrigiæ*, 1660,
in-8°.

Raj. inf............. Ejufdem Hiftoria infectorum. *Lond.* 1710,
in-4°.

Reaum. inf........... Mémoires pour fervir à l'hiftoire des infectes,
par M. de Reaumur. *Paris*, 1734, *in-4°.*

Rhed. exper......... Francifci Rhedi Experimenta circa generatio-
nem infectorum. *Amftelodam* 1671, *in-12.*

Rhed. anim.......... Ejufdem animalia in animalibus vivis. *Floren-
tiæ*, 1684, *in-4°.*

Rivin. differt.......... Augufti Quirini Rivini differtationes medicæ.
Lipfiæ, 1710, *in-4°.*

Robert. icon......... Nicolai Robert fpecies florum variæ, tabulis
æneis. *Parif. in-fol.*

Fin de la Table des Auteurs.

EXPLICATION

DES termes les moins familiers, qui se trouvent dans cet Ouvrage.

ANTENNES. Les antennes sont ces espéces de petites cornes mobiles, qui se voyent à la tête de tous les insectes. Elles prennent différentes dénominations, suivant leurs diverses formes. Les unes sont simples, en filet ou *filiformes.* D'autres sont *en massue* ou terminées par un bouton, les autres sont *prismatiques*, quelques-unes *en peigne* ou barbues sur les côtés.

Antennules ou barbillons, sont les espéces de petites antennes qui accompagnent les côtés de la bouche d'un grand nombre d'insectes.

Apteres : sans ailes. C'est le nom qu'on donne aux insectes qui n'ont point d'ailes, comme le cloporte, la puce, &c.

Balanciers. On donne ce nom à des petits filets mobiles, terminés par un bouton, qui se trouvent à l'origine des ailes des mouches & de tous les insectes à deux ailes.

Barbillons. Voyez ci-dessus *antennules.*

Chrysalide. C'est le second état, par lequel passent les insectes à métamorphoses, avant que de devenir insectes parfaits. On lui donne aussi le nom de *nymphe.* Celle du ver-à-soie & de quelques chenilles s'appelle aussi *feve.*

Coleopteres. Sont les insectes dont les ailes sont recouvertes d'étuis durs & écailleux, tels que les scarabés, le hanneton, &c.

Corcelet. Partie du corps de l'insecte qui répond à la poitrine des grands animaux.

Cuilleron. On appelle de ce nom une petite écaille blanche contournée, représentant une espéce de cuillier qui se trouve sous l'origine des ailes des mouches & de quelques autres insectes à deux ailes.

Dipteres. Sont les insectes qui n'ont que deux ailes.

Ecusson. C'est une petite piéce triangulaire, qui se trouve au haut de la réunion des étuis des insectes coleopteres, à leur naissance du corcelet, ou d'étuis à moitié mols.

Elytres, étuis, fourreaux, sont ces plaques dures & écailleuses, qui recouvrent les ailes des coleopteres ou insectes à étuis, comme on le voit dans le hanneton.

Filiformes ou en filet, c'est le nom qu'on donne à toutes les antennes simples, qui ressemblent à un fil ou filet.

Hemipteres. Insectes dont les ailes ne sont recouvertes que de demi-étuis durs & écailleux, ou d'étuis à moitié mols.

Hexapodes. Insectes qui ont six pattes.

Larve. On désigne par ce nom les insectes à métamorphoses, lorsqu'ils sont dans leur premier état au sortir de l'œuf. La chenille est la *larve* du papillon.

Métamorphose ou changement. On appelle insectes à métamorphoses ceux qui changent de figure avant que d'être parfaits. Le papillon a d'abord été chenille, puis chrysalide ; c'est donc un insecte à métamorphoses.

Mulets. Les mulets font des insectes qui n'ont aucun sexe. On en trouve dans quelques genres. Par exemple, les abeilles ouvrieres qui font le plus grand nombre de la ruche, n'ont point de sexe, ce font des mulets.

Nymphe. Voyez plus haut *Chrysalide.*

Stigmates. Les stigmates font des ouvertures ordinairement ovales & ressemblant à des espèces de boutonnieres, qui se voyent sur les côtés des insectes, & par lesquelles ils respirent.

Suture des étuis. C'est cette espéce de sillon que forme la réunion des fourreaux des coleopteres, tant entr'eux, qu'avec le corcelet.

Tarse ou pied, est la troisiéme & derniere partie de la patte d'un insecte, qui ordinairement est composée de plusieurs articles mobiles,

Test. C'est cette espéce d'écaille ou croûte dure qui recouvre le corps de la plûpart des insectes.

Tetrapteres. Insectes à quatre aîles.

Zoologistes, Auteurs qui ont traité l'histoire des animaux.

Fin de l'explication des termes.

HISTOIRE

HISTOIRE

ABRÉGÉE

DES INSECTES.

TOUS les corps de la nature ont été rangés par les Phyſiciens ſous trois chefs de diviſions, auxquels ils ont donné le nom de Regnes : ſçavoir le regne miné-ral, le regne végétal, & le regne animal. C'eſt à ces trois regnes que ſe rapportent toutes les ſubſtances ſimples & naturelles ; & chacun d'eux a été diviſé en pluſieurs grandes ſections, que l'on a appellées claſſes. Le regne animal, celui auquel appartienent les in-ſectes, dont nous allons traiter, renferme ſix grandes claſſes : les quadrupedes, les oiſeaux, les poiſſons, les amphibies, les inſectes & les vers. Les inſectes forment donc une claſſe particuliere du régne animal. Ce nom d'inſectes, *inſecta*, a été donné à ces petits animaux à cauſe de la forme de leur corps, qui eſt compoſé de pluſieurs ſections, ou parties jointes enſemble par des

Tome I.   * A

efpeces d'étranglemens, ou interfections ; & cette figure, qui leur eft effentielle, a fervi à les dénommer. Parmi ces infectes, les uns font compofés d'anneaux, ou de lames écailleufes, qui rentrent les unes fous les autres, & ce font ceux qu'on peut appeller *infectes proprement dits*, puifque leur corps eft réellement compofé de plufieurs portions : les autres, qu'on pourroit appeller *infectes teftacés*, n'ont point de pareils anneaux, mais font recouverts d'une efpece de croute entiere, ferme, fouvent affez dure, comme on le voit dans les crabes, les araignées, &c. On remarque néanmoins, dans ces derniers, quelques interfections ou étranglemens femblables à ceux qui fe rencontrent dans les autres infectes.

Un caractere des animaux de cette claffe, eft donc d'avoir leur corps divifé, & comme féparé en plufieurs parties, par des étranglemens minces. Mais ce caractere n'eft pas unique, il en eft un autre qui n'eft pas moins effentiel dans les infectes, & qui eft conftant dans tous, c'eft d'avoir à la tête ces efpeces de cornes mobiles, compofées de plufieurs pieces articulées enfemble, plus ou moins nombreufes, que les Naturaliftes ont appellées les *antennes*. Ces antennes varient infiniment pour la grandeur & pour la forme. Leurs figures nous ferviront beaucoup à déterminer les différens genres. Mais quelque variée que foit leur conformation, elles ne manquent dans aucun infecte, & les infectes font les feuls animaux dans lefquels on les obferve. C'eft par ce caractere que la claffe des vers peut aifément fe diftinguer de celle des infectes, dont elle paroît approcher. Quelqu'un qui n'a aucune idée de l'Hiftoire naturelle, peut facilement parvenir à connoître ces antennes, en examinant quelque papillon ; il verra que la tête de cet infecte eft ornée de deux filets mobiles, affez longs, plus gros à leur extrémité : ce font-là les antennes du papillon.

CHAPITRE PREMIER.

Description générale des Insectes.

LES insectes, dont nous venons de donner le caractere essentiel, sont tous composés de trois parties principales, la tête, le corcelet, *thorax*, qui répond à la poitrine des autres animaux, & le ventre.

C'est à la *tête*, comme nous l'avons dit, que se trouvent les *antennes*, ordinairement au nombre de deux, une de chaque côté, dans quelques-uns au nombre de quatre, comme on le voit dans l'aselle, qui est une espece d'insecte aquatique semblable au cloporte : nous ne déterminerons pas ici l'usage de cette partie, qui se trouve constamment dans tous les insectes. D'autres Naturalistes, plus habiles que nous, n'ont pû parvenir à le découvrir. Peut-être pourroit-on soupçonner que les insectes s'en servent comme de mains pour tâter & examiner les corps. Lorsque ces petits animaux marchent, ils étendent leurs antennes en avant, les font mouvoir presque continuellement, & semblent, avec cette partie, sonder le terrein & toucher les différens corps qui les environnent.

Outre les antennes, on remarque à la tête des insectes plusieurs parties considérables. Celles qui frappent le plus sont *les yeux*. Quelques insectes, semblables aux cyclopes de la Fable, n'ont qu'un œil, ou s'ils en ont réellement deux, ils sont tellement proches & confondus ensemble, qu'ils paroissent n'en former qu'un seul. C'est ce que l'on verra dans le genre des monocles. La plûpart des insectes en ont deux, un de chaque côté de la tête ; d'autres en ont davantage : on compte sur les araignées jusqu'à huit yeux, qui varient pour la position.

Dans prefque tous les infectes, ces yeux font durs, convexes, compofés d'ure efpece de cornée qui paroît liffe : mais fi on les regarde de près avec une loupe, on voit que cette cornée eft divifée en une infinité de petites facettes, qui forment un joli réfeau *. Cette conformation eft très-utile, & même néceffaire à l'infecte. Ses yeux font immobiles, il ne peut les tourner & les diriger vers les objets. S'ils euffent reffemblé aux yeux des quadrupedes, beaucoup d'objets extérieurs auroient échappé à la vûe de l'infecte. Au moyen de ce nombre prodigieux de facettes, qui forment le refeau de fa cornée, les objets font réfléchis de tous côtés, il les peut voir dans tous les fens. Bien plus, chaque œil vaut plufieurs centaines d'yeux, il répete & multiplie les objets une infinité de fois, de même que ces verres taillés à facettes, à travers lefquels on apperçoit l'objet que l'on regarde autant de fois multiplié, qu'il y a de facettes différentes dans le verre. Peut-être fera-t-on porté à croire que cette multiplicité doit nuire à la vûe de l'animal ; que les objets, au lieu de lui paroître fimples, doivent être centuplés à fes yeux. Mais il peut fort bien fe faire que l'infecte, malgré cette conformation, voye les chofes telles qu'elles font dans l'état naturel. Nous avons deux yeux, deux nerfs optiques qui y répondent ; cependant les différens corps ne nous paroiffent pas doubles. Il en eft de même de l'infecte ; il a des centaines, des milliers d'yeux, & ce nouvel argus peut ne voir qu'un feul & fimple objet, feulement il le verra mieux & plus diftinctement, de même, qu'en général, nous voyons mieux avec nos deux yeux, qu'avec un feul. Il paroît même que c'eft à ce deffein que la nature a donné ces *yeux à refeau* aux infectes, puifqu'on ne les obferve que

---

* Le nombre de ces facettes eft fouvent prodigieux. Lewenhoeek en a compté fur la cornée d'un fcarabé 3181, & fur celle d'une mouche 8000. M. Puget a été plus loin, & affure en avoir diftingué 17325 fur l'œil d'un papillon.

dans ceux qui ont deux yeux ; au lieu que les infectes qui en ont davantage, comme les araignées, paroiffent les avoir tout-à-fait liffes & fans aucun veftige de refeau fur la cornée, du moins n'en ai-je point obfervé. Ainfi ces derniers qui femblent mieux partagés de ce côté, ne le font réellement pas.

Mais il y a plufieurs infectes auxquels la nature paroît avoir prodigué l'organe de la vûe : de ce nombre font les mouches & beaucoup d'infectes à deux aîles, les guêpes, les abeilles & la plûpart des infectes à quatre aîles nues, les cigales & quelques autres de cette fection. Dans ces animaux, on voit fur la partie poftérieure de la tête, entre les deux grands yeux à refeau, de petits points élevés, liffes, au nombre de deux dans quelques-uns, & de trois dans la plûpart, qui reffemblent tout-à-fait à des yeux. Auffi plufieurs Naturaliftes les regardent-ils comme de véritables yeux, qui ne différent des grands, qu'en ce qu'ils ne font point taillés à facettes, & M. de la Hire, qui les a découverts le premier, s'étoit même imaginé qu'ils étoient les feuls & les véritables yeux de l'infecte : ces efpeces d'yeux ne fe trouvent dans aucun infecte à étui, & manquent dans un grand nombre d'autres. Dans l'impoffibilité où nous fommes de décider fi ce font de véritables yeux, & s'ils fervent réellement à la vûe, nous avons fuivi la conjecture de plufieurs Auteurs, qui paroît au moins probable, & nous leur avons confervé le nom de *petits yeux liffes*.

Après les yeux vient *la bouche* de l'infecte, qui eft encore une partie confidérable de la tête. Cette bouche eft conftruite d'une maniere très-différente, fuivant les différens infectes ; auffi nous fert-elle de caractere dans plufieurs. Les uns ont une bouche armée de fortes *machoires* qui leur fervent à broyer & déchirer les matieres dont ils fe nourriffent ; d'autres ont une *trompe* tantôt mobile, tantôt immobile, avec laquelle ils pompent les fucs, qui leur fervent de nourriture : enfin quelques-uns paroiſſent ne pouvoir prendre aucun aliment, ils n'ont qu'une trompe ſi courte, qu'elle ne peut être d'aucun uſage, telle eſt celle de quelques phalênes, ou bien ils n'en ont point du tout, & l'endroit de la bouche n'eſt marqué que par une fente légere & fort petite, comme dans les oeſtres. Ces animaux ne peuvent avec cet organe prendre de nourriture, & du reſte ils n'en ont pas beſoin. Lorſque ces inſeſtes ſont devenus animaux parfaits, lorſqu'ils ont achevé leurs métamorphoſes, lorſqu'un papillon, par exemple, après avoir vécu ſous la forme de chenille, & après avoir paſſé par l'état de chryſalide, eſt ſorti de ſa coque, & eſt devenu animal parfait, il ne lui reſte plus que de travailler à la propagation de ſon eſpece, il n'a plus à croître ni à groſſir, & l'acte de la génération eſt ſouvent fini en ſi peu de temps, que l'inſecte n'a pas beſoin ſous cette derniere forme de prendre d'alimens. Bien des papillons, après être ſortis de leurs coques, s'accouplent, pondent leurs œufs, & périſſent peu après, ſans avoir ſucé une ſeule goutte de liqueur. Il n'eſt donc pas étonnant que pluſieurs inſectes, ſous leur derniere forme, n'ayent point de bouche, ou du moins n'ayent qu'une bouche inutile. La nature n'en a pourvû que ceux qui ſont plus long-temps à faire leur ponte, ou qui doivent ſubſiſter encore quelque temps après l'avoir faite.

Outre les machoires & la trompe, la bouche des inſectes a ſouvent une autre partie facile à remarquer. Ce ſont des appendices, comme des eſpeces de petites antennes, au nombre de deux ou de quatre, qui accompagnent la bouche de pluſieurs inſectes. Les Naturaliſtes leur ont donné le nom d'*antennules*, qui leur convient aſſez. Ces antennules ſont ordinairement beaucoup plus petites que les antennes, quoiqu'elles ſe trouvent plus grandes dans le genre des coccinelles. Elles ſont compoſées de trois ou quatre articulations ou anneaux, au lieu que les antennes en ont ordinairement davantage.

Enfin, elles font placées au-deſſous & aux côtés de la bouche. Leur uſage paroît être de fervir comme d'eſpeces de mains, pour retenir les matieres que mange l'infecte & qu'il tient à ſa bouche.

La feconde partie du corps de l'infecte, celle qui vient après la tête, eſt *le corcelet*. Cette partie répond à la poitrine des grands animaux, elle tient à la tête par devant, & par derriere au ventre, par le moyen d'un étranglement fouvent fort étroit. C'eſt au corcelet que font attachées les pattes ou une partie des pattes de l'infecte. C'eſt encore au corcelet que tiennent les aîles, & les fourreaux des aîles dans les infectes aîlés. Enfin on voit fur ce même corcelet quelques-uns des organes qui fervent à la refpiration de l'animal. Examinons maintenant ces parties plus en détail.

On peut divifer le corcelet en partie poſtérieure ou dos, & en partie antérieure. *Les aîles* des infectes, qui en font pourvûs, tiennent au dos, à la partie poſtérieure du corcelet. Parmi ces infectes, pluſieurs ont quatre aîles, deux de chaque côté, tantôt égales en grandeur comme dans les demoiſelles, tantôt inégales comme dans les abeilles, les guêpes & beaucoup d'autres, qui ont les deux aîles fupérieures plus grandes, & deux autres plus petites poſées en-deſſous. La forme & la ſtructure de ces aîles varient auſſi infiniment. Les unes font formées d'une efpece de lame tranfparente, liſſe, avec quelques nervures, comme celles des abeilles : d'autres font chargées d'une infinité de nervures, qui en forment une efpece de refeau, comme celles des demoiſelles, du fourmilion, &c. quelques-unes font parfemées de taches, d'autres n'en ont point. Mais toutes ces efpeces d'aîles font nues & tranfparentes. Il y a, au contraire, d'autres infectes, tels que les papillons & les phalênes, dont les aîles font chargées des deux côtés d'une efpece de pouſſiere colorée, qui fe détache de l'aîle, & s'attache aux doigts lorfqu'on y touche. Cette pouſſiere

vûe au microfcope n'eft rien moins qu'une efpece de
farine, comme elle le paroît à la vûe. Ce font des écailles
pointues par le bout où elles font attachées à l'aîle, plus
larges & dentelées à l'autre extrémité. Quelques Naturaliftes les ont improprement nommées des plumes. Ces
écailles étant enlevées des deux côtés, l'aîle du papillon
refte tranfparente, & eft feulement entrecoupée par des
nervures affez fortes. Mais fi on regarde à la loupe cette
aîle ainfi dépouillée, on apperçoit des fillons rangés réguliérement, dans lefquels étoient implantées les écailles,
pofées par bandes les unes fur les autres, à peu près comme les rangées de tuiles fur un toit fe recouvrent mutuellement. Ce font ces écailles colorées qui enrichiffent
les aîles des papillons de couleurs fi belles & fi éclatantes.
D'autres infectes n'ont que deux aîles au lieu de quatre ;
tels font les mouches, les coufins, les tipules, &c. ces
aîles font nues, tranfparentes, & ont feulement quelques nervures. On voit cependant fur les aîles des coufins quelques écailles femblables à celles des aîles des
papillons, rangées feulement à côté des nervures ; mais
pour les appercevoir, on a befoin d'une loupe un peu
forte. Ces infectes, qui n'ont que deux aîles, femblent
en avoir été dédommagés par une petite partie, qui leur
eft propre & effentielle, & qui femble tenir lieu des
deux autres aîles qui leur manquent. C'eft une efpece
de petit *balancier*, un filet mince & court, terminé par
une boule ou bouton arrondi, qui fe trouve de chaque
côté du corcelet fous l'attache de l'aîle. Ce balancier fe
peut voir dans les mouches, où cependant il eft un peu
caché par une efpece d'appendice ou de cueilleron femblable à un commencement d'aîle tronquée, qui fe trouve dans ces infectes : mais on voit très-bien & très-diftinctement ces balanciers dans les grandes efpeces de
tipules. Leur ufage feroit-il véritablement de fervir de
contrepoids à ces infectes, lorfqu'ils volent, à peu près
comme nos danfeurs de corde fe fervent d'un long bâton

avec

avec des poids aux deux bouts ? C'est ce que la petitesse de ces parties nous empêche de penser. Ce qu'il y a de certain, c'est que ces balanciers sont très-mobiles, & que les insectes les font mouvoir fort agilement, lorsqu'ils volent.

C'est aussi au corcelet que tiennent les aîles fortes & nerveuses des insectes à étuis, ainsi que les fourreaux écailleux & durs qui recouvrent ces aîles, & qui sont articulés avec le corcelet ferme & solide de ces insectes. Mais avant que de quitter les aîles, il nous reste à dire un mot de leur structure, qui est des plus admirables. Ces aîles si minces dans la plûpart des insectes, & qui sont aussi transparentes que l'eau, sont cependant composées de deux lames fines, entre lesquelles rampent les nervures, qui portent la nourriture, l'action, & la vie à cette partie. Il ne seroit pas possible de séparer ces deux lames minces, qui sont si fortement & si intimement appliquées l'une contre l'autre, quelque dextérité que l'on employât ; & l'on ne pourroit connoître cette structure particuliere des aîles, si le hazard ne la découvroit quelquefois. Lorsque les insectes sortent de leurs coques, toutes leurs parties sont molles & comme abreuvées de liqueur, elles ont besoin de s'étendre peu à peu & de se sécher ; c'est ce qui se fait assez vîte. Les aîles sont dans le même cas que les autres parties : repliées & comme chifonnées dans la coque, elles se déployent, s'étendent & se séchent par degrés. Pendant que cette action se passe, quelquefois il s'épanche de l'air dans le tissu mince qui est entre les deux lames des aîles. Cet air les tient écartées : l'aîle reste épaisse, grosse, difforme & véritablement emphysematique. Cet état de maladie nous fait appercevoir toute la structure intérieure de l'aîle. L'air a été fourni en trop grande abondance par les vaisseaux aëriens, qui sont le long des nervures, & qui accompagnent les nerfs & les vaisseaux nourrissiers.

Nous avons dit que *les pattes*, ou du moins une partie des pattes étoit attachée à la partie antérieure du corcelet.

Tome I.　　　　　　　　　　　　　　　B

Pour concevoir cette différence , il faut faire attention
que le nombre des pattes n'eſt pas le même dans tous les
inſectes : beaucoup en ont ſix , d'autres huit comme les
araignées & les tiques ; dans quelques-uns il y en a dix ,
comme on le voit dans les crabes ; enfin certains inſectes
ſont pourvus d'un beaucoup plus grand nombre de pattes :
on en compte ſeize dans les cloportes , & certaines eſpéces de ſcolopendres & d'iules en ont juſqu'à ſoixante &
dix & cent vingt de chaque côté. Parmi ces inſectes , tous
ceux qui n'ont que ſix , huit , ou dix pattes , les portent
attachées au corcelet ; mais dans ceux où il y en a davantage , une partie de ces pattes tire ſon origine du corcelet,
& les autres naiſſent des anneaux du ventre. Dans ces derniers , les pattes qui ſe trouvent le long de leur corps , ne
pouvoient pas toutes partir du corcelet.

Ces pattes ſont ordinairement compoſées de trois parties ; la premiere qui naît du corcelet ou du corps , eſt ordinairement la plus groſſe , on peut l'appeller *la cuiſſe* ; la
ſeconde eſt jointe à celle-ci , & eſt aſſez ſouvent plus
greſle & plus longue ; nous l'appellerons *la jambe* : enfin
après cette partie , vient la troiſiéme , qui termine la
patte , & qui elle - même eſt compoſée de pluſieurs petits
anneaux articulés les uns avec les autres , & que l'on peut
appeller *le tarſe* ou le pied. Ces anneaux varient pour
le nombre , ſuivant les différens inſectes ; on en trouve
dont les tarſes ont depuis deux , juſqu'à cinq parties ,
& quelquefois davantage. Ce nombre d'anneaux ſouvent
conſidérable , ſert à multiplier les mouvemens de la patte
de l'inſecte , à peu près comme le grand nombre d'os , qui
compoſent le tarſe des pieds des grands animaux. Enfin le
pied de l'inſecte eſt terminé par deux , quatre & quelquefois ſix petites griffes crochues & fort aigues , qui ſervent à
cramponer l'animal , & qui tiennent au dernier anneau du
tarſe. Souvent , outre ces griffes ou ongles , le deſſous des
articulations du pied de l'inſecte eſt encore garni en tout
ou en partie de petites broſſes ou pelottes ſpongieuſes ,

qui s'appliquant intimement contre la furface des corps les plus liffes & les plus polis , fervent à foutenir l'infecte dans des pofitions , où il paroîtroit devoir tomber. C'eft ce que l'on voit tous les jours dans les appartemens où les mouches montent aifément le long d'une glace & s'y foutiennent. Toutes ces parties des pattes de l'infecte font articulées enfemble , de façon qu'elles fe meuvent aifément ; mais le mouvement qu'elles exécutent n'eft pas toujours le même. En général , la cuiffe dans l'endroit où elle eft articulée avec le corps , fait dans la plûpart des infectes le mouvement de genou ou de pivot , fe remuant en tout fens. Cette action eft aidée par une efpéce de piéce intermédiaire fouvent arrondie , qui fe trouve à l'origine de la cuiffe , & dont la tête eft reçue dans la cavité de l'articulation. Cependant dans quelques infectes, comme les dytiques , la cuiffe ne peut exercer que le mouvement de charniere , celui de flexion & d'extenfion , étant retenue par des efpéces d'appendices ou de lames dures : l'articulation de la jambe avec la cuiffe ne peut faire non plus que le mouvement de charniere dans prefque tous les infectes.

Les ftigmates , qui nous reftent à examiner dans le corcelet , font des ouvertures oblongues , ou ovales , en forme d'efpéces de boutonnieres , par lefquelles l'infecte refpire l'air extérieur. Ces ftigmates ne font pas propres & particuliers au corcelet ; au contraire , il y en a moins dans cette partie , que fur le ventre , dont prefque tous les anneaux en portent chacun deux , un de chaque côté latéralement , au lieu que le corcelet n'a que deux ou quatre ftigmates. On en voit diftinctement quatre , deux de chaque côté , un plus haut , l'autre plus bas , dans les infectes à deux & à quatre aîles nues ; il y en a pareil nombre dans les papillons , dont les poils ne les laiffent pas appercevoir aifément ; dans les infectes à étuis , on ne trouve que deux ftigmates fur le corcelet , un de chaque côté. Nous parlerons bientôt des ftigmates qui fe voyent

fur les anneaux du ventre , en examinant cette partie.
Peut-être fera-t-on furpris que le corcelet ait beaucoup
moins de ftigmates que le ventre , d'autant que cette partie
répondant à la poitrine des grands animaux , fembleroit.
devoir contenir feule les organes de la refpiration : mais on
n'en fera plus étonné , lorfqu'on aura examiné la ftructure.
intérieure de l'infecte , & qu'on aura vû que fes poumons.
différent infiniment de ceux des autres animaux. Les
poumons des infectes ne font que de longs tuyaux blancs ,
des efpéces de longues trachées , qui à droite & à gauche.
parcourent prefque toute la longueur de leurs corps : de
ces trachées partent de diftance en diftance des ramifica-
tions , qui vont aboutir aux ftigmates pour y pomper l'air ,
que d'autres divifions de vaiffeaux très-fins portent &
diftribuent par tout le corps de l'infecte. Il n'eft pas poffible de fe tromper fur l'ufage de ces trachées & de ces
ftigmates ; une expérience fort aifée démontre leur ufage.
Qu'on bouche exactement chacun de ces ftigmates avec
une goutte d'huile , par le moyen d'un pinceau , l'infecte
qui ne peut fe paffer d'air , ainfi que les plus grands animaux , entre en convulfion & périt bientôt : fi l'on ne bouche les ftigmates que d'un côté du corps , ce côté devient
paralytique. Nous n'entrerons pas dans un plus grand
détail fur les trachées & les ftigmates des infectes , n'ayant
pas deffein de toucher à la defcription anatomique de ces
petits animaux , qu'on peut voir en détail dans les Ouvrages de Swammerdam , Malpighi & Valifnieri. Notre
plan n'eft que de décrire leurs parties extérieures & leur
genre de vie , ainfi nous paffons à l'examen de la troifiéme & derniere partie du corps de l'infecte , qui eft fon
ventre.

　　Le ventre dans les infectes proprement dits , eft compofé
de plufieurs anneaux ou demi-anneaux , enchaffés les uns
dans les autres , par le moyen defquels il peut s'étendre , fe
raccourcir , & fe porter en différens fens. Dans les infectes
teftacés , comme les tiques , les poux , les araignées &

d'autres infectes fans aîles , on ne voit point de femblables anneaux , leur ventre paroît formé d'une feule piéce. Les crabes font auffi dans le même cas , mais au moins ils ont une queue compofée d'anneaux. Ce ventre tient antérieu- rement au corcelet ; fouvent il n'y eft attaché que par un filet fort mince. En général , il eft plus gros dans les femelles , que dans les mâles , ce qui n'eft pas étonnant , puifque dans celles-là il doit contenir une quantité con- fidérable d'œufs.

C'eft ordinairement à l'extrémité du ventre que l'on trouve *les parties de la génération* des infectes. Quelques- uns cependant , comme les mâles des demoifelles , les ont à la partie fupérieure du ventre , & les mâles des arai- gnées , encore plus finguliers , les portent à la tête. Nous examinerons ces parties plus en détail dans le Chapitre fuivant.

Le ventre , a , comme nous l'avons dit , plufieurs ftig- mates. On en obferve deux fur chaque anneau , un de chaque côté , excepté fur les derniers anneaux.

Enfin , c'eft auffi à la partie poftérieure du ventre , que plufieurs infectes portent *les aiguillons* dont ils font armés. Ces aiguillons , qui partent de deffous le dernier anneau , font de différentes formes & d'un ufage différent : les uns font aigus & pointus , les autres font faits en une efpéce de fcie , d'autres en tariere ; il y en a qui ne fervent à l'in- fecte qu'à fe défendre & à bleffer fes ennemis , d'autres au contraire ne peuvent nuire , leur ufage eft feulement de percer les endroits où les infectes dépofent leurs œufs.

CHAPITRE II.

De la génération des Insectes.

LES anciens Philosophes s'étoient imaginés que les infectes naissoient de la pourriture , & que des corps organisés , vivans & aussi bien composés , devoient leur existence à une espéce de hazard. Cette erreur transmise d'âge en âge & soutenue par de grands Naturalistes , a duré jusques dans le dernier siécle. Rhedi, l'un des plus habiles observateurs qu'ait produit l'Italie , fut un des premiers qui fit voir l'absurdité de cette opinion , & le démontra par des expériences incontestables : il prouva que tous les infectes naissoient , comme les autres animaux , d'autres infectes de même espéce , fécondés par un accouplement qui avoit précédé.

La génération des infectes est donc semblable à celle des autres êtres animés : ils s'accouplent , ils font distingués par le sexe , & tous les individus parmi ces petits animaux font ou mâles ou femelles ; il faut cependant en excepter quelques genres d'infectes , tels que les abeilles , les fourmis &c. dans lesquels outre les individus mâles & femelles , il y en a encore d'autres en plus grand nombre qui n'ont aucun sexe , & que plusieurs Naturalistes ont appellés les *mulets* , parce qu'ils ne font pas propres à la génération : mais ces espéces de mulets proviennent eux-mêmes des mâles & des femelles du même genre qui se font accouplés , ainsi ils rentrent dans la régle générale que nous avons établie.

On peut donc assurer que tous les infectes font ou mâles , ou femelles , ou enfin mulets , ce qui ne se rencontre que dans quelques genres ; & que l'action réciproque du mâle & de la femelle , est nécessaire pour la production de nouveaux individus.

Les parties qui diſtinguent les mâles d’avec les femelles,
ſont de deux ſortes : les unes n’ont point de rapport à la
génération, & les autres ſont abſolument néceſſaires pour
la produire. Parmi celles ci, les unes ſont extérieures &
les autres ſont intérieures ; nous ne décrirons que les premieres, ne voulant point entrer dans le détail anatomique
des inſectes.

En général, quelqu’un qui connoît un peu les inſectes,
diſtingue ſouvent à la premiere vûe, un mâle d’avec une
femelle, par pluſieurs marques extérieures qui ne dépendent point des parties du ſexe & n’y ont aucun rapport.
Premiérement la groſſeur du corps & particuliérement
celle du ventre eſt différente. Dans les grands animaux les
mâles ſont aſſez ordinairement plus gros que leurs femelles ; dans les inſectes c’eſt tout le contraire, les mâles
ſont preſque toujours plus petits : il y a même certains
mâles qui ſont d’une petiteſſe énorme par rapport à leurs
femelles. J’ai vû des fourmis accouplées, dont le mâle
étoit ſi petit qu’il ne faiſoit pas la ſixiéme partie de la groſſeur de ſa femelle ; il eſt de même des cochenilles &
des kermès ; la femelle eſt aſſez groſſe, tandis que le mâle
reſſemble à un très-petit moucheron, qui court & ſe promene ſur le corps immobile de ſa femelle, comme ſur un
vaſte champ. La diſproportion n’eſt pas à beaucoup près ſi
grande dans beaucoup d’autres inſectes, mais au moins les
femelles ont le ventre beaucoup plus gros que leurs mâles, ce qui étoit néceſſaire, puiſqu’il doit être capable de
contenir une quantité prodigieuſe d’œufs. Une autre différence ſouvent aſſez notable dans les inſectes de différens
ſexes, conſiſte dans la forme & la grandeur de leurs antennes ; elles ſont ordinairement plus grandes dans les mâles :
qu’on examine un hanneton mâle, & ſa femelle ; celle-ci a
les feuillets qui terminent ſes antennes, courts & petits,
tandis que le mâle les a grands & apparens : la même
choſe s’obſerve dans preſque tous les inſectes à étuis, mais
dans beaucoup d’autres genres, il y a une autre différence

encore plus fenfible dans les antennes : c'eft particuliérement dans certaines phalênes, plufieurs tipules & quelques
autres infectes , dont les antennes font barbues comme les
côtés d'une plume , qu'on peut obferver cette différence :
leurs mâles ont leurs antennes à plumes ou à barbes grandes , larges & belles , imitans une efpéce de panache , tandis que celles des femelles ont des barbes fi étroites , que
fouvent même elles ne paroiffent pas , & qu'on les croiroit
compofées d'un feul & fimple filet.

Une troifiéme différence de certains infectes mâles &
femelles , dépend des cornes ou appendices de la tête , ou
du corcelet ; par exemple le fcarabé , appellé moine ou capucin , le boufier qui lui reffemble , & d'autres infectes
femblables , ont des cornes , ou à la tête , ou au corcelet ,
qui ne fe trouvent que dans les mâles , & qui manquent
abfolument aux femelles : c'eft à peu près comme les cornes des beliers que la nature a refufées aux brebis. On voit
dans le petit comme dans le grand , que les mâles des
animaux ont reçu plufieurs parties qui leur fervent , ou de
parure , ou de défenfe , tandis que les femelles en font
privées.

C'eft ce qu'on obferve encore par rapport à une quatriéme différence , qui fe remarque entre certains infectes
mâles & femelles : cette derniere confifte dans les aîles ,
qui manquent à plufieurs femelles , tandis que les mâles
en font pourvûs. Dans la plûpart des fections d'infectes, on
peut obferver quelques efpéces qui font dans ce cas.
Parmi les infectes à étuis , le vers luifant femelle n'a ni
aîles ni étuis, les uns ni les autres ne manquent point à fon
mâle : les hemipteres ou infectes à demi étuis nous, offrent
un pareil exemple dans les kermès & les cochenilles.
Il en eft de même des infectes à aîles couvertes d'écailles :
quelques phalênes ont des femelles qui n'ont point d'aîles ,
ou qui n'en ont tout au plus que des moignons informes ,
comme la phalêne de la chenille à broffe & quelques
autres ; quelques ichneumons dans la fection des infectes à

quatre

quatre aîles nues, ont des femelles fans aîles, qui reffemblent à des mulets de fourmis à la premiere vûe : il n'y
a guères que parmi les infectes à deux aîles, qu'on ne
remarque aucune efpéce où cette différence fe trouve.

Mais toutes ces différences ne font point effentielles à la
génération, elles ne fe rencontrent que dans un certain
nombre d'efpéces : la véritable diftinction des mâles d'a-
vec les femelles, confifte dans les parties du fexe. Ces
parties font, comme nous l'avons dit, affez ordinairement
placées à l'extrémité du ventre : dans la plûpart des infectes mâles, fi l'on preffe le ventre, on fait fortir par l'ouverture qui eft à fon extrémité deux efpéces de crochets fouvent bruns, affez durs, & en preffant encore plus fort par
gradation, ces deux crochets s'entrouvrent, & on voit
paroître entr'eux une partie oblongue, qui eft la véritable
partie du mâle : les crochets fervent à l'infecte à s'accrocher & à fe cramponer après fa femelle, & lorfqu'une fois
il l'a faifie, la véritable partie néceffaire à la génération fait
fon office : dans l'état ordinaire ces parties paroiffent peu,
il faut comprimer le ventre pour les découvrir ; mais
lorfque le mâle preffé par des mouvemens amoureux,
veut careffer fa femelle, il pouffe lui-même au dehors ces
parties, qui font enflées & tendues.

Il en eft de même de la femelle, dont les organes font
cachés dans l'intérieur du ventre : lorfqu'on le preffe, on
ne voit point fortir les deux crochets qui s'apperçoivent
dans le mâle, on ne fait paroître tout au plus qu'une
efpéce de canal ou conduit, qui lui fert comme de vagin,
dans lequel le membre du mâle s'introduit, & par lequel
les œufs fortent, lorfqu'ils font dépofés dans le tems de
la ponte.

Telles font les parties du fexe qui fe voyent au-dehors
& par lefquelles on peut aifément reconnoître les infectes mâles & les femelles.

Dès que l'on voit, en comprimant le ventre, deux crochets avec une efpéce de membre au milieu, on peut

aſſurer que cet inſecte eſt un mâle ; ſi au contraire il ne ſort
rien , ou qu'il n'y ait qu'un ſimple conduit , c'eſt une
femelle. Nous n'entrons point dans le détail des parties
intérieures beaucoup plus nombreuſes & plus admirables.
On peut conſulter ſur cet article Swammerdam , Malpighi & d'autres , qui ont traité à fond l'anatomie des inſectes. Pour nous , nous ne décrivons que leur figure extérieure , leur vie , leurs mœurs : nous nous bornons à écrire leur
hiſtoire , & un Hiſtorien n'eſt pas obligé de donner une
deſcription anatomique des peuples dont il parle.

Les parties que nous venons de décrire , ſe trouvent
dans tous les inſectes , excepté dans les mulets de certains
genres , qui n'ont point de ſexe. Ces derniers ſont inutiles
pour la propagation de l'eſpéce. Quant aux autres , un
de leurs premiers ſoins eſt de la multiplier , en s'accou-
plant mutuellement : cet accouplement s'opére au moyen
des crochets dont le mâle eſt pourvû aſſez ordinairement :
le mâle comme le plus laſcif , monte amoureuſement ſur
la femelle , l'agace , va & vient autour d'elle ; celle-ci
commençant à participer aux mouvemens qui agitent le
mâle , étend ſon ventre , entr'ouvre la fente qui eſt à l'extrémité , en fait ſortir le canal de la matrice , que le mâle
ſaiſit avec ſes crochets : pour lors le reſte de l'accouplement eſt aiſé , il conſiſte dans l'introduction de la partie
mâle. Dans quelques inſectes cet accouplement eſt long ,
ils reſtent quelquefois des journées entieres unis enſemble ; ils marchent , ils volent même dans cette attitude ,
ſans que le mâle lâche la femelle , comme on le voit tous
les jours dans les papillons blancs des jardins ; dans d'autres , comme les mouches , il eſt plus court ; ſouvent ces
accouplemens ne ſont pas uniques ; un mâle a-t-il quitté
une femelle , quelquefois un autre la reprend & l'attaque
de nouveau. Certains inſectes même qui ne ſont pas leur
ponte tout de ſuite , s'accouplent dans l'intervalle de
chaque ponte.

Outre cette maniere de s'accoupler , qui eſt la plus

commune parmi les infectes ; il y en a encore quelques
autres , que pratiquent certains genres d'infectes , dont
quelques-unes paroiffent fort finguliéres & dépendent de
la pofition & de la fituation des parties du fexe. Nous verrons par exemple dans la fuite en parlant des demoifelles ,
que leur mâle a les crochets fitués à l'extrémité du ventre
comme la plûpart des infectes , mais que la partie la plus
néceffaire à la génération eft placée à l'origine de ce même
ventre proche le corcelet , tandis que fa femelle a l'orifice
du vagin vers la queue. Cette conftruction rend l'accouplement fort différent : le mâle fe fert à la vérité de fes
crochets pour faifir la femelle , mais il ne la prend point à
la queue , jamais il ne pourroit faire parvenir à cet endroit
le haut de fon ventre où eft la partie de fon fexe ; il accro-
che la tête de la femelle , il la faifit au col avec l'extrémité de fa queue , mais lorfqu'il la tient ainfi , il n'en
paroît pas plus avancé ; il femble que l'accouplement
ne pourra jamais fe faire , & réellement il ne fe feroit
point , fi la femelle ne faifoit le refte de l'ouvrage : celle-ci
ainfi ferrée & fatiguée par le mâle qui ne la quitte point , &
peut-être charmée de fe voir ainfi prevenue , condefcent à
fes défirs : elle recourbe en devant fon ventre qui eft fort
long & en fait parvenir l'extrémité jufqu'au deffous du
corcelet du mâle , à l'endroit où fe trouvent fes parties :
pour lors l'accouplement eft parfait. La femelle refte ac-
crochée par un double lien : fa tête eft prife par l'extrémité du ventre du mâle , tandis que fa queue eft unie
à l'origine de ce même ventre ; elle forme une efpéce de
cercle. Il en eft de même des araignées dont l'accouplement a fait jufqu'ici un point d'hiftoire naturelle difficile
à connoître. Ces infectes portent leurs parties mâles à la
tête & leurs femelles les ont fous le ventre : ce font donc ,
dans leurs accouplemens , ces efpéces de bras des mâles
qui vont chercher la partie des femelles. Nous expliquerons cet article plus en détail , en traitant les genres des
infectes en particulier.

C ij

Lorſque l'accouplement eſt accompli , ſouvent les mâles des inſectes périſſent très-peu de tems après ; ils ſont
épuiſés & languiſſans : la nature ne les avoit deſtinés qu'à
féconder leurs femelles ; dès qu'elle a pourvû à la propagation de l'eſpéce , ces mâles deviennent inutiles ; il n'en
eſt pas de même des femelles , elles vivent aſſez ordinairement un peu plus que leurs mâles ; il faut qu'elles faſſent
leur ponte , mais lorſqu'elle eſt faite , elles périſſent auſſi
bientôt.

Cette ponte dans la plûpart des inſectes , conſiſte à dépoſer leurs œufs. Je dis dans la plûpart des inſectes , car il
y en a quelques-uns , qui ne font pas des œufs , mais des
petits tous vivans : ces inſectes ſont vivipares. Cette différence paroît d'abord aſſez ſinguliere. Toute la claſſe des
animaux quadrupedes eſt vivipare , ces animaux font tous
des petits ſemblables à eux & vivans : les oiſeaux au contraire ſont tous ovipares , tous pondent des œufs & aucun
ne fait des petits vivans. Il ſembleroit donc que la nature
devroit être uniforme dans les autres claſſes d'animaux ;
mais c'eſt tout le contraire : parmi les poiſſons , le grand
nombre fait des œufs , mais quelques-uns font des petits ,
tels que tous les poiſſons qui approchent des baleines. Il
eſt vrai que ce genre de poiſſons tient beaucoup des quadrupedes , qu'il en a tous les caracteres , enſorte qu'il n'eſt
pas étonnant qu'il leur reſſemble en cet article comme
dans beaucoup d'autres. Mais ſi nous ſuivons les autres
claſſes , nous verrons que dans toutes il y a des animaux
qui mettent leurs petits au monde de l'une & de l'autre
façon ; que dans toutes il y a des animaux ovipares &
vivipares ; & pour commencer par les reptiles ou amphibies , la plûpart font des œufs , mais la vipere eſt vivipare ,
& c'eſt pour cette raiſon qu'on lui a donné le nom de
vipere. Les vers font une claſſe compoſée d'animaux preſque tous ovipares , quelques-uns néanmoins ſont vivipares tels que la came des rivieres , une coquille turbinée ,
qui porte le nom de vivipare , & quelques autres.

Les inſectes ne ſont donc pas les ſeuls animaux qui renferment dans leur claſſe des eſpéces ovipares & d'autres
vivipares. Il eſt vrai que les dernieres ſont en petit nombre ;
nous n'avons que les cloportes , les pucerons , & quelques
eſpéces de mouches , qui faſſent des petits vivans : tous les
autres inſectes ſont ovipares. Les œufs, que pondent ces inſectes , varient beaucoup pour la figure ; il y en a de ronds,
d'oblongs & de toutes ſortes de formes ; quelques-uns ſont
aigrettés , ou bien ornés d'une eſpéce de couronne de
poils : ils varient auſſi pour les couleurs. Nous dirons quelque choſe de tous ces œufs différens , dont quelques - uns
ſont admirables , en traitant les inſectes en détail. Nous
remarquerons ſeulement ici que ces œufs ſont ſouvent
en très-grand nombre , par centaines , par milliers , &
qu'en général les inſectes ſont très-féconds ; il ſemble que
plus les animaux ſont petits , plus la nature les a multipliés.
Les grands animaux ne font qu'un petit à la fois , & le
portent long-tems : une vache ne fait qu'un veau par an ;
d'au res quadrupedes plus petits multiplient davantage. La
fécondité des lapins paroît ſinguliere , mais elle n'approche
pas de celle de la plûpart des inſectes. Suivant les calculs
qu'en ont fait pluſieurs Auteurs , une ſeule abeille femelle,
celle que l'on appelle la reine , donnera elle ſeule naiſſan-
ce à deux , trois , & quatre eſſaims dans une année , & le
moindre de ces eſſaims eſt ſouvent compoſé de quinze ou
ſeize mille abeilles. Les papillons & nombre d'autres
inſectes ne multiplient guères moins. Une pareille fécondité étoit néceſſaire pour conſerver ces eſpéces d'animaux , qui , ſervant de nourriture à pluſieurs autres ,
ſont continuellement expoſés à devenir la proie d'un nombre infini d'ennemis. Nous verrons , en parlant de la nourriture des inſectes , que ces petits animaux ſe tendent des
piéges , ſe dévorent les uns & les autres , tandis qu'ils ſont
expoſés à être dévorés par les oiſeaux , les reptiles , les
poiſſons , & nombre d'autres animaux.

Lorſque les inſectes dépoſent leurs œufs , la plûpart le

font avec un foin qui fembleroit demander la plus grande
intelligence, fi l'on ne fçavoit qu'ils font conduits & diri-
gés par une intelligence fupérieure, qui prend autant de
foin des plus petits infectes, que de l'animal le plus grand
& le plus parfait. En général, la mere a la précaution
de placer fes œufs dans un endroit où les petits naiffans
feront fûrs de trouver la nourriture qui leur conviendra.
L'infecte fe nourrit-il d'une plante particuliere, c'eft fur
cette plante que fe trouvent fes œufs : s'il fe nourrit de racines ou de bois, les œufs font dépofés dans la terre ou
fous les écorces des arbres, quelquefois même dans la
fubftance du bois.

Les matieres les plus fales & les plus dégoûtantes fourniffent la nourriture de quelques infectes, lorfqu'ils font
jeunes : leur mere, qui depuis long tems a quelquefois
abandonné ce fale domicile, va le chercher de nouveau,
lorfqu'elle veut faire fa ponte, inftruite que fes petits
y trouveront un aliment convenable. Beaucoup d'infectes,
qui après avoir paffé une partie de leur vie dans l'eau, font
devenus enfuite habitans de l'air, vont retrouver les bords
ou la furface de l'eau, pour y dépofer leurs œufs : enfin, il
y a des infectes dont les petits fe nourriffent d'autres infectes dans leur jeuneffe & fous leur premiere forme ; la
mere, qui depuis fa transformation, ne peut nuire à ces
mêmes infectes, qui ne leur touche feulement point, fçait
aller dépofer fes œufs au milieu d'eux, fouvent fur
leur corps, & même quelquefois dans leur intérieur, afin
que fes petits puiffent trouver en naiffant l'aliment que
la nature leur a deftiné.

Une autre prévoyance que femblent avoir les infectes,
c'eft de mettre leurs œufs, autant qu'il eft poffible, à l'abri
du froid & des ennemis qui pourroient les dévorer. Nous
avons dit que quelques-uns les enfonçoient en terre,
d'autres les dépofent dans le parenchyme des feuilles des
arbres & des plantes, entre les deux membranes qui compofent ces feuilles. Quelques-uns comme les araignées,

les enveloppent d'un tiſſu ſoyeux très-fin & délicat , que
pluſieurs portent avec elles : d'autres comme certaines
phalênes les recouvrent de poils qu'ils détachent de leur
propre corps , & qui les dérobant à la vûe , les défendent
du froid extérieur : d'autres enfin les cachent entre les
poils des grands animaux , dont la chaleur les fait éclore.
Tant d'induſtrie de la part de ces petits animaux , doit
nous faire admirer de plus en plus la grandeur du Créateur,
dont la ſageſſe infinie ne brille pas moins dans les corps de
la nature les plus petits & les plus vils à nos yeux , que dans
ceux qui nous paroiſſent les plus ſurprenans & les plus
dignes de notre attention.

CHAPITRE III.

Des métamorphoſes ou du développement des Inſectes.

L ES animaux de claſſes différentes de celle des infectes , naiſſent tous ou preſque tous avec la même forme
qu'ils auront toute leur vie.

Un quadrupede au ſortir du ventre de ſa mere , eſt un
vrai quadrupede , dont tous les membres bien développés
conſervent la même figure juſqu'à la plus grande vieil-
leſſe : s'il lui arrive quelques changemens , ils ne conſiſtent que dans la grandeur & la proportion , & nullement
dans la conformation des parties. Il en eſt de même des oiſeaux , qui au ſortir de l'œuf paroiſſent ſous la même forme qu'ils conſerveront juſqu'à la mort. Quelques inſectes
ſont dans le même cas , mais ce n'eſt pas le plus grand
nombre. En général , tous les inſectes qui n'ont point
d'aîles , à l'exception de la puce ſeule , naiſſent avec la
même figure qu'ils doivent avoir toute leur vie : le cloporte , par exemple , qui eſt vivipare , ſort du ventre de ſa mere avec toutes les parties qui conſtituent un véritable cloporte ; l'araignée qui vient d'un œuf, ſort de cet œuf avec

le corps, les pattes & toutes les autres parties qui se font
voir dans les grandes araignées : il en est de même des
tiques, des poux, des scolopendres & des autres insectes
dépourvûs d'aîles que nous avons désignés au commencement, par le nom d'insectes crustacés : tous ne différent
de leur mere que par la grandeur, à cela près ils conser-
vent la même figure dans la jeunesse & dans leur âge
parfait.

Mais les autres insectes, ceux qu'on peut appeller insectes proprement dits, ne sont pas dans le même cas. Souvent lorsqu'ils paroissent au jour, lorsqu'ils percent l'œuf
dans lequel ils étoient renfermés, ils ne ressemblent nullement à ceux qui leur ont donné le jour. Avant même que
de parvenir à cette derniere forme, ils passent par plusieurs
autres : ce sont ces différens changemens des insectes
auxquels on a donné, peut-être sans trop de fondement, le
nom de métamorphoses. Nous allons d'abord en rapporter
quelques exemples.

Que l'on prenne les œufs que dépose un papillon ; au
bout de quelque tems, les œufs éclosent, il en sort un
animal ; mais ce n'est pas un papillon semblable à celui qui
a donné naissance à l'œuf, c'est une chenille qui paroît en
différer beaucoup. Cette chenille est donc la premiere
forme, sous laquelle paroît à nos yeux le papillon au sortir
de l'œuf ; c'est sous cette forme que cet insecte croît &
grossit, c'est sous cette forme qu'il change plusieurs fois de
peau, avant que de parvenir à sa derniere grosseur ; lorsqu'une fois il y est parvenu, pour lors il se fait un second
changement, cet insecte change encore de peau, il se
dépouille, non plus comme les premieres fois, pour paroître sous la figure de chenille, mais sous celle de nymphe ou
de chrysalide. C'est le second état du papillon, dans lequel il
reste pendant quelque tems, sans pouvoir marcher, presque sans mouvement, & sans prendre de nourriture, jusqu'à ce que de cette nymphe il sorte un papillon. Dans ce
troisiéme & dernier état, l'animal ressemble à celui qui lui

a donné naiffance ; il n'a plus de changemens à fubir ; il eft propre à la génération ; en un mot il a acquis toute fa perfection , c'eft un animal parfait , au lieu que dans les deux premiers états qui avoient précédé , il ne faifoit que croître , prendre de la nourriture & fe développer fucceffivement.

Qu'on obferve les mouches , on verra les mêmes changemens , ou au moins des métamorphofes très-approchantes. Une mouche , par exemple , dépofe fes œufs fur la viande , ce qui n'arrive que trop fouvent , & la fait corrompre ; obfervons l'œuf qu'elle a dépofé , au bout de quelques jours , nous en verrons fortir une efpece de vers , qui répond à la chenille du papillon , c'eft le premier état de la mouche. Ce vers fe nourrit , groffit , & lorfqu'il eft parvenu à fa derniere grandeur , il paffe à l'état de nymphe , au fecond état des infectes à métamorphofes. Il eft vrai que cette nymphe différe de celle du papillon , l'infecte ne quitte point fa peau , mais cette peau fe durcit , forme une efpéce de coque , dans laquelle eft la véritable nymphe , qui refte dans cet état fans prendre de nourriture & fans mouvemens. Enfin à ce fecond état , fuccéde au bout de quelques jours le troifiéme ; de cette nymphe , de cette efpéce de coque fort une mouche parfaite , femblable à la mouche mere. La mouche fous fa premiere forme a pris tout fon accroiffement , lorfqu'elle fort de fa coque elle n'a plus à croître , c'eft un infecte parfait. Tels font les changemens ou métamorphofes que tout le monde peut aifément obferver dans les infectes.

Ainfi ceux d'entre ces animaux , qui font fujets à ces changemens , paffent par trois états différens.

Le premier eft celui qu'ils ont au fortir de l'œuf : l'infecte pour lors reffemble à une efpéce de vers , & réellement on lui donne fouvent ce nom. On appelle vers de mouches ceux qui fe trouvent dans la viande , vers de chair pourrie , ou vers de bouze de vache , plufieurs qui donnent des infectes à étuis. Mais comme le nom de vers

appartient plus particuliérement à une claſſe d'inſeɛtes ,
qui reſtent toute leur vie ſous la même forme , comme les
vers de terre &c. nous croyons devoir donner un autre
nom aux inſeɛtes , pendant ce premier état de leur vie :
celui de chenille a déja été donné à quelques-uns ; mais il
eſt conſacré principalement aux papillons & aux phalênes. Quelques Auteurs ont appellé ces vers d'inſeɛtes
larva , comme qui diroit *maſque* , parce que ſous cette
figure l'inſeɛte eſt comme maſqué. Nous traduirons ce mot
par un mot françois , & nous appellerons les inſeɛtes dans
ce premier état , *larves*. On eſt ſouvent obligé d'employer
des expreſſions nouvelles , lorſqu'on a à traiter des ſujets
neufs & ſur leſquels on a peu écrit. Ces inſeɛtes dans
ce premier état , ces larves varient beaucoup , ſuivant les
différens genres d'inſeɛtes : en général cependant , elles
ont toutes le corps compoſé d'un nombre d'anneaux. Quelques-unes ont des antennes , beaucoup d'autres n'en ont
point ; beaucoup ont leur tête dure & écailleuſe , comme
les chenilles & les larves d'inſeɛtes à étuis ; d'autres ,
comme celles des mouches ont des têtes molles , dont
la forme eſt changeante & variable : dans pluſieurs , on
diſtingue aiſément la tête , le corcelet & le ventre ; dans
d'autres , il n'eſt pas aiſé d'aſſigner la diſtinɛtion de chacune de ces parties , elles ſemblent continues & confondues
enſemble ; dans certaines , on ne diſtingue pas aiſément la
ſéparation du corcelet d'avec le ventre. La plus grande
partie de ces larves a des pattes : les unes n'en ont que ſix ,
placées vers leur corcelet , telles que les larves de tous les
inſeɛtes à étuis & pluſieurs autres : d'autres en ont davantage , comme les chenilles , qui ont dix , douze & plus ordinairement juſqu'à ſeize pattes , & les larves des mouches à ſcie , que M. de Reaumur a nommées fauſſes chenilles , à cauſe de leur reſſemblance avec les chenilles ,
qui ont toutes plus de ſeize pattes , ſouvent juſqu'à vingt-
deux. Mais parmi ce nombre de pattes , il n'y a que les ſix
premieres qui ſoient dures & écailleuſes. Ce ſont ces ſix

pattes qui répondent à celles que doit avoir par la suite l'insecte parfait, les autres font mollaffes & reffemblent à des mamelons, bordées ordinairement en tout ou en partie d'un nombre confidérable de petits crochets ; d'autres larves au contraire, telles que celles des mouches & d'autres animaux approchans, n'ont point de pattes, elles rampent comme les vers, ce qui leur a fait donner par plufieurs Naturaliftes le nom de vers : enfin différentes larves ont des aigrettes, des tuyaux qui leur fervent à refpirer, & qui en même tems femblent leur fervir d'ornemens. C'eft ce qu'on obferve principalement dans les larves aquatiques. Nous entrerons dans tous les détails de ces différences, en parlant des larves de chaque genre d'infecte en particulier.

C'eft fous cette premiere forme que l'infecte prend tout fon accroiffement. On voit tous les jours la larve groffir ; auffi l'infecte dans cet état mange-t-il beaucoup. Qu'on examine un vers à foye, qui n'eft que la larve d'une efpéce de phalêne, qu'on l'examine, dis-je, au fortir de l'œuf, & qu'on le confidere de nouveau huit ou dix jours après, on auroit peine à croire que c'eft le même animal, tant il eft groffi. Mais comme la peau de la larve ne pourroit pas fe prêter à un accroiffement fi fubit, & fe diftendre affez facilement, la nature femble avoir enveloppé l'infecte de plufieurs peaux les unes fur les autres. Lorfque l'infecte eft un peu groffi, il quitte fa premiere peau, fa peau extérieure, & pour lors, il paroît enveloppé de celle qui étoit deffous. Cette feconde étoit probablement pliée & refferrée fous la premiere ; il la garde jufqu'à ce que l'accroiffement de fon corps la rende trop étroite ; pour lors elle fe fend comme la premiere, il s'en débarraffe & paroît avec la troifiéme, qui étoit cachée fous cette feconde, & qui refferrée & pliffée fous elle, fe développe & s'étend lorfqu'il en eft débarraffé. Ces changemens de peau s'obfervent aifément dans les vers à foye : la plûpart des larves l'exécutent de même & le répétent quatre ou

cinq fois & même davantage dans quelques genres. Lorfque l'infecte eft prêt à fubir ce changement, qu'il va quitter fa peau, il refte pendant quelque tems fans manger ; il
eft prefqu'immobile ; il paroît malade, & réellement
il doit l'être ; ce n'eft pas une petite opération pour lui,
fouvent même il y périt. Quand il eft refté quelque
tems dans cet état, fa peau commence à fe fendre fur
le dos, un peu au-deffous de fa tête ; il femble que pour
la faire fendre, l'infecte fe gonfle & fe retrécit alternativement à cet endroit : lorfqu'une fois la fente a commencé
à fe faire, il eft plus aifé à l'infecte de l'augmenter, &
enfin il parvient à retirer fa tête & enfuite fon ventre
de l'intérieur de l'ancienne peau, & à s'en débarraffer entiérement. On concevra aifément combien une telle opération doit coûter de peine & de travail à l'infecte, fi l'on
confidere la peau qu'il vient de quitter & qu'on l'étende.
On verra que non-feulement fon corps a mué, mais que
chaque partie jufqu'aux plus petites, tout en un mot a
changé de peau.

Les pattes de l'infecte paroiffent dans la peau qu'il a
quittée, mais creufes & vuides ; il en eft de même des
antennes, des différentes appendices, tubercules &c. il a
fallu que l'infecte retirât & dégageât toutes ces parties de
l'ancienne peau, à peu près comme nous tirons la main de
dedans un gant. Tout, jufqu'au poil de l'infecte, s'eft tiré
de dedans fon fourreau : bien plus les ftigmates auxquels
aboutiffent les canaux aëriens qui font dans l'intérieur du
corps de l'infecte, ces ftigmates qui fe trouvent dans
les larves comme dans les infectes parfaits, quoique fouvent différemment placés & conftruits, paroiffent dans la
dépouille que quitte l'animal, mais ils n'y font point d'ouverture ; il fe détache de deffus le ftigmate une pellicule
mince, qui tient au refte de la peau ; enfin les yeux même
fe font dépouillés avec le refte ; il n'eft aucune partie
du corps qui en foit exempte. Il y a cependant des chenilles velues dont les poils ne muent pas avec le refte du

corps. On trouve bien tous les poils attachés à la dépouille de l'infecte, & lorfqu'il a mué, il paroît auffi velu qu'auparavant : mais ces nouveaux poils n'étoient pas renfermés dans ceux que l'infecte a quittés, comme dans des gaines, ainfi que les autres parties : ils étoient exiftans & couchés fous la premiere peau, & dès que cette peau eft dépofée, ils fe redreffent & paroiffent à la place des anciens : probablement ces infectes doivent avoir un peu plus de facilité à changer de peau, ces poils doivent aider l'ancienne dépouille à s'enlever.

Nous avons dit que cette opération fi difficile & fi laborieufe fe répétoit plufieurs fois, jufqu'à ce que l'infecte fût parvenu à fa derniere groffeur ; pour lors, il paffe à fon fecond état que nous allons examiner.

Pour opérer cette métamorphofe, la larve change une derniere fois de peau, elle fe dépouille à peu près de la même maniere qu'elle a déja fait ; mais au lieu de paroître fous la même forme, elle en prend une qui ne reffemble guères à celle qu'elle avoit. Les Naturaliftes ont appellé les infectes, lorfqu'ils font fous cette feconde figure, *nymphes*, peut-être parce que plufieurs de ces nymphes femblent emmaillotées & comme chargées de bandelettes. Parmi ces nymphes, quelques-unes font dorées & brillantes, ce qui les a fait appeller *chryfalides* (*chryfalis*, *aurelia*). Ces nymphes varient beaucoup pour la forme, la couleur, le mouvement, ou le défaut d'action, & mille autres circonftances. Quelques Auteurs même ont voulu fe fervir de ces différences de nymphes, pour ranger les infectes en différens ordres. De ces nymphes, les unes n'ont aucun mouvement, les autres vont, viennent & marchent comme les larves ; les unes ne reffemblent prefqu'en aucune façon à un infecte, mais repréfentent feulement un corps oblong, dans lequel on apperçoit quelques anneaux & différentes éminences & cavités, ce qui leur a fait donner en François par quelques Auteurs le nom de *feve* : dans d'autres au contraire, on diſtingue tous les membres & toutes les parties de l'inſecte. Nous ne nous arrêterons point aux noms différens qu'ont reçus ces différentes formes de nymphes , & pour éviter la confuſion , nous appellerons indiſtinctement tous les in-ſectes qui ſont dans ce ſecond état , *nymphes* ou *chry-ſalides.*

Nous diſtinguerons en général quatre différentes formes de ces nymphes ou chryſalides.

La premiere qui s'obſerve dans les papillons , les phalê-nes & quelques autres inſectes , reſſemble peu à un ani-mal : on ne diſtingue preſqu'aucune de ſes parties , on n'apperçoit que quelques anneaux qui forment le bas de la nymphe , & dans le haut , on voit ſur l'extérieur de cette chryſalide , les impreſſions ſouvent peu diſtinctes des an-tennes , des pattes & des aîles. Cette eſpéce de nymphe n'a de mouvement que celui que peuvent produire les anneaux de ſon ventre , qui eſt léger & ne peut guères la faire changer de place. La peau de cette premiere eſpéce de chryſalide eſt ordinairement dure , épaiſſe , ſéche & comme cartilagineuſe.

Dans la ſeconde eſpéce de nymphe , il n'en eſt pas de même : on diſtingue aiſément toutes les parties de l'inſecte ; elles ne ſont point recouvertes d'une peau dure & coriace , mais d'une ſimple pellicule , qui enveloppe les parties ſéparément : auſſi cette chryſalide eſt-elle molle , & ſi on la touche , on la bleſſe aiſément. Cette ſeconde eſpéce n'a guères plus de mouvemens que la pre-miere. On en voit des exemples dans les inſectes à étuis , dans beaucoup d'inſectes à quatre aîles nuës , tels que les abeilles , les ichneumons , les gueſpes , & dans les inſectes à deux aîles , comme les mouches , &c.

La troiſiéme eſpéce de nymphe différe des précéden-tes , en ce que ſes parties ſont aſſez développées & paroiſ-ſent aux yeux , & que de plus la nymphe va & vient , & a même ſouvent des mouvemens fort vifs : telles ſont les nymphes des couſins & de quelques eſpéces de tipules ,

qui reſſemblent beaucoup aux couſins. Ces ſortes de nymphes ne ſe voyent guères que parmi les inſectes qui paſſent
le premier & le ſecond état de leur vie dans l'eau. Elles
reſſemblent aux deux premieres eſpéces, en ce que les inſectes ſous cette forme ne prennent aucune nourriture, &
elles n'en différent que parce que ces nymphes ont la
faculté de ſe mouvoir.

Enfin la quatriéme & derniere eſpéce de nymphe eſt
celle qui s'éloigne le plus des précédentes. Ces eſpéces de
nymphes, outre la faculté de ſe mouvoir & de marcher,
ont encore celle de prendre de la nourriture ; elles reſſemblent plus à des inſectes parfaits, ou à des larves, qu'à de
véritables nymphes ; elles ont des antennes, des pattes,
& beaucoup d'autres parties ſemblables, bien développées, dont elles font uſage. Telles ſont pluſieurs nymphes
aquatiques, telles que celles des demoiſelles, des éphe-
meres & d'autres inſectes ; telles ſont parmi les nymphes
terreſtres, celles des punaiſes, des ſauterelles, des grillons, & nombre d'autres, qui ne différent preſque de
l'inſecte parfait, que par le défaut d'aîles. Leurs aîles
ne ſont point développées, elles ſont entaſſées, pliſſées,
& forment des eſpéces de boutons, ou moignons d'aîles
attachés au corcelet : à cela près, ces nymphes reſſemblent tout-à-fait à l'inſecte parfait : mais quoique ces dernieres nymphes ſoient beaucoup plus formées que les précédentes, ces inſectes ne peuvent cependant ſous cette
forme s'accoupler, ni travailler au grand ouvrage de la
génération, pas plus que les larves & les autres nymphes ;
il faut pour cela que l'inſecte ſoit paſſé à ſon état de perfection.

On voit par ce que nous venons de dire, combien peu
ſe reſſemblent les différentes eſpéces de nymphes. Pluſieurs
d'entr'elles ſont preſque ſans mouvemens, tandis que les
autres en ont un fort vif : ces dernieres peuvent fuir &
éviter les dangers & les ennemis auxquels elles ſeroient
expoſées, mais il n'en eſt pas de même des premieres, qui

font immobiles. Auffi la plûpart des nymphes, qui font
dans ce cas, font-elles pourvûes d'une efpéce de rempart
qui les met à l'abri. Une grande partie de ces nymphes fe
file des coques d'un tiffu foyeux & ferré, qui les garantit
du froid & des périls qui les environnent, & d'autres
fe logent dans la terre, où après avoir pratiqué un efpace
affez fpacieux pour y être à l'aife, elles le tapiffent d'un
tiffu de foye, fouvent fine & délicate, qui empêche l'intérieur de leur habitation de les bleffer pendant leur métamorphofe, & en même tems foutient ces mêmes parois,
qui fans cette précaution pourroient s'écrouler. Nous
voyons des exemples de ces coques dans les vers à foye,
plufieurs efpéces de phalênes, les ichneumons & d'autres
infectes, & quant aux coques que les infectes pratiquent
dans la terre ou dans le fable, nous en avons une infinité
d'exemples, que nous fourniffent les infectes à étuis, les
mouches à fcie, plufieurs efpéces de phalênes, le fourmilion & grand nombre d'infectes différens. Les larves de
tous les infectes, avant que de fe transformer en nymphes,
filent ces coques où elles doivent enfuite achever leurs
métamorphofes : la nature les a pour cet effet pourvûes d'un
réfervoir de matiere femblable à un verni des plus fecs
& des plus beaux, qui fait la fubftance de leur fil. Pour
le mettre en œuvre, elles ont à la levre inférieure de leur
bouche une petite ouverture, une filiere, par où fort cette
matiere qui fe féche aifément, & qu'elles conduifent de
côté & d'autre, pour en former un tiffu ferme & ferré.
Mais il y a d'autres coques beaucoup plus fingulieres : ces
dernieres ne font point filées, elles ne font point compofées comme les autres, d'un tiffu foyeux, c'eft la peau
même de l'infecte qui les forme en fe durciffant. Lorfque
les autres larves veulent fe transformer en nymphes, elles
quittent leur derniere peau, fous laquelle la nymphe eft
cachée : celles-ci ne quittent point leur peau, elles en
débarraffent leurs différentes parties, mais reftent dedans
comme dans un fac, à peu près comme une perfonne qui

retireroit

retireroit fes bras de ceux d'une large robe de chambre &
refteroit enveloppée deffous. Cette peau , dont tous les
membres font dégagés , fe durcit & prend fouvent des
formes affez fingulieres , fuivant les différens infectes ;
mais quelque forme qu'elle prenne , elle eft dure & a
toute la confiftance d'une coque. Si on ouvre cette coque ,
on trouve en dedans une nymphe ou chryfalide de la
feconde efpéce , de celles où toutes les parties de l'infecte
fe peuvent reconnoître ; c'eft de cette maniere que la
plûpart des mouches & quelques-autres infectes à deux
aîles fe métamorphofent. On obferve auffi de femblables
coques dans quelques infectes à étuis : différentes efpéces
de charanfons & de chryfomeles en fourniffent des exemples. Nous ne finirions pas , fi nous voulions entrer dans
le détail de toutes les particularités qui fe rencontrent dans
les nymphes des infectes. Nous réfervons cet examen pour
les articles particuliers de chaque genre, & nous n'ajouterons plus ici qu'un feul mot fur les ftigmates.

En parlant des larves , nous avons expliqué ce que l'on
entendoit par les ftigmates : ces parties fe trouvent fur les
nymphes comme fur les larves. Ces nymphes fouvent
immobiles , qui la plûpart n'ont pas befoin de prendre de
nourriture , ces corps qu'on auroit fouvent peine à prendre pour des êtres animés , ne peuvent fe paffer d'air :
leurs ftigmates , par lefquels elles le refpirent , font fouvent placés à peu près comme dans la larve , le long des
anneaux du ventre : mais quant à ceux du corcelet , &
même quant aux deux derniers ftigmates du ventre , il y a
fouvent des fingularités qui rendent la figure & la pofition
des ftigmates de la nymphe , bien différentes de ce qu'elles
font dans la larve & dans l'animal parfait. Souvent les
ftigmates du corcelet , au lieu d'être à fleur de la peau , à
laquelle ils aboutiffent , fe terminent à de petites élévations , à de petites cornes qui font pofées au haut de
la nymphe,& lui donnent une figure finguliere. Tantôt au
lieu de cornes , ce font des efpéces de petits cornets , ou

bien leur figure reffemble à des oreilles : il en eft de même des deux derniers ftigmates du ventre, qui dans plufieurs infectes fe terminent à des efpéces de cylindres, ou tuyaux allongés & prominens. Enfin quelques nymphes aquatiques, qui font celles qui fourniffent les variétés les plus fingulieres, ont au lieu de ftigmates, des efpéces d'ouies femblables à celles des poiffons, des panaches auxquelles aboutiffent les vaiffeaux aëriens, & qu'elles font jouer prefque continuellement avec une légéreté furprenante.

Telles font en abrégé les principales efpéces de nymphes, que l'on obferve en examinant les infectes. Ces petits animaux reftent fous cette feconde forme, les uns plus de tems, les autres moins, jufqu'à ce qu'ils la quittent pour prendre celle d'infectes parfaits, ce qui eft leur troifiéme & dernier état, qui nous refte à examiner.

Nous avons dit que les larves, avant que de devenir nymphes, avoient acquis toute leur groffeur : il femble qu'elles devroient prendre tout de fuite la forme d'infectes parfaits, fans paffer par l'état de nymphes. Pourquoi donc la nature les a-t-elle conduites à cet état moyen, pendant lequel le plus grand nombre des infectes refte dans l'inaction, ne prend point de nourriture, & femble comme endormi ? Pour en concevoir la raifon, il faut remonter plus haut, & examiner de nouveau la larve. Cette larve qui paroît fi différente de l'infecte qu'elle doit produire, qui fouvent eft fi lourde & fi péfante, tandis qu'il en doit fortir un infecte agile & pourvû d'aîles, cette chenille rampante, qui doit donner naiffance à un papillon léger, n'eft que le même animal, mais caché fous plufieurs enveloppes, qu'il doit dépofer fucceffivement.

Cette propofition paroîtra peut-être d'abord un paradoxe aux perfonnes peu verfées dans l'Hiftoire Naturelle ; cependant rien de plus vrai. La larve a plufieurs peaux qu'elle dépofe l'une après l'autre, & fous ces peaux eft l'infecte parfait, mol à la vérité & non développé, mais dont on peut avec un peu de foin diftinguer les différentes parties. Qu'on prenne une chenille , qui ne foit pas même parvenue encore à toute fa groffeur , qu'on en diffeque avec foin & précaution la peau , on diftinguera déja une partie des membres du papillon ou de la phalêne , qui en doit fortir un jour. Si la chenille eft prête à fe mettre en chryfalide , qu'elle foit parvenue à fa groffeur , ces mêmes parties feront beaucoup plus diftinctes , & avec de la patience , on pourra parvenir à tirer de l'intérieur d'une chenille un papillon prefque tout formé , mais dont les parties feront molles & prefque gelatineufes. La larve n'eft donc point un infecte différent de celui qui en doit un jour fortir dans toute fa perfection , c'eft précifément le même infecte jeune , mol , prefque fluide qui fe trouve enveloppé de plufieurs peaux , qui le cachent à nos yeux & lui donnent une figure différente. Il eft dans ce premier état mafqué , c'eft pour cela qu'on lui donne le nom de *larve*. Lorfqu'il a quitté les différentes peaux dont il étoit couvert , lorf- qu'il eft parvenu à fa grandeur , & qu'il ne lui refte plus que fa derniere enveloppe , il s'en débarraffe & paroît fous la forme de nymphe ; la nymphe n'eft donc autre chofe que l'infecte parfait parvenu à fa grandeur , mais encore trop mol , & dont toutes les parties ont befoin de prendre de la confiftance : c'eft ce qui leur arrive pendant ce fecond état : au lieu des peaux dont l'infecte étoit recouvert fous fa forme de larve , il ne lui refte plus qu'une membrane , qui fouvent prend une confiftance affez ferme , & qui s'in- troduifant entre les différentes parties de l'infecte , les tient emmaillottées & couchées le long de fon ventre : c'eft fous cette membrane que tous les membres de l'infecte fe durciffent & fe fortifient. Qu'on prenne une nymphe nouvellement formée , il n'eft pas difficile de diftinguer les antennes , les pattes , les aîles & prefque tout le corps de l'infecte ; mais fi on veut le développer , il eft fi mol qu'on a beaucoup de peine à y parvenir. Au bout de quel- que tems , fi on examine une femblable chryfalide , on trouve l'infecte prefque parvenu à fa perfection : l'état de nymphe eft donc néceffaire aux infectes pour acquérir la fermeté & la confiftance de toutes leurs parties , qui fous les enveloppes de la larve exiftoient déja , mais fous une forme prefque fluide. Lorfqu'une fois ces mêmes parties ont acquis toute la force néceffaire , pour lors l'infecte ne demande qu'à fe débarraffer de la membrane extérieure qui le tenoit enveloppé fous la forme de nymphe , & il le fait à peu près de la même maniere dont il a fubi fa premiere métamorphofe : il enfle & défenfle fucceffivement fon corcelet & fa tête, qui font encore affez mols pour fe prêter à cette action , & parvient à faire éclater en piéce la membrane extérieure de fa nymphe , que l'air a rendu féche & caffante ; fouvent même cette membrane dans plufieurs infectes, a dans fa partie fupérieure deux efpéces de rainures , une de chaque côté , où la peau eft plus tendre & plus mince , enforte que la membrane de la nymphe fe déchire aifément en cet endroit. Ce premier ouvrage fait , l'infecte s'aide de fes pattes qui font libres & dégagées , & tire aifément le refte de fon corps de fon enveloppe de nymphe , comme d'un fourreau. Lorfque l'infecte vient de fortir de cette prifon , fes parties font encore un peu molaffes , fes couleurs peu vives , & fouvent fes aîles font comme chiffonnées : il paroît même plus gros qu'il ne fera par la fuite , mais au bout de quelque tems , l'air extérieur fortifie & durcit tous fes membres , fon corps en acquérant plus de confiftance , diminue de volume , & fes aîles en quelques minutes fe déployent & fe développent: bientôt il prend fon effort & devient habitant d'un élément , qui jufques-là lui étoit inconnu.

Ce développement fi prompt des aîles de l'infecte , qui au fortir de la nymphe étoient épaiffes , humides & comme chiffonnées , paroît d'abord étonnant à un obfervateur qui le fuit & l'examine. Un pareil développement n'eft cependant dû qu'à l'air. Tandis que l'air extérieur féche les furfaces de l'aîle de l'infecte , l'air intérieur pouffé par les tra-

chées qui rampent dans le tiſſu de cette même aîle, l'étend
conſidérablement, & lorſqu'une fois elle s'eſt tout-à-fait
étendue, les pellicules minces dont elle eſt formée, ſe
trouvant féches, ne ſe pliſſent plus & reſtent dans le même
état. Cette action de l'air intérieur des trachées eſt prouvée
par l'accident que nous avons dit arriver quelquefois à des
aîles d'inſectes, qui reſtent bourſoufflées & véritablement
emphyſématiques, lorſque l'air intérieur s'épanche entre
les deux lames de ces aîles.

Par tout ce que nous venons de dire, on voit que l'inſecte parfait, avant que de parvenir à ce dernier état de
perfection, doit paſſer par pluſieurs opérations difficiles &
laborieuſes, dans leſquelles il lui arrive quelquefois de
périr : ce ſont pour lui autant d'états de ſouffrances & de
maladies quoique naturelles. Quelques inſectes ont cependant encore un travail de plus à ſoutenir, ce ſont ceux
dont les chryſalides ſont renfermées dans des coques ; ils
faut qu'ils percent ces coques, lorſqu'ils ſont ſortis, ou
lorſqu'ils ſortent de leurs nymphes. Ce dernier ouvrage ne
paroît pas difficile pour les inſectes qui ont des machoires
dures & aigues. Ces machoires qui ſouvent taillent, coupent & déchirent le bois, peuvent aiſément percer un
tiſſu de fils ſoyeux : mais il y a quelques inſectes qui n'ont
point de pareilles machoires & qui ſont renfermés dans
des coques ; auſſi la nature leur a-t-elle facilité leur ouvrage. Un des bouts de leur coque eſt foible, ſouvent même
ce bout reſte ouvert & ſeulement clos par des fils placés en
longueur, dont les bouts ſe touchant, empêchent bien
l'entrée de la coque aux autres inſectes, mais permettent
à celui qui y eſt renfermé, de ſortir aiſément : en forçant
légérement avec ſa tête, il fait écarter ces fils les uns des
autres, & ſe procure une iſſue très-facile.

Telles ſont en général les principales circonſtances
qu'on obſerve dans les changemens des inſectes, depuis
leur ſortie de l'œuf, juſqu'à leur état de perfection. On
voit par ce détail abrégé, que ces prétendues métamor-

phofes ne font qu'un développement fucceffif, qui nous
fait voir l'infecte fous des formes différentes. Ce développement offre fouvent une infinité de manœuvres fingulieres, différentes fuivant les différentes efpéces de ces animaux. Nous en détaillerons plufieurs, en traitant chaque
genre en particulier, & nous le ferons d'autant plus volontiers, que ce détail amufant fera voir la grandeur & la fa-
geffe du Créateur dans fes plus petits ouvrages.

CHAPITRE IV.

De la nourriture des Infectes.

DES trois regnes fous lefquels font renfermés tous les
corps naturels, il n'y en a que deux, le regne végétal & le
regne animal, qui contiennent une matiere propre à fervir
de nourriture. Quant aux minéraux, ces corps font trop
fecs, & manquent prefqu'entiérement de cette partie mu-
cilagineufe, qui feule eft capable, après une préparation
préliminaire, de s'identifier, pour ainfi dire, avec les
fibres du corps : les infectes par rapport à cet article, font
dans le même cas que les autres animaux : ils fe nourriffent
ou de plantes, ou de parties d'animaux, foit de leur
claffe, foit de claffes différentes.

Parmi ceux qui tirent leur nourriture du regne végétal ;
les uns s'enfonçant dans la terre, rongent & mangent les
racines, & font fouvent un tort confidérable aux jardins :
c'eft ainfi que la larve des hannetons, que les Jardiniers
connoiffent fous le nom de *vers blanc*, parvient fouvent à
détruire en peu de tems un potager entier, lorfque ces infectes font nombreux : il en eft de même du taupe grillon,
ou courtilliere, qui porte un préjudice confidérable aux
couches,& d'un nombre infini d'autres infectes. La nourriture de quelques autres eft encore plus féche & plus

dure ; ils percent le bois , le réduifent en pouffiere & fe
nourriffent de fes parcelles ; c'eft ce que font plufieurs
larves d'infectes à étuis , & particuliérement de ces *vrillettes* , qui rongent jufqu'aux tables des maifons , & les
différens meubles de bois qu'ils convertiffent en poudre :
c'eft encore de cette maniere que les larves des *capricornes* & la chenille d'une certaine phalêne , que quelques
Auteurs nomment le *coffus* , détruifent & attaquent les
arbres : les faules fur-tout font fujets à être ainfi dévorés
dans leur intérieur par un nombre prefqu'infini d'infectes.
D'autres fe nourriffent de parties plus délicates: les feuilles
des plantes & des arbres font leur nourriture ordinaire : de
ce nombre font les chenilles & beaucoup d'autres infectes ,
mais tous n'attaquent pas les feuilles de la même maniere ;
les uns rongent toute leur fubftance , d'autres fe contentent du parenchyme de la feuille contenu entre fes membranes , entre lefquelles ils fe logent , formant ainfi dans
l'intérieur de cette feuille des fentiers & des galleries ;
fouvent ces mêmes infectes ne fe contentent pas des feuilles , les fleurs leur offrent un met encore plus délicat
qu'ils n'ont garde d'épargner. On ne fçait que trop , combien les jardins ont fouvent à fouffrir de la part de ces petits animaux ; mais toutes ces différentes fortes de nourri-
tures paroiffent encore trop groffieres à quelques-uns ,
il leur faut une matiere plus douce , qui fe trouve fur les
fleurs : c'eft cette liqueur mielleufe , que fourniffent les
glandes de plufieurs fleurs , & que les Botaniftes modernes
ont décorée du nom de nectar. La plûpart des papillons &
des phalênes , plufieurs efpéces de mouches & d'autres
infectes fe nourriffent de ce nectar , & quelques-uns ,
comme les abeilles & d'autres genres approchans , en
compofent la fubftance du miel , après lui avoir fait fubir
une derniere préparation dans leur corps. Enfin les fruits ,
les graines , le bled même ne font point à l'abri des infectes ; ils partagent avec nous ces différens alimens , & fouvent nous en enlevent une grande partie. On trouve tous

les jours des larves de mouches & d'autres infectes dans
les poires, les prunes, les bigarreaux & d'autres fruits ; les
greniers font infectés par plufieurs efpéces de charanfons,
qui fe logent dans l'intérieur du grain & en mangent
la farine, & les différentes graines renferment fouvent des
infectes qui les rongent.

Il n'y a donc aucune partie des plantes, qui ne ferve de
nourriture à différens infectes, & prefque toutes les plantes font attaquées par quelques efpéces. Cependant tous
les infectes ne fe nourriffent pas indifféremment de toutes
les plantes. Il y a bien quelques infectes plus voraces que
les autres, auxquels toutes fortes de plantes font prefqu'é-
galement bonnes. Quelques efpéces de chenilles, &
parmi les infectes à étuis, quelques fcarabés, le hanneton,
par exemple, défolent prefque tous les arbres indifféremment : d'autres efpéces, fans attaquer toutes les plantes,
s'a commodent de plufieurs ; mais un grand nombre d'infectes ne fe nourriffent que d'une efpéce de plante, ou tout
au plus de quelques autres qui en approchent : c'eft fur ces
mêmes plantes qu'on trouve toujours ces animaux, & on
a beau leur en préfenter d'autres, quoique preffés de la
faim, ils n'y toucheront pas. Souvent la même plante fert
de nourriture à plufieurs efpéces : les chênes & les faules
font particuliérement de ce nombre ; il y a peu d'arbres fur
lefquels on trouve autant d infectes différens & en auffi
grand nombre. C'eft ce que l'on pourra remarquer, lorfque
nous traiterons des infectes en particulier, & que nous aver-
tirons des plantes ou autres endroits où l'on peut ordinairement trouver chaque efpéce.

Le regne végétal, n'eft pas le feul, comme nous l'avons
déja dit, qui fourniffe aux infectes les alimens qui leur
font convenables. Un grand nombre de ces petits animaux
rejette une pareille nourriture ; ceux-ci plus carnaffiers,
recherchent des fubftances tirées du regne animal : plufieurs n'attaquent & ne dévorent que les animaux morts &
dont les chairs commencent déja à fermenter. Ces fubftances

ces infectes font ordinairement remplies de différentes
larves de mouches & d'infectes à étuis , qui par leurs
excrémens & l'humidité qu'elles communiquent , accéle-
rent encore la pourriture. D'autres infectes plus fales fe
plaifent dans des matieres beaucoup plus dégoûtantes : les
excrémens des animaux & même de l'homme font leur
domicile ordinaire. Une nourriture qui femble fi rébutan-
te , fait l'aliment de plufieurs belles mouches , d'un très-
grand nombre d'infectes à étuis , comme le pillulaire , les
bouziers & beaucoup d'autres. Il eft peu de matieres aufli
peuplées de ces animaux , que les bouzes de vaches ; elles
en fourmillent , & une feule de ces bouzes devient une
efpéce de tréfor pour un Naturalifte curieux & qui n'eft
pas trop dégoûté.

Les poils , les plumes , les peaux de différens animaux ,
font la pâture d'autres efpéces d'infectes. On fçait combien
les pelleteries font endommagées par ces petits ennemis :
différentes teignes en particulier & quelques dermeftes les
attaquent , ainfi que les étoffes de laine , fans qu'on puifle
les mettre à l'abri de leurs dents.

Mais tous ces infectes , quoique nuifibles , ne fe nourriffent que de parties d'animaux , qui ne font point vivans ;
moins cruels & moins voraces que certaines efpéces , qui
tirent leur nourriture des fucs d'animaux en vie. L'homme
même n'eft pas exempt de leurs atteintes. On connoît affez
les différentes vermines qui s'attachent ordinairement à
lui. D'autres efpéces fatiguent également les différens animaux , tant grands que petits : les infectes ont eux-mêmes
leurs poux qui les dévorent , tandis qu'ils en déchirent
d'autres. Quelques-uns , comme les taons , les œftres ,
s'inferent fous la peau des bœufs & des cerfs , & y font une
efpéce d'ulcere où ils fe logent ; d'autres vont pénétrer
dans le nez des moutons & dans l'anus des chevaux , qu'ils
mettent fouvent en fureur , c'eft-là que ces infectes pompent à leur aife les humeurs du grand animal dont ils fe
nourriffent : d'autres infectes plus petits font le même ma-

nege fur des infectes plus grands. Les chenilles font fujet-
tes à être piquées par des ichneumons qui dépofent leurs
œufs fous leur peau : la larve naiffante de ces ichneumons
dévore intérieurement la chenille , qui fouvent ne périt ,
que lorfqu'une multitude étonnante de ces larves la perce
de tous côtés , pour faire enfuite leurs coques.

Enfin beaucoup d'infectes carnaffiers ne vivent que
d'autres infectes ; ils fe dévorent les uns les autres , n'épar-
gnant pas même ceux de leur propre efpéce : le nombre de
ces derniers eft très-confidérable , comme on le verra dans
le détail particulier. C'eft parmi ces infectes qu'on voit le
plus de rufes & d'induftrie , foit pour attaquer , foit pour
fe défendre. Quelques-uns à la vérité y vont de vive force ,
mais plufieurs autres employent l'adreffe pour fuppléer à la
force qui leur manque. Tout le monde a pu obferver avec
admiration les filets que les araignées tendent aux mouches : beaucoup de perfonnes connoiffent aujourd'hui le
fourmilion , & les embufcades qu'il tend aux fourmis ,
caché au fond d'un cône qu'il a pratiqué avec beaucoup
de travail dans le fable : plufieurs autres infectes n'employent pas moins d'art pour faire tomber dans leurs
piéges la proie que la nature leur a deftinée. Ces différentes rufes ne font pas une partie des moins intéreffantes de
l'Hiftoire des Infectes.

Nous n'entrerons pas actuellement dans un plus grand
détail , par rapport à cet article ; nous nous contenterons
feulement de remarquer , avant que de finir , que les infectes ne reftent pas toujours conftamment attachés à la même
nourriture pendant toute leur vie. Souvent leurs goûts
changent fuivant les différens états par lefquels ils paffent :
les mouches , qui dans leur état de perfection , fe nourriffent la plûpart de fucre & du nectar des plantes , ont
vêcu d'abord de chair pourrie & corrompue , lorfqu'elles
étoient fous la forme de larves. Les chenilles rongent les
plantes , & les papillons qui en proviennent , fuccent feulement les fleurs : il en eft de même de beaucoup d'au-

tres infe&tes , qui en changeant d'état , changent aussi
de nourriture , comme quelques-uns changent d'élément.

CHAPITRE V.

Division des Infectes en fections.

APRÈS avoir examiné les infectes & leurs différentes
parties , & les avoir suivis depuis leur naissance jusqu'à
leur état de perfection, il ne nous reste plus, pour terminer
ce que nous avons à donner de général sur ces animaux ,
qu'à les ranger par leurs caracteres , suivant un ordre & un
système méthodique : c'est le seul moyen de faciliter la
connoissance de cette partie de l'Histoire Naturelle.

Toute cette classe des infectes peut être divisée en six
grandes & principales fections , dont les caracteres font
principalement tirés des aîles.

La premiere renferme tous les *coleopteres* ou infectes à
étuis. Ce font ceux dont les aîles font recouvertes d'espéces de fourreaux, ou étuis plus ou moins durs : le hanneton , par exemple , les fcarabés font de cette premiere
fection. Un de leurs caracteres , outre les étuis de leurs
aîles , est d'avoir leur bouche armée de machoires dures &
aigues.

La feconde fection comprend les *hemipteres* ou infectes
à demi étuis. Nous avons confervé ce nom à cette fection,
parce que ces infectes n'ont pas tout-à-fait des étuis comme
dans la fection précédente , mais quelque chofe qui en
approche. Dans les uns , comme dans les procigales , les
aîles fupérieures font plus épaiffes & fouvent colorées
comme des étuis ; dans d'autres comme dans les punaifes
de bois, la moitié inférieure des aîles de deffus eft membraneufe & tranfparente comme une véritable aîle , tandis
que la moitié fupérieure eft dure , épaiffe , colorée , fcm-

blable à un véritable étui : mais le caractere effentiel de
cette fection, confifte dans la trompe longue & aigue de la
bouche , qui eft repliée en deffous , s'étend entre les pattes , & fouvent même part de l'intervalle qui fe trouve
entre ces mêmes pattes , au lieu de prendre naiffance
de l'extrémité de la tête.

Dans la troifiéme fection , font tous les infectes *tetrap-*
teres à aîles farineufes , ou les infectes à quatre aîles couvertes de cette poufliere écailleufe qu'on apperçoit fur les
aîles des papillons : cette fection eft la moins nombreufe ,
les infectes qu'elle renferme ont une trompe plus ou moins
longue , fouvent recourbée en fpirale.

Nous renfermons dans la quatriéme fection , tous les
tetrapteres ou infectes *à quatre aîles nues.* Celle-ci eft une
des plus nombreufes : la plûpart des infectes qu'elle contient ont la bouche armée de machoires , plus grandes
dans les uns , plus petites dans les autres & ordinaireme nt
accompagnées dans ces derniers d'appendices femblables
à des antennules ; les demoifelles , les abeilles , les guef-
pes , &c. font de cette fection.

La cinquiéme eft compofée des *dipteres* , ou infectes
qui n'ont que deux aîles , tels que les mouches , les taons ,
les tipules , les coufins , &c. Tous ces infectes ont à la
bouche des trompes diverfement figurées , fuivant les
différens genres : tous ont auffi un caractere effentiel &
particulier à cette feule fection ; c'eft d'avoir fous l'origine
de leurs aîles , les petits balanciers dont nous avons parlé
dans le premier chapitre.

Enfin nous avons rangé fous la fixiéme & derniere fection , tous les infectes *apteres* , ou *fans aîles :* les araignées,
les fcolopendres , la puce , le poux , &c. y trouvent leur
place.

Telles font les fix grandes fections qui compofent toute
la claffe des infectes : mais comme quelques-unes de ces
fections font très-nombreufes , pour faciliter la recherche
des infectes qu'elles renferment , nous les ayons fous-

divifées en plufieurs articles & en différens ordres fubor-
donnés à ces articles : c'eft ce que l'on verra à la tête
de chaque fection : fous ces articles & ces ordres, feront
renfermés les genres.

Actuellement , avant que d'entrer dans le détail de
chaque fection , nous allons réunir dans une feule Table
générale les fix grandes fections qui compofent toute la
claffe des infectes.

TABLE GÉNÉRALE
DES SECTIONS
dont est composée la classe des Insectes.

1º. **L**ES C**OLEOPTERES** ou *insectes à étuis.*

> *Caractere* . . . Aîles couvertes d'étuis ou de fourreaux ; bouche armée de machoires dures.

2º. LES H**EMIPTERES** ou *insectes à demi étuis.*

> *Caractere* . . . Aîles supérieures presque semblables à des étuis ; bouche armée d'une trompe aigue , repliée en dessous le long du corps.

3º. LES T**ETRAPTERES** *à aîles farineuses.*

> *Caractere* . . . Quatre aîles chargées de poussiere écailleuse.

4º. LES T**ETRAPTERES** *à aîles nues* ou *insectes à quatre aîles nues.*

> *Caractere* . . . Quatre aîles membraneuses nues & sans poussiere.

5º. LES D**IPTERES** ou *insectes à deux aîles.*

> *Caractere* . . . Deux aîles.
> Un petit balancier sous l'origine de chaque aîle.

6º. LES A**PTERES** ou *insectes sans aîles.*

> *Caractere* . . . Corps sans aîles.

SECTIONES GENERALES SEX

ex quibus conflat Infectorum claffis.

Infecta.	Caracteres.
1°. COLEOPTERA.	Alæ coleoptris feu elytris tectæ ; os maxillofum.
2°. HEMIPTERA.	Alæ fuperiores elytris accedentes ; os fub thorace inflexum.
3°. TETRAPTERA alis farinaceis.	Alæ quatuor fquammulis tectæ.
4°. TETRAPTERA alis nudis.	Alæ quatuor nudæ, membranaceæ.
5°. DIPTERA.	Alæ duæ. Halteres fub alarum origine.
6°. APTERA.	Alæ nullæ.

SECTION PREMIERE.

Infectes à étuis, ou Coleopteres.

LE S infectes à étuis, ou infectes coleopteres, *coleoptera insecta*, forment notre premiere section. Nous donnons ce nom aux infectes qui ont leurs aîles recouvertes d'efpéces d'étuis ou de fourreaux, fouvent durs, colorés & opaques. Tel eft, par exemple, le hanneton que tout le monde connoît, dont les aîles font cachées fous de pareils fourreaux. La plûpart des Auteurs ont donné à ces infectes le nom de fcarabés, mais comme ce nom a été appliqué plus particuliérement à un des genres de cette fection, nous croyons que celui d'infectes à étuis eft plus naturel & plus convenable.

Le *caractere propre* de cette fection, eft donc d'avoir des étuis ou efpéces d'écailles, qui recouvrent le corps de l'infecte, & fous lefquels on trouve ordinairement deux aîles : je dis ordinairement, car il y a quelques genres & même quelques efpéces particulieres de certains genres qui n'ont point d'aîles fous ces étuis. Qu'on prenne un hanneton ordinaire, qu'on enleve ces deux étuis durs qui recouvrent fon ventre, on trouvera en deffous deux grandes aîles tranfparentes plus longues que les étuis & que le corps de l'infecte, mais qui fe replient en deffous au moyen des nervures fortes qui les font agir. L'infecte, lorf-qu'il veut voler, déploye ces aîles & releve les étuis, & lorfqu'il veut fe pofer & s'arrêter quelque part, il les replie & les fait rentrer aifément fous leurs fourreaux. On peut obferver la même chofe dans un très - grand nombre d'infectes de cette fection : mais il en eft d'autres, tels, par exemple, que ces bupreftes dorés qu'on voit courir dans les champs, qui n'ont point d'aîles fous leurs étuis : qu'on

leve

leve ces étuis, on voit les anneaux du ventre de ces infectes à nud. Aussi ces animaux ne peuvent-ils voler, mais en
récompense ils courent fort vîte. Il est d'autres insectes
dans lesquels non-seulement les aîles manquent entiérement, mais dont les deux étuis font même réunis ensemble & n'en forment qu'un seul. Ces insectes semblent à la
premiere vûe avoir deux étuis, parce que la suture formée
ordinairement par la réunion des deux, se trouve marquée
& exprimée sur le milieu de ce seul étui, mais si on l'examine de près, on voit qu'il est d'une seule piéce. Plusieurs
même d'entr'eux ont cet étui unique tellement construit,
qu'il est tout-à-fait immobile ; ses côtés font recourbés
& enveloppent une partie du dessous du corps : c'est ce
que l'on peut voir aisément dans certaines espéces de cha-
renfons, dans une espéce de chrysomele & dans quelques
ténébrions. Ainsi il n'est point essentiel aux insectes à étuis
d'avoir des aîles, quoique la plûpart en soient pourvûs, ni
d'avoir deux étuis, ou un seul qui paroisse en former deux,
à cause de la raie qui se trouve au milieu. Leur caractere
est d'avoir des étuis qui recouvrent le ventre & qui différent des aîles par la dureté de leur consistance. Tel est la
marque caractéristique de toute la section. On peut ajouter à ce premier caractere un deuxiéme, qui quoiqu'accef-
soire, n'est pas moins constant. Ce font les machoires latérales dures & d'une consistance approchant de celle de la
corne, qui garnissent à droite & à gauche la bouche de
ces insectes.

Mais comme les étuis varient entr'eux par leur grandeur
& par le plus ou moins de dureté, nous en avons tiré
des *caracteres secondaires* pour diviser cette section en
trois articles. Le *premier* article comprend tous les insectes
dont les étuis font durs, écailleux & couvrent tout le
ventre. Le hanneton se trouve dans cet article : les fourreaux de ses aîles s'étendent depuis son corcelet jusqu'à
l'extrémité de son ventre & le recouvrent entiérement,
& de plus ces étuis font durs, écailleux, épais & d'une

matiere femblable à la corne. Les infeêtes contenus dans
le *fecond* article ont pareillement des étuis durs & écailleux, mais ces étuis ne couvrent qu'une partie de la longueur du ventre, dans les uns la moitié, dans d'autres encore moins, comme on le voit dans le ftaphylin, dont les
étuis font extrêmement courts. Enfin nous avons rangé
fous le *troifiéme* article, les infeêtes dont les étuis font mols
& prefque membraneux, tels que les blattes, les fauterelles, &c. mais il eft bon de remarquer que quoique ces
étuis ne foient point durs & écailleux comme ceux des infeêtes dont nous avons parlé ci-deffus, ils font néanmoins
plus durs, plus épais & moins tranfparens que les aîles,
ce qui fait ranger ces infeêtes dans cette feêtion, & non
point dans celle des infeêtes à quatre ailes nues ou découvertes. Que l'on examine une fauterelle, on verra deux
longs étuis étroits, mols, prefque membraneux, mais
colorés & plus épais que les aîles qu'ils recouvrent : de
plus ces aîles font grandes & repliées en tout ou en partie
fous ces étuis.

Tel eft l'ordre que nous avons fuivi pour la divifion
principale de cette premiere feêtion : mais comme les infeêtes qu'elle renferme font en très-grand nombre, nous
avons cherché des caraêteres qui puffent former une feconde fous-divifion de ces mêmes infeêtes, & divifer chaque article en plufieurs ordres avant que de paffer aux
genres. Ces caraêteres demandoient à être tirés de quelque
partie fenfible & conftante, qui fût auffi aifée à être apperçue, que la grandeur & la confiftance des étuis ; c'eft ce que
nous ont fourni les pattes de ces mêmes infeêtes. Nous
avons dit plus haut que les pattes étoient compofées
de trois parties ; la premiere qui tient au corps de l'infeête
& qui eft la cuiffe, la feconde que nous avons appellée la
jambe, & la troifiéme qui eft le pied ou le tarfe & qui eft
elle-même compofée de plufieurs petits anneaux. C'eft du
nombre de ces anneaux que nous avons formé les caraêteres de ces fous-divifions, ou de ces ordres qui font fub-

ordonnées à chaque article. Ce nombre des articulations
du pied n'eſt pas le même dans tous les inſectes à étuis :
les uns en ont trois , d'autres quatre , beaucoup en ont
cinq à toutes les pattes , enfin quelques-uns n'en ont pas
le même nombre à toutes les paires de pattes : de leurs ſix
pattes , les quatre premieres , ou les deux premieres paires
ont cinq diviſions aux tarſes ou aux pieds , tandis que
les deux dernieres pattes n'en ont que quatre. De pareils
caracteres ſont aiſés à appercevoir , il ne s'agit que de
compter , & il eſt pour lors aiſé de ranger les inſectes que
l'on trouve, dans leur ordre naturel : il ne reſte plus à trouver dans cet ordre que le genre auquel ils appartiennent.
C'eſt ce que l'on fait,en examinant enſuite le caractere générique qui eſt toujours tiré , ou des antennes ſeules , ou
des antennes & de quelqu'autre partie caractériſtique , telle
qu'eſt ſouvent le corcelet : par ce moyen on vient à bout
de connoître le genre de l'inſecte que l'on cherche , & il
ne reſte plus qu'à examiner les différentes eſpéces de
ce genre , pour trouver à laquelle ſe rapporte l'inſecte que
l'on tient.

Pour ſentir toute la facilité que donne cette méthode ,
donnons-en un exemple. Prenons ſi l'on veut un charanſon. Je ne connois point cet inſecte : je commence par
examiner s'il a des aîles nues ou recouvertes par des étuis ;
cette premiere différence ſe fait aiſément appercevoir , &
les fourreaux des aîles me font d'abord ranger le charanſon
dans la premiere ſection parmi les inſectes à étuis : pour
lors j'examine ſi ces étuis ſont durs ou mols , s'ils recouvrent tout le ventre , ou ſeulement une partie. Je vois
qu'ils ſont extrêmement durs & écailleux , & qu'ils couvrent entiérement le ventre. Je range cet inſecte parmi les
inſectes à étuis qui compoſent le premier article de cette
ſection & qui ont leurs fourreaux tels que nous venons de
les dépeindre ; enſuite , pour trouver dans quel ordre de
cet article je dois ranger le charanſon , j'examine de combien d'articulations eſt compoſé le pied de cet inſecte , s'il

G ij

en a trois, ou quatre, ou cinq, ou bien ſi le nombre varie
dans les différentes paires de pattes. Je vois que cet inſecte a par-tout quatre diviſions aux tarſes, ce qui me fait
ranger ce petit animal dans le ſecond ordre du premier
article des inſectes à étuis. Reſte à trouver à quel genre de
cet ordre il appartient. J'ai à chercher parmi une vingtaine
de genres le caractere générique : j'examine en même
tems les antennes de l'inſecte ; ces antennes ſont poſées
ſur une longue trompe, plus groſſes à leur extrémité &
coudées dans leur milieu. Ce caractere que je trouve attribué au charanſon me détermine le genre de l'inſecte.
Cette gradation par laquelle je ſuis parvenu à le connoître, m'a épargné la peine de chercher parmi tous les autres
ordres & les autres genres des inſectes en général & des inſectes à étuis en particulier, & m'a conduit à examiner ſeulement les caracteres génériques d'un très-petit nombre de
genres : pour lors l'eſpéce ſe peut trouver aiſément en
confrontant l'inſecte avec les phraſes & les deſcriptions
des différentes eſpéces de ce genre. Je me ſuis étendu un
peu au long ſur cette partie de notre méthode à la tête
de cette premiere ſection, tant afin de n'avoir pas à y
revenir en parlant des ſections ſuivantes, que parce que
celle - ci qui comprend les inſectes à étuis, eſt une des
plus nombreuſes & nous a obligé de former plus de diviſions & de ſous-diviſions pour y mettre plus d'ordre &
de méthode.

Examinons maintenant en général les inſectes à étuis, &
voyons en peu de mots ce qui eſt commun à tous les inſectes de cette ſection. D'abord quant à leur forme, tous ces
inſectes ont leur corps dur & couvert d'une eſpéce de cui-
raſſe ſemblable à de la corne pour la conſiſtance. Cette
enveloppe ſi ferme des inſectes à étuis ſemble tenir lieu
des os qui ſoutiennent la charpente des grands animaux ;
mais au lieu que les os ſont dans l'intérieur, ici c'eſt la
peau, l'écaille extérieure de l'inſecte qui en fait l'office :
elle ſoutient tout ſon corps, c'eſt à elle que vont s'attacher

les principes des mufcles , par l'action defquels il exécute
fes différens mouvemens , & en même tems cette efpéce
de peau offeufe le met à l'abri d'un grand nombre d'acci-
dens. C'eft une cuiraffe qui lui fert à parer les coups qu'il
pourroit recevoir : elle recouvre également les trois parties
dont font compofés tous les infectes à étuis , fçavoir la
tête , le corcelet & le ventre.

La premiere de ces parties eft ordinairement la plus
petite. On y remarque premiérement les antennes , compofées dans la plûpart des infectes à étuis, de onze anneaux,
rarement de moins , & dans quelques-uns d'un plus grand
nombre : le premier anneau de ces antennes , celui qui
tient à la tête,eft ordinairement plus gros & même fouvent
plus long que les autres , & le fecond qui fuit immédiatement ce premier , eft le plus court de tous. La pofition de
ces antennes n'eft pas la même dans tous les genres.
Quelques infectes , comme les fcarabés , les portent en
devant & un peu au-deffous des yeux ; d'autres les ont
prefque fur le fommet de la tête entre les deux yeux ;
quelques-uns les ont pofées plus finguliérement , les antennes de ces infectes femblent partir du milieu de l'œil :
celui-ci,au lieu d'être ovale,forme une efpéce de croiffant ,
qui enveloppe & entoure l'origine de l'antenne. Nous
examinerons dans chaque genre en particulier ces différentes pofitions des antennes , ainfi que leur figure.

La bouche de ces infectes eft armée de deux machoires
dures , une à droite , l'autre à gauche : elles fe recourbent
en demi-cercle , fe terminent en pointe fouvent très-aigue ,
& leur côté intérieur eft fouvent armé de quelques dentelures plus ou moins fortes. Entre ces machoires , font
quelques mamelons qui entourent l'ouverture de la bouche de l'infecte , & fort fouvent , il y a au-deffus & au-
deffous de ces mamelons , des efpéces de levres dures ,
placées auffi entre les machoires : enfin au-deffous de toutes ces parties de la bouche , font pofées les antennules ,
au nombre de quatre , deux plus grandes & deux plus

petites , compofées ordinairement de trois ou quatre articulations affez diftinctes.

Quant aux yeux , ces infectes n'ont la plûpart que les
deux grands yeux à refeau , dont nous avons détaillé la
ftructure , en parlant des parties des infectes en général ; il
n'y a que quelques-uns des derniers genres , dont les étuis
font plus mols , tels que les fauterelles , les grillons , &c.
qui , outre ces yeux à refeau , ont encore les trois petits
yeux liffes , dont nous avons auffi parlé , & qui font communs dans les infectes à quatre aîles & à deux aîles nues.
Ces derniers genres femblent faire une efpéce de nuance
ou paffage de la fection des infectes à étuis , aux fections
fuivantes.

Le corcelet des infectes à étuis , eft de toutes leurs parties celle qui femble la moins à remarquer : il n'eft compofé que d'une efpéce d'anneau écailleux , d'une feule
piéce dure & entiere , fur laquelle on apperçoit deux
ftigmates , un de chaque côté. Mais ce même corcelet
varie beaucoup quant à fa forme ; dans les uns il eft large ,
dans d'autres il eft plus long : fouvent toute fa partie fupérieure eft bordée par une efpéce de repli , il a un rebord
qui forme comme une goutiere , & d'autres fois il eft tout
uni ; dans quelques infectes il eft chargé d'éminences
mouffes , dans d'autres il eft hériffé de pointes aïgues. Ces
formes différentes entreront fouvent dans les caracteres
des genres : de plus c'eft à la partie inférieure du corcelet ,
à celle qui fe préfente lorfqu'on renverfe l'infecte fur le
dos , que font attachées les pattes. Ces pattes font toujours au nombre de fix dans les infectes à étuis , excepté
dans un feul genre , où les antennes figurés finguliérement , femblent tenir lieu des deux pattes qui leur manquent ; elles n'ont rien de particulier , ni de différent de ce
que nous en avons dit en parlant des infectes en général : la
plûpart des infectes à étuis s'en fervent pour marcher ,
quelques - uns cependant comme les altifes , les fauterelles & quelques efpéces de charanfons , fautent affez vive-

ment, à l'aide de la derniere paire de pattes, qui dans ces insectes est plus longue & plus forte : la cuisse sur-tout de ces dernieres pattes est souvent fort grosse. D'autres infectes de cette section qui vivent dans l'eau & qui nagent très-bien, ont leurs pattes & sur-tout le pied figuré un peu différemment de ce qu'on observe dans les autres. Ce pied est applati & bordé vers l'intérieur d'une rangée épaisse de poils courts, qui lui donnent la figure d'une espéce de nageoire un peu allongée.

Le ventre de ces insectes est composé de plusieurs lames dures, souvent au nombre de dix, qui forment des anneaux, ou des demi-anneaux écailleux en dessous, plus mols en dessus : mais cette partie supérieure plus molle, est défendue par les aîles & les étuis, qui ordinairement la recouvrent ; c'est le long du ventre qu'on peut observer les stigmates. Ces stigmates sont au nombre de seize sur cette partie, huit de chaque côté : on en peut appercevoir distinctement deux sur chaque anneau, à l'exception des deux derniers qui n'en ont point. Quant aux étuis de ces insectes, nous en avons déja parlé, en traitant de la division de cette section. Nous ajouterons seulement ici qu'entre les étuis, vers leur attache au corcelet, au haut de la suture que forme leur réunion, on apperçoit dans beaucoup d'infectes à étuis une piéce triangulaire, plus grande dans les uns & plus petite dans d'autres. Cette espéce de piéce que les Auteurs ont appellée l'écusson (*scutellum*), regarde par sa base le corcelet, & par son sommet la *suture* des étuis. Ce nom de suture a été donné à cette ligne produite par la réunion des deux étuis, parce qu'elle semble former une espéce de couture.

Tous ces insectes sont du nombre de ceux qui passent successivement par différens états, ou différentes *métamorphoses*. D'abord tous naissent d'un œuf, aucun n'est vivipare : de cet œuf sort la larve de l'insecte à étuis. En général cette larve ressemble à un espéce de vers. Sa tête est écailleuse, dure & un peu brune : on y remarque deux grands yeux, des machoires affez fortes qui lui font très-néceffaires, puifque c'eft fous cette forme que l'infecte mange le plus, & fouvent deux courtes antennes compo-fées de plufieurs piéces, mais bien différentes de celles que l'infecte doit avoir par la fuite. Le refte du corps de la larve eft mol, affez fouvent blanchâtre, quelquefois rou-geâtre ou bleuâtre & compofé de plufieurs anneaux, fou-vent au nombre de treize. Les premiers de ces anneaux renferment la partie qui fera par la fuite le corcelet de l'infecte parfait : auffi eft-ce à ces anneaux que font atta-chées les fix pattes dont font fournies ces efpéces de larves.

Leurs ftigmates font fort apparens ; ils font au nombre de dix huit, neuf de chaque côté. On en obferve ordinai-rement deux fur le premier anneau qui fuit immédia-tement la tête : le fecond & le troifiéme anneau n'en ont point, mais tous les autres en ont deux, à l'exception des deux derniers anneaux. Ces premiers ftigmates du premier anneau, répondent à ceux qui feront dans la fuite au cor-celet de l'infecte parfait, & les autres plus éloignés qui font fur les huit autres anneaux, formeront un jour les ftigmates du ventre de l'infecte à étuis.

Ces larves font fouvent lourdes & pareffeufes, mais en récompenfe elles mangent & dévorent confidérablement. Il y en a cependant de plus actives : ce font celles qui vivent dans l'eau : ces dernieres courent avec agilité, ce qui leur étoit néceffaire pour attraper leur proie, & fe fai-fir des autres infectes dont elles font leur nourriture ; au lieu que les premieres qui mangent les racines & les plan-tes, naiffent ordinairement au milieu de l'aliment qui leur eft convenable.

Toutes ces larves changent plufieurs fois de peau & reftent fous cette forme plus ou moins de tems. On a obfervé que quelques-unes, comme celles des hannetons & de quelques autres fcarabés, reftent dans cet état pen-dant trois ans entiers, & que ce n'eft que la quatriéme année qu'elles achevent leurs métamorphofes.

Lorfque

Lorfque ce tems eſt venu , elles quittent leur derniere peau & paroiſſent ſous la forme d'une nymphe. Cette nymphe eſt du nombre de celles dans leſquelles on apperçoit diſtinctement toutes les parties de l'inſecte qui en doit ſortir ; ſa tête , ſes antennes , ſes yeux , ſes pattes , ſon ventre , tout eſt très-reconnoiſſable. Seulement les aîles & leurs étuis ſont courts , chiffonnés , & au lieu d'être étendus ſur le dos comme ils le feront par la ſuite , ils ſont repliés vers le devant ou le deſſous de l'inſecte. Cette nymphe dans les commencemens eſt tendre , molle & blanche ; peu à peu elle acquiert de la conſiſtance & une couleur plus brune , & enfin lorſqu'elle eſt parvenue à ſa perfection , elle ſe tire d'une enveloppe tranſparente , dans laquelle toutes ſes parties étoient renfermées , comme la main & les doigts le ſont dans un gant , & elle paroît ſous la figure d'un inſecte parfait.

Comme ces inſectes ne ſont point de coques , ils ont ſoin de mettre leurs nymphes à l'abri , ſoit en terre , ſoit dans des troncs d'arbres , ſoit ſous des écorces : leurs larves qui ſont tendres & délicates , ſont auſſi très-ſouvent cachées dans de pareils endroits ; c'eſt pour cette raiſon qu'on ne rencontre pas fréquemment les larves & les nymphes des inſectes à étuis qui ſont cependant très-communs.

Quoique nous donnions cette métamorphoſe comme celle des inſectes à étuis en général , il en faut excepter quelques - uns dont les étuis ſont mols & qui ſemblent tenir le milieu entre les inſectes de cette ſection & ceux de la ſuivante. Ce ſont les grillons , les ſauterelles & quelques inſectes qui en approchent : ceux-ci reſſemblent aux punaiſes pour la forme de leurs larves , qui ne différent des inſectes parfaits qu'en ce qu'elles n'ont point d'aîles. Leurs nymphes tiennent le milieu entre ces deux états ; elles ont des boutons dans leſquels les aîles futures ſont enveloppées , des eſpéces de moignons d'aîles qui ſe développent par la ſuite lorſque l'animal devient inſecte parfait.

Tome I.   **H**

Cette gradation par laquelle la section des coleoptères se rapproche de la suivante , est une preuve de ce que nous avons avancé dans le Discours préliminaire , & fait voir de plus en plus que tous les corps de la nature ne forment qu'un seul genre , qui s'éloigne peu à peu par des nuances insensibles , qui confondent & joignent ensemble les regnes , les classes & les genres différens , & les rapprochent les uns des autres.

Nous allons maintenant exposer dans une seule Table , l'ordre méthodique sous lequel sont rangés tous les genres des insectes à étuis qui forment cette premiere section ; après quoi nous entrerons dans le détail de chaque genre en particulier.

ARTICLE PREMIER

DE LA PREMIERE SECTION.

Infectes à étuis durs, qui couvrent tout le ventre.

ORDRE PREMIER.

Infectes qui ont cinq articles à toutes les pattes.

PLATYCERUS. *Scarabæi fpec. linn.*

LE CERF-VOLANT.

Antennæ in extremo uno verfu pectinatæ.	Antennes en peigne à l'extrémité, d'un feul côté.
Familia 1ª. *Antennis fractis.*	1°. Famille à antennes coudées.
—— 2ª. *Antennis integris.*	2°. —— à antennes entiéres.

LE nom de *platycerus* a été donné à ce genre, à caufe de ces grandes cornes mobiles & branchues, que porte à fa tête la premiere efpéce de ces infectes. On l'a appellée *platycerus*, infecte à larges cornes : c'eft par la même raifon qu'en françois on a nommé ces infectes *cerfs-volans*, à caufe de la reffemblance que ces cornes paroiffent à voir avecles bois des cerfs.

Le caractere effentiel de ce premier genre d'infectes à étuis, eft d'avoir le bout des antennes formé en peigne, mais feulement d'un côté. Ces antennes font compofées de onze articles, dont les quatre derniers ont fur le côté un prolongement, ce qui repréfente affez bien les dents d'un peigne. Ces quatre derniers articles font plus gros que les autres, enforte que l'extrémité de l'antenne qui en eft formée, eft plus groffe que le refte de fon corps, & que fa figure approche de celle d'une maffe ou maffue, dont le bout eft plus gros.

Nous avons diftingué & divifé ce genre en deux familles par rapport à la forme des antennes. La premiere comprend ceux de ces infectes, dont les antennes forment un coude & font pliées dans leur milieu. Dans ces cerfs-volans, la premiere piéce de l'antenne eft fort longue, elle en forme à elle feule la moitié. Au bout de ce long article, l'antenne fe coude, & les autres anneaux beaucoup plus courts, forment avec le premier un angle obtus. La feconde famille comprend les cerfs-volans, dont les antennes font droites & ne forment point un angle dans leur milieu : dans ces derniers, la premiere piéce des antennes n'eft guères plus longue que les autres. Nous n'avons autour de Paris qu'un feul infecte de cette feconde famille, c'eft le dernier de ce genre que nous avons appellé la *chevrette brune*.

Tous ces infectes viennent d'une groffe larve hexapode, blanche, à tête brune, écailleufe, telle que celle que nous avons décrite, en parlant des infectes à étuis en général. Cette larve fe loge dans l'intérieur des vieux arbres, les ronge, les réduit en une efpéce de tan, dans lequel elle fe transforme, devient chryfalide, & enfin animal parfait. On trouve quelquefois ces larves dans les creux d'arbres pourris & percés de tous côtés, & c'eft autour de ces mêmes arbres qu'on voit roder & voler, particuliérement fur le foir, l'infecte parfait, qui va y dépofer fes œufs.

Les efpéces de ce genre font les fuivantes.

※

PREMIERE FAMILLE.

1. **PLATYCERUS** *fuscus*, *cornubus duobus mobilibus*, *apice bifurcis*, *intùs ramo denticulifque inftructis.* planch. 1, fig. 1.

Mouffet. theatr. pag. 148. Cervus volans.
Aldrov. inf. pag. 451. fig. 1.
Jonft. inf. tab. 13. Scarabæus, 2. f. 1. 2.
Charlet. onom. 46. Cervus volans platyceros.
Merret. pin. p. 201. Cervus volans.
Olear. muf. pag. 27, *tab.* 16, *f.* 5. Taurus volans.
Dal. pharmacop. pag. 398. Scarabæus cornutus.
Raj. inf. pag. 74, *n.* 2. Scarabæus maximus platyceros, taurus nonnullis aliis cervus volans.
Linn. faun. fuec. n. 337. Scarabæus cornibus duobus mobilibus æqualibus apice bifurcis : introrfum ramo denticulifque inftructis.
Linn. fyft. nat. Edit. 10, *n.* 58. Scarabæus maxillofus, maxillis exfertis apice bifurcatis.
Rofel inf. vol. 2, *tab.* 4. & *tab.* 5, *fig.* 7, 9. Scarab. terreftr. claffis. 1.

Le grand cerf-volant.
Longueur 21 *lignes.* *Largeur* 7 *lignes.*

Cet infecte le plus grand de tous ceux de ce Pays-ci, & le plus fingulier pour fa forme, eft très-reconnoiffable par deux grandes cornes mobiles, qu'il porte à fa tête, & qui lui ont fait donner fpécialement le nom de cerf-volant. Ces cornes larges & applaties qui font le tiers de la longueur de l'infecte, ont au milieu, vers leur partie intérieure, une petite branche, & à leur extrémité elles fe bifurquent & fe divifent en deux : elles ont outre cela plufieurs petites dents dans toute leur longueur. La tête qui foutient ces cornes eft fort irréguliere, très-large & courte : le corcelet eft un peu moins large que la tête & le corps, & il eft bordé à fa circonférence : les étuis font fort unis, fans ftries ni raies. Tout l'animal eft d'une couleur brune foncée : on le trouve communément fur le chêne : il eft affez rare autour de Paris, & quoique ce foit le plus grand des infectes à étuis que l'on trouve ici, il eft bien plus petit que ceux de la même efpéce qui fe rencon-

trent dans les Pays où il y a beaucoup de bois : cet animal
est fort & vigoureux ; & l'on doit éviter ses cornes avec
lesquelles il pince fortement.

2. PLATYCERUS *fuscus , elytris lævibus , capite
  lævi.*

Raj. inf. pag. 75 , n. 3. Scarabæus platyceros totus niger , cornibus brevibus ,
  unicum tantum ramum emittent.bus , corpore oblongo & velut parallelo-
  grammo.
Linn. faun. fuec. n. 338. Scarabæus maxillis lunulatis prominentibus dentatis , thorace inermi.
Rofel. inf. vol. 2 , tab. 5 , fig. 8. Scarab. terreftr. claff. 1.

La grande biche.
Longueur 16 lignes. Largeur 6 lignes.

Cet animal reffemble beaucoup au précédent ; quelques perfonnes même ont cru qu'il n'en différoit que par
le fexe , prenant celui-ci pour la femelle , & le cerf-
volant pour le mâle : mais quoiqu'ils fe reffemblent beaucoup pour la forme , la grandeur & la couleur ; il eft prouvé que ces infectes font de différentes efpéces , & ne différent pas feulement par le fexe , ayant rencontré plufieurs
fois des biches accouplées enfemble , & jamais avec des
.cerfs-volans. D'ailleurs , outre ces grandes cornes qui leur
manquent , la forme du corcelet n'eft pas la même dans
les uns & les autres , il eft plus large dans les biches : mais
fur-tout ces dernieres différent du genre précédent par la
conformation de leur tête. La larve de la grande biche fe
trouve dans les troncs des vieux frênes à demi pourris , &
c'eft aux environs de ces arbres qu'on rencontre fouvent
cet infecte.

3. PLATYCERUS *niger , elytris lævibus , capitis
  puncto duplici prominente.*

Linn. fyft. nat. edit. 10 , n. 62. Scarabæus maxillofus depreffus niger , maxillis dente laterali elevato.

La petite biche.
Longueur 9 lignes. Largeur 4 lignes.

La petite biche reſſemble beaucoup à la grande , & je
l'ai priſe pendant long-tems pour une variété ; elle paroít
ſeulement plus petite d'environ moitié : mais outre la
couleur qui eſt noire & matte dans celle-ci , tandis qu'elle
eſt brune dans la précédente , j'ai enfin obſervé une autre
marque ſpécifique de cet inſecte : ce ſont deux points
élevés , liſſes , qui ſe trouvent à côté l'un de l'autre ſur le
milieu de la tête dans les mâles ſeulement , & qui ne ſont
point dans la grande biche. Cet animal ſe trouve comme
les précédens dans les troncs d'arbres pourris : il n'eſt pas
rare.

4. PLATYCERUS *violaceo-cœruleus , elytris lævi-*
bus.

Linn. ſyſt. nat. edit. 10 , *n.* 63. Scarabæus maxilloſus , maxillis lunulatis ,
    thorace marginato.
Vadm. Diſſert. n. 40. carabus cœruleſcens.

La chevrette bleue.
Longueur 5 lignes. Largeur 2 lignes.

Ce joli cerf-volant eſt tout bleu , tirant un peu ſur
le violet : ſes antennes ſont les mêmes en petit que celles
des eſpéces précédentes : ſes machoires avançent & débordent la tête , & leur côté intérieur eſt dentelé : ſon corcelet a un rebord bien marqué : ſes étuis ſont allongés &
de la même forme que ceux du grand cerf-volant : ils ſont
chagrinés & le corcelet vû à la loupe , paroít ponctué.

N. B. Nous avons une variété de cette eſpéce qui en
différe par quelques endroits ; 1°. elle eſt un plus large ;
2°. ſa couleur eſt verte en deſſus ; 3°. le deſſous eſt d'un
brun fauve ainſi que les pattes. Tout le reſte eſt ſemblable : on pourroit l'appeller la *chevrette verte.*

Seconde Famille.

5. PLATYCERUS *fuscus* , *elytris striatis*.

La chevrette brune.
Longueur 3 ¼ ligne. Largeur 1 ⅓ ligne.

Cette petite espéce de cerf-volant est toute brune : ses machoires sont fort prominentes & divisées à leur bout en deux petites pointes aigues , outre une dent peu saillante qu'elles ont dans leur milieu : son corcelet large , peu bordé , est terminé quarrément vers la tête & arrondi du côté des étuis , ce qui lui donne une forme assez singuliere. Vû à la loupe , il paroît ponctué , ainsi que la tête , au lieu que les étuis sont ponctués & striés , ce qui est particulier à cette espéce : elle commence à s'éloigner un peu des précédentes , en ce que ses antennes ne sont point coudées dans leur milieu & n'ont point la premiere piéce allongée comme dans les autres cerfs-volans & que de plus les feuillets latéraux du bout de l'antenne sont moins longs & moins marqués. Les tarses paroissent à la premiere vûe n'avoir que quatre piéces , la premiere qui est fort courte , étant presqu'entiérement cachée dans l'articulation de la jambe.

PTILINUS.

L À PANACHE.

Antennæ secundum totam longitudinem uno versu pectinatæ.   Antennes en peigne tout du long d'un seul côté.

La panache a été ainsi nommée à cause de la forme de ses antennes , qui représentent une espéce de panache : c'est aussi ce que signifie le nom latin *ptilinus.* Ces antennes sont composées de onze articles , dont les deux premiers ,

miers ,

miers, les plus proches de la tête sont simples, tandis que les neuf autres ont chacun sur le côté une longue appendice, enforte que toute l'antenne semble garnie de longues dents d'un côté, & imite la forme d'un peigne, ou pour mieux dire d'une panache.

Les larves de ces insectes se logent dans le bois, dans les troncs d'arbres, où elles forment des petits trous ronds & profonds. C'est dans ces mêmes trous qu'elles subissent leurs métamorphoses, jusqu'à ce que devenues insectes parfaits, elles en sortent, prennent leur essor & aillent voler sur les fleurs où on rencontre quelquefois la panache.

Nous ne connoissons autour de Paris que deux espéces de ce genre, sçavoir :

1. PTILINUS *atro-fuscus, thorace convexo, pedibus antennisque pallidis.*

Linn. syst. nat. edit. 10, *n.* 4. Dermestes, fuscus, antennis luteis pennatis.

La panache brune.
Longueur 2 lignes.   Largeur 1 ligne.

Cette espéce a beaucoup de rapport avec certains dermestes & encore plus avec les vrillettes : elle est oblongue, noirâtre, à l'exception des pattes & des antennes qui sont pâles : ses antennes sont fort jolies, branchues & comme en peigne, mais d'un seul côté : son corcelet est en bosse, & cet animal retire sa tête sous son corcelet, & ses pieds sous son ventre, dès qu'on le touche, restant tellement immobile qu'on le croiroit mort. Il fait sa demeure ordinaire dans les vieux troncs de saule, qu'il perce d'une quantité de petits trous ronds : c'est dans ces endroits qu'il faut le chercher : on y trouve, ou l'animal parfait prêt à sortir, ou la larve qui le doit produire, suivant la saison.

2. **PTILINUS** *niger , subvillosus , thorace plano marginato , elytris flavis mollioribus.* planch. 1 , fig. 2.

La panache jaune.

Longueur 2 ½ lignes.   Largeur 1 ligne.

On seroit d'abord tenté de prendre cet insecte pour une cicindele , si ce n'étoit la forme de ses antennes. Je crois même que c'est lui que M. Linnœus a voulu désigner , pag. 403 , n. 26 , de sa dixiéme édition de son *Systema Naturæ* , parmi ses cantharides. Tout son corps est noir , à l'exception des étuis qui sont jaunes : son corcelet n'est guères plus long que large & est un peu marginé , ce qui , joint à la fléxibilité de ses étuis , lui donne un faux air de notre cicindele : mais outre les antennes qui sont très-différentes, il n'a point un autre caractere de cette derniere, ce sont les espéces de papilles que forment les côtés du ventre des cicindeles , & qui ne se voyent point dans la panache jaune. Tout l'insecte est un peu velu , on le trouve assez communément sur les fleurs.

SCARABÆUS.

LE SCARABÉ.

Antennæ clavatæ , clavá lamellatá ; scutellum inter elytrorum origines.	Antennes à masse en feuillets ; écusson entre les étuis.
Familia 1ª. Antennarum lamellis septem.	1°. Famille : à sept feuillets aux antennes.
———— *2ª. Antennarum lamellis tribus.*	2°. ———— à trois feuillets aux antennes.

Nous avons appliqué & réduit à ce seul genre le nom de scarabé , que plusieurs Auteurs ont autrefois donné indistinctement à tous les insectes à étuis. Le caractere essentiel de ce genre est d'avoir les antennes en masse , c'est-à-dire terminées par un bout plus gros que le reste de l'antenne. Cette masse ou extrémité, est composée de plusieurs lames ou feuillets, que l'insecte peut resserrer ou ouvrir, à peu près comme les feuillets d'un éventail. Un autre caractere est d'avoir entre leurs étuis, à leur origine, cette petite partie triangulaire que nous avons appellée l'écusson ; & c'est par ce caractere que ce genre différe du suivant, qui a des antennes semblables, mais dans lequel l'écusson manque. Nous aurions pu réunir ces deux genres qui différent peu, mais comme celui-ci se trouve déja chargé d'un grand nombre d'espéces, nous avons mieux aimé les séparer pour faciliter l'ordre & la méthode. Nous avons de plus divisé le genre des scarabés en deux familles, suivant le nombre des feuillets qui composent la masse des antennes. Dans la premiere famille sont les scarabés qui ont sept feuillets aux antennes ; cette famille est la moins nombreuse. La seconde renferme tous les autres qui ont seulement trois feuillets aux antennes.

Les larves de ces insectes ressemblent toutes à ces gros vers blancs dont nous avons déja parlé, qui donnent le moine & le hanneton, deux des espéces de ce genre, & que l'on trouve dans le tan & dans la terre : mais toutes ces larves n'habitent pas les mêmes endroits. Les unes, comme nous le disons, viennent dans la terre, c'est le plus grand nombre ; d'autres vivent dans les bouzes de vache & les autres excrémens d'animaux ; quelques-unes sont aquatiques & se trouvent dans les eaux. C'est dans ces différens endroits que ces larves croissent & subissent leurs métamorphoses. Quelques-unes des plus grosses, telles que celles du hanneton, du moine, &c. sont deux ans entiers & même trois sous cette forme de larve, avant que de prendre celle de chrysalide & de devenir animal parfait, d'autres plus petites achevent tous leurs changemens dans le cours de la même année.

Parmi ces insectes devenus parfaits, quelques-uns offrent des particularités dignes de remarque. Trois espé-

ces de fcarabés , fçavoir le foulon , le fcarabé à tarriere &
l'écailleux violet , ont le corps chargé d'écailles farineufes
femblables à la pouffiere qu'on obferve fur les aîles des
papillons & des phalénes. Ces écailles diverfement colorées , forment des taches de différentes couleurs fur l'infecte , & non-feulement fur fon corps , mais fur fes étuis
& toutes fes autres différentes parties. Une de ces trois
efpéces , le fcarabé à tarriere a une autre particularité ;
c'eft une longue tarriere fine pofée à l'extrémité du ventre,
qui ne fe trouve que dans les femelles & qui leur fert
à dépofer leurs œufs dans les vieux bois.

Une autre efpéce appellée le moine , a au contraire une corne à la tête qui ne fe voit que dans les
mâles , & dont il n'eft pas aifé de découvrir l'ufage. Enfin
une derniere efpéce , connue fous le nom de phalangifte ,
a de longues pointes au corcelet , qui fe trouvent également dans les mâles & dans les femelles. Toutes ces fingularités rendent ces différentes efpéces remarquables &
intéreffantes , & dédommagent en partie un curieux du
tort que plufieurs fcarabés font aux fleurs , aux feuilles
& aux racines des arbres.

Premiere Famille.

1. SCARABÆUS *capite unicorni recurvo , thorace
gibbo , abdomine hirfuto. Linn. faun. fuec. n. 340.*

Linn. fyftema nat. edit. 10 , *n.* 7. Scarabæus thorace tuberculo triplici , capitis
　cornu recurvato.
Olear. muf. 27 , *t.* 16 , *f.* 4. Scarabæus naficornis.
Jonft. inf t. 14 , *n.* 12. Scarabæus buceros naficornis.
Imperat. alt. p. 594. Scarabæus rhinoceros. f. 1 , 2 , 3.
Barthol. unic. p. 54. Scarabæus monoceros.
Frifc. v. 3 , *p.* 6 , *t.* 3 , *f.* 1. Scarabæus naficornis.
Swamerd. bibl. nat. t. 27 , *f.* 1 , 2.
Rofel. inf. vol. 2 , *tab.* 6 & 7. Scarab. terreftr. claff. 1.

Le moine.
Longueur 15 *lignes.* *Largeur 9 lignes.*

Cette premiere efpéce de fcarabé fe reconnoît aifément

par la corne qu’elle porte sur sa tête, & qui l’a fait nommer
par plusieurs Auteurs *rhinoceros*. Son corcelet n’est pas
moins singulier & irrégulier : il s’élève sur le derriere
& forme une éminence transverse à trois angles. Cette
éminence est bien moins considérable dans la femelle, qui
n’a point non plus la corne de la tête. Tout le corps
de l’animal est d’un brun châtain, ses étuis font lisses &
son ventre est un peu velu. On trouve en grande quantité
dans les couches des jardins & potagers & dans le bois
pourri cet insecte, ainsi que sa larve, qui ressemble tout-à-
fait à celle du hanneton connue sous le nom de vers blanc.

2. SCARABÆUS *antennarum lamellis maximis ,*
corpore nigro , squamis albis , varie maculato.

Charlet. onom. 46. *fullo.*
Mouffet. inf. p. 160, *f.* 4. *fullo.*
Act. n. curiof. dec. 2. *ann.* 6, *obfer.* 239. Scarabæus pictus.
Frifch. v. 11, *p.* 22, *t.* , *f.* 1. Scarabæus julii, albo maculatus.
Raj inf. p. 93. Scarabæus fullo plinii.
Linn. faun. fuec. n 3 3. Scarabæus antennarum lamellis feptenis æqualibus ,
 corpore nigro , elytris maculis albis fparfis.
Linn. fyft. nat. edit. 10 , *n.* 44. Scarabæus muticus , antennarum lamellis fepte-
 nis æqualibus , corpore nigro , albedine irrorato.
Roef inf. tom. 4 , *tab.* 30.

Le foulon.
Longueur 17 *lignes. Largeur* 7 *lignes.*

 Ce scarabé un des plus gros & des plus beaux de ce genre, a la tête & le corcelet noir, & les étuis un peu moins
foncés & bruns : mais ce qui le rend plus agréable à la
vûe, c’est la couleur blanche qui tranche sur ce fond &
forme des taches irrégulieres. Ces taches blanches con-
sidérées à la loupe, représentent un spectacle fort joli :
elles font composées & formées par quantité de petites
écailles blanches qui s’implantent dans des cavités des
étuis & du corcelet, & qui ressemblent à ces écailles qui
se trouvent sur les ailes des papillons. Au reste ce scarabé
n’est pas le seul dont le corps soit ainsi parsemé de ces
écailles ; nous en verrons plusieurs autres exemples. Une

autre particularité du foulon , ce font les feuillets de fes
antennes qui font très-longs & qui égalent la longueur de
la tête & du corcelet réunis enfemble , du moins dans les
mâles , car ils font plus courts dans les femelles : le refte
de l'antenne eft fort court , & compofé feulement de trois
articles : le deffous de l'animal eft velu.

Quoique je n'aye point trouvé ce fcarabé autour de
Paris , j'ai cru devoir le rapporter ici , tant parce qu'on le
trouve communément dans des Provinces qui n'en font
pas éloignées , que parce qu'il fe voit dans prefque tous les
cabinets d'hiftoire naturelle : ceux que j'ai , me viennent
du Languedoc.

3. SCARABÆUS *teftaceus , thorace villofo , abdomi-*
nis incifuris lateralibus albis , cauda inflexa. Linn.
faun. fuec. 345.

Linn. fyft. nat. edit. 10 *, n.* 43.
Aldrov. inf. p. 454 *, t. fuperior. f.* 2.
Mouffet. theatr. p. 160 *, f.* 2. Scarabæus arboreus vulgaris.
Merian. lat. v. 1 *, p.* 2 *, f.* 4.
Goed. belg v. 1 *, p.* 178 *, f.* 78. *Gall. tom.* 2 *, tab.* 78.
Goed. lift p. 265 *, f.* 3.
Lift. loq. p. 379 *, n.* 1. Scarabæus maximus rufus , urhopygio deorfum inflexo.
Lift. mut. t. 18 *, f.* 16.
Albin. inf. t. 60.
Lewenhoec. arc. natur. 1695 *, v.* 1 *, p.* 14 *, f.* 14. Molitor.
Petiv. gazoph. p. 29 *, t.* 19 *, f.* 2. Scarabæus arboreus major caftaneus.
Raj. inf. p. 104 *, n.* 1. Scarabæus arboreus vulgaris major.
Frifch. germ. 4 *, p.* 20 *, t.* 14 *, fig. mala.* Scarabæus julii feu vitis.
Jonft. inf. 70 *& Charleton onom.* 46. Scarabæus arboreus.
Ephemer. nat. cur. decur. 2 *, ann.* 1 *, p.* 148. Scarabæus majalis foliaceus.
Rofel. inf. vol. 2 *, tab.* 1 , Scarab. terreft. claff. 1.

Le hanneton.
Longueur 1 *pouce.   Largeur* 6 *lignes.*

Tout le monde connoît affez le hanneton , ainfi nous ne
nous étendrons pas beaucoup fur fa defcription. Sa tête ,
fon corcelet & tout fon corps font d'un brun noirâtre , un
peu velus ; fes étuis font d'un brun plus clair , avec quatre
ftries élevées & luifantes : mais ce qui caractérife ce fcarabé , ce font ces marques blanches triangulaires qui font

aux côtés de son ventre , une sur chaque anneau , & sa queue longue & recourbée. Roesel,dans son ouvrage intitulé , *Amusement physique sur les Insectes* , prétend établir deux espéces de hannetons , l'une à corcelet noir , l'autre à corcelet brun , mais ces différences de couleurs ne sont que de simples variétés. L'insecte parfait se trouve communément au printems & gâte les feuilles & les fleurs des arbres. Souvent on rencontre les mâles & les femelles accouplés ensemble. Lorsque la femelle a été ainsi fécondée , elle creuse un trou dans la terre à l'aide de ses jambes antérieures qui sont larges , fortes & armées de pointes sur leur bord , elle s'y enfonce à la profondeur d'un demi-pied & y dépose des œufs oblongs d'un jaune clair. On rencontre quelquefois ces œufs en terre rangés les uns à côté des autres. Après cette ponte la femelle sort de terre & se nourrit encore quelque tems avant que de périr : des œufs qu'elle a déposés , naissent des larves hexapodes , blanches , connues par les Jardiniers sous le nom de *vers blancs* , qui rongent les racines des plantes & même des arbres & les font périr. Ces larves ont des antennes composées de cinq piéces & neuf stigmates de chaque côté , posés de la maniere que nous avons expliquée dans le Discours qui est à la tête de cette section. Elles restent sous cette forme pendant près de quatre ans , & chaque année elles changent au moins une fois de peau : pendant l'hiver elles s'enfoncent en terre à une grande profondeur pour se mettre à l'abri du froid , & demeurent jusqu'au printems sans prendre de nourriture : mais à l'approche de la belle saison,elles remontent vers la surface de la terre. Ce n'est que sur la fin de leur quatriéme année que ces larves se métamorphosent : pour lors vers l'automne elles s'enfoncent en terre , quelquefois à la profondeur d'une brasse , & là elles se construisent chacune une loge lisse & unie , dans laquelle , après avoir quitté leur derniere peau , elles se mettent en chrysalides. La chrysalide reste sous cette forme tout l'hiver , jusqu'au

mois de février ; alors elle devient un hanneton parfait ;
mais mol & blanchâtre. Ce n'eſt qu'au mois de mai que
ſes parties étant affermies , elle ſort de terre & paroît
au jour : auſſi trouve-t-on ſouvent en terre ſur la fin de
l'hiver des hannetons parfaits , ce qui a fait croire à
quelques perſonnes que ces inſectes vivoient d'une année
à l'autre & paſſoient leur hiver en terre pour ſe mettre à
l'abri du froid. On diſtingue aiſément les mâles d'avec les
femelles par les feuillets des antennes , qui ſont beaucoup
plus grands dans les premiers & par la pointe poſtérieure
du ventre , qui forme une eſpéce de queue plus courte
dans les femelles.

DEUXIEME FAMILLE.

4. SCARABÆUS *niger , elytris ſtriatis , thorace an-*
trorſum tricorni. planch. 1 , fig. 3.

Mouff. theatr. p. 152. βένερος vel ταυρόκερος. *fig.* 2.
Raj. inſ. p. 103. Scarabæus ovinus ſecundus Willergby.
Friſch. germ. 4 , *tab.* 8.
Petiv. gazoph. tab. 23 , *fig.* 3.

Le phalangiſte.
Longueur 8 lignes. Largeur 4 ½ lignes.

La forme de cet inſecte , qui n'eſt pas commun ici , eſt
tout-à-fait ſinguliere. Son corps eſt aſſez large & court , ſes
étuis ont des ſtries longitudinales qui s'effacent peu à peu
ſur les côtés , ſa tête avance aſſez & ſes antennes ſont très-
apparentes. Tout le corps de l'inſecte eſt noir , à l'exception de quelques poils bruns qui ſe trouvent au - deſſous du corps : mais ce qui rend cet animal ſingulier ,
c'eſt la forme de ſon corcelet , dont les deux pointes latérales s'avancent & débordent la tête , ayant une petite
éminence ſur le côté , tandis que la pointe du milieu
eſt plus courte & s'éleve un peu. Ces longues cornes avancées , ſemblent avoir été données à cet inſecte comme une
arme offenſive , quoiqu'elles ne puiſſent faire aucun mal :

leur

leur reſſemblance avec les longues piques des ſoldats de la phalange macédonienne , a fait appeller cette eſpéce , *le phalangiſte.* On trouve ſa larve dans les bouzes de vaches : j'y ai auſſi rencontré l'inſecte parfait qui probablement alloit y dépoſer ſes œufs.

5. SCARABÆUS *viridi-ænæus , thoracis parte prona antice prominente.*

Bauh. ballon. p. 211 , *f.* 3. Bupreſlis.
Worm. muſ. p. 342. Scarabæus chlorochryſos.
Merret. pin. p. 201. Smaragdulus vel viridulus.
Friſch. germ. v. 12 , *p.* 25 , *t.* 3 , *f.* 1. Scarabæus arboreus viridis , ſeu ſcarabæus auratus dictus.
Raj. inſ. p. 76 , *n.* 7. Scarabæus major , corpore breviore , alarum elytris & thoracis tegmine cruſtaceo , colore viridi ſerici inſtar ſplendentibus.
Linn. faun. ſuec. n. 344. Scarabæus corpore viridi-æneo.
Linn. ſyſt. nat. edit. 10 , *n.* 52. Scarabæus muticus auratus ſegmento abdominis ſecundo latere unidentato.
Roſel. inſ. vol. 2 , *tab.* 2 , *f.* 6 , 7. Scarab. terreſtr. claſſ. 1.

L'émeraudine.
Longueur 9 *lignes.* *Largeur* 5 *lignes.*

La larve de ce ſcarabé attaque les racines des arbres & des plantes , & l'inſecte parfait qu'elle donne , ſe trouve très-communément dans les jardins ſur les fleurs , & particuliérement ſur celles de la roſe & de la pivoine. Tout ſon corps eſt vert , bronzé , luiſant , mêlé ſur-tout en deſſous d'une teinte de rouge , ſemblable à du cuivre bien poli. On voit quelques taches blanches tranſverſales ſur ſes étuis. Il reſſemble aſſez pour la forme au hanneton : mais ce qui le diſtingue particuliérement des autres ſcarabés , c'eſt une avance que forme le corcelet en-deſſous du côté de la tête. On peut regarder cet inſecte comme un des plus beaux des environs de Paris.

6. SCARABÆUS *viridis nitens , thorace infra æquali , non prominente.*

Linn. ſyſt. nat. edit. 10 , *n.* 54. Scarabæus muticus lævis opacus , abdomine poſtice albo punctato.
Roſel. inſ. vol 2 , *tab.* 3 , *f.* 4 , 5. Scarab. terreſtr. claſſ. 1.

Tome I. K

Le verdet.
Longueur 7 lignes: Largeur 4 lignes.

Cette efpéce reffemble beaucoup à la précédente : la feule différence qu'on apperçoive d'abord , eft celle de la couleur , qui eft verte fans mêlange de rouge cuivreux , ce qui ne fuffiroit pas pour conftituer une efpéce différente : du refte fa forme eft la même , fi ce n'eft qu'il eft un peu moins grand , & il a , comme l'émeraudine , quelques petites taches blanches fur les étuis : mais ce qui conftitue la différence de ces deux efpéces , c'eft cette avance à la partie inférieure du corcelet qui fe trouve dans la précédente & qui manque dans celle - ci. Le verdet fait donc une efpéce très-diftincte de l'émeraudine : ce fcarabé m'a été donné , & je ne connois pas la plante fur laquelle il fe trouve.

7. SCARABÆUS *teftaceus , thorace villofo , elytris luteo pallidis , lineis tribus elevatis pallidioribus.*

Mouf. inf. p. 160, f. 3. Scarabæus lanuginofus arboreus , alteri affinis.
Lift. tab. mut t. 18, f. 17.
Lift. loq. p. 300, n. 2. Scarabæus alter ex flavo cinereus.
Petiv. gazoph. p. 36 , t. 22 , f. 9. Scarabæus pectinatus minor villofus.
Frifch germ. 9 , p. 30 , t. 15 , f. 3. Scarabæus junii feu folftitialis.
Linn. faun. fuec. n. 346. Scarabæus teftaceus , thorace villofo , elytris luteopallidis lineis tribus albis longitudinalibus.
Linn. fyft. nat. edit. 10 ; n. 44.

Le petit hanneton d'automne.
Longueur 7 lignes.   Largeur 3 ½ lignes.

Le petit hanneton reffemble beaucoup au grand , mais il eft plus petit de moitié : de plus fon corcelet & tout fon corps font d un brun plus clair, & fes étuis font d'un jaune ambré & un peu tranfparent : il eft auffi plus velu que le grand : les poils qui font fur les côtés du ventre font un peu blanchâtres , ce qui femble au premier coup d'œil former des marques approchantes de ces taches triangulaires qui fe trouvent fur le grand hanneton : mais la principale différence fpécifique de ces infectes, confifte

dans la forme de la queue, qui dans cette espéce n'a
point de prolongement comme dans l'autre. Ce petit
hanneton paroît sur la fin de l'été, on le voit quelquefois
voler en très-grande quantité sur le soir autour des arbres.

N.B. J'en ai une variété qui est toute d'un beau vert
luisant.

8. SCARABÆUS *capite thoraceque cœruleo pilofo ;*
elytris rufis.

Lift. append. 380. *n.* 3. Scarabæus ex nigro virefcens, pennarum thecis rufis.
Linn. faun. fuec. n. 351. Scarabæus capite thoraceque cœruleo pilofo, elytris
grifeis, pedibus nigris.
Linn. act. upf. 1736. *p.* 16, *n.* 3. Scarabæus medius, capite collarique cœruleo, pedibus nigris, elytris pallidis, ftriatis.

Le petit hanneton à corcelet vert.
Longueur 4 *lignes. Largeur* 2 ⅔ *lignes.*

On trouve affez communément cette espéce dans les
bouzes de vaches. Sa tête & son corcelet font d'un vert
luisant & un peu velus. Le corps en deffous eft noir, mêlé
d'un peu de vert ; ses étuis font d'un canelle clair &
ses pieds font noirs : il eft plus petit de moitié que le petit
hanneton d'automne.

9. SCARABÆUS *ater, dorfo glabro, elytris ful-*
catis, capitis clypeo rhomboide centro prominulo. Linn.
faun. fuec. n. 349.

Linn. fyft. nat. edit. 10, *n.* 30. Scarabæus muticus ater glaber, elytris ful-
catis, capite rhombæo, vertice prominulo.
Mouffet. inf p. 153. Pillularius, fig. ultima. jonft. inf. 70. *Charlet onom.* 46.
Aldrov. 179.
Bauh. ballon. p. 212, *f.* ult.
Lift. tab. mut. t. 17, *f.* 14.
Lift. loq p. 380, *n.* 4. Scarabæus magnus ex purpura niger, tibiis omnium
pedum ferratis.
Raj. inf. p. 74, *n.* 1. Scarabæus magnus niger vulgatiffimus, antennis ar-
ticulatis.
Raj. inf. p. 90, *n.* 7. Scarabæus major niger vulgatiffimus, antennis globo-
fis, elytris lævibus.
Frifch. germ. v. 4, *p.* 13, *t.* 6. Scarabæus ftercorarius niger major.
Merret. pin. p. 201. Scarabæus ftercorarius vel fimarius.

Le grand pillulaire.
Longueur 10 lignes.　Largeur 5 lignes.

Le grand pillulaire est noir & lisse en dessus ; quelquefois un peu verdâtre , en dessous il y a quelques poils clairsemés. Sa tête ressemble à un chaperon formé en lozange , dont le milieu est élevé & les bords sont saillans : ses machoires débordent sa tête : son corcelet est très-lisse , arrondi , bordé dans son contour , ayant dans son milieu une légere rainure. Ses étuis sont rayés d'un grand nombre de stries longitudinales : en dessous tout l'animal est fort brillant , tantôt bleu & tantôt vert , & ces couleurs pénétrent quelquefois jusqu'aux bords du corcelet , & des étuis en dessus. On remarque sur les cuisses antérieures une tache formée par des poils roux , qui cependant manque quelquefois : les tarses de toutes les pattes paroissent foibles & bien grêles par rapport aux cuisses.

Ce scarabé fait sa demeure ordinaire dans les immondices & les matieres les plus sales. C'est cette espéce , qui autrefois a été si renommée , particuliérement parmi les Egyptiens chez lesquels on la revéroit , & on la regardoit comme consacrée au soleil. On croyoit que cet animal étoit toujours mâle , qu'il produisoit ses petits sans accouplement avec aucune femelle , en déposant ses œufs dans des boules de bouzes , ou d'autres semblables matieres qu'il roule continuellement avec ses pieds de derriere. Aujourd'hui on sçait qu'une pareille production est impossible , & que ce scarabé ne fréquente les endroits où on le trouve , que pour y déposer , après l'accouplement , des œufs d'où sortent des larves qui se transforment ensuite en cet animal.

Un insecte aussi célébre ne pouvoit manquer d'avoir bien des propriétés , sur-tout en médecine : aussi lui en a-t-on attribué beaucoup. Sans compter les vertus apocriphes qu'on a cru lui trouver , en le tenant suspendu au col , ou porté en amulette ; Pline , Avicenne , Lanfranc

& plufieurs autres, l'ont regardé comme un très-bon re-
méde pour la guérifon des hémorroïdes , des douleurs
d'oreille , de celles du bas ventre & même pour la pierre :
mais la plus fure de toutes les qualités qui lui font
attribuées, eft celle de pouffer les urines & les évacuations
du fexe. Tous les infectes à étuis en général ont plus
ou moins cette vertu , que l'on remarque en un degré
fi éminent dans les cantharides.

On a donné à cette efpéce le nom de pillulaire , à caufe
de ces boules creufes de fiente qu'elle forme pour dépofer
fes œufs dans leur intérieur : d'autres Naturaliftes l'ont
appellée le fouille-merde.

10. SCARABÆUS *cærulefcens , dorfo elytrifque glabris læviffimifque , capitis clypeo rhomboïde , centro
prominulo. Linn. faun. fuec. n. 350.*

Linn. *fyft. nat. edit.* 10 , *n.* 31. Scarabæus muticus , èlytris glabris læviffi-
mis , capitis clypeo rhómbæo , vertice prominulo.

Le petit pillulaire.
Longueur 7 lignes. Largeur 5 lignes.

Le petit pillulaire reffemble extrêmement au grand , il
n'en paroît différer d'abord que par fa grandeur , & fa couleur qui eft partout d'un bleu foncé & brillant , tant
en deffus qu'en deffous : mais fi on compare ces deux infectes , on voit que celui-ci a les étuis liffes fans aucunes
ftries , ce qui le diftingue du précédent. Tout le refte
eft de même ; ils ont l'un & l'autre ce chaperon en lozange , qui forme le deffus de la tête , & cette tache de poils
bruns fur la premiere paire de cuiffes , quoique M. Linnæus prétende qu'elle ne fe rencontre point dans le petit
pillulaire. Cet animal fe trouve dans les bouzes , la fiente
& les immondices , comme le précédent , mais on ne
le rencontre guères qu'au printems.

11. **SCARABÆUS** *ater, punctis elevatis, per strias.*
digestis.

Le scarabé perlé.
Longueur 3 ½ lignes. Largeur 2 lignes.

A la premiere vûe, on prendroit ce scarabé pour le
ténébrion à stries dentelées, n°. 7. Il est tout noir & matte,
ses antennes sont courtes de la longueur environ de la
tête, & on y voit très-bien les trois lames ou feuillets : sa
tête bordée à sa circonférence, a deux éminences en
dessus l'une à côté de l'autre. Le corcelet a plusieurs
bosses, longues, irrégulieres, & outre cela il est pointillé :
les étuis ont chacun cinq rangs longitudinaux de gros
points élevés & lisses, & entre ces rangs cinq autres de
points semblables, mais plus petits de moitié. Ces points
gros & lisses sur un fond matte, font un très-bel effet
& ressemblent à des perles. On trouve rarement ici ce bel
insecte, mais il est assez commun à Fontainebleau.

12. **SCARABÆUS** *ater depressus & squamosus, maculis*
albis variegatus, elytris abdomine brevioribus, fæmina
aculeo ani.

Linn. *syst. nat. edit.* 10, *n.* 45. Scarabæus muticus, thorace tomentoso rugis
duabus longitudinaibus marginato, elytris abbreviatis.

Le scarabé à tarriere.
Longueur 4 lignes. Largeur 2 lignes.

Ce joli scarabé se trouve souvent dans les troncs d'arbres pourris, & sous les écorces des vieux arbres ; il est
plat, & lorsqu'on le prend, il retire ses pattes sous son
corps, & reste si parfaitement immobile, qu'on le croiroit
mort. Tout son corps est d'un fond noir & couvert de petites écailles semblables à celles que nous avons remarquées sur le foulon ; mais dans le foulon on ne voit ces
écailles que sur les taches blanches de cet insecte, au lieu
que dans celui-ci tout le corps généralement en est cou-

vert ; feulement elles font noires dans beaucoup d'endroits, & blanches dans d'autres, ce qui produit de jolies taches. La tête de l'animal eft petite & allongée ; fon corcelet l'eft auffi, & femble avoir cinq angles. Les étuis font courts & ne couvrent guéres plus de la moitié du ventre. Tout le corps de l'animal eft applati. On voit de plus, à l'extrémité du ventre de la femelle, une pointe ou tarriere longue d'une ligne, qui ne fe trouve point dans les mâles. Il paroît que l'ufage de cette partie eft de fervir à loger & dépofer les œufs de cet infecte dans le bois pourri où on le trouve.

13. SCARABÆUS *violaceus* & *fquamofus*, *fquamis fubtus argenteis.*

L'écailleux violet.
Longueur 4 *lignes.* **Largeur** 1 ¼ *ligne.*

Il eft tout violet, fur-tout en deffus, & fon corps eft couvert par tout d'écailles, comme celui du précédent. Ces écailles font en deffus de la même couleur que le fond du corps, c'eft-à dire violettes, mais en deffous elles font argentées, plus dans quelques uns, moins dans d'autres. J'ai trouvé cet infecte dans des troncs d'arbres pourris. J'en ai reçu d'Orléans, il y a quelques années, dont les couleurs étoient extrémement vives ; le deffus étoit du plus beau violet, & le deffous d'une belle couleur argentée. Je les remis à M. de Reaumur. Ceux que j'ai trouvés ici font d'une couleur beaucoup plus terne.

14. SCARABÆUS *nigro-cœrulefcens, maculis albis fparfis, ordine macularum abdominalium longitudinali.*

Raj. inf. p 104, *n* 8.

Le drap mortuaire.
Longueur 5 *lignes.* **Largeur** 3 *lignes.*

La forme de cet infecte eft la même que celle du hanneton ; il eft en deffus & en deffous d'une couleur noire un peu bleuâtre , & varié de marques & de raies blanches: Ces points blancs font difpofés fur le corcelet en deux bandes longitudinales de trois points chacune , outre quelques autres plus petits ; mais ce qui caractérife particuliérement cet infecte, c'eft une raie longitudinale de points blancs, qui fe trouve fous le ventre, chacun de ces points étant placé au milieu d'un des anneaux de cette partie. On trouve cet animal l'été fur les fleurs , particuliérement fur celles des plantes ombelliferes.

15. SCARABÆUS *niger , elytris croceis margine nigro.*

Le fcarabé à bordure.
Longueur 3 lignes. Largeur 1 ½ ligne.

La tête, le corcelet & le deffous de cet infecte font noirs, & de plus, le corcelet, ainfi que la tête , font chargés de points. Ses étuis font jaunes, bordés de noir, ftriés & ponctués.

16. SCARABÆUS *niger , hirfutie flavus , elytris luteis , fafciis tribus nigris interruptis.*

Mouffet. theatr. p. 161. f. 7.
Linn. faun. fuec. n. 348. Scarabæus niger hirfutie flavus, elytris fafciis duabus luteis coadunatis.
Linn. fyft. nat. edit. 10, n. 47. Scarabæus muticus niger, tomentofo-flavus; elytris fafciis duabus luteis coadunatis.

La livrée d'ancre.
Longueur 4 ½ lignes. Largeur 3 lignes.

Cette belle efpéce fe trouve communément fur les fleurs. Tout fon corps, fa tête & fon corcelet font noirs, mais couverts de poils jaunes en grande quantité ; fes étuis, qui ne font point velus, font d'un jaune plus pâle, ayant chacun trois bandes tranfverfales noires, qui commencent au côté extérieur, mais qui ne vont pas jufqu'au milieu. Ils ont auffi un rebord noir un peu relevé. Le bout du ventre de l'infecte n'eft pas recouvert par les étuis , ce qui eft commun à beaucoup de fcarabés.

N. B.

N. B. On trouve des variétés de cet animal un peu différentes pour la couleur. J'en ai un dont les poils, au lieu d'être jaunes, font rouges, & dont les étuis ont auffi une teinte de rouge.

17. SCARABÆUS *villofus albo, nigro, flavoque irregulariter variegatus.*

L'arlequin velu.
Longueur 4 lignes. Largeur 2 lignes.

Tout le corps de cette efpéce eft velu, & même couvert de poils affez longs. Ces poils font un peu blanchâtres en deffus, & jaunes en deffous. Le corps, fous ces poils, eft noir, à l'exception des étuis, qui font bigarés de jaune. On peut regarder le jaune comme faifant le fond de la couleur des étuis, dont les bords, tant extérieurs qu'intérieurs, font noirs, avec une tache quarrée noire autour de l'écuffon, & plus bas deux bandes noires tranfverfes, mais irréguliéres & déchiquetées. Les antennes font courtes, & n'ont gueres que la longueur de la tête.

18. SCARABÆUS *capite thoraceque nigro, antennis elytrifque rubris. Linn. faun. fuec. n.* 355.

Linn. fyft. nat. edit. 10, *n.* 22. Scarabæus thorace inermi, capite tuberculato, elytris rubris, corpore nigro.
Rofel. inf. tom. 2, *fcarab. tab. A. fig.* 3.
Frifch. germ. v. 4, *p.* 35, *t.* 19, *fig.* 3. Scarabæus equinus medius, coleoptris rubris, collari nigro.

Le fcarabé bedeau.
Longueur 3 lignes. Largeur 1 ¾ *ligne.*

La tête de cet infecte eft noire & formée en chaperon avancé, fur lequel on remarque trois points ou élévations rangés tranfverfalement. Les antennes, qui font fous ce chaperon, font rouges. Le corcelet, qui eft arrondi, eft d'un noir luifant; il a feulement fur les côtés, vers la partie antérieure, une marque rouge. Enfin tout le refte du corps eft noir, à l'exception des étuis, qui font d'un beau rou-

Tome I. L

ge. Ces étuis ont des ftries longitudinales ; on en peut compter neuf fur chacun : vûes à la loupe, elles paroiffent compofées & formées de points rangés fur une même ligne. La larve de ce fcarabé fe trouve dans la fiente & les bouzes de vaches : on y trouve auffi l'infecte parfait, principalement au commencement de l'été.

19. SCARABÆUS *capite thoraceque nigro glabro, elytris grifeis, pedibus pallidis. Linn. faun. fuec. n. 353.*

Raj. inf. p. 106. Scarabæus pillularis decimus.

Le fcarabé gris des bouzes.
Longueur 1, 2, 3, lignes. Largeur ½ 1. 1 ½ ligne.

Ce petit fcarabé fe trouve dans les bouzes de vaches, dont fa larve fe nourrit. Sa grandeur varie beaucoup, depuis une ligne jufqu'à trois de long. Sa tête eft noire en forme de chaperon avancé & bordé. Son corcelet eft auffi d'un noir luifant, mais fes bords font d'une couleur pâle & tranfparente. Ses étuis rayés chacun de neuf ftries longitudinales, font d'une couleur grife, jaunâtre, chargés chacun de trois ou quatre taches noires, qui forment fur le corps deux ou trois raies tranfverfales. Tout le deffous de l'infecte paroît noir, à l'exception des pattes; qui font de la couleur des étuis. Cet animal eft très-commun au printems.

20. SCARABÆUS *totus niger, fpinulis tribus capitis tranfverfim pofitis.*

Linn. fyft. nat. edit. 10, *n.* 21. Scarabæus thorace inermi fubretufo, capite tuberculo triplici, medio fubcornuto.
Linn. faun. fuec. n. 352. Scarabæus ovatus ater glaber.

La tête armée.
Longueur 2, 3, 4, 5 lignes Largeur 1, 2, 2 ½ lignes.

Cette efpéce, qui reffemble beaucoup au fcarabé bedeau, à la couleur près, & qui fe trouve, ainfi que lui, dans les bouzes, eſt toute noire & fort luiſante. Sa tête porte, ainſi que la ſienne, trois petites pointes poſées tranſverſalement. Ses étuis ſont noirs & chargés de neuf ſtries longitudinales. Cet animal varie beaucoup pour la grandeur : on en trouve qui ont depuis deux lignes juſqu'à cinq lignes de long.

21 SCARABÆUS *totus niger, capite inermi.*

Le ſcarabé jayet.
Longueur 4 lignes. Largeur 2 lignes.

On trouve cette eſpéce dans les bouzes, avec la précédente, dont elle approche beaucoup. Elle ne paroit d'abord en différer que parce que ſa tête n'eſt point chargée de petites pointes, ce qui m'avoit d'abord fait regarder cette eſpéce comme une ſimple variété de ſexe. Mais ſi on l'examine à la loupe, on voit que ces étuis, qui ſont ſtriés comme ceux du précédent, ont une différence bien ſpécifique. C'eſt que l'eſpace qui ſe trouve entre ces ſtries n'eſt pas liſſe, mais chargé de points, ce qui eſt propre au ſcarabé jayet.

22. SCARABÆUS *fulvus, oculis nigris, thorace glabro.*

Le ſcarabé fauve aux yeux noirs.
Longueur 3 ½ lignes. Largeur 1 ½ ligne.

La forme & la figure de ce ſcarabé approchent beaucoup de celles du petit hanneton ; il en différe, 1°. en ce qu'il eſt tout entier de couleur brune rougeâtre, à l'exception des yeux, qui ſont noirs; 2°. en ce que ſon corcelet eſt liſſe & non pas velu ; 3°. par les feuillets de ſes antennes, qui ſont aſſez longs proportionnément à ſa grandeur ; 4°. enfin par la grandeur de ſon corps, qui n'a que trois ou quatre lignes de long. J'ai trouvé cet inſecte ſur les arbuſtes & les brouſſailles.

23. SCARABÆUS *niger hirſutus.*

Le velours noir.
Longueur 2 lignes. Largeur 1 ⅓ ligne.

Son corps , qui eſt tout noir, eſt arrondi , & le corcelet & les étuis ſont chargés de poils. Ces derniers ſont un peu mols , & on compte ſur chacun de ces étuis neuf ſtries longitudinales. J'ai trouvé cette eſpéce dans le Jardin Royal.

24. SCARABÆUS *ater , thorace ſubvilloſo , elytris fuſcis ſtriatis.*

Le ſcarabé couleur de ſuie.
Longueur 4 lignes. Largeur 1 ¼ ligne.

Je ne me rappelle plus en quel endroit j'ai trouvé cette eſpéce. Sa tête, dont le chaperon eſt bordé, & ſon corcelet ſont d'un noir matte. On voit ſur le corcelet quelques poils clair emés. Les étuis ont chacun neuf ſtries longitudinales ; ils ſont d'une couleur brune, obſcure , approchant de celle de la ſuie , ainſi que les pattes. Le deſſous du corps eſt noirâtre.

25 SCARABÆUS *atro-fuſcus, ſupra veluti cineraſcens , antennis pedibusque fuſcis , lamellis antennarum longis , elytris ſtriatis.*

Le ſcarabé brun chagriné.
Longueur 4 lignes. Largeur 2 lignes.

La couleur de cette eſpéce eſt brune, mais cette couleur, plus noire en deſſus, paroît comme couverte d'une légere teinte bleuâtre ou cendrée , ſemblable à cette fleur que l'on voit ſur les prunes. La tête, le corcelet & les étuis vûs à la loupe, paroiſſent chagrinés & couverts d'une infinité de petits points. Outre cela, les étuis ont chacun neuf ſtries longitudinales. Les pieds & le deſſous du corps ſont d'un brun plus luiſant. Les feuillets des antennes ſont diſtinĉts & grands proportionnément à la grandeur de l'animal. Je ne me ſouviens point de l'endroit où je l'ai trouvé.

26. SCARABÆUS *piceus. Linn. faun. ſuec. n. 357.*

Linn. ſyſt. nat. edit. 10, n. 56. Scarabæus muticus piceus, elytris ſtriatis, antennis flaveſcentibus filiformibus.

Le ſcarabé noir des marais.
Longueur deux lignes. Largeur 1 ligne.

Ce petit ſcarabé ſe trouve dans les mares & les eaux dormantes ; il eſt tout noir en deſſus. Sa tête reſſemble tout-à-fait à celle du ſcarabé bedeau, & elle forme un chaperon, ſur lequel on apperçoit de même trois éminences rangées ſur une ligne tranſverſale. Le corcelet & les étuis ſont luiſans, & ſur chacun des étuis on compte dix ſtries longitudinales. En deſſous l'inſecte eſt d'un noir plus clair, approchant de la couleur brune.

27. SCARABÆUS *totus rufo-niger, maculis nigrioribus.*

Le ſcarabé nageur.
Longueur 2 lignes. Largeur 1 ¾ ligne.

On a de la peine d'abord à reconnoître cette eſpéce. Elle vit dans l'eau, où on la voit nager, ce qui, joint à ſa forme, porte à la prendre pour un ditique ; mais lorſqu'on regarde cet inſecte de près, on apperçoit que ſes pattes ne ſont pas faites en nageoires, comme celles des ditiques, mais armées de deux griffes. Si on examine enſuite ſes antennes, on ne voit d'abord que les antennules de la bouche, qui ſont fort longues dans cet animal, proportionnément à ſa grandeur : pour les antennes, elles ſont ſi petites, qu'elles échapent à la vûe. Ce n'eſt qu'avec la loupe qu'on parvient à les découvrir : & pour lors, on voit que cet inſecte eſt du genre des ſcarabés. Sa tête, ſon corcelet & ſes étuis ſont d'un brun canelle, varié de taches noires irréguliéres, qui cependant forment sur les étuis des stries longitudinales plus marquées. Le dessous est de la même couleur, & les pattes sont brunes.

28. SCARABÆUS *subrotundus lucidus, capite thorace-que nigro, elytris pallidis pellucidis.*

La perle aquatique.
Longueur 1 ligne. Largeur ¾ ligne.

C'est dans l'eau que nage cette espéce, avec la précédente ; elle a, comme elle, les antennules longues ; mais les antennes extraordinairement petites, ce qui rend son genre difficile à déterminer. Cet insecte est hémisphérique & luisant, ce qui le fait ressembler à une petite perle. La tête, le corcelet & le dessous du ventre sont noirs. Les étuis qui, vûs à la loupe, paroissent couverts de stries formées par une infinité de petits points, sont d'une couleur brune pâle, ainsi que les pieds. Les bords du corcelet tiennent aussi assez souvent de la même couleur.

29. SCARABÆUS *niger, pedibus rufis, elytris pro-funde striatis.*

Le petit scarabé noir strié.
Longueur ¾ lignes. Largeur ⅐ ligne.

La couleur de cette petite espéce est toute noire, à l'exception des pattes qui sont brunes : son corps est assez luisant, & ses étuis ont chacun neuf stries longitudinales & profondes. J'ai trouvé cet insecte dans des tas de plantes pourries.

30. SCARABÆUS *nigro-cœrulescens.* Linn. faun. suec. n. 359.

Le petit scarabé des fleurs.
Longueur ½ ligne.

Cette espéce la plus petite de celles que je connoisse, est en dessus d'un noir bleuâtre, quelquefois un peu vert, en deſſous elle eſt noire. On la trouve ſouvent en quantité ſur les fleurs avec un autre petit inſecte dont nous parlerons dans la ſuite.

C O P R I S. *Scarabæi ſpec. linn.*

L E B O U S I E R.

Antennæ clavatæ, clava lamellata.	Antennes en maſſe à feuil-lets.
Scutellum inter elytrorum origines nullum.	Point d'écuſſon entre les étuis.

C'eſt dans les bouzes de vaches, les fientes d'animaux & les immondices les plus ſales, que l'on trouve les inſectes qui compoſent ce genre, ainſi que le portent leurs noms, tant en latin qu'en françois. Ce genre n'eſt qu'un démembrement de celui des ſcarabés, auxquels ces inſectes reſſemblent tout-à-fait pour les antennes, & dont ils ne différent que par le défaut d'écuſſon entre les deux étuis, à l'endroit de leur origine ou de leur attache avec le corcelet. Cette piéce triangulaire que l'on voit dans les ſcarabés, manque abſolument dans les bouſiers. Outre ce caractere particulier, tous les inſectes de ce genre ont un certain port, que leur donnent leurs longues pattes : celles ſur-tout de la derniere paire ſont fort longues, enſorte qu'il ſemble que ces petits animaux ſoient montés ſur des échaſſes.

Parmi les différentes eſpéces de ce genre, la premiere eſt remarquable par une corne qu'elle porte ſur ſa tête, & qui eſt toute ſemblable à celle du *ſcarabé moine.* D'autres eſpéces ont à la partie poſtérieure de la tête une ou deux cornes aſſez ſingulieres, qui ſont très-longues dans l'eſpéce que nous avons appellée le *bouſier à cornes retrouſſées.* L'uſage de toutes ces cornes n'eſt pas aiſé à déterminer : peut-être ſervent-elles à ces inſectes, pour s'enfoncer plus aiſément dans les bouzes où on les trouve ordinairement.

C'eſt dans ces mêmes bouzes, qu'ils dépoſent leurs œufs; que leurs larves éclofent, croiſſent & ſe métamorphoſent, préciſément de la même façon que celles des ſcarabés auxquelles elles reſſemblent tout-à-fait.

1. COPRIS *capitis clypeo lunulato , margine elevato , corniculo denticulato.*

Linn. faun. ſuec. n. 341. Scarabæus capitis clypeo lunato , margine elevato, corniculo emarginato.
Linn. ſyſt. nat. edit. 10 , *n.* 8. Scarabæus thorace tricorni , intermedio obtuſo bifido , capitis cornu erecto.
Raj. inſ. pag. 103. Scarabæus ovinus tertius ſeu capite operto Willugby.
Friſch. germ. 4 , *tab.* 7.
Roſel inſ. vol. 1 , *tab.* B *fig.* 2. Scarab. terreſtr. præfat. claſſ. 1.
Petiver. gazoph. t. 8 , *fig.* 4.

Le bouſier capucin.
Longueur 8 lignes.   Largeur 4 ⅔ lignes.

Cet inſecte qui reſſemble aux ſcarabés pillulaires, nº. 9 , 10, a un rebord conſidérable à ſa tête , ſous lequel ſont cachées ſes antennes & ſa bouche. Sur cette eſpéce de chapeau , s'éleve une corne ſemblable à celle du *ſcarabé moine* , nº. 1 , mais plus effilée , à la baſe de laquelle on voit une petite dent , qui ſemble être le principe d'une autre corne. Dans la femelle le chaperon de la tête eſt plus petit , & la corne petite, courte, tronquée & ſouvent comme échancrée , enſorte qu'il ſemble que M. Linnæus n'a connu que la femelle, que ſa phraſe paroît déſigner : le corcelet eſt large , irrégulier en devant & comme tronqué , formant au milieu une avance conſidérable , & deux autres moindres ſur les côtés. Ces éminences paroiſſent beaucoup moins dans la femelle. On voit dans ces dernieres comme dans les mâles , une ligne longitudinale , qui diviſe le corcelet en deux : les étuis ſont larges , courts , luiſans & ſillonnés chacun de huit raies longitudinales. Tout l'inſecte eſt d'un brun foncé & luiſant , il a ſeulement en deſſous quelques poils d'un brun plus clair. On trouve aſſez rarement ici cette eſpéce de bouſier.

2.

2. COPRIS *niger ; capite clypeato , margine ferrato ,
thorace lato lævi , elytris ftriatis.*

Raj. inf. pag. 105 *, n.* 4. Scarabæus pillularis.

Le hottentot.
Longueur 7 *lignes. Largeur* 5 *lignes.*

Le hottentot eft noir & luifant ; il a , comme le boufier
capucin , la tête couverte par une efpéce de chapeau
avancé , mais dont les bords font dentelés & forment
fix dentelures grandes & marquées. Son corcelet eft large ,
bien arrondi & uni : fes étuis font affez courts & ont chacun fix canelures longitudinales peu profondes : il femble
que cet infecte foit prefque auffi large que long : fa larve
fe nourrit dans les bouzes de vaches où fe trouve l'infecte
parfait , qui eft rare dans ce Pays-ci.

3. COPRIS *fufco-niger , capite clypeato angulato ,
pone cornuto , elytris ferrugineo-nebulofis , brevibus ,
ftriatis.*

Linn. fyft. nat. edit. 10 *, n.* 17. Scarabæus thorace inermi , occipite fpina
erecta armato.
Linn. faun. fuec. n. 354. Scarabæus capite thoraceque atro opaco , elytris cine-
reis nigro nebulofis.
Rofel. inf. tom. 2 *, tab. A , f.* 4. Scarab. terreftr. præfat. claff. 1.
Raj. inf. p. 108 *, n.* 12.

Le petit boufier noir cornu.
Longueur 3 ½ 2 ½ *lignes. Largeur* 2 , 1 ⅓ *lignes.*

4. COPRIS. *fufco niger , capite clypeato angulato ,
non cornuto , elytris brevibus , ftriatis.*

Le petit boufier noir fans cornes.
Longueur 2 , 1 ½ *lignes. Largeur* 1 , 1 ⅓ *lignes.*

Je foupçonne beaucoup ces deux infectes de n'être
qu'une variété l'un de l'autre , ou de ne différer que par le
fexe. On les trouve enfemble dans les bouzes de vaches ,
tantôt plus , tantôt moins grands : leur tête forme une
Tome I.   M

eſpéce de chaperon avancé , dont la partie poſtérieure ſe prolonge dans les uns & forme une pointe ou corne un peu relevée. Tous ceux-là m'ont paru être des mâles : dans les autres la pointe & le prolongement manquent totalement : ils n'ont point de corne. Leur corcelet eſt large , aſſez convexe , uni , & vû à la loupe il paroît comme chagriné : les étuis ſont courts , & leur longueur , ainſi que celle du ventre qu'ils recouvrent , ne fait pas la moitié de la longueur de l'inſecte. On apperçoit ſur ces étuis ſept ou huit ſtries longitudinales peu profondes , & en ſe ſervant de la loupe , on voit que ces ſtries ſont formées par des bandes de points , & que les intervalles qui ſont entr'elles en ſont auſſi parſemés.

5. COPRIS *obſcure ænæus , capite pone bicorni , thorace antice prominente , elytris rufis nigro maculatis.*

Le bouſier à deux cornes.
Longueur 4 lignes. Largeur 2 ½ lignes.

La tête de ce bouſier eſt marginée , & ſe termine poſtérieurement en deux petites pointes ou cornes. Son corcelet a ſur le devant une éminence qui s'avance entre les deux cornes poſtérieures de la tête : il eſt diviſé au milieu par une raie longitudinale , qui le ſépare , ainſi que ſon éminence antérieure en deux parties. La tête & le corcelet ſont d'un noir bronzé , le deſſous de l'animal eſt pareillement noir & un peu bronzé , mais ſes étuis qui ſont ſtriés longitudinalement , ſont bruns & ſemés de taches noires. On trouve cet inſecte dans les bouzes avec les précédens.

6. COPRIS *fulvus , capite ænæo , thoracis utrinque cavitate laterali fuſca.*

Le bouſier fauve.
Longueur 2 , 2 ½ lignes. Largeur 1 ½ 2 lignes.

Tout le corps de cette eſpéce eſt roux , à l'exception de

la tête qui eſt d'une couleur brune bronzée : le corcelet eſt auſſi un peu bronzé ſur ſes bords ; mais ce qu'il a de remarquable , ce ſont deux cavités , une de chaque côté ſur ſes bords latéraux. Ces cavités ſont beaucoup plus conſidérables dans cette eſpéce que dans les autres , où cependant on en apperçoit quelques veſtiges , & elles ſe font principalement remarquer dans ce bouſier par leur couleur brune , ſemblable à celle de la tête. On trouve cet inſecte dans les bouzes.

7. COPRIS *niger nitidus , thorace antice gibbo duplici , elytro ſingulo macula duplici rubra.*

Le bouſier à points rouges.
Longueur 3 lignes. Largeur 1 ¼ ligne.

La tête & le corcelet de ce bouſier ſont d'un noir luiſant. Sa tête a un rebord , & ſon corcelet en devant eſt irrégulier , ayant deux éminences , une de chaque côté à ſa partie antérieure : ſes étuis qui ſont noirs , ſont ſtriés longitudinalement , & on remarque ſur chacun deux taches rouges oblongues , une vers l'origine au côté extérieur , l'autre vers le bout : ſes pattes ſont auſſi rougeâtres. On trouve cette eſpéce avec les précédentes.

8. COPRIS *niger , capite clypeato , elytris margine exteriore ſinuatis.*

Le bouſier à couture.
Longueur 6 lignes. Largeur 4 lignes.

Ce bouſier eſt noir : ſa tête repréſente une eſpéce de chaperon formé en lozange , comme celles de pluſieurs eſpéces de ce genre. Son corcelet eſt large ; ſon ventre & ſes étuis ſont plus courts que la tête & le corcelet pris enſemble , qui ſont plus de la moitié de la longueur du corps de l'inſecte. Ses pattes de derriere ſont plus longues que les autres : mais ce qui fait le caractere ſpécifique de cette eſpéce, c'eſt une échancrure qui ſe trouve à la partie laté-

rale extérieure des étuis, & qui est remplie par une avance que forme le ventre, que l'on prendroit d'abord pour
un repli ou une couture des étuis. Tout l'animal est affez
lisse : il habite les mêmes endroits que les précédens.

9. COPRIS *niger, pedibus longis, femorum posterio-*
rum basi denticulata, elytris postice gibbis.

Le bousier araignée.
Longueur 4 lignes. Largeur 2 ½ lignes.

La couleur de ce bousier est noire. Il ressemble affez
aux autres pour la forme de sa tête & de son corcelet : ce
qui le distingue, c'est la longueur extraordinaire de ses
pattes, sur-tout de celles de derriere, & la forme de ses
étuis qui vont en se retréciffant, & qui ont chacun un ren-
flement qui fait une éminence vers le bout de l'étui :
de plus cet insecte a un caractere spécifique, qui consiste
en une épine ou petite dent, qu'il a à l'origine des cuiffes
postérieures, outre une autre épine plus petite & moins
considérable encore que la premiere, qui se trouve près de
l'articulation de la cuiffe avec la jambe.

10. COPRIS *niger, capite pone bicorni, corniculis*
tenuibus arcuatis, longitudine thoracis, thorace utrin-
que sinuato.

Le bousier à cornes retrouffées.
Longueur 4 ½ lignes. Largeur 2 ½ lignes.

Sa couleur est noirâtre, & sa forme femblable à celle
des précédens, mais il est très-aifé à distinguer par deux
longues cornes qui partent de chaque côté de la partie
postérieure de sa tête. Ces cornes font minces, se coudent
& se contournent pour envelopper le corcelet, & se prolongent jusqu'aux étuis. A l'endroit où ces cornes font couchées fur le corcelet, celui-ci a de chaque côté un fillon
affez profond, comme pour les recevoir : les étuis font
striés longitudinalement. Cette espéce se trouve avec les
précédentes.

ATTELABUS. *Hister, linn. syst. nat.*

L'ESCARBOT.

Antennæ clavatæ , clava integra , in medio fractæ.	Antennes en maffe folide ; coudées dans leur milieu.
Caput intra thoracem.	Tête renfoncée dans le corcelet.

Il eft étonnant qu'un genre dont le caractere eft fi diftinctif , ait pû échapper jufqu'ici aux Naturaliftes. Ce caractere confifte dans la forme affez finguliere des antennes : ces antennes de l'efcarbot font en maffe , c'eft-à-dire terminées par un bout plus gros , mais ce bout ou extrémité de l'antenne , n'eft point divifé en feuillets comme dans les fcarabés , ou perfolié , comme celui des dermeftes , il eft folide , & paroît compofé d'une feule piéce. Il eft vrai que fi on l'examine avec une forte loupe , fa ftructure paroît un peu différente de ce que l'on apperçoit à la vûe fimple. Ce bouton folide paroît alors compofé de plufieurs anneaux fortement ferrés les uns contre les autres , qui ne peuvent fe féparer , & qui ont à leur circonférence des petits points liffes élevés & brillans : mais l'affemblage ferré de ces anneaux forme toujours un bouton folide qui termine l'antenne. De plus les antennes de l'efcarbot font coudées & forment un angle dans leur milieu : enfin un autre caractere de ce genre , mais qui n'eft qu'acceffoire , c'eft la maniere dont il tient fouvent fa tête renfoncée dans fon corcelet , de façon qu'on le croiroit décapité , & qu'on n'apperçoit tout au plus que fes machoires qui font grandes & faillantes. On voit combien ce genre différe des dermeftes & encore plus des coccinelles , auxquelles quelques Auteurs ont rapporté ces infectes.

Nous avons donné à ce nouveau genre le nom ancien

d'*attelabus* , & en françois le nom d'escarbot , qui n'étoient attribués a aucun insecte en particulier. Quant aux larves des insectes de ce genre , je ne les connois pas : peut-être vivent-elles dans les charognes & les excrémens des chevaux & des vaches , ou l'on trouve assez souvent l'insecte parfait.

1. ATTELABUS *totus niger , elytris lævibus nonnihil striatis.* planch. 1 , fig. 4.

Linn. faun. suec. n. 410. Coccinella atra glabra , elytris abdomine brevioribus margine inflexis.
Act. ups. 1736 , *n.* 10. Dermestes subrotundus ater nitidus , elytris brevibus.
Linn. syst. nat. edit. 10 , 172 , *n.* 1. Hister totus ater , elytris striatis.

L'escarbot noir.
Longueur 1 , 3 , 4 *lignes.* *Largeur* 1 , 2 , 3 *lignes.*

M. Linnæus avoit fait de cet insecte une coccinelle dans sa *Fauna suecica* , néanmoins il en est tout-à-fait différent pour le caractere , mais la description qu'il en donne est très-bonne. Le corps de cet animal est noir , poli & fort luisant : il a une forme presque quarrée : son corcelet est grand , très-poli , avec un petit rebord qui le termine à l'entour. Ce corcelet en devant est échancré , & dans cette échancrure est logée la tête , dont on n'apperçoit souvent la position que par les machoires qui avancent : car cette tête se retire tellement la plûpart du tems sous le corcelet , qu'il semble que l'escarbot n'en ait point. Les étuis sont larges , courts , coupés presque quarrément vers le bout , & ne couvrent pas l'extrémité du ventre : ils sont très-polis & n'ont que quelques stries imperceptibles , posées principalement vers leur côté extérieur : enfin la partie postérieure du ventre , qui déborde les étuis , est arrondie & mousse. On voit par les dimensions que nous donnons de cet insecte , qu'il varie prodigieusement pour la grandeur. On le trouve quelquefois dans les bouzes , & souvent sur le sable.

2. ATTELABUS *niger , elytro singulo macula rubra.*

Linn. syst. nat. edit. 10 , *n.* 3. Hister ater , elytris postice rubris.
Uddm. diss. 20. Coccinella atra glabra , elytris abdomine brevioribus , maculis duabus rubris.
Raj. ins. p. 108 , *n.* 14.

L'escarbot à taches rouges.
Longueur 1 , 1 ½ *ligne. Largeur* 1 , 1 ¼ *ligne.*

Cette espéce est fort semblable à la premiere : elle en différe en ce que sa tête paroît un peu moins renfoncée sous le corcelet , & la partie postérieure de son ventre un peu plus allongée : de plus on voit sur chacun de ses étuis , qui sont noirs & fort lisses , une tache d'un rouge brun : du reste tout l'animal est noir & luisant , & ses étuis ont quelques légeres stries longitudinales. On le trouve avec l'espéce précédente.

3. ATTELABUS *nigro-cupreus , capite nonnihil prominulo.*

L'escarbot bronzé.
Longueur 2 *lignes. Largeur* 1 *ligne.*

La couleur de cet insecte est brune , obscure , noirâtre ; mais en même tems il est bronzé , fort lisse & brillant. Sa tête avance un peu & est moins enfoncée sous le corcelet que dans les espéces précédentes : aussi son corcelet n'est-il pas si échancré en devant , & on n'apperçoit pas de rebords à son contour. Les étuis sont courts , semblables à ceux des espéces ci-dessus , mais on y voit encore moins de stries ; seulement leur bord extérieur est chargé de beaucoup de petits points , tandis que leur milieu est très-lisse : le ventre est plus allongé dans les mâles & plus arrondi dans les femelles : dans les uns & les autres , il déborde beaucoup les étuis. Cet insecte se trouve dans les mêmes endroits que ceux du même genre.

N.B. J'ai une variété de cette espéce toute noire ;

qui du reste lui ressemble tout-à-fait , ensorte que je n'ai
pas cru devoir en faire un article séparé.

D E R M E S T E S.

L E   D E R M E S T E.

Antennæ clavatæ perfolia- *tæ , ultimo articulo solido* *gibboso.*	Antennes en masse perfo- liée (ou composée de lames enfilées dans leur milieu) & dont le dernier article forme un bouton.
Elytra non marginata.	Etuis sans rebords.

Le caractere du dermeste se voit aisément dans les deux
premieres espéces de ce genre, qui sont fort grosses, mais
dans les autres, qui la plûpart sont assez petites,
il faut souvent l'aide de la loupe pour l'appercevoir. Ce
caractere consiste dans la forme des antennes qui sont
en masse, ou beaucoup plus grosses à leur extrémité, &
dont la masse ou le gros bout est formé par plusieurs lames,
au nombre de trois ou quatre, posées transversalement, &
enfilées par leur milieu, à peu près comme on voit encore
des ifs taillés dans quelques jardins anciens. Cette masse
ainsi composée de feuillets ou lames percées dans leur
milieu, est terminée au bout par un dernier article solide,
qui forme un bouton irrégulier.

　Les larves de ces insectes ont six pattes & une tête écailleuse, comme celles des autres insectes à étuis ; mais plusieurs d'entr'elles sont un peu velues. Quelques - unes
même, telles que celles du dermeste du lard & du dermeste
à deux points blancs, ont à leur extrémité, ou à leur
queue, une quantité assez considérable de ces poils, plus
longs & plus fournis que les autres, qui forment une
espéce de pinceau. C'est ordinairement dans les charognes
qu'on trouve la plûpart de ces larves : quelques - unes
néanmoins

néanmoins habitent des endroits moins infects, mais en
général elles fe plaifent à ronger des parties d'animaux :
c'eft ce qu'éprouvent tous les jours les curieux d'hiftoire
naturelle, qui ont beaucoup de peine à défendre contre
les dents des dermeftes, les différentes préparations d'animaux défféchés qu'ils veulent conferver. Les pelleteries
font auffi défolées par ces petits infectes, qui en rongent
les poils & attaquent enfuite la peau elle-même : enfin le
lard, les plumes même qu'on laiffe long - tems dans quelque tiroir, font déchirés par ces petits animaux. Il n'y a
que deux efpéces moins carnaffieres : l'une habite le fumier, fur - tout ancien & à moitié pourri ; l'autre fe trouve
dans l'eau. Cette derniere eft le dermefte à oreille dont
nous allons parler tout-à-l'heure. C'eft dans ces différentes
matieres que les larves des dermeftes fe métamorphofent,
qu'elles deviennent chryfalides, & enfin infectes parfaits :
pour lors ces animaux devenus habitans de l'air, volent fur
les fleurs, qui en font quelquefois couvertes, & entrent dans
nos maifons, fans cependant abandonner tout-à-fait leur
premier domicile, auquel ils retournent de tems en tems,
probablement pour y dépofer leurs œufs. Ces infectes
devenus parfaits, ont une particularité qui mérite de n'être
pas oubliée : c'eft qu'ils retirent leurs antennes & leurs
pattes dès qu'on les touche, & qu'ils reftent tellement fans
aucun mouvement, qu'on les croiroit morts. Souvent même
on ne peut les exciter à fortir de cet état d'inaction en
les piquant & les déchirant : il n'y a que la chaleur un peu
forte qui les oblige de reprendre leur mouvement pour
s'enfuir.

Parmi les différentes efpéces de ce genre, il y en a une
qui différe des autres, par une fingularité affez remarquable :
c'eft le dermefte à oreilles. Cet infecte a au - devant de
fa tête deux petites appendices mobiles, coudées dans leur
milieu, & différentes des antennes auxquelles elles reffemblent & au-deffus defquelles elles font placées. Il n'eft pas
aifé de déterminer l'ufage de ces deux petites cornes ou

oreillettes fingulieres , qu'on ne voit point dans les autres
dermeftes , ni même dans aucun infecte à étui. Comme
cette efpéce vit dans l'eau , peut-être que ces petits corps
ont le même ufage que les ouies dans les poiffons , &
qu'ils lui fervent à pomper l air. Ce que j'avance n'eft
qu'une conjecture , qui pourroit paroître plus vraifembla-
ble , fi ces appendices étoient placées au corcelet , où
font deux grands ftigmates , au lieu que la tête en eft
dépourvûe.

Les efpéces de ce genre font les fuivantes :

1. D E R M E S T E S *thorace marginato* ; *elytris abfcif-
fis , nigris , fafciis duabus tranfverfis undulatis luteis.*
Planch. 1. fig. 6.

Linn. fyft. nat. edit. 10 *, p.* 359 *, n.* 2. Silpha oblonga , clypeo orbiculato inæ-
quali , elytris fafcia duplici ferruginea.
Aldrov. inf p. 454 *, tab. inferior , fig.* 3.
Mouff. inf. p. 149 *, lin.* 7 *, fig.* 1. Perpendicul. & *tab. ult.* Cantharus tertius.
Lift. tab. mut. tab. 17 *, fig.* 5.
Lift. loq. pag. 381 *, n.* 2. Scarabæus majusculus niger , duabus luteis fafciis un-
dulatis tranfverfim ductis fupra alarum thecas.
Frifch. germ. 12 *, p.* 28 *, t.* 3 *, fig.* 2. Scarabæus mofchi odore.
Raj. inf p. 106. Scarabæus fœtidus primus aldrovandi.
Linn. faun. fucc. n. 247. Scarabæus clypeo marginato , elytris nigris , fafciis dua-
bus tranfverfis rubris.
Rofel. inf tom. 4 *, tab.* 1 *, fig.* 1 *,* 2 *,*

Le dermefte à point d'Hongrie.
Longueur 9 *lignes.　Largeur* 4 *lignes.*

J'ai toujours trouvé ce dermefte dans la fiente & les charognes. Lifter , qui en parle , l'a trouvé dans les mêmes endroits , & jamais on ne le rencontre fur les fleurs , que M.
Linnæus lui affigne pour domicile ordinaire. Sa tête n'a
point cette efpéce de chapeau que l'on voit fur celle des fcarabés ou des boufiers ; elle reffemble un peu , pour fa forme
& fes machoires avancées , à celle d'une guépe. Ses antennes font auffi fort différentes de celles des fcarabés :
elles ont à leur extrémité une maffe rougeâtre formée par
quatre petites plaques enfilées l'une fur l'autre par leur
milieu , & dont la derniere , plus épaiffe , forme un petit

bouton irrégulier & pointu. Ce caractere eſt celui des dermeſtes, & m'a fait ranger cet inſecte dans ce genre, quoique pluſieurs Naturaliſtes lui euſſent donné le nom de ſcarabé. De plus, la forme allongée de ſon corps, & la maniere dont il le recourbe en baiſſant ſon corcelet & faiſant
rentrer ſa tête en dedans, lui donnent encore une autre
reſſemblance avec les dermeſtes. Sa téte, ſon corcelet &
ſon corps ſont noirs, chargés de quelques poils jaunâtres.
La forme de ſon corcelet mérite attention; il eſt aſſez rond,
forme quelques éminences, ſur-tout une au milieu, qui
eſt diviſée en deux par une rainure longitudinale, & tout
ſon contour eſt terminé par un bord large & plat. Ses étuis
ſont courts, comme coupés tranſverſalement au bout, &
laiſſent un tiers du corps à découvert; ils ſont noirs, avec
deux bandes jaunes, tranſverſes, dont les bords ſont terminés irréguliérement, à peu près comme ceux des points
d'Hongrie. Je ne ſçais pourquoi M. Linnæus dit que ces
bandes ſont rouges : je ne les ai jamais vûes que jaunes. Enfin un dernier caractere ſpécifique de cet inſecte,
ſe tire de la groſſeur de ſes dernieres cuiſſes, qui ont à leur
origine une appendice ou épine aſſez conſidérable. Cet inſecte eſt aſſez grand.

2. **DERMESTES** *thorace marginato, elytris abſciſſis,*
totus niger.

Aldrov. inſ. p. 454, tab. inferior, fig. 1.
Lyſt. loq. p. 381. ut ſupra. Idem ex toto niger.

Le grand dermeſte noir.
Longueur 14 lignes. Largeur 6 lignes.

Cette eſpéce eſt tout-à-fait ſemblable à la précédente,
& Liſter ne l'a regardée que comme une variété. La forme
du corcelet, des étuis & de tout le corps eſt la même, &
cette eſpéce a auſſi cette épine aux cuiſſes poſtérieures,
que l'on voit dans la précédente; elle n'en differe que par ſa
couleur, qui eſt toute noire, ſans mêlange d'aucune autre, & par ſa grandeur, qui ſurpaſſe d'un tiers celle de l'in-

secte précédent. Cette différence constante m'a déterminé à séparer ces deux insectes, quoiqu'ils approchent beaucoup l'un de l'autre. Ils se trouvent tous les deux dans les mêmes endroits ; mais celui-ci est moins commun.

3. DERMESTES *niger, coleoptris punctis rubris binis.* *Linn. faun. suec. n. 363.*

Linn. *syst. nat. edit.* 10, *p.* 359, *n.* 3. Silpha oblonga nigra, elytris singulis puncto unico rubro.

Le dermeste à deux points rouges.
Longueur 2 lignes. Largeur 1 ligne.

Ses antennes sont longues & minces, terminées par une masse ronde & perfoliée. Son corcelet est large & bordé. Ses étuis sont aussi assez larges. Tout le corps de l'insecte est noir, à l'exception de deux points ronds, de couleur rouge ; sçavoir, un au milieu de chaque étui. On trouve ce dermeste dans les charognes.

4. DERMESTES *niger, coleoptris punctis albis binis.* *Linn. faun. suec. n. 362.*

Linn. *syst. nat. edit.* 10, *n.* 3, *p.* 355, Pellio.
Frisch. germ. 5, *pag.* 22, *t.* 8.

Le dermeste à deux points blancs.
Longueur 2, 1 ½ lignes. Largeur 1 ⅓ ligne.

Cet animal varie pour la grandeur. Sa larve, qui est velue, & formée d'anneaux jaunâtres & bruns, se trouve dans les charognes & les pelleteries, auxquelles elle fait beaucoup de tort. L'insecte parfait qui en vient, se trouve souvent dans les maisons, & se rencontre aussi dans les jardins, sur les fleurs. Tout l'animal est brun, noirâtre, luisant, ayant seulement sur chaque étui un point blanc, formé par des petits poils de cette couleur. On voit aussi au milieu du corcelet, près de l'écusson, & à ses deux côtés, près de l'origine des étuis, trois autres petits points blancs moins considérables & moins marqués. Cet insecte, comme la plûpart des espéces de ce genre, retire sa tête, ses pattes & ſes antennes, & contrefait le mort dès qu'on le touche.

5. DERMESTES *niger, elytris antice cinereis. Linn. faun. ſuec. n. 360.*

Linn. ſyſt. nat. edit. 10, *n.* 1. Lardarius.
Merian. inſ. 2, *t.* 31.
Goed. Belg. 2, *p.* 145, *fig.* 4. Dermeſtes. *Gall. tom.* 3, *tab.* 41.
Liſt. goed. p. 276, *fig.* 14.
Raj. inſ. p. 107, *n.* 4. Scarabæus antennis clavatis, clavis in angulos diviſis
   quartus.
Friſch. germ. 5, *p.* 15, *t.* 9. Scarabæus lardi parvus, faſcia tranſverſali elytro-
   rum nigro-fuſcorum albida.

Le dermeſte du lard.
Longueur 3 *lignes.*

Cette eſpéce n'eſt que trop commune pour ceux qui font
des collections d'animaux ſéchés & conſervés. Sa larve,
qui eſt allongée, un peu velue & diviſée en anneaux bruns
& clairs alternativement, ronge & détruit les préparations
d'animaux, que l'on conſerve dans les cabinets, & ſe
nourrit même des inſectes ; elle ſe trouve auſſi dans le
vieux lard. L'inſecte parfait qui en vient, eſt de forme allongée, & d'une couleur noire obſcure, & il eſt très-reconnoiſſable par une bande griſe, qui occupe tranſverſalement
preſque toute la moitié antérieure des étuis. Cette couleur
dépend de petits poils gris, qui ſont à cet endroit. Cette
bande eſt irréguliere ſur ſes bords & coupée dans ſon milieu par une petite raie tranſverſale de points noirs, au
nombre de trois ſur chaque étui, dont celui du milieu eſt
un peu plus bas que les autres, ce qui donne à cette raie
noire une forme de zigzag.

6. DERMESTES *nigro fuſcus, elytris antice palli-dioribus nebuloſis.*

Le dermeſte effacé.
Longueur 1 ½ *ligne. Largeur* ⅓ *ligne.*

Il reſſemble beaucoup au précédent pour la forme, mais
il en différe beaucoup pour la grandeur. Sa couleur eſt brune

noire: feulement les bords de fon corcelet font plus clairs, & le devant des étuis, a une bande traverfe pâle, un peu jaunâtre, picotée de noir & mal terminée, comme fi la couleur étoit effacée en cet endroit. Cette bande occupe la moitié de la longueur des étuis. On trouve cette efpéce avec les précédentes.

7. DERMESTES *lævis niger, cinereo-nebulofus ; fcutello luteo. Linn. faun. fuec. n. 365.*

Linn. fyft. nat. edit. 10, *n.* 17. Dermeftes murinus.
Frifch. germ. 4, *p.* 34, *t.* 18. Scarabæus erucæ pinguis nigræ glabræ.

Le dermefte à écuffon jaune.
Longueur 2, 3 *lignes. Largeur* 1 *ligne.*

On trouve ce dermefte dans les charognes & les bois pourris. Le fond de fa couleur en deffus eft noir, mais il a des plaques de petits poils gris, qui le font paroître de couleur cendrée. Sur l'écuffon, ces poils font jaunes. Il y en a auffi quelques-uns de même couleur fur le corcelet. En deffous, l'infecte paroît tout blanc. Il varie quelquefois beaucoup pour la grandeur.

8. DERMESTES *flavefcens pilofus, oculis nigris.*

Le velours jaune.
Longueur 2 *lignes.*

Cette petite efpéce a le corps & le corcelet bruns, mais couverts de petits poils jaunes. Ses étuis font d'un jaune châtain, couverts de femblables poils. Ses antennes font compofées de onze articles, dont les trois derniers font plus gros. De ces trois, deux font en feuillets tranf-verfes, enfilés par leur milieu & entourent le troifiéme ou dernier, qui forme un petit bouton. Ces articles du bout de l'antenne font un peu ferrés les uns contre les autres, ce qui, à la premiere vûe, feroit croire qu'ils ne forment qu'une feule maffe folide. Il faut les examiner à la loupe, pour voir diftinctement leur ftructure. Les yeux de l'in-fecte font noirs, & fon corcelet eft bordé. Tout le corps

de ce petit animal est oblong : il se trouve dans les bois
vieux & pourris.

9. DERMESTES *oblongus fuscus, elytris striatis.*

Le dermeste levrier à stries.
Longueur 1 ligne. Largeur ¼ ligne.

Ce petit insecte a le corps long & éfilé. Sa couleur est
brune châtain. Son corcelet, plus long que large, est bordé
sur les côtés, & ses étuis sont chargés de beaucoup de
stries longitudinales. On le trouve souvent dans les maisons, où il ronge les bois.

10. DERMESTES. *oblongus ferrugineus, elytris*
punctato-striatis.

Le dermeste levrier ponctué & strié.

Cette espéce est un peu plus petite que la précédente,
& ses antennes forment une masse plus marquée à leur
extrémité. Sa couleur imite celle de la rouille. Son corcelet est allongé, & ses étuis sont chargés de stries formées
par des rangées de petits points. On trouve cet insecte
avec le précédent.

11. DERMESTES *tentaculis ante oculos antenni-*
formibus mobilibus.

Le dermeste à oreilles.
Longueur 2 lignes. Largeur ¼ lignes.

La couleur de cette singuliere espéce est d'un gris brun,
sans stries ni points sur les étuis. On voit seulement quelques poils courts sur son corps.

Le dessous de cet animal est d'une couleur un peu plus
claire, & ses yeux sont noirs. Mais ce qui fait aisément
reconnoître cet insecte, ce sont deux appendices semblables
à deux petites cornes ou oreilles coudées dans leur milieu,
& semblables à des antennes qu'il porte au devant de sa
tête & qu'il remue en marchant. Les véritables antennes

de la même longueur, que ces appendices font moins groffes & fouvent cachées en deffous , ce qui peut tromper à
la premiere vûe : outre cette fingularité , cet infecte en a
encore une autre. Le deffous de fon corcelet a , en devant, fur les côtés , deux pointes noires affez remarquables,
dirigées vers la tête , & entre ces deux pointes , deux autres
moins fenfibles. On trouve ce joli infecte dans l'eau dès le
commencement du printems. Il fort quelquefois de l'eau,
mais il ne s'en éloigne pas beaucoup.

12. DERMESTES *oblongus , glaber , teſtaceus , ocu-*
lis nigris. Linn. faun. ſuec. n. 375.

Linn. ſyſt. nat. edit. 10 , *n.* 24.　Dermeſtes ſtercorarius.

Le dermeſte du fumier.
Longueur ½ *ligne.*

La longueur de ce petit infecte n'eſt que d'une demi-
ligne , comme nous le marquons , & quelquefois encore
moindre. Tout fon corps eſt d'un brun clair , à l'exception
de fes yeux , qui font noirs. Sa couleur eſt cependant quelquefois plus ou moins foncée. Son corcelet eſt bordé , & .
cet infecte a tout le port d'un fcarabé , mais fes antennes
ont le caractere de celles des dermeſtes. On trouve ce petit animal dans le fumier. Il entre auſſi affez fouvent dans
les maifons.

13. DERMESTES *nigro fuſcoque nebuloſus , elytris*
vix ſtriatis.

Raj. inf. pag. 90 , *n.* 11.

Le dermeſte panaché.
Longueur 2 *lignes.　Largeur* 1 *ligne.*

C'eſt fous l'écorce des vieux arbres que l'on rencontre
fouvent cette efpéce. Son corps eſt un peu oblong , fes antennes font de couleur fauve en maffe & perfoliées. Sa
tête eſt affez faillante. Le corcelet eſt bordé , & les étuis
mêmes le font un peu. Leur fond eſt de couleur fauve ,
avec

avec des taches longitudinales noires, & quelques-unes plus pâles, ce qui rend cet insecte singuliérement panaché. Le corcelet est un peu raboteux, & les étuis vûs à la loupe paroissent striés, mais peu profondément.

14. DERMESTES *nigro fuscoque nebulosus, thorace elytrisque profundè striatis & punctatis.*

Le dermeste à côtes.
Longueur 1 ½ *ligne. Largeur* ⅓ *ligne.*

A la premiere vûe, cet insecte paroît semblable au précédent ; sa couleur est à peu près la même, seulement il a moins de tachés noires ; mais si on l'examine de près, on voit que le rebord des étuis & du corcelet est moins considérable, ce qui donne à tout l'animal une forme moins large & plus effilée. De plus, un caractere singulier de cette espéce, ce sont des stries profondes sur le corcelet & les étuis, qui les font paroître comme divisés par côtes. Il y a sept de ces côtes relevées sur le corcelet, & quatre sur chaque étui. Ces côtes sont bordées des deux côtés de points, qui les rendent comme dentelées. Ce joli insecte se trouve avec le précédent, mais plus rarement.

15. DERMESTES *viridi-ænæus, thorace fasciis quatuor elevatis, elytris punctato-striatis.*

Linn. syst. nat. edit. 10, *p.* 362, *n.* 21. Silpha cinærea elytris substriatis, thorace marginato, longitudinaliter rugoso, virescente.

Le dermeste bronsé.
Longueur 1 ½, 3 ½ *lignes. Largeur* ⅓, 1 ¼ *ligne.*

Cette espéce tient beaucoup des deux précédentes. Elle varie extrêmement pour la grandeur, depuis une ligne & demie jusqu'à trois lignes & demie de long. Sa forme est plus allongée. Sa couleur est brune, bronsée & un peu brillante. Son corcelet est fort peu bordé, & les étuis le font encore moins. On remarque sur le corcelet cinq enfoncemens sinueux, suivant sa longueur, entre lesquels

Tome I. O

s'élevent quatre côtes. Il y a fur chacun des étuis dix ftries longitudinales ferrées, formées par des raies de points. Enfin les antennes font en maffe, & perfoliées au bout. On trouve cette jolie efpéce de dermefte dans l'eau, parmi le conferva.

16. DERMESTES *niger, cleoptris punctis rubris quaternis, elytris ftriatis, oblongus.*

Linn. faun. fuec. n. 364. Dermeftes niger, coleoptris punctis rubris quaternis.
Frifch. germ. 9, p. 36, t. 19, Scarabæus parvus, luteo maculatus, erucæ lanigeræ.
Linn. fyft. nat. edit. 10, p. 359, n. 4. Silpha oblonga nigra, elytris punctis duobus ferrugineis.

Le dermefte à quatre points rouges, ftrié.
Longueur 2 ½ lignes.   Largeur 1 ligne.

Sa couleur eft noire, & fon corps eft affez étroit. Ses étuis font ftriés longitudinalement, & fur chacun il y a deux points, ou marques rouges prefque quarrées, l'une en haut, l'autre vers le bas : lorfque les étuis font en place fur l'animal, ces quatre points forment par leur pofition une efpéce de quadrille. Cet infecte eft affez rare ; on le trouve quelquefois fur les arbres.

17. DERMESTES *niger, coleoptris punctis rubris quaternis, elytris lævibus, fubrotundus.*

Le dermefte à quatre points rouges, fans ftries.
Longueur 3 lignes.   Largeur 1 ¼ ligne.

On voit fur cet infecte quatre points ou taches rouges comme fur le précédent : mais il en différe par fa forme, fa grandeur & le poli de fes étuis ; il eft plus grand, fon corps eft ovale, un peu arrondi, & fes étuis n'ont point du tout de ftries, mais font unis & luifans. Les quatre taches rouges font pofées comme dans l'efpéce précédente, deux fur chaque étui, mais elles font longues & obliques : les antennes de cet infecte font affez fingulieres. La première piéce, qui part de la tête, eft longue & cambrée, les trois dernieres font en lames tranfverfes bien marquées & terminées par un bouton, & celles du milieu font petites, courtes & très-ramaffées. Ce petit animal eft affez rare, on le trouve fur les arbres dans les bois & les parcs.

18. DERMESTES *niger fubrotundus, elytris lævibus.*

Le dermefte jayet.
Longueur 1 ½ ligne. Largeur ¼ ligne.

19. DERMESTES *niger fubrotundus, elytris ftriatis.*

Linn. faun. fuec. n. 372. Dermeftes ater, pedibus rufis.

Le dermefte en deuil.
Longueur 1 ¼ ligne. Largeur ⅓ ligne.

20. DERMESTES *niger fubrotundus, elytris lævibus, antennis thorace longioribus.*

Le dermefte noir à longues antennes.
Longueur 1 ligne. Largeur ½ ligne.

Ces trois efpéces ont beaucoup de reffemblance entr'elles, ainfi qu'avec celle qui les précéde. Toutes les trois font noires, luifantes & ont le corps affez arrondi : mais elles ont quelques différences qui ne permettent pas de les confondre enfemble. *Le dermefte en deuil* a quelques ftries peu profondes fur fes étuis, au nombre de neuf fur chacun, & il fe rencontre fur les plantes aquatiques, ce qui prouve que c'eft cette efpéce que M. Linnæus a voulu défigner. Quant aux deux autres efpéces, elles n'ont point de ftries & font très-liffes & très-polies : mais la derniere a les antennes fort longues pour un dermefte. Ces antennes font prefque de la longueur de la tête & du corcelet pris enfemble. On trouve ces deux efpéces fur les plantes.

21. DERMESTES *niger oblongus , elytris punctatis , pedibus fulvis.*

Le dermefle noir à pattes fauves.
Longueur 1 ligne.　Largeur $\frac{1}{2}$ ligne.

Cette petite efpéce eft toute noire , à l'exception de fes antennes & de fes pattes qui font fauves : elle paroît liffe à la vûe , mais en la regardant avec la loupe , on voit que fon corcelet & fes étuis font finement ponctués , fans que les points forment aucunes ftries. On trouve cet infecte fur les fleurs , mais plus rarement que les précédens.

22. DERMESTES *elytris corneis pellucidis , thorace obfcuriore.*

Le dermefte à étuis tranfparens.
Longueur 1 ligne.　Largeur $\frac{1}{3}$ ligne.

Ses étuis font de la couleur de corne blonde , luifans & tranfparens , fes antennes font de la même couleur , ainfi que fes pattes : le corcelet qui eft large , eft de couleur un peu plus foncée , & fes yeux font prefque noirs. Tout fon corps eft arrondi. On trouve ce petit dermefte fur les plantes , & particuliérement fur les fleurs en ombelle ou parafol.

BYRRHUS. *Dermeftis fpec. linn.*

LA VRILLETTE.

Antennæ articulis tribus ultimis longiffimis , femi clavatæ.　Antennes prefqu'en maffe , dont les trois derniers articles font beaucoup plus longs que les autres.

La vrillette n'a point été connue jufqu'ici , ou fi l'on a remarqué quelques-unes des efpéces de ce genre , elles ont été confondues avec les dermeftes : cependant le caractere de ces deux genres eſt très-différent, comme on peut s'en convaincre, en jettant les yeux ſur leurs antennes, & conſidérant leur forme. Celles de la vrillette un peu plus groſſes par le bout, forment une eſpéce de maſſe, mais beaucoup moins marquée que dans les genres précédens : elles ſont compoſées de onze anneaux, dont les huit premiers ſont courts & grenus, & les trois derniers plus grands & plus longs que les autres, forment à eux ſeuls la moitié de la longueur de l'antenne.

Nous avons donné à ce nouveau genre le nom ancien de *byrrhus*, qui n'étoit appliqué à aucune eſpéce particuliere, à laquelle on pût le rapporter, & en françois nous l'avons appellé *vrillette*, parce que ces inſectes percent le bois, & y font des trous ronds, comme feroit une vrille. On voit tous les jours les vieilles tables dans les maiſons, les vieux meubles de bois percés d'une infinité de petits trous ronds, & tous vermoulus par ces inſectes. Si l'on apperçoit à l'ouverture d'un de ces petits trous un amas de pouſſiere de bois fine, ſemblable à une ſciure de bois fraîche, on peut conjecturer que la larve de l'inſecte eſt dans ce trou : cette pouſſiere n'eſt que le débris du bois qu'elle perce & déchire actuellement, & qu'elle jette à meſure hors de ſon trou. Si on coupe peu à peu le bois par lames, pour découvrir le fond de ce trou, ou de ce canal que l'inſecte a percé, on trouvera la larve. Cette larve reſſemble à un petit vers blanc, mol, qui a ſix pattes écailleuſes, la tête brune & pareillement écailleuſe, & deux fortes machoires avec leſquelles elle déchire le bois dont elle ſe nourrit, & qu'elle rend enſuite par petits grains fort fins, qui forment cette pouſſiere de bois vermoulu dont nous avons parlé. Ainſi cette larve en prenant ſa nourriture ſe creuſe en même tems un logement qui lui eſt néceſſaire, pour mettre à l'abri ſon corps, qui eſt mol & tendre. Ce n'eſt pas ſeulement dans nos maiſons que les bois ſont percés par les vrillettes : d'autres eſpéces attaquent les arbres verds & ſur pied dans les campagnes

& les jardins, & elles y font de pareils trous. Enfin il y en
a une efpéce qui travaille fur une matiere moins dure :
le pain, la farine, la colle de farine lui fervent d'alimens.
Qu'on laiffe traîner long-tems dans un tiroir des pains
à cacheter, on les trouvera déchirés & mis en piéces par ce
petit infecte, qui y forme des fillons & des canaux, comme les autres efpéces de vrillettes en font dans le bois.

Lorfque ces larves ont acquis toute leur grandeur &
qu'elles ont changé plufieurs fois de peau, elles fe métamorphofent au fond du canal qu'elles ont creufé : mais auparavant quelques unes tapiffent le fond de ce canal de
quelques fils de foie qu'elles filent avec leur bouche : pour
lors elles prennent la forme de chryfalide, & enfuite celle
d'un infecte parfait, qu'on furprend quelquefois à la fortie
du trou qu'il abandonne, dès qu'il a fubi fa derniere métamorphofe. Ces infectes ont une particularité, qui cependant leur eft commune avec les dermeftes, c'eft de refter
immobiles & comme morts dès qu'on les touche.

Parmi les efpéces de ce genre, la premiere mérite notre
attention, moins par fes couleurs qui font ternes, & fa figure qui n'a rien de bien remarquable, que par un petit
bruit fingulier qu'elle excite, & qui fouvent a pu inquiéter
quelques perfonnes. Qu'on refte parfaitement tranquille
dans un appartement, on entend quelquefois, principalement du côté des fenêtres, un petit bruit régulier &
fouvent continué affez long-tems, femblable au mouvement d'une montre. Les uns ont attribué ces petites pulfations aux araignées, d'autres à une efpéce de petit poux
qui fe trouve dans les vieux bois & auquel ils ont donné
le nom de *pediculus pulfatorius*. Quelques-uns enfin,
fans connoître ou défigner l'infecte qui fait le bruit, l'ont
fimplement qualifié du nom lugubre d'*horloge de la mort ;
horologium mortis*. Mais ni les araignées, ni les poux
de bois ne peuvent produire ces pulfations : elles font
dûes à la vrillette qui frappe à coups redoublés le vieux
bois pour le percer & s'y loger : en examinant l'endroit

d'où part le bruit , il eſt rare de ne point trouver un petit trou dans lequel travaille un de ces inſectes : il eſt vrai que le bruit ceſſe ſouvent dès qu'on s'approche , probablement parce que le mouvement que l'on fait intimide le petit animal , mais ſi on reſte immobile , il ſe remet bientôt à l'ouvrage , les pulſations recommencent , & on peut parvenir à ſurprendre l'inſecte dans ſon travail.

1. **BYRRHUS** *teſtaceo-niger , thorace ſubhirſuto.* planch. 1 , fig. 6.

Linn. faun. ſuec. n. 368. Dermeſtes niger , elytris griſeis margine nigris.

La vrillette des tables.
Longueur 1 ½ 2 lignes. Largeur ½ ¼ ligne.

Cet inſecte varie beaucoup de grandeur & de couleur. On en trouve qui ſont d'un brun foncé , & d'autres d'une couleur beaucoup plus claire : ſa forme eſt oblongue & preſque cylindrique ; ſes étuis ſont ſtriés , ſon corcelet eſt épais & un peu en boſſe : lorſqu'on touche ce petit animal , il retire ſa tête ſous ſon corcelet & ſes pieds ſous ſon ventre , & reſte tellement immobile , qu'on le croiroit mort. C'eſt lui qui fait aux meubles de bois ces petits trous ronds qui les réduiſent en poudre : il n'eſt que trop commun dans les maiſons.

2. **BYRRHUS** *teſtaceus glaber oculis nigris.*

Linn. ſyſt. nat. edit. 10, *n.* 7. Dermeſtes ferrugineus , oculis rufis.

La vrillette de la farine.
Longueur 1 ligne. Largeur ⅓ ligne.

La forme de ſon corps eſt la même que celle de la première eſpéce , mais celle-ci eſt plus petite , & ſa couleur eſt brune , rougeâtre , luiſante , au lieu que la première eſt terne. On trouve cet inſecte dans la farine qu'il mange , ſouvent même il ronge & met en pouſſiere le pain à cacheter dans les tiroirs.

3. BYRRHUS *fulvus obscurus, oculis nigris.*

Linn. syst. nat. edit. 10 , *n.* 7. Dermestes testaceus, oculis fuscis, antennis filiformibus.

La vrillette fauve.
Longueur 2 ½ *lignes. Largeur* 1 *ligne.*

  Cette espéce approche infiniment de la précédente pour
la forme & pour la couleur , elle est seulement d'un brun
plus foncé , mais elle est beaucoup plus grande : ses yeux
font noirs : elle vit dans l'intérieur des arbres , que sa larve
ronge & déchire. J'ai trouvé celle-ci dans un pin au Jardin
Royal.

4. BYRRHUS *totus nigro fuscus.*

Linn. faun. suec. n. 384. Cassida nigra , antennis setaceis , corpore teretiuscule.
Act. Ups. 1736 , p. 17, *n.* 5. Dermestes corpore oblongo , elytris striatis , capite
 clypeato.
Linn. syst. nat. edit. 10 , *n.* 6. Dermestes fuscus antennis filiformibus.

La vrillette savoyarde.
Longueur 2 ½ *lignes. Largeur* 1 *ligne.*

  Sa forme est précisément la même que celle des espéces
précédentes. Son corcelet fait une bosse sous laquelle l'animal retire sa tête lorsqu'il contrefait le mort : ses étuis font
longs & serrés. Tout l'insecte est d'une couleur brune ,
matte , obscure & presque noire , mais en dessus il a
des taches irrégulieres d'un jaune sale , qui vûes à la
loupe , paroissent formées par des petits poils courts. On
trouve souvent cet insecte dans les maisons : sa larve habite
dans les charognes & les bois pourris. Je lui ai donné
le nom de vrillette savoyarde , parce que le brun & le
jaune obscur qui se voyent sur son corps , imitent la
couleur de la suie.

5. BYRRHUS *fuscus , fasciis elytrorum transversis
cinereis.*

La vrillette brune à bandes grises.
Longueur 1 ½ *ligne. Largeur* ½ *ligne.*

Elle

Elle eſt de couleur brune, liſſe, avec trois bandes tranſ-verſes griſes ſur ſes étuis. Ces bandes paroiſſent velues & formées par des petits poils gris. La forme de l'inſecte reſſemble à celle des précédens. Il ſemble cependant commencer à en différer un peu par ſes antennes, dont toutes les piéces ſont preſqu'également allongées, au lieu que dans les autres les trois dernieres piéces ſont fort lon-gues, & les autres très-courtes.

ANTHRENUS. *Coccinellæ ſpec. linn.*

L'ANTHRÉNE.

Antennæ clavatæ inte ræ, clavâ ſolidâ compreſſâ.   Antennes droites en maſſe ſolide, un peu applatie.

Nous avons donné à ce nouveau genre le nom *d'an-threnus*, parce qu'on trouve ſouvent cet inſecte par mil-liers ſur les fleurs, (*anthos*) & particuliérement ſur les fleurs en ombelle, & les fleurs compoſées & à fleurons. Quelques Auteurs ont confondu ces inſectes avec les coc-cinelles, dont ils ſemblent approcher par la forme de leur corps, mais dont ils différent, tant par le nombre des arti-cles de leurs tarſes, que par le caractere des antennes. Ces antennes ſont en maſſe, c'eſt-à-dire terminées par un bout ou extrémité plus groſſe, & ce bout n'eſt formé que par une ſeule piéce ſolide un peu applatie. Ce caractere paroît approcher de celui de l'eſcarbot, mais dans l'eſcar-bot les antennes ſont coudées & pliées dans leur milieu, où elles forment un angle, & dans l'anthrêne elles ſont toutes droites, *integræ*.

Ces inſectes ſont fort jolis & habitent, comme nous l'avons dit, ſur les fleurs. Leurs larves qui ſont un peu velues, comme celles de certains dermeſtes, ont pour demeure des endroits moins propres & moins ſenſuels : elles ſe logent dans des corps ou des parties d'animaux

Tome I.   P

morts , dans des plantes à moitié pourries , & souvent
elles détruisent les collections d'insectes desséchés , s'in-
troduisant dans les corps de ces petits animaux qu'elles
font tomber en poussiere : c'est-là qu'elles se nourrissent ,
qu'elles croissent & qu'elles se métamorphosent.

1. ANTHRENUS *squamosus niger , fascia punctis-*
que coleoptrorum albis , suturis fuscis. Planch. 1 , fig. 7.

Linn. syst. nat. edit. 10 , *n.* 20. Dermestes tomentosus maculatus.
Linn. faun. suec. n. 412. Coccinella villosa , coleoptrorum margine inflexo ,
   suturis rubris.
Raj. ins. p. 85 , *n.* 37. Scarabæus parvus , corpore subrotundo , collo oblongo ,
   alarum elytris nigris binis punctis albicantibus notatis.

L'anthrêne à broderie.
Longueur 1 *ligne.   Largeur* ¼ *ligne.*

Cet insecte qui est très-commun sur les fleurs , est très-
difficile à bien décrire. Son corps est presqu'ovale : le fond
de sa couleur est noir , mais le dessous du ventre paroît
presque tout blanc , à cause d'une infinité de petites écailles de cette couleur qui le couvrent. Les antennes sont
courtes , en masse , terminées par une palette applatie qui
ne se divise point en feuillets : la tête est petite & souvent
renfoncée sous le corcelet : celui-ci est large , couvert d'é-
cailles blanches & rougeâtres , qui laissent paroître par endroits le fond noir. Les étuis sont recourbés & enveloppent même un peu les côtés & le dessous du corps : ils
sont noirs avec des écailles blanches & rougeâtres qui
forment une espéce de broderie. On voit d'abord une
bande transverse blanche assez large au haut des étuis : au
bas des mêmes étuis , il y a deux points blancs distincts
près la suture , un sur chaque étui. La couleur rougeâtre
occupe principalement le bas de la suture des étuis , & le
haut de cette même partie près de leur jonction avec
le corcelet. Cette espéce est très-commune dans les jardins
sur les fleurs : si on la frotte , ses petites écailles colorées
s'enlevent & elle paroît presque toute noire.

2. ANTHRENUS *squamosus niger ; elytris fuscis ; fascia triplici undulata alba.*

L'amourette.
Longueur ⅓ ligne.   Largeur ¼ ligne.

L'amourette a beaucoup de rapport avec l'insecte précédent, mais elle est bien plus petite ; du reste sa figure & sa forme sont les mêmes : elle est pareillement toute couverte d'écailles , & elle se trouve communément avec lui sur les fleurs : seulement les écailles qui recouvrent ses étuis, sont plus nombreuses & plus serrées , ensorte que la couleur noire qui fait le fond des étuis ne paroît pas. Ces écailles forment trois bandes blanches transversales & ondées , entre lesquelles il y a des bandes rougeâtres brunes de même forme. Si l'on touche cet insecte ou qu'on le frotte , on emporte les petites écailles colorées qui le recouvrent, sa couleur disparoît , ensorte que l'animal reste noir & luisant. On en trouve quelquefois qui sont ainsi dépouillés d'une partie de leurs écailles , ce qui les rend presque méconnoissables. Les larves de cet insecte , ainsi que celles de l'espéce précédente , sont très-voraces , & ressemblent beaucoup à celles des dermestes. Ceux qui font des cabinets d'histoire naturelle , en sont très-incommodés , & ne les connoissent que trop.

CISTELA.

LA CISTELE.

Antennæ extrorsum crassiores non nihil perfoliatæ.	Antennes plus grosses & un peu perfoliées par le bout.
Thorax conicus non marginatus.	Corcelet conique & sans rebords.

Nous avons donné à ce nouveau genre le nom ancien de *cistela* , qui n'étoit attribué à aucun insecte en parti-

culier. Son caractere confiste dans la forme de ses antennes, qui vont en grossissant de la base à l'extrémité, &
dont les articles ou anneaux en approchant de cette extrémité, deviennent de plus en plus perfoliés, ou composés
de lames applaties, transverses & percées ou enfilées par
leur milieu. Une autre partie de son caractere est tirée de
la forme de son corcelet sans rebords & conique , ou
allant un peu en diminuant vers le devant : c'est en quoi ce
genre différe du suivant qui lui ressemble pour la figure
des antennes, mais dont le corcelet est assez plat & avec
de grands rebords. Nous ne dirons rien de l'histoire de ce
genre , dont nous ne connoissons ni la larve , ni la chrysalide , & dont nous n'avons trouvé que l'insecte parfait.
Les espéces qu'il renferme se réduisent aux suivantes.

1. CISTELA *subvillosa viridescens , fasciis longitudinalibus fuscis interruptis.* planch. 1 , fig. 8.

La ciftele fatinée.
Longueur 4 lignes. Largeur 2 ⅓ lignes.

Le corps de cet insecte est ovale : sa tête se retire assez
volontiers sous son corcelet , comme celle des vrillettes.
Le corcelet est conique , plus étroit du côté de la tête ,
réfléchi en dessous par les côtés : ses étuis enveloppent
aussi un peu le corps en dessous. Le dessous de cet insecte
est noir & lisse , le dessus est soyeux , satiné & comme
couvert de petits poils très-courts : sa couleur est singuliere : elle est brune , claire , avec une nuance verdâtre , & de
plus le corcelet & les étuis ont des bandes longitudinales,
au nombre de cinq ou six de chaque côté de couleur
brune , noire, mais interrompue de tems en tems par des
taches de la couleur du fond. J'ai trouvé cet insecte dans
le sable le long des chemins.

2. CISTELA *subvillosa atra , fascia elytrorum transf-
versa aurato-fusca.*

La ciſtele à bande.
Longueur 2 ½ lignes.　Largeur 1 ¾ ligne.

Sa forme ne différe pas de celle de la précédente , elle eſt ſeulement un peu plus ovale. Sa couleur eſt noire : le deſſous de l'inſecte eſt d'un noir liſſe , & le deſſus d'un noir matte & velouté , à cauſe des petits poils courts dont il eſt couvert. Sur le milieu des étuis il y a une bande tranſverſe large , un peu ondée , de petits poils d'un jaune fauve & comme doré : le corcelet & la tête ont auſſi de ſemblables poils , qui forment des deſſeins ſur le fond noir de l'inſecte.

3. CISTELA *nigra nitens , glabra.*

La ciſtele noire liſſe.
Longueur 1 ⅓ ligne.　Largeur ⅖ ligne.

Elle reſſemble aux deux précédentes pour la forme de ſon corps , mais elle eſt beaucoup plus petite. Sa couleur eſt noire partout. Son corcelet & ſes étuis ſont très-liſſes & luiſans , & en regardant de près , on voit qu'ils ſont pointillés finement & irréguliérement.

PELTIS. *Caſſidæ ſpec. linn.*

LE BOUCLIER.

Antennæ extrorſum craſ-ſiores nonnihil perfoliatæ.	Antennes plus groſſes & un peu perfoliées par le bout.
Thorax & elytra marginata.	Corcelet & étuis bordés.

Les eſpéces de ce genre avoient été jointes par quelques Auteurs avec celles de la caſſide , genre que nous examinerons par la ſuite. Mais quoique ces deux genres ſe reſſemblent un peu par les antennes , ils différent l'un de l'autre par beaucoup d'autres endroits ; d'abord le nombre des piéces du tarſe eſt différent , ce qui les éloigne l'un de

l'autre , & même les fait ranger dans des ordres différens :
de plus la caſlide , comme nous le verrons , a ſa tête
tout-à-fait cachée ſous le corcelet , au lieu que celle du
bouclier le déborde & paroît au dehors. Nous avons donc
dû faire un genre particulier de ces inſectes , & nous leur
avons donné le nom de *peltis* , en françois bouclier , à
cauſe de leur forme qui imite aſſez celle des boucliers des
anciens.

Le caractere de ce genre eſt en premier lieu d'avoir les
antennes de plus en plus groſſes , en avançant de la baſe
vers l'extrémité , & en même tems perfoliées , ou compoſées de lames tranſverſes enfilées par leur milieu , en quoi
ce genre reſſemble à celui de la ciſtele , qui vient de pré-
céder ; & en ſecond lieu d'avoir le corcelet aſſez plat &
bien bordé , ainſi que les étuis , ce qui le diſtingue du genre
précédent.

Les larves des boucliers ſont ordinairement brunes ,
dures, preſqu'écailleuſes , applaties , & plus étroites vers
la queue , qu'à la tête : elles ſont aſſez vives & courent
à l'aide de leurs ſix pattes. On les trouve dans les corps
d'animaux morts & à moitié gâtés : c'eſt-là qu'elles ſe
nourriſſent , qu'elles croiſſent & qu'elles ſe métamorphoſent. C'eſt auſſi dans les mêmes endroits que l'on trouve
ſouvent l'inſecte parfait , qui ſe nourrit de ces charognes & y dépoſe ſes œufs.

1. **PELTIS** *nigra , elytris lineis tribus elevatis , ſpa-*
tio interjecto punctato , thorace lævi.

Linn. faun. ſuec. n. 385. Caſſida nigra , elytris lineis tribus elevatis lævibus ,
ſpatio interjecto punctato , clypeo antice integro.
Linn. ſyſt. nat. edit. 10 , *p.* 360 , *n.* 12. Silpha atra , elytris ſubpunctatis , lineis
elevatis tribus lævibus , clypeo antice integro.
Raj. inſ. p. 84 , *n.* 33. Scarabæus minor , è rufo ſordide nigricans , elytris
ſtriatis.

Le bouclier noir à trois raies & corcelet liſſe.
Longueur 4 , 5 , 6 *lignes. Largeur* 2 , 3 , 4 *lignes.*

Cet inſecte eſt aſſez grand , le mâle a quatre ou cinq

lignes de long , & sa femelle en a environ six : l'un & l'autre sont tout noirs , mais ce noir est plus matte dans la femelle & plus brillant dans le mâle. Leurs antennes sont composées de onze articles qui vont en grossissant vers l'extrémité de l'antenne , & dont les derniers plus larges que les autres , sont perfoliés & enfilés par leur milieu. Le corcelet est large , applati & bordé : la tête avance & déborde quand l'insecte marche , mais quand on le touche , il la replie en dessous & la cache. Les étuis ont un rebord grand & relevé en gouttiere ; on voit sur chacun d'eux trois lignes élevées , longitudinales & lisses , & l'espace qui est entre ces lignes, est chargé d'une infinité de petits points , enforte qu'il paroît comme chagriné. C'est dans les bois qu'on trouve cette espéce , parmi les matieres pourries & les corps d'animaux morts : elle varie beaucoup , & parmi le grand nombre de variétés qu'elle donne , voici les principales que nous avons observées.

A. *Eadem spatio interjecto punctato , thorace lævi , utrinque sulco arcuato.* Elle a deux sillons longitudinaux un peu en arc sur son corcelet, un de chaque côté : les lignes élevées de ses étuis sont plus luisantes que le reste de son corps.

B. *Eadem spatio interjecto punctato , thorace lævi ubique æquali.* Son corcelet n'a point de sillons , mais il est tout uni , les lignes élevées de ses étuis ne sont pas luisantes.

C. *Eadem spatio interjecto punctato , thorace lævi , punctis duobus impressis.* Son corcelet a deux points enfoncés proche l'un de l'autre dans son milieu : ses étuis & leurs lignes élevées sont assez brillans.

D. *Eadem spatio interjecto punctis latis inæqualibus , thorace lævi.* Les points des étuis entre les lignes élevées , font larges & inégaux , au lieu que ceux des précédens font petits serrés & égaux.

2. PELTIS *nigra , elytris lineis tribus elevatis , spatio interjecto minutissime punctato , thorace scabro.*

Le bouclier noir à corcelet raboteux.
Longueur 5, 6 lignes.   Largeur 2, 3 lignes.

La couleur de cette efpéce eft noire partout. Ses anten=
nes reffemblent à celles de la précédente. Sa tête déborde
le corcelet, qui eft raboteux & inégal. Les étuis ont chacun trois lignes longitudinales relevées, outre la gouttiere
de leur rebord qui eft bien marquée. Ces étuis font plus
longs que le ventre : ils ont quelquefois à leur extrémité
une efpéce d'appendice, qui fouvent manque : l'efpace
qui eft entre les trois lignes des étuis paroît liffe à la vûe,
mais fi on le regarde à la loupe, on y voit une infinité de
petits points menus. Cet infecte fe trouve avec le précé=
dent, mais un peu plus rarement.

3. P E L T I S *nigra, elytris lineis tribus elevatis, prima*
& fecunda gibbofitate connexis, thorace lævi.

Le bouclier à boffes.
Longueur 9 lignes.   Largeur 4 lignes.

Il eft tout noir ; fes antennes font plus groffes par le
bout & joliment feuillées : leur extrémité eft un peu fauve. Son corcelet eft liffe, brillant, & vû à la loupe paroît
un peu ponctué. Ses étuis ont trois lignes longitudinales,
liffes, élevées, dont la premiere & la feconde en commençant à compter par le côté extérieur, font jointes enfemble par une boffe, qui eft pofée un peu plus bas que le
milieu des étuis : l'efpace entre ces lignes eft finement
ponctué. Cette efpéce a une particularité, c'eft que fon
ventre déborde d'un bon tiers fes étuis. On trouve cet infecte dans les charognes.

4. P E L T I S *nigra, elytris lineis tribus elevatis acutis,*
fpatio interjecto veluti complicato, thorace fcabro.

Le bouclier noir chiffonné à corcelet raboteux.
Longueur 5 ½ lignes.   Largeur 2 lignes.

Cette efpéce reffemble beaucoup à l'avant-derniere
pour

pour la grandeur & la forme. Son corcelet eft un peu
raboteux. Les étuis ont chacun trois lignes relevées, dont
l'extérieure eft extrêmement aigue , & paroît comme rom-
pue vers le bas : l'efpace qui eft entre ces lignes , eft
tout pliffé & comme chiffonné. Cet infecte a le corcelet
large & bordé , & les étuis terminés par une efpéce de
gouttiere comme le premier. On le trouve dans les mêmes
endroits.

5. PELTIS *nigra , elytris lineis tribus elevatis acutis ;*
fpatio interjecto veluti complicato , thorace lævi.

Le bouclier noir chiffonné à corcelet liffe.
Longueur , Largeur idem.

On n'apperçoit d'autre différence entre cette efpéce &
la précédente , que celle de fon corcelet qui eft liffe &
nullement raboteux. Sa couleur noire eft affez matte &
point du tout brillante.

6. PELTIS *nigra , lineis tribus elevatis acutis , thorace*
ferrugineo.

Linn. faun. fuec. n. 386. Caffida nigra , clypeo ferrugineo , elytris linea
elevata.
Linn. fyft. nat. edit. 10 *, p.* 360 *, n.* 13. Silpha nigra elytris obfcuris , linea elevata unica , clypeo retufo teftaceo.
Raj. inf. p. 90 *, n.* 10. Scarabæus primo fimilis , parum canaliculatus , fcapulis
croceis.

Le bouclier à corcelet jaune.
Longueur 6 lignes. Largeur 2 ½ lignes.

Cette belle efpéce reffemble beaucoup aux précédentes
pour la forme. Ses antennes font noires : leur dernier article forme un bouton allongé , & les trois d'enfuite font
affez larges & enfilés par leur milieu. Le corcelet eft d'un
jaune couleur de rouille , & avec le fecours de la loupe ,
cette couleur paroît due à beaucoup de petits poils jaunâtres fort courts. Ce corcelet eft large , bordé , raboteux &
un peu échancré en devant pour laiffer paroitre la téte.
Les étuis font noirs , bordés à l'extérieur par une gouttiè-

Tome I. Q

re , & ont au milieu trois lignes longitudinales élevées ,
principalement l'extérieure , qui paroît interrompue vers la
fin. Tout l'animal eſt ovale , oblong & applati. On le
trouve dans les charognes & les endroits les plus ſales.

7. PELTIS *nigra , thorace elytriſque teſtaceis , thoracis macula coleoptrorumque punctis quinque nigris.*
Planch. 2 , fig. 1.

Le bouclier jaune à taches noires.
Longueur 6 lignes.　Largeur 3 lignes.

Ce bouclier eſt une des plus jolies eſpéces de ce genre.
Sa tête , ſes antennes, ſon corps & ſes pattes ſont noirs. Le
corcelet eſt large , bordé , noir au milieu , jaune pâle
ſur les bords ; en devant il a une échancrure qui laiſſe
la tête à découvert. Les étuis ſont du même jaune , & portent chacun deux points ronds noirs , luiſans , & tellement
placés , que ces quatre points forment un quarré lorſque
les étuis ſont fermés : de plus l'écuſſon eſt noir , ainſi que
les bords des étuis qui lui ſont contigus , ce qui forme en
tout cinq taches noires. Ces étuis ſont bordés d'une gouttiere & ont chacun dans leur milieu trois lignes longitudinales peu ſaillantes. Cet inſecte eſt aſſez rare ; on le trouve
dans les bois avec les précédens.

8. PELTIS *nigra tota , elytris lævibus , punctis minimis excavatis.*

Raj. inſ. p. 90 , n. 9. bis. Scarabæus præcedenti ſimilis , ſed paulo major ,
nigrior , elytris lævibus.

La gouttiere.
Longueur 6 lignes.　Largeur 3 lignes.

Cet inſecte eſt tout noir & tout uni , ſans lignes élevées ,
ni ſtries. Ses antennes vont en groſliſſant vers le bout , &
leurs derniers anneaux ne ſont que légérement perfoliés.
La tête déborde le corcelet , qui eſt large , bordé , mais
ſans échancrure en devant. Les étuis vûs de près paroiſſent

chagrinés d'une infinité de petits points : du reste ils font
unis, & ont feulement pour rebord une efpéce de gouttiere
bien marquée, ce qui a fait donner le nom de gouttiere à
cette efpéce. On la trouve dans les bois humides &
pourris.

9. PELTIS *tota teftacea.*

Le bouclier fauve.
Longueur 2 ½ lignes. Largeur 1 ¼ ligne.

Son corps eft partout de couleur teftacée ou fauve ;
à l'exception du haut des antennes qui eft noir. Son corcelet & fes étuis font ponctués finement & irréguliérement.

10. PELTIS *nigro-fufca fubvillofa.*

Le bouclier brun velouté.
Longueur 1 ½ ligne. Largeur ½ ligne.

L'air & le port de cette efpéce la feroient d'abord prendre pour une mordelle, mais fes antennes & fes tarfes,
ainfi que la forme de fon corcelet l'éloignent de ce genre,
& la rapprochent de celui-ci La couleur de cet infecte eft
la même partout, brune, un peu noire, mais elle paroît
changeante à caufe des petits poils courts dont fon corps
eft couvert. Son corcelet eft large, & prefque point bordé, en quoi il différe de celui des autres boucliers. Ses
étuis ne font ni ftriés, ni pointillés. Son allure reffemble à
celle des mordelles, c'eft-a-dire qu'il a de longues pattes
avec lefquelles il marche comme en boitant. Nous l'avons
trouvé à terre dans le fable.

CUCUJUS. *Bupreftis linn.*

LE RICHARD.

Antennæ ferratæ breves.	Antennes courtes en fcie.
Thorax fubtus nudus.	Corcelet uni & fimple en def- fous.

Q ij

Caput dimidium intra thora-   Groffe tête renfoncée à moitié
cem , craſſum.   dans le corcelet.

Nous avons ôté à ce genre le nom de bupreſte , qui lui
avoit été donné par quelques Naturaliſtes modernes , &
qui a toujours déſigné parmi les anciens un autre genre
auquel nous l'avons reſtitué. A la place de ce nom nous lui
avons donné celui de *cucujus* employé par les anciens
pour déſigner un inſecte d'un vert doré , tel que ſont
la plùpart des eſpéces de ce genre.

Le caractere eſſentiel de ce genre eſt d'avoir des antennes compoſées d'articles triangulaires , qui reſſemblent à
des dents de ſcie , ce qui donne à l'antenne qui eſt aſſez
courte , la figure d'une ſcie : de plus le corcelet de ces inſectes eſt uni en deſſous., & dénué d'une eſpéce de pointe
que l'on remarque dans le genre ſuivant , qui d'ailleurs
reſſemble aſſez à celui-ci pour la forme des antennes.
Un autre caractere acceſſoire & moins eſſentiel ſe tire
de la poſition de la tête , qui quoiqu'aſſez groſſe , eſt à
moitié renfoncée dans la partie antérieure du corcelet.

Je ne connois ni la larve , ni la chryſalide de ces infectes , qui ſont tous aſſez rares dans ce Pays - ci. Quant aux
inſectes parfaits , à l'exception du *richard triangulaire* ,
dont la partie antérieure plus large , donne à l'animal une
forme approchant de celle d'un triangle , tous les autres ,
tant d'ici que des Pays étrangers , ont un corps allongé en
forme d'olive. On peut dire que ce genre renferme les
plus belles eſpéces d'inſectes. Parmi celles que nous trouvons autour de Paris , il y en a trois très-belles , à qui il ne
manque que la grandeur pour les faire remarquer davantage , mais les Pays étrangers en fourniſſent de très - grandes & très-brillantes : c'eſt ce qui nous a porté à donner le
nom de richard à cet inſecte , ſur lequel on voit briller
l'or & la couleur de rubis la plus éclatante : du reſte ces
inſectes ſont rares , & d'autant plus difficiles à trouver ,
que dès qu'on en approche , ils ſe laiſſent tomber à terre

& rouler le long des feuilles des arbustes sur lesquels ils étoient.

1. CUCUJUS *aureus, elytrorum fossulis quatuor impressis nitentibus.*

Linn. syst. nat. edit. 10, *p.* 409, *n.* 7. Buprestis elytris serratis longitudinaliter sulcatis, maculis duabus aureis impressis, thorace punctato.
Linn. faun. suec. n. 556. Buprestis fusco-ænœa, elytris maculis æneis impressis.

Le richard à fossettes.
Longueur 5 lignes. Largeur 2 lignes.

Cette belle espéce est d'une couleur dorée, un peu brune & foncée. Ses antennes sont un peu plus courtes que son corcelet. Ses yeux sont gros comme ceux de toutes les espéces de ce genre, & s'approchent beaucoup l'un de l'autre par derriere. La tête est large, courte & à moitié cachée & enfoncée sous le corcelet. Celui-ci aussi large que les étuis, a moitié moins de longueur que de largeur, & paroît bordé sur les côtés. Les étuis allongés & un peu bordés se terminent en pointe. On observe sur chacun d'eux trois lignes longitudinales élevées, dont les deux intérieures plus marquées que l'extérieure se joignent vers le bas : mais de plus chaque étui a deux enfoncemens ou fossettes, une plus haut vers le tiers de l'étui, l'autre un peu plus bas. Ces fossettes répondent à celles de l'autre étui, & les quatre ensemble paroissent disposées en quarré ; elles sont encore plus brillantes que le reste du corps, & semblent d'une couleur d'or vif. Les pattes & le dessous du corps de l'insecte, sont d'un or plus brun. Ce n'est que depuis une couple d'années que l'on a trouvé ce bel animal autour de Paris. Il s'est rencontré dans les Chantiers de bois, sur-tout dans l'Ifle Louvier où on en a pris plusieurs : peut-être nous vient-il de quelqu'endroit plus éloigné : sa larve qui probablement vit dans les troncs d'arbres, aura été transportée ici avec le bois dans lequel elle étoit renfermée, ce qui nous aura enrichi de cette belle espéce.

2. **CUCUJUS** *viridi-æneus , punctis quatuor impreſſis albis.*

Linn. ſyſt. nat. edit. 10 *, p.* 408 *, n.* 2. Bupreſtis elytris faſtigiatis muticis maculis quatuor albis , corpore cœruleo.
Leche nov. inſ. ſpec. p. 21 *, n.* 42.

Le richard à points blancs.
Longueur 5 *lignes. Largeur* 1 $\frac{1}{5}$ *ligne.*

Cette eſpéce eſt une des plus allongées. Tout ſon corps eſt d'un vert doré un peu bleuâtre en deſſous : mais ce qui la diſtingue ce ſont quatre foſſettes blanches , ou quatre points blancs enfoncés qu'on voit ſur ſes étuis , deux ſur chacun. Un de ces points eſt ſur le bord extérieur de l'étui , ſur le milieu de ce bord , proche le ventre , c'eſt le plus grand : l'autre ſe trouve au bord intérieur , attenant la ſuture vers les trois quarts de cette ſuture en deſcendant , & tout vis-à-vis ſon pareil ſitué ſur l'autre étui : ce dernier eſt le plus petit. Tout le deſſus de l'inſecte vû à la loupe paroît finement pointillé. Cette eſpéce a été trouvée dans des Chantiers de bois.

3. **CUCUJUS** *viridi-auratus , oblongus , thorace punctato , elytris ſtriatis.* Planch. 2 , fig. 2.

Linn. faun. ſuec. n. 555. Bupreſtis viridi-ænea immaculata.
Linn. ſyſt. nat. edit. 10 *, p.* 409 *, n.* 8. Bupreſtis ruſtica.

Le richard doré à ſtries.
Longueur 7 *lignes. Largeur* 2 *lignes.*

Sa couleur eſt par tout ſon corps d'un vert doré & très-brillant. Sa tête & ſon corcelet ſont ponctués. Ses yeux ſont de couleur rouge , un peu brune. Sur la partie inférieure de ſon corcelet , immédiatement avant l'écuſſon , il y a un enfoncement arrondi , bien marqué. Les étuis allongés , étroits , & qui n'ont point de rebords , ſont chargés chacun de dix ſtries longitudinales , formées par autant de rangées de points. Ce bel inſecte m'a été donné. Il a été trouvé à Paris même, dans le jardin des Apoticaires, & autour de Paris, fur des buiffons.

4. CUCUJUS *æneus, elytris fufcis, thorace rubro fafciis fufcis.* Planch. 2, fig. 3.

Le richard rubis.
Longueur 4 lignes. Largeur 1 ½ ligne.

Le deffous du corps de cet infecte, & fes cuiffes font d'un beau rouge cuivreux, brillant & éclatant, qui imite la couleur du rubis. Ses jambes font d'un noir verdâtre, ainfi que fes antennes. Sa tête eft d'un beau rouge brillant, fes yeux feulement font noirs. Le corcelet eft de même couleur que la tête, mais il a deux bandes brunes longitudinales, une de chaque côté, qui divifent la couleur rouge en trois bandes. Les étuis font bruns & un peu cuivreux, chargés de points ferrés, qui les font paroître comme ridés. Les antennes font un peu plus longues que la tête. Ce bel infecte a été trouvé fur un rofier.

5. CUCUJUS *viridi-cupreus, lævis oblongus.*

Le richard vert allongé.
Longueur 2 ½ lignes. Largeur ½ ligne.

On voit par les dimenfions que nous donnons de cette efpéce, qu'elle eft étroite & affez allongée. Sa largeur eft à peu près la même par-tout, feulement l'extrémité poftérieure va un peu en fe rétréciffant. Quant à la couleur, cet infecte eft tout vert, un peu doré; il n'y a que fes yeux qui foient d'un brun clair. Les antennes font courtes, n'égalant pas la longueur du corcelet. Elles font figurées en fcie. La tête eft large & applatie. Le corcelet eft prefque quarré, auffi long que large, applati en deffus, un peu inégal, avec des rebords fur les côtés. L'infecte vû à la loupe, paroît tout parfemé en deffus d'un nombre infini de petits points rangés fans aucun ordre, qui le rendent comme chagriné. On trouve affez fouvent ce petit animal fur

les feuilles des charmilles , mais il eſt difficile à attraper ;
ſe laiſſant gliſſer à terre dès qu'on veut le prendre.

6. **CUCUJUS** *fuſco-cupreus , triangularis , faſciis un-*
dulatis villoſo-albidis.

Le richard triangulaire ondé.
Longueur 1 ½ *ligne. Largeur* 1 *ligne.*

La plus grande largeur de cet inſecte , eſt à la jonction
du corcelet avec les étuis , qui vont en ſe rétréciſſant &
finiſſent en pointe ; enſorte que cet animal étant preſque
auſſi large que long , a une forme triangulaire. Sa tête eſt
très - applatie : ſes antennes ſont courtes , égalant à peine
la longueur du corcelet. Celui - ci eſt auſſi fort - court &
comme écraſé , mais large , avec des rebords ſur les côtés.
Poſtérieurement, il ſe termine irréguliérement. Tout l'inſecte eſt d'un brun noirâtre , cuivreux. Ses étuis ſont parſemés de quelques points , d'où partent des poils blancs. Ces
petits poils forment ſur les étuis quatre ou cinq bandes
tranſverſes , mais ondées , & comme en zigzag. On trouve cet inſecte ſur les feuilles d'orme. Il ſe laiſſe tomber ,
comme le précédent , dès qu'on veut le prendre.

N. B. Les Pays étrangers fourniſſent beaucoup d'eſpéces de ce genre , dont nous ne pouvons faire mention ici ,
& que l'on voit dans les cabinets des curieux. La France
en fournit auſſi quelques-unes. J'en ai reçu une entr'autres
de Languedoc , que m'a envoyée M. l'Abbé de Sauvages ,
dont je ne donnerai ici que le nom & les dimenſions.

CUCUJUS *ater , thorace ſcabro , pulvere albicante*
conſperſo , elytris obſolete ſtriatis.

Longueur 9 *lignes. Largeur* 3 ½ *lignes.*

ELATER.

ELATER.

LE TAUPIN.

Antennæ serratæ vel fili- formes intra capitis cavita- tem subtus receptæ.	Antennes en scie ou à fi- lets, qui se logent dans une rainure formée en dessous de la tête.
Thorax subtus aculeo intra cavi- tatem abdominis recepto.	Corcelet terminé en dessous par une pointe reçue dans une cavité du ventre.

Le caractere essentiel de ce genre, est d'abord d'avoir les antennes ou en forme de scie, semblables à celles du genre précédent, ce qui se remarque dans les individus mâles, ou en simples filets, ce qui est ordinaire aux femelles : de plus, dans les uns & les autres, ces antennes se logent dans une longue rainure, qui est creusée en dessous de la tête & même du corcelet. Le second caractere particulier aux taupins se tire de la forme du corcelet, qui en dessous, se termine par une longue pointe, qui entre comme par ressort dans une cavité pratiquée dans la partie supérieure du dessous du ventre.

C'est par le moyen de cette espéce de ressort, que ces insectes, lorsqu'ils sont renversés sur le dos, parviennent à sauter assez vivement en l'air, ce qui leur a fait donner le nom d'*élater*, & par d'autres Naturalistes, celui de *noto- peda*, d'où l'on a tiré le nom François *taupin*. Pour conce- voir ce méchanisme, qui est assez singulier, il faut pren- dre un de ces insectes, & le poser renversé sur le dos. Ce taupin qui ne peut aisément se retourner, redresse sa tête & son corcelet, & retire par ce mouvement la pointe in- férieure de son corcelet de la cavité du bas ventre, dans laquelle elle étoit logée. Cette pointe est dure & très-lisse. La cavité du ventre n'est pas moins lisse, & son entrée a un peu d'élévation. Pour lors, le taupin, qui étoit très-redreffé, fe replie un peu, & la pointe de fon corcelet rentrant dans la cavité du ventre, retombe comme un reffort, dès qu'elle a paffé l'élévation de l'entrée, ce qui fait faire à l'infecte un foubrefaut affez confidérable. La partie du milieu de fon corps, le corcelet & le haut des étuis allant frapper vivement le plan fur lequel l'infecte eft pofé, il eft élancé & pouffé en l'air, & en retombant, fouvent il fe trouve retourné fur fes pieds.

Outre cette pointe finguliere du taupin, on doit encore faire attention à la forme particuliere de cet infecte. Tout fon corps eft affez allongé & fe termine poftérieurement en pointe. Son corcelet forme une efpéce de quarré long, dont les deux angles poftérieurs finiffent auffi en pointes, quelquefois affez aigues.

Quant aux larves de ces infectes, elles fe trouvent dans les troncs d'arbres pourris, où elles vivent & fe métamorphofent. C'eft auffi dans les mêmes endroits, où l'on trouve fouvent une partie des efpéces de ce genre, tandis que d'autres fe rencontrent fur les fleurs.

1. **E L A T E R** *thorace elytrisque rubris*. **Planch.** 2; fig. 4.

Le taupin rouge.
Longueur 8 lignes. Largeur 3 lignes.

Le corcelet de cet efpéce eft rouge & finement ponctué. Les étuis font de la même couleur & ftriés, ou're beaucoup de petits points, d'où partent quelques poils courts. Les antennes font noires & bien formées en fcie. Quant au refte de la couleur, elle varie. Lorfque l'animal eft jeune & nouvellement métamorphofé, le deffous de fon corps fa tête & fes pattes font d'un rouge couleur de chair; mais quand il eft un peu plus vieux, au bout de quelques jours, tout le deffous de l'infecte & fa tête font noirs, ainfi que l'écuffon, qui eft bien marqué dans cette efpéce. Je l'ai trouvé dans des troncs de faules pourris.

2. ELATER *niger, elytris rubris. Linn. faun. fuec.*
574.

Linn. fyft. nat. edit. 10 , *p.* 405 , *n.* 12. Elater fanguineus.

Le taupin à étuis rouges.
Longueur 5 *lignes.   Largeur* 1 ½ *ligne.*

Il varie pour la grandeur ; on en trouve qui n'ont pas à beaucoup près les dimenfions que nous donnons. Tout l'infecte eft noir , à l'exception des étuis , qui fcnt rouges. Ces étuis ont quelquefois la pointe un peu noire , & un point noir chacun vers le haut , ce qui cependant n'eft pas conftant. Les antennes font en fcie , fur-tout dans les mâles. Le corcelet eft luifant , poli , & vû à la loupe , il paroît chargé de quelques poils noirs. Les étuis ont chacun dix ftries ferrées , formées par autant de rangées de petits points. On trouve cet infecte dans les bois , fous les écorces des arbres.

3. ELATER *niger, elytris flavis.*

Le taupin à étuis jaunes & corcelet liffe.
Longueur 5 *lignes.   Largeur* 1 ½ *ligne.*

Cette efpéce donne les variétés fuivantes.

   a. *Elater niger , elytris omnino flavis.*
   b. *Elater niger , elytris flavis apice nigris.*
   c. *Elater niger , elytris teftaceo·fufcis.*

On voit que ce taupin varie infiniment , & peut-être n'eft-il lui-même qu'une variété de l'efpéce précédente. Il lui reffemble beaucoup pour la forme , la grandeur , les ftries des étuis , & même les couleurs. Il n'y a que la couleur des étuis qui foit différente. Dans tous , elle eft jaune ; mais ce jaune eft quelquefois clair & couleur de paille ; d'autres fois il eft brun & rougeâtre , ce qui l'approche encore davantage de l'efpéce précédente. De plus , une autre reffemblance avec le *taupin à étuis rouges* , c'eft que

R ij

celui-ci a quelquefois fur le haut des étuis les deux points noirs, dont nous avons parlé, ainfi que l'extrêmité des étuis noirs, ce qui fouvent auffi ne fe rencontre pas. On trouve cette efpéce avec la précédente, dans les bois pourris.

4. E L A T E R *thorace villofo, elytris teftaceis apice nigris. Linn. faun. fuec. n.* 573.

Lift. loq. p. 387, *n.* 18. Scarabæus ex fufco rufefcens five caftaneus.
Raj. inf. p. 92. *n.* 6. Scarabæus antennis articulatis quauto & quinto æqualis.

Le taupin à corcelet velouté.
Longueur. Largeur idem.

Il donne les variétés fuivantes.

    a. *Elater thorace villofo, elytris flavefcentibus apice nigris.*
    b. *Elater thorace villofo, elytris rubefcentibus apice nigris.*

On feroit encore porté à prendre cette efpéce pour une variété des deux précédentes. Elle leur reffemble parfaitement ; feulement fon corcelet, qui eft noir, paroît jaune, à caufe des poils jaunes un peu bruns, dont il eft chargé. Ses étuis ftriés comme ceux des précédens, ont une pointe noire, & varient pour la couleur, qui eft tantôt d'un jaune clair, tantôt d'un brun rougeâtre. On trouve cet infecte avec les précédens.

5. E L A T E R *niger, thorace rubro. Linn. faun. fuec. n.* 576.

Linn. fyft. nat. edit. 10, p. 405, *n.* 8. Elater thorace rubro nitido antice nigro, elytris corporeque nigris.

Le taupin noir à corcelet rouge.
Longueur 3 *lignes. Largeur* 1 *ligne.*

Cette jolie efpéce eft toute noire, à l'exception du corcelet, qui eft rouge. Les étuis cependant tirent un peu fur le bleu. On voit fur chacun d'eux huit ftries, formées

par des rangées de points. Quant au corcelet, M. Linnæus dit qu'il a les bords antérieurs & poftérieurs noirs,
ce qui formeroit comme une bande rouge au milieu. Le
mien a bien le bord poftérieur un peu noir, mais tout le
refte eft rouge. Peut-être cette différence vient-elle du
fexe, ce que je ne puis décider, n'en ayant qu'un feul.

6. ELATER *thorace nigro, circulo rubro, elytris ful-*
vis, cruce nigra.

Linn. fyft. nat. edit. 10, *p.* 404, *n.* 6. Elater thorace nigro lateribus ferrugineis,
coleoptris flavis cruce nigra, margineque nigro.

Le taupin porte-croix.
Longueur 5 *lignes. Largeur* 1 ½ *ligne.*

Sa tête, fes antennes, fes pattes & le deffous de fon
corps font d'un brun noir, avec un peu de jaune cependant
fur les bords du ventre & du corcelet en deffous. Par deffus, le corcelet eft noir, avec un cercle rouge interrompu
en devant, ou, fi l'on aime mieux, le corcelet eft rouge
bordé de noir, avec une grande tache noire au milieu,
qui fe confond avec le bord antérieur; enforte qu'il ne
refte qu'une bande rouge prefque circulaire. Ce corcelet
vû de près paroît finement pointillé. Les étuis ont chacun
dix ftries longitudinales formées par des points ferrés. Le
fond de leur couleur eft d'un jaune fauve, avec une efpéce de croix noire. Cette croix eft formée par la future
longitudinale des étuis, qui eft noire, & une large bande
tranfverfale de même couleur, qui fe trouve fur le milieu
des étuis. Outre cette croix, les étuis ont encore chacun
en haut, vers leur angle extérieur, une bande noire longitudinale courte, qui ne parcourt guères que le tiers de
leur longueur. Les antennes font légérement en fcie. Ce
bel infecte m'a été donné.

7. ELATER *fufco-viridi-æneus Linn. faun. fuec. n.* 575.

Linn. fyft. nat. edit. 10, *p.* 406, *n.* 22. Elater pectinicornis.
Lift. tab. mut. t. 17, *f.* 14.

Lift. loq. p. 387 , *n.* 19. Scarabæus è nigro virens, corniculis altero tantum verſu pectinatis. (Maſ.)
Act. Upſ. 1736 , *p.* 15 , *n.* 3. Notopeda nigro - ænea, antennis ſimplicibus.

Le taupin brun cuivreux.
Longueur 6 lignes.　Largeur 2 lignes.

Cet inſecte eſt d'une couleur brune , tirant ſur le vert & un peu cuivreuſe. Ses étuis ont chacun neuf ſtries & ſont chargés de petits points, du fond deſquels partent des poils courts, que l'on découvre avec la loupe. Ces étuis ſont auſſi un peu bordés , ſur-tout vers le bas, ce qui ne ſe rencontre que très - rarement dans les eſpéces de ce genre. Les antennes formées en ſcie , ſont plus courtes que le corcelet : les dents de la ſcie ſont beaucoup plus marquées dans les mâles. Ceux-ci ſont plus verdâtres, & les femelles plus noires & plus cuivreuſes. J'ai trouvé cet inſecte courant à terre , dans les brouſſailles.

8. ELATER *nigro fuſcus cinereo-nebuloſus.*

Linn. faun. ſuec. n. 577. Elater totus nigro-fuſcus.
Linn. ſyſt. nat. edit. 10 , *p.* 406 , *n.* 23. Elater niger.
Raj. inſ. p. 78 , *n.* 14. Scarabæus minor longo & anguſto corpore, totus niger , ſaltatrix.
1. *Raj. inſ. p.* 92 , *n.* 1. Scarabæus antennis articulatis primus, maxime vulgaris.
Act. Upſ. 1736 , *p.* 15 , *n.* 4. Notopeda atra , antennis ſimplicibus.
2. *Raj inſ p.* 92 , *n.* 3. Scarabæus antennis articulatis tertius.
Act. Upſ. 1736 , *p.* 15 , *n.* 5. Notopeda fuſca , antennis ſimplicibus.
Lift. tab. mut. t. 17 , *f.* 14.

Le taupin brun nébuleux.
Longueur 5 lignes.　Largeur 2 lignes.

Cette eſpéce , une des grandes de ce genre , eſt plus large & moins allongée que les autres. Elle eſt toute d'un brun noir , couverte de poils gris très-courts, qui la rendent nébuleuſe. La quantité plus ou moins conſidérable de ces poils fait varier ſa couleur, ce qui a induit Raj & l'Auteur des Actes d'Upſal en erreur ; ils ont fait pluſieurs eſpéces d'un ſeul & même inſecte. Sous les poils , les étuis ont des ſtries , mais difficiles à voir, parce qu'elles ſont cachées. Les antennes brunes ſont plus courtes que le corcelet, & médiocrement formées en fcie. Cette efpéce a une particularité très-remarquable : ce font deux véficules qui paroiffent aux deux côtés de l'anus, pour peu qu'on preffe le ventre. On trouve très-communément cet animal courant dans les bleds.

9. ELATER *niger, villofo undulatus.*

Le taupin à plaques velues.
Longueur 5 lignes.   Largeur 1 ⅓ lignes.

Le fond de la couleur de cet infecte eft noir, mais il eft chargé de poils fauves, un peu verdâtres, & comme dorés, qui forment des taches & des ondes fur fon corps. Ses étuis font ftriés. On le trouve à terre, dans les champs.

10. ELATER *niger, elytris villofo-murinis.*

Le taupin gris-de-fouris.
Longueur 4, 5 ¼ lignes.   Largeur 1 ½ ligne.

Il varie, comme on le voit, pour fa grandeur : il en eft de même de fa couleur. En général elle eft noire ; mais il eft couvert de petits poils gris-de-fouris en plus ou moins grande quantité, & quelquefois fi épais, qu'on ne peut diftinguer les ftries qui font fur fes étuis. Les mâles font plus petits & plus velus; les femelles font plus liffes & par conféquent plus noires. Elles font auffi plus grandes que les mâles.

11. ELATER *niger, elytris fufcis, fingulo fafcia longitudinali fulva.*

Raj. inf. p. 78, n. 11. Scarabæus minor longo & angufto corpore, elytris bicoloribus è fulvo & nigro, faltatrix.

Le taupin bedeau.
Longueur 4 lignes.   Largeur 1 ligne.

Il varie beaucoup pour la grandeur. Sa tête, fon corcelet & le deffous de fon corps font noirs; fes pattes font de couleur fauve, & fes étuis ont des ftries ponctuées. Ils font d'un beau noir, avec une bande longitudinale fauve, affez large, posée dans leur milieu. Leur bord extérieur est aussi un peu fauve. Cet insecte est très - commun dans les champs.

12. ELATER *niger, elytris fuscis.*

Le taupin noir à étuis bruns.
Longueur 4 lignes.   Largeur 1 ligne.

Cette espéce pourroit bien n'être qu'une variété de la précédente, dont elle ne paroît absolument différer que parce que ses étuis sont d'un brun maron, sans bandes fauves. On les trouve souvent ensemble.

13. ELATER *totus niger nitidus.*

Le taupin en deuil.
Longueur 5 lignes.   Largeur 1 ½ ligne.

Il est tout noir, à l'exception de ses tarses ou pieds, qui sont bruns. Ses étuis sont finement striés & son corcelet est luisant & ponctué. Tout l'animal, vû à la loupe, paroît parsemé d'un petit duvet de poils.

14. ELATER *niger pedibus rufis.*

Le taupin noir à pattes fauves.
Longueur 3 lignes.   Largeur ⅔ ligne.

Celui-ci est tout noir, comme le précédent ; mais ses pattes sont de couleur fauve rougeâtre : son corcelet est lisse & un peu ponctué, & ses étuis sont très - finement striés. On trouve ce petit insecte sous les écorces des vieux arbres.

15. ELATER *niger elytrorum basi maculis rubris.*

Le taupin noir à taches rouges.
Longueur 3 lignes.   Largeur 1 ligne.

Il est noir comme le précédent, auquel il ressemble infiniment, ses pattes sont pareillement fauves ; son corcelet est lisse, & ses étuis sont striés ; mais on voit sur chacun des étuis, à leur base, du côté extérieur, une tache
d'un

d'un rouge brun, qui ne se voit pas dans l'espéce précédente. Celle-ci se trouve dans les mêmes endroits que les autres de ce genre.

16. ELATER *fuscus*, *antennis serrato-clavatis*.

Le taupin à antennes en masse.
Longueur 1 ligne.   Largeur ½ ligne.

C'est la plus petite espéce de celles que nous connoissons de ce genre. Elle est toute brune. Ses étuis sont striés & un peu velus. Le corps est plus large & moins allongé que dans les autres espéces précédentes. Ce qui paroîtroit l'éloigner encore davantage des autres taupins, ce sont ses antennes, dont les trois derniers articles plus gros, forment une masse, comme dans les dermestes. Néanmoins les antennes en scie, la rainure du dessous de la tête, dans laquelle elles sont reçues, la pointe du dessous du corcelet, qui lui sert à sauter, prouvent que cet insecte ne peut être rapporté qu'à ce genre. Ce petit animal est assez rare ; on le trouve dans les bois.

BUPRESTIS. *Carabus linn. cicindela linn.*
LE BUPRESTE.

Antennæ filiformes.	Antennes filiformes.
Trochanter magnus seu appendix ad basim femorum posteriorum.	Appendice considérable à la base des cuisses postérieures.
Familia. 1ª. Thorace cordato, capite latiore, elytris angustiore.	Famille 1°. A corcelet en cœur, plus large que la tête, plus étroit que les étuis.
——— 2ª. Thorace capite elytrisque angustiore.	——— 2°. A corcelet plus étroit que la tête & les étuis.
——— 3ª. Thorace capite latiore, elytrorum latitudine.	——— 3°. A corcelet plus large que la tête, & de la largeur des étuis.

Les anciens ont donné à ces insectes le nom du bupreste, (*buprestis seu buprestes*) formé de deux mots grecs, qui

fignifie *faire crever les bœufs* , s'étant imaginé que ces petits animaux faifoient périr les bœufs qui en mangeoient
par mégarde dans les prés, où ils fe trouvent fouvent.
Quoique cette propriété de ces infectes, d'ailleurs affez
dangereux & malfaifans , ne foit pas bien avérée & prouvée , nous leur avons reftitué ce nom fous lequel ils ont
été connus , & que M. Linnæus avoit attribué à un autre
genre fort différent , donnant à celui-ci le nom de *cara-*
bus , qui n'eft que le mot de *fcarabæus* défiguré.

Quant au caractere ; premiérement , ces infectes ont
l.urs antennes filiformes , c'eft-à-dire prefque d'égale groffeur par-tout, diminuant feulement un peu vers leur pointe , & compofées d'anneaux ou articles qui ne font pas fort
gros & fort faillans. Cette forme d'antennes eft commune
à plufieurs genres d'infectes , comme nous le verrons. Secondement , un autre caractere particulier & effentiel à
ce genre , eft une grande appendice, qui fe trouve à la
bafe des cuiffes poftérieures , femblable à un moignon
d'autre cuiffe.

On peut ajouter à ces caracteres quelques autres particularités de ce genre , communes à la plûpart des efpéces
qu'il renferme ; 1°. la forme des machoires, qui font plus
groffes & débordent davantage la tête que dans la plûpart
des infectes à étuis. Auffi quelques efpéces les plus groffes
pincent-elles vivement ; 2°. la longeur des pattes de ces
infectes , & la légéreté avec laquelle ils courent ; 3°. leur
odeur puante & fétide , qui eft dûe à une efpéce de liqueur brune & cauftique , que jettent par la bouche &
l'anus la plûpart des bupreftes , lorfqu'on veut les prendre. Cette odeur approche de celle du tabac , mais elle eft
fétide & difgracieufe ; 4°. le manque d'aîles dans le plus
grand nombre d'efpéces. Ces infectes ont à la vérité deux
étuis féparés & mobiles ; mais fous ces étuis on ne trouve
point d'aîles. Ils ne peuvent donc voler, mais la nature les
en a en quelque façon dédommagés , en leur accordant
une grande légéreté pour courir.

Comme ce genre eſt aſſez nombreux, nous l'avons diviſé en trois familles, d'après la forme & la grandeur du
corcelet. La premiere comprend ceux de ces inſectes,
dont le corcelet eſt plus large que la tête, & plus étroit
que les étuis. Dans cette premiere famille, le corcelet eſt
ordinairement figuré en cœur, dont la pointe ſeroit tronquée. La ſeconde renferme les bupreſtes, dont le corcelet
eſt plus étroit que la tête & les étuis. La tête de ceux-ci
eſt large ; leurs yeux ſont fort gros, & leur corcelet preſque cylindrique eſt inégal & raboteux. De plus, au lieu
que la plùpart des autres bupreſtes n'ont point d'ailes,
ceux de cette famille en ont tous, & s'en ſervent pour
voler, quoiqu'ils courent auſſi très-légérement. M. Linnæus avoit fait de ces bupreſtes un genre particulier, ſous
le nom de *cicindele* ; mais ils ont tous les caracteres des
autres bupreſtes, les antennes, l'appendice des cuiſſes &
même la légéreté, & la grandeur des machoires : ce qui
nous a porté à les remettre dans leur véritable genre. Enfin nous rapportons à la troiſiéme famille les bupreſtes
dont le corcelet eſt plus large que la tête, & de la même
largeur que les étuis. Dans ces eſpéces, le corcelet eſt
grand & preſque quarré.

Les larves de ces inſectes vivent en terre, & c'eſt probablement ce qui fait qu'elles ſont difficiles à rencontrer.
Au moins les inſectes parfaits courent dans les champs ſur
terre, & c'eſt auſſi en terre que j'ai trouvé les larves de la
ſeconde famille de ce genre, dont les autres doivent approcher. Ces larves ſont longues, cylindriques, molles,
blanchâtres, armées de ſix pattes brunes écailleuſes. Leur
tête eſt de même de couleur brune. Elle a en deſſus une eſpéce de plaque ronde, brune & écailleuſe, au devant de
laquelle eſt la bouche, accompagnée de deux fortes machoires. Cette larve ſe creuſe en terre des trous cylindriques profonds, dans leſquels elle ſe loge. L'ouverture de
ces trous eſt parfaitement ronde. Quelques eſpéces les
font dans les terreins ſecs & arides, d'autres dans des ter-

res plus humides au bord des ruisseaux. C'est au fond de ces trous qu'on rencontre souvent la larve du bupreste. Pour la trouver, il faut creuser peu à peu le terrein dans lequel ce trou est pratiqué. Mais comme souvent, dans cette opération, la terre, en s'écroulant, remplit le trou & empêche de le reconnoître & de le suivre, il est nécessaire d'user d'une premiere précaution, c'est de commencer par enfoncer dedans une paille ou un petit morceau de bois, qui, pénétrant jusqu'au fond, sert à conduire & à empêcher de perdre la suite de ce conduit. Lorsqu'on est parvenu au fond, on trouve la larve en question, qui, tirée hors de terre, se replie volontiers en zigzag. Ces ouvertures que pratique dans la terre cette larve, ne lui servent pas seulement à se loger & à mettre à l'abri son corps qui est mol & tendre, mais encore à se cacher pour dresser des piéges aux insectes dont elle se nourrit. Cette larve se tient en embuscade, précisément à l'ouverture ronde de ce trou. Sa tête est à fleur de terre, & l'ouverture est exactement remplie par cette plaque ronde, écailleuse, que la larve a au-dessus de sa tête. C'est dans cet état que se tient patiemment cette larve, à moins que quelqu'allarme ne la fasse enfoncer au fond de sa retraite. Les insectes qui se promenent sur ce terrein, venant à passer sur l'ouverture du trou que ferme la tête de la larve, ou sont saisis par ses machoires, qui sont fortes, ou bien, s'ils ne sont pas arrêtés sur le champ par ces fortes pinces, ils sont précipités dans le trou par un mouvement que fait la tête de la larve, précisément comme celui d'une bassecule. Pour lors, la larve du bupreste les dévore à loisir. Rien n'est plus amusant que d'observer le manége de cet insecte, qui, sans sortir de sa retraite, trouve moyen de faire tomber dans ses piéges les autres insectes, dont il se nourrit. Quant aux larves des autres familles de buprestes, elles ne sont pas probablement moins carnassieres, mais elles ne se servent pas des mêmes manéges pour saisir leur proye. Je ne connois qu'un petit nombre de ces larves,

mais la plûpart faififfent de vive force les infectes qu'elles
dévorent. On trouve fouvent dans les nids des chenilles
qui vivent en fociété, & que M. de Reaumur a appellées
chenilles proceffionaires, une larve groffe, longue, noire,
un peu molle, à fix pattes écailleufes. Cette larve, qui
donne le *bupreſte quarré couleur d'or*, attaque & dévore ces
chenilles, qui n'ont aucunes défenfes.

Ces différentes larves, après leur métamorphofe, lorfqu'elles font devenues infectes parfaits, ne font pas moins
carnaffieres. En général, les bupreftes font des infectes
très-voraces, qui mangent & dévorent impitoyablement
tous les autres, & même ceux de leur genre & de leur
efpéce. On rencontre fréquemment ces infectes à terre,
dans les jardins & les campagnes. Ils courent tous fort
vîte. Plufieurs de leurs efpéces font fort belles & très-brillantes, mais la plûpart font fort venimeufes & très-caufti-
ques; enforte qu'on pourroit très-bien fubftituer cet infecte
aux cantharides, dans l'ufage de la médecine. Peut-être
même les cantharides ont-elles moins de caufticité que lui.
Ayant un jour pris une des grandes efpéces dorées de ce
genre, & lui ayant preffé le ventre un peu fortement, pour
faire paroître les parties de la génération, il en fortit un
jet d'une liqueur acre & brûlante, qui réjaillit fur l'œil
d'un de mes amis, qui obfervoit cet infecte avec moi. Il
y fentit pendant quelques momens une douleur très-vio-
lente. Pour moi, je n'en reçus que deux gouttes imperceptibles fur les lévres, & j'y éprouvai une cuiffon très-
confidérable. Cette obfervation peut faire foupçonner,
avec fondement, qu'un infecte auffi cauftique, pris intérieurement, feroit un poifon très-vif & très-dangereux.

PREMIERE FAMILLE.

1. BUPRESTIS *ater, elytris rugofis.*

Linn. ſyſt. nat. edit. 10, *p.* 413., *n.* 1. Carabus apterus ater opacus, elytris punctis intricatis fubrugofis.

Le buprefte noir chagriné.
Longueur 14 lignes.   Largeur 6 lignes.

Cette efpéce eft la plus grande de toutes celles que nous connoiffons dans ce Pays-ci. Sa couleur eft toute noire , liffe & luifante en deffous , opaque & terne en deffus. Sa tête & fon corcelet font pointillés irréguliérement. Les étuis le font auffi , mais les points font plus gros & fe confondent les uns dans les autres , ce qui rend ces étuis comme chagrinés. Le corcelet eft en cœur , plus étroit du côté des étuis , avec des bords faillans & relevés & un fillon longitudinal dans fon milieu , ce qui fe remarque dans tous les bupreftes de cette premiere famille. Les étuis ont auffi des rebords , mais moins faillans. Les quatre antennules font grandes , les machoires avancées & les yeux éminens , ce qui fe voit dans tous les infectes de ce genre. Cet infecte,ainfi que plufieurs autres bupreftes , n'a point d'aîles fous fes étuis : en récompenfe il court fort vîte. On le trouve dans les ordures humides des jardins & fous les pierres à la campagne.

2. **BUPRESTIS** *viridis , elytris obtufe fulcatis , non punctatis , pedibus antennifque ferrugineis.* Planch. 2 , fig. 5.

Linn. faun. fuec. n. 517. Carabus viridis , elytris obtufe fulcatis abfque punctis , pedibus antennifque ferrugineis.
Linn. fyft. nat. edit. 10 , p. 414 , *n.* 4. Carabus apterus , elytris porcatis , fulcis fcabriufculis inauratis.
Raj. inf. 96 , *n.* 6. Cerambyx dorfo in longas regulas divifo , omnium pulcherrimus. .
Act. Upf. 1736 , p. 19 , *n.* 3. Carabus viridis , elytris fulcatis , lævibus.

Le buprefte doré & fillonné à larges bandes.
Longueur 11 lignes.   Largeur 4 lignes.

Ce buprefte eft très-commun dans nos jardins , ce qui l'a fait nommer par quelques perfonnes le jardinier. Sa tête & fon corcelet font d'un vert doré ainfi que fes étuis : ceux-ci ont chacun trois larges fillons , entre lefquels fe trouvent

des élévations ou côtes affez groffes. Le fond des fillons eft
plus doré de même que le rebord des étuis , & les côtes ou
élévations font plus vertes. Le corcelet bien formé en
cœur avec un rebord , a dans fon milieu un fillon longitudinal peu enfoncé. Les yeux font bruns , les antennes &
les pattes font d'une couleur fauve , & le deffous du corps
eft d'un noir verdâtre un peu doré. Cet infecte n'a point
d'aîles fous fes étuis , mais il court fort vîte. On le rencontre très - communément dans les endroits humides des jardins , fous les pierres & les tas de plantes pourries.

3. BUPRESTIS *niger , elytris æneis , convexe punctatis ftriatifque.*

Linn. faun. fuec. n. 513. Carabus niger , elytris æncis, convexe punctatis ftriatifque.
Linn. fyft. nat. edit. 10 , p. 413 , n. 2. Carabus apterus elytris longitudinaliter
punctatis.

Le buprefte galonné.
Longueur 11 *lignes. Largeur* 5 *lignes.*

Cette efpéce , une des plus belles & des plus brillantes de ce Pays-ci , reffemble à la précédente pour la forme
& pour la grandeur ; elle eft feulement un peu plus large.
Sa tête , fon corcelet & fes étuis font d'un vert cuivreux.
Les étuis ont trois rangées longitudinales de points oblongs
& élevés , & entre ces rangées , des lignes longitudinales
élevées , accompagnées chacune de deux autres petites
lignes femblables fur les côtés. Tout le deffous de l'infecte
eft noir : il n'a point d'aîles fous fes étuis & court fort
vîte. On le trouve avec le précédent , mais moins communément : il varie quelquefois pour la couleur & donne la
variété fuivante.

*Bupreftis totus violaceus , elytris convexe punctatis
ftriatifque.*

Cette variété eft plus rare que l'efpéce ci-deffus , elle
n'en différe que par fa couleur , qui eft partout d'un beau
violet.

4. **BUPRESTIS** *totus nigro-violaceus , elytris denfe*
ftriatis.

Le buprefte azuré.

Il donne les variétés fuivantes.

> a. —— *Elytro fingulo ftriis xvj , oris aureo-cupreis.*
> b. —— *Elytro fingulo ftriis xvj , tribus interruptis.*
> c. —— *Elytro fingulo ftriis xxij , tribus interruptis.*

Je joins enfemble , comme variétés , ces trois infectes ,
attendu qu'ils fe reffemblent extrêmement , fur-tout les
deux premiers. Quant au troifiéme , peut-être pourroit - il
faire une efpéce , le nombre des ftries de fes étuis étant
différent. Leur grandeur n'eft pas la même : le premier
a plus d'un pouce de long fur quatre lignes de large ,
le fecond a un quart de moins pour fa grandeur , & le troifiéme n'a guères que la moitié de la longueur du premier
& les trois quarts de fa largeur. Tous trois font partout
d'un noir violet , avec des ftries fines fur les étuis , fur-tout
fur ceux du troifiéme. Leur principale différence confifte
en ce que les bords du corcelet & des étuis dans le premier font d'un rouge cuivreux , & que le fecond & le troifiéme ont chacun trois des ftries de chaque étui interrompues par des petits points enfoncés. On trouve ces infectes
dans les ordures des jardins : ils n'ont point d'aîles fous
leurs étuis , mais ils courent fort vîte.

5. **BUPRESTIS** *nigro-violaceus , elytris latis æneis*
è viridi purpureis , fingulo ftriis fexdecim.

Linn. fyft. nat. edit. 10 , p. 414 , *n.* 9. Carabus aureo-nitens , thorace cœruleo ,
　　elytris aureo-viridibus ftriatis abdomine fubatro.
Leche novæ inf. fpec. n. 37. Carabus parallelepipedus viridi-æneus , elytrorum
　　ftriis moniliformibus , punctifque excavatis trium ordinum.
Act. fuec. 1750 , p. 292. Carabus alatus , viridi-æneus , elytris convexe punctatis
　　ftriatifque , pedibus antennifque nigris.
Reaum. infect. tom. 2 , *tab.* 37 , *fig.* 18.

Le buprefte quarré couleur d'or.
Longueur 7 lignes.　Largeur 3 lignes.

La

La forme de cet infecte eſt plus large & plus quarrée que celle des autres eſpéces. Sa grandeur varie beaucoup. J'en ai de beaucoup plus petits que celui dont j'ai donné les dimenſions : mais tous ont également leurs étuis très-larges proportionnément à leur grandeur. Sous ces étuis l'infecte a des aîles : la tête , le corcelet , les antennes , les pattes & le deſſous du corps ſont d'un noir violet , tirant en quelques endroits ſur le vert. Le corcelet eſt court , avec des rebords ſaillans & bronzés , & il eſt très-étranglé à ſa partie poſtérieure. Les étuis ſont d'une belle couleur dorée , verte du côté intérieur , rougeâtre du côté extérieur : ils ont chacun ſeize ſtries ſines , qui ſont formées par des points ſerrés.

Les bandes élevées de ces ſtries ſont liſſes , à l'exception de la quatriéme , de la huitiéme & de la douziéme , qui ſont interrompues par des points poſés ſur leur longueur de diſtance en diſtance. Je ne ſçais pourquoi M. Leche , dans la Diſſertation citée , ne compte que douze ſtries au lieu de ſeize ſur chaque étui , à moins qu'il ne compte point celles qui ſont interrompues par des points. M. de Reaumur dit avoir trouvé cet infecte ſur le chêne , qui mangeoit des chenilles : ſa larve qui eſt noire , n'eſt pas moins carnaſſiere & dévore pareillement les chenilles & autres infectes.

6. **BUPRESTIS** *totus è fuſco-viridi cupreus , elytris latis , ſingulo ſtriis ſexdecim.*

Le bupreſte quarré couleur de bronze antique.
Longueur 6 lignes. Largeur 3 lignes.

C'eſt préciſément la même forme que celle de l'eſpéce précédente , dont celle-ci approche beaucoup : elle n'en difére que pour la grandeur & la couleur. Cette derniere eſt partout d'un brun cuivreux , ſemblable à la couleur des bronzes antiques , auxquels le tems a donné une eſpéce de vernis. Le deſſous du corps a cependant un peu de vert. Les étuis ont chacun ſeize ſtries un peu raboteuſes , dont

la quatriéme,la huitiéme & la douziéme sont entrecoupées
de points , comme dans l'espéce précédente. On croiroit
que cet insecte n'en est qu'une variété , s'il n'étoit constamment de la même grandeur & de la même couleur.

7. BUPRESTIS *ater , elytro singulo striis octo lævi-*
bus ; pedibus nigris.

Linn. faun. suec. n. 515. Carabus ater elytro singulo striis octo.
Linn. syst. nat. edit. 10 , *p.* 413 , *n.* 3. Carabus apterus , elytris lævibus , striis
obsoletis octonis.
List. loq. 390. Scarabæus ex toto niger , alarum thecis crustaceis sulcatis.

Le bupreste tout noir.
Longueur 8 lignes. Largeur 3 ¾ *lignes.*

Sa couleur est noire partout , tant en dessus qu'en dessous : chacun de ses étuis a huit stries bien marquées.
Sa tête est très-lisse ainsi que son corcelet , qui a un sillon
longitudinal & enfoncé dans le milieu : en examinant de
très-près cet insecte , on apperçoit sur la troisiéme strie , en
commençant à compter de la suture , deux petits points
enfoncés , ce qui fait en tout quatre points sur le dos.

8. BUPRESTIS *niger , elytro singulo striis octo punc-*
tatis , pedibus ferrugineis.

Le bupreste noir à pattes rougeátres.
Longueur 4 , 5 *lignes. Largeur* 2 *lignes.*

Cette espéce ressemble à la précédente pour la couleur
& le nombre des stries : mais elle en différe par plusieurs
endroits : d'abord par sa grandeur qui est moindre ; secondement par la forme de son corcelet , qui est encore plus
en cœur ; troisiémement par la structure des stries des
étuis , qui sont formées par des points petits & serrés , au
lieu que dans le précédent elles sont lisses : de plus on ne
voit point sur la troisiéme strie les petits points enfoncés
qui se remarquent dans l'espéce précédente : enfin les
pattes de celui-ci sont rougeâtres , au lieu que celles du
précédent sont noires.

9. BUBRESTIS *niger , elytro fingulo ftriis octo lœ-*
ribus , pedibus lividis.

Le buprefte noir à pattes jaunes.
Longueur 3 lignes. Largeur 1 ligne.

Tout fon corps eft noir & liffe, à l'exception des antennules , des antennes & des pattes qui font entiérement
d'un jaune pâle : le noir des étuis eft moins foncé, & leurs
ftries au nombre de huit fur chacun , font liffes , fans qu'on
y découvre de points , même à l'aide de la loupe.

10. BUPRESTIS *nigro - viridis , elytro fingulo ftriis*
octo , punctis tribus impreſſis.

Linn. faun. fuec. n. **520.** Carabus fupra æneus , coleoptris punctis fex excavatis ;
tibiis rufis.
Act. Upſ. **1736 , p. 20 , n. 8.** Bupreftis capite nigro, collari elytrifque nigro-
æneis.

Le bupreste à fix points enfoncés.
Longueur 3 lignes. Largeur 1 ¼ ligne.

Sa couleur eft partout d'un noir verdâtre , feulement le
deffous de fon corps eft d'un noir plus foncé & le bout des
pattes eft plus clair. Chaque étui a huit ftries formées par
des petits points , & de plus trois enfoncemens rangés
perpendiculairement fur fon milieu , ce qui fait en tout fix
endroits creufés pour les deux étuis. Le corcelet a un fillon
longitudinal dans fon milieu , & de chaque côté un enfoncement confidérable à l'endroit de fa jonction avec les
étuis. On voit auffi fur la tête , entre les antennes , deux
points enfoncés. Ce buprefte a des aîles fous fes étuis. On
remarque aux premiers anneaux qui forment la bafe de fes
antennes , quelques poils affez longs : il varie pour la
grandeur , & les ftries des étuis qui font plus ou moins
marquées.

11. BUPRESTIS *viridis punctatus , elytro fingulo*
ftriis octo , pedibus pallidis.

T ij

Le bupreste vert pointillé à huit stries & pattes fauves.
Longueur 4 lignes. Largeur 1 ½ ligne.

Il est d'un vert doré, pointillé sur tout le corps, avec huit stries sur chaque étui ; ses antennes & ses pattes sont de couleur fauve pâle, ainsi que les machoires, & souvent les bords du corcelet & des étuis.

12. **BUPRESTIS** *viridis nitidus, elytro singulo striis octo, pedibus pallidis, punctis tribus impressis.*

Le bupreste vert lisse, à huit stries & pattes fauves.

Ce bupreste est de la grandeur du précédent à peu de chose près, & il est précisément de même couleur, si ce n'est que ses pattes sont un peu plus foncées. Toute leur différence consiste, premiérement dans les petits points qui couvrent le précédent, & qui manquent dans celui-ci qui est tout-à-fait lisse : secondement dans trois points rangés longitudinalement près la suture des étuis, comme dans le *bupreste à six points enfoncés*, mais plus petits que dans cette espéce.

13. **BUPRESTIS** *viridis, elytro singulo striis octo, pedibus elytrorumque antica parte & margine fulvis.*

Le bupresté à étuis verts & bruns.
Longueur 3 lignes. Largeur 1 ½ ligne.

La tête & le corcelet de cet insecte sont verts : ce dernier est allongé & étroit. Les antennes, les pattes & les yeux sont d'un fauve rougeâtre : les étuis sont à huit stries lisses, sans points : ils sont fauves vers leur partie antérieure ou leur base, & verts à leur partie postérieure, de façon cependant que tout le bord de l'étui est fauve, enforte que la couleur verte semble faire une grande tache isolée. Cet insecte pourroit bien n'être qu'une variété de quelqu'une des espéces précédentes.

14. BUPRESTIS *nitens , capite thoraceque viridi ; elytris cupreis punctulis duodecim.*

Linn. faun. suec. n. 519. Carabus nitens , capite thoraceque cyaneo , elytris purpureis.

Linn. syst. nat. edit. 10 , p. 416. Carabus subæneus , elytris punctis longitudinalibus sex impressis.

Act. Ups. 1736, p. 20 , n. 6. Buprestis capite collarique cœruleo , elytris rubro-æneis.

Bauh. ballon. p. 212 , f. 4. Cantharis auricolor.

Goed. belg. tom. 2 , p. 126 , t. 31.

Le bupreste à étuis cuivreux.
Longueur 4 *lignes. Largeur* 1 ½ *ligne.*

Sa tête & son corcelet sont d'un beau vert brillant ; ses étuis sont d'un rouge éclatant cuivreux , chargés de stries peu enfoncées & peu apparentes : entre la seconde & la troisiéme strie en commençant à compter de la suture , on voit sur chaque étui six points rangés longitudinalement : les bords extérieurs des étuis sont verts : le dessous de l'insecte & ses pattes sont d'un brun cuivreux. On le trouve sur le sable au bord des ruisseaux.

15. BUPRESTIS *nitens , capite elytrisque viridibus ; thorace cupreo , punctulis duodecim.*

Le bupreste à corcelet cuivreux.

Sa grandeur est presque la même que celle du précédent , dont je crois qu'il est une variété : il est moins brillant & moins beau , & il en différe en ce que la tête & les étuis sont d'un beau vert , & que le rouge cuivreux se trouve sur le corcelet.

16. BUPRESTIS *capite elytrisque cœruleis , thorace rubro.*

Linn. faun. suec. n. 525. Carabus capite elytrisque cœruleis , thorace rubro.

Linn. syst. nat. edit. 10. p. 415 , n. 14. Carabus thorace pedibusque ferrugineis ; elytris capiteque cyaneis.

Raj. ins. pag. 8 , n. 1 Cantharis seu scarabæus exiguus, elytris & capite cœruleis , scapulis eroceis.

Le buprefle bleu à corcelet rouge.
Longueur 3 lignes.　Largeur 1 ½ ligne.

Sa tête eft bleue , ainfi que fes étuis , qui n'ont que des petites ftries très - fuperficielles. Le corcelet & la bafe des antennes font rouges : les pattes font variées de noir & de rouge. Tout l'animal eft affez brillant & luifant.

17. BUPRESTIS *niger , thorace atro , elytris rubris , cruce nigrâ.*

Le chevalier noir.
Longueur 3 lignes.　Largeur 1 ¼ ligne.

Cette efpéce eft toute noire , à l'exception de fes étuis. Ses antennes font de la longueur. de la moitié de fon corps. Son corcelet eft noir , chagriné , taillé en cœur , fort rétréci en haut & en bas & prefque rond. Ce corcelet a des points irréguliers profondément gravés. Les étuis ont chacun neuf ftries formées par des rangées de points très-diftincts : ils font d'un rouge de brique , mais fur leur milieu ils ont une large bande tranfverfe noire , qui fe trouvant coupée par la future des étuis pareillement noire & plus large en haut & en bas , forme une efpéce de croix de chevalier fur les étuis. Cet infecte eft rare ici , on le trouve affez communément à Fontainebleau.

18. BUPRESTIS *niger , thorace pedibufque rubris , elytris rubris cruce nigra.*

Linn. *fyft. nat. edit.* 10 , p. 416 , *n.* 28. Carabus thorace capiteque nigro-rubefcente, coleoptris ferrugineis cruce nigra.

Le chevalier rouge.
Longueur 3 lignes.　Largeur 1 ½ ligne.

Il approche beaucoup du précédent pour la taille & les couleurs ; il porte de même fur fes étuis une efpéce de croix formée par une bande tranfverfe noire , qui coupe la future des étuis , qui eft auffi de couleur noire. Mais cet infecte différe du précédent , premiérement, en ce que fon

corcelet & ſes pattes ſont d'un fauve rougeâtre ; ſecondement, en ce qu'il eſt plus large & plus quarré, & enfin
par la forme des ſtries de ſes étuis, qui ne ſont pas compoſées de points : de plus ſon corcelet eſt large & court.
Tout l'inſecte eſt liſſe, & ſa tête, ainſi que le deſſous
de ſon corps, eſt noire. Je ne connois point la demeure de
ce bupreſte qui m'a été donné.

19. **BUPRESTIS** *capite, thorace, pedibuſque rubris,*
   elytris cœruleo-nigris.

Linn. ſyſt. nat. edit. 10, *p.* 414, *n.* 11. Carabus thorace, capite pedibuſque
   ferrugineis, elytris nigris.
Act. ſtock. 1750, *p.* 292, *t.* 7, *f.* 2. Cicindela capite, thorace pedibuſque rufis,
   elytris nigro-cœruleis.

Le bupreſte à tête, corcelet & pattes rouges & étuis bleus.

   Cet inſecte eſt de la grandeur des deux ou trois précédens. Sa tête, ſes antennes, ſon corcelet & ſes pattes ſont
d'un rouge brun, ſes yeux ſont noirs, & le ventre &
les étuis ſont d'un bleu noirâtre. Ces étuis ont des ſtries
larges, mais peu profondes. On trouve cet inſecte ſous les
pierres.

20. **BUPRESTIS** *niger, thorace ovato, nigro, elytris*
   ſtriatis, maculis quatuor lividis.

Linn. faun. ſuec. n. 528. Carabus niger, coleoptris pone faſcia ferruginea ;
   lateribus macula ferruginea.
Linn. ſyſt. nat. edit. 10, *p.* 416, *n.* 27. Carabus thorace nigricante, elytris obſ-
   curis bifaſciatis.

Le bupreſte quadrillé à corcelet rond & étuis ſtriés.
Longueur 1½, 2¼, 3 *lignes. Largeur, ½,* 1 *ligne.*

   La grandeur de cet inſecte varie conſidérablement. Sa
tête & ſon corcelet ſont noirs. Ce corcelet eſt arrondi
& preſqu'hémiſphérique. Les pieds & la baſe des antennes
ſont bruns. Les étuis ont huit ſtries formées par des petits
points : ils ſont noirâtres avec quatre taches fauves, une à
la baſe de chaque étui aſſez ronde, & une oblongue vers

le bas. Ces deux dernieres fe touchent & fe joignent quelquefois , ce qui forme une efpéce de bande. On trouve
cet infecte fur les bords des rivieres & des ruiffeaux.

21. BUPRESTIS *niger , thorace plano ferrugineo ;*
elytris lævibus , maculis quatuor lividis.

Linn faun. fuec. n. 531. Carabus niger , thorace ferrugineo , elytrorum maculis quatuor lividis.
Linn fyft. nat. edit. 10, p. 416 , n. 30. Carabus thorace flavo , elytris obtufif-
fimis fufcis, maculis duabus albis.

Le buprefte quadrille à corcelet plat & étuis liffes.
Longueur , Largeur idem.

Il y a beaucoup de reffemblance entre cet infecte & le
précédent , il paroît feulement un peu plus petit. Sa tête eft
noire : fon corcelet eft fauve , applati , avec des rebords
faillans & bien marqués , en quoi il différe de l'efpéce
précedente : de plus fes étuis font liffes & fans aucunes
ftries : le refte eft affez femblable : car ces étuis font noirs
avec quatre taches fauves pâles , placées comme dans
l'infecte ci - deffus , & fes pattes font de la même couleur
que les taches , ainfi que les antennes. On trouve cet
animal avec le précédent.

22. BUPRESTIS *niger , thorace plano ferrugineo ;*
elytris ftriatis , maculis quatuor lividis.

Le buprefte quadrille à corcelet plat brun & étuis ftriés.
Longueur , Largeur idem.

Cette efpéce ne différe abfolument de la précédente ,
que par les ftries peu enfoncées , qui fe voyent fur fes
étuis , au nombre de huit fur chacun : elle pourroit bien
n'être qu'une variété.

23. BUPRESTIS *niger , thorace plano nigro , elytris*
ftriatis , maculis quatuor lividis.

Le buprefte quadrille à corcelet plat & noir & étuis ftriés.

Il y a encore très - peu de différence entre cet infecte &
les

les précédens , seulement fon corcelet eft noir & fes étuis
font ftriés. Tout l'animal paroît auffi un peu plus brun : du
refte fa couleur , fa forme & fa grandeur font les mêmes.

24. BUPRESTIS *niger , elytris ftriatis , maculis octo
lividis.*

Le buprefte noir à huit taches fauves.
Longueur 1 ligne.   Largeur ⅓ ligne.

Cette petite efpéce a la tête , le corcelet & le deffous
du corps noirs & les pattes fauves. Le corcelet eft en cœur
& prefqu'hemifphérique. Les étuis ont des ftries formées
par des rangées de petits points quelquefois interrompues.
Le fond de leur couleur eft noir , mais ils ont chacun quatre taches fauves livides , dont les deux fupérieures font
comme partagées chacune en deux fuivant leur longueur ,
& les deux inférieures font plus larges. On trouve cet
infecte courant dans le fable.

25. BUPRESTIS *teftaceus , capite nigro.*

Le buprefte fauve à tête noire.
Longueur 2 lignes.   Largeur ⅔ ligne.

Cet infecte a la tête noire ; le refte de fon corps eft
d'une couleur fauve pâle , à l'exception du corcelet qui eft
un peu plus rougeâtre : fes étuis font légérement ftriés.

26. BUPRESTIS *totus niger , lævis.*

Le buprefte noir fans ftries.
Longueur 1 ligne.   Largeur ⅓ ligne.

C'eft de toutes les efpéces de ce genre la plus petite que
je connoiffe : elle a au plus une ligne de long : elle eft toute
noire fans ftries , ni points & fans aucunes taches.

SECONDE FAMILLE.

27. BUPRESTIS *inauratus , fupra viridis , coleoptris
punctis duodecim albis.*

Tome I.   V

Mouffet. theat. p. 145 *, f. infim.* Cantharis quarta.
Jonft. inf. tab. 15. Cantharis Mouffeti minor quarta.
Lift. tab. mut. tab. 2 *, f.* 12.
Lift. loq. p. 386 *, n.* 17. Scarabæus viridis , cui decem maculæ albæ fupra alarum thecas funt.
Linn. faun. fuec. n. 548. Cicindela fupra viridis , coleopteris punctis decem albis.
Linn. fyft. nat. edit. 10 *, p.* 407 *, n.* 1. Cicindela campeftris.

Le velours vert à douze points blancs.
Longueur 6 lignes.　Largeur 2 $\frac{1}{2}$ lignes.

Cet infecte , l'un des plus beaux de ceux que nous ayons , varie un peu pour fa grandeur : le deffus de fon corps eft d'une belle couleur verte , matte , un peu bleuâtre : le deffous , ainfi que les pattes & les antennes , font d'une couleur dorée rouge , un peu cuivreufe. Les yeux font très-faillans & font paroître la tête large. Le corcelet eft anguleux & plus étroit que la tête , ce qui fait le caractere des bupreftes de cette fection ou famille : il eft chagriné & d'un vert un peu doré , ainfi que la tête : les étuis font finement & irréguliérement pointillés : chacun d'eux a fix taches blanches , fçavoir une au haut de l'étui à fon angle extérieur ; trois autres le long du bord extérieur , dont celle du milieu forme une efpéce de lunule ; une cinquiéme fur le milieu des étuis vis-à-vis cette lunule ; celle-la eft plus large & affez ronde : enfin une fixiéme & derniere au bout des étuis. On voit auffi quelquefois un point noir fur le milieu de chaque étui , vis-à-vis la feconde tache blanche. La levre fupérieure eft pareillement blanche , ainfi que le deffus des machoires , qui font très-faillantes & aigues. Cet infecte court fort vîte & vole aifément. On le trouve dans les endroits fecs & fablonneux , fur-tout au commencement du printems. C'eft dans les mêmes endroits qu'on rencontre fa larve , qui reffemble à un ver long , mol , blanchâtre , armé de fix pattes & d'une tête brune écailleufe , qui fait un trou perpendiculaire & rond dans la terre , & tient fa tête au bord de ce trou pour attraper les infectes qui y tombent. Quelquefois la terre eſt criblée de ces trous qui ſont très-ronds. J'ai ſouvent pris de ces larves pour les voir ſe métamorphoſer chez moi, mais elles ſont toujours péries ſans ſe changer, ſoit que j'aye trop humecté, ou laiſſé trop ſécher la terre où je les avois miſes.

28. BUPRESTIS *inauratus, ſupra fuſco-viridis, coleoptris faſciis ſex undulatis albis.*

Le bupreſte à broderie blanche.
Longueur 6 lignes. Largeur 2 ½ lignes.

Ce beau bupreſte eſt tout-à-fait ſemblable au précédent pour la grandeur, la forme & même en partie pour les couleurs : il n'en diffère que par deux endroits. Premiérement le deſſus de ſon corps n'eſt pas d'un beau vert clair, mais d'un brun verdâtre un peu cuivreux. Secondement il a trois bandes blanches & ondulées ſur chaque étui, la premiere en haut à l'extérieur, formant un G, dont les pointes regardent la ſuture des étuis : la ſeconde tranſverſe & très-ondulée placée au milieu ; la troiſiéme en bas & oblique. Toutes ces bandes ſont aſſez larges. Malgré ces différences, je ſuis très-porté à regarder cet inſecte comme une ſimple variété du précédent. La couleur du fond des étuis ne peut conſtituer une eſpéce, puiſqu'elle varie aiſément, & quant aux bandes, elles paroiſſent n'être que les ſix points des étuis du bupreſte précédent, dilatés & joints enſemble. Le point de l'angle extérieur de l'étui avec le premier du même bord réunis enſemble, forment la premiere bande perpendiculaire : le point du bord figuré en lunule, avec celui du milieu de l'étui qui eſt vis-à-vis, forment la ſeconde bande tranſverſe, enfin le dernier point du bord avec celui du bout de l'étui, produiſent par leur jonction la derniere bande oblique. On trouve cet inſecte dans les mêmes endroits que le précédent.

29. BUPRESTIS *inauratus, ſupra fuſco-viridis, coleoptris punctis ſex albis.*

Linn. ſyſt. nat. edit. 10 , *p.* 407 , *n.* 3. Cicindela viridis , elytris punctis duobus albis cum lineola apicum.

Le bupreſte vert à ſix points blancs.
Longueur 4 lignes.   Largeur 1 ligne.

Cette eſpéce eſt encore tout-à-fait ſemblable aux deux précédentes , ſeulement elle eſt conſtamment plus petite & plus étroite : elle eſt, comme les deux autres , dorée & cuivreuſe , mais le deſſus de ſon corps eſt d'un vert doré brun , encore plus foncé que dans la précédente. Sur chaque étui il y a trois points blancs , un en haut à l'angle extérieur de l'étui , un vers le milieu du bord extérieur , & un dernier plus long & oblique vers la pointe des étuis. C'eſt dans les terreins ſablonneux , près des rivieres & des ruiſſeaux , qu'on trouve cet inſecte.

30 BUPRESTIS *viridi - æneus , elytris punctis latis excavatis mammilloſis.*

Liſt. loq. p. 385 , *n.* 12. Scarabæus parvus inauratus.
Linn. faun ſuec. n. 550. Cicindela viridi-ænea , elytris punctis latis excavatis.
Linn. ſ.ſt. nat. edit. 10 , *p.* 407 , *n.* 6. Cicindela riparia.
Act. Upſ. 1736 , *p.* 19 , *n.* 3. Cicindela ænea , punctis excavatis.

Le bupreſte à mammelons.
Longueur 2 ½ , 3 lignes.   Largeur 1 ligne.

Quoique cette eſpéce paroiſſe moins brillante que les précédentes , vûe de près & ſur-tout à la loupe , elle n'eſt pas moins belle. Sa tête , ſon corcelet , ſon ventre , ſes cuiſſes & ſes pieds ſont d'un vert doré matte & un peu brun. Les jambes ſeules ſont brunes. Les yeux ſont noirs & ſaillans. Le corcelet plus étroit que la tête, eſt anguleux & inégal. Les étuis ſont couverts de larges points ronds & enfoncés , du milieu deſquels s'éleve un petit mammelon : comme ces étuis ſont d'un vert matte & pointillés , & que les mammelons ſont d'un rouge cuivreux , ce mélange forme une couleur ſinguliere. Ces larges points ſont rangés longitudinalement , & joints enſemble par une rai élevée de couleur plus foncée. On trouve ce bel insecte dans les endroits sablonneux & humides.

31. BUPRESTIS *fusco-æneus, capite profunde striato, elytrorum stria prima remotissima.*

Linn. faun. suec. n. 558. Bupreftis fufco-ænea, glabra, nitida, thorace fub-marginato.
Linn. syst. nat. edit. 10, *p.* 408, *n.* 7. Cicindela aquatica.
Act. Upf. 1736, *p.* 19, *n.* 20. Cicindela minima aurea lævis.
List. tab. mut. t. 31, *f.* 13.

Le buprefle à tête cannelée.
Longueur 3 lignes.   Largeur $\frac{4}{3}$ ligne.

Les caracteres fpécifiques de cette efpéce font très-diftinctifs, & il feroit à fouhaiter que toutes en euffent de pareils. Sa couleur eft d'un noir bronzé. Ses yeux font faillans, comme dans l'efpéce précédente, & entre les yeux on voit fur la tête des ftries longitudinales, ou canelures profondes. Les antennes font fines, & les machoires avancent & forment une efpéce de bec. Le corcelet eft large, marginé, un peu taillé en cœur, plus étroit cependant que la tête : il eft chargé de petits points. Les étuis ont des ftries formées par des rangées de points fort petits. La premiere de ces ftries eft proche la future des étuis, enfuite fe trouve un grand efpace liffe, formant près de la moitié de la largeur de l'étui, puis la feconde ftrie & les autres qui font affez ferrées ; fur la troifiéme fe trouve un point enfoncé affez profondément. M. Linnæus avoit rangé cet infecte parmi nos *richards* (cucujus) auxquels il avoit donné le nom de *bupreftes* : mais cet infecte n'en a point les caracteres ; il doit être rapporté à ce genre comme on le voit par la forme de fes antennes & l'appendice de fes cuiffes poftérieures. Ce petit animal fe trouve dans le fable humide.

32. BUPRESTIS *cupreo viridique variegatus, punctis quatuor impreffis, pedibus pallidis.*

Le buprefte à quatre points enfoncés.
Longueur 1 ½ , 3 *lignes.* *Largeur* ½ , 1 *ligne.*

Sa grandeur varie beaucoup. Sa couleur eft d'un bronzé rougeâtre , avec des taches vertes dorées ; le deffous de fon corps eft d'un noir bronzé , les pattes & les antennes font fauves. On voit fur chaque étui deux points enfoncés proche la future , un plus haut , l'autre plus bas , ce qui fait quatre en tout. On trouve cet infecte dans le fable près de l'eau.

33. BUPRESTIS *fufco-æneus , elytris ftriatis , punctis duobus impreffis.*

Linn. faun. fuec. n. 530. Carabus ater , pedibus antennifque nigris.

Le buprefte bronzé à deux points enfoncés.
Longueur 1 *lignes.* *Largeur* ⅔ *ligne.*

Sa couleur eft d'un noir bronzé , quelquefois un peu bleuâtre , car elle varie. Son corcelet eft plus étroit que la tête avec un fillon dans fon milieu , les étuis font chargés chacun de huit ftries formées par des points : il y a de plus fur chaque étui un enfoncement fur la troifiéme ftrie en commençant à compter de la future. Cet enfoncement eft placé à peu près au tiers de l'étui , ce qui fait deux creux , un fur chaque côté. Le corcelet eft quelquefois liffe & quelquefois pointillé. Cette feule & petite différence qu'on rencontre entre les individus de cette efpéce , ne m'a pas paru affez confidérable pour féparer des infectes tout-à-fait femblables d'ailleurs , & pour conftituer deux efpéces différentes. On trouve cet infecte avec les précédens , mais il eft un peu plus rare qu'eux.

TROISIÉME FAMILLE.

Tous les bupreftes de cette derniere famille , ont certains caractères communs , qui les rendent fort femblables les uns aux autres. 1°. Leur corcelet a un fillon longitudinal

dans son milieu, & deux points enfoncés à sa partie postérieure, attenant les étuis, un de chaque côté. 2°. Tous
ont huit stries sur leurs étuis, & de plus, vers la base
des étuis, le commencement d'une neuviéme strie, entre
la premiere & la seconde, en commençant à compter de
la suture.

34. BUPRESTIS *ater, thorace lato, elytrorum striis punctatis.*

Le buprefte pareffeux.
Longueur 6 lignes. Largeur 3 lignes.

J'appelle ce buprefte le pareffeux, parce qu'il marche
doucement, au lieu que prefque tous ceux de ce genre
courent fort vîte. Il eft affez large, & fon port extérieur
le fait prendre d'abord pour un ténébrion, cependant il a
tous les caracteres des bupreftes. Il eft tout noir, à l'exception des appendices des cuiffes, qui font brunes. Son
corcelet eft au moins auffi large que les étuis, nullement
taillé en cœur, garni à fa circonférence d'un large rebord,
avec deux enfoncemens à fa partie poftérieure, un de chaque côté. Les étuis ont huit ftries chacun, ce qui fe rencontre dans tous les infectes de cette famille. En regardant
de près ces ftries, on voit dans leur enfoncement des
points, ce qui fait le caractere diftinctif de cette efpéce.
On trouve cet infecte dans les terres féches & arides ; il a
des aîles fous fes étuis.

35. BUPRESTIS *totus viridis, thorace lato.*

Le buprefte verdet.
Longueur 4 lignes. Largeur 3 lignes.

Il reffemble beaucoup, pour fa forme, au précédent,
feulement fon corcelet n'a pas des rebords tout-à-fait fi
confidérables, & les ftries des étuis, qui font au nombre
de huit, font liffes & fans aucuns points. Tout l'infecte eft

vert & luifant, à l'exception des pattes & des antennes, qui font brunes.

36. BUPRESTIS *infra niger, fupra nigro-æneus, thorace lato.*

Linn. faun. fuec. n. 527. Carabus nigro-æneus, antennis pedibufque nigris.
Linn. fyft. nat. edit. 10, p. 415, n. 20. Carabus vulgaris.

Le buprefte rofette.
Longueur 3 *lignes. Largeur* 1 ½ *ligne.*

Il eft moins grand que les précédens ; du refte, il reffemble fi fort au dernier, que je croirois qu'il n'en eft qu'une variété ; il n'en différe que par fa couleur, qui eft noire en deffous, & en deffus d'un noir bronzé, un peu rougeâtre, comme le cuivre rofette. La bafe des antennes eft un peu fauve, & la ftrie extérieure des étuis eft légérement ponctuée. On trouve cet infecte avec les précédens.

37. BUPRESTIS *totus niger, thorace lato lævi, elytrorum ftriis lævibus.*

Le buprefte en deuil.
Longueur 5 *lignes. Largeur* 1 ¾ *ligne.*

Cette efpéce eft plus allongée que les précédentes ; elle eft toute noire. Son corcelet eft large, moins cependant que dans ceux qui précédent, & il n'excéde pas la largeur des étuis. Ce corcelet eft liffe, fur-tout dans fon milieu. Les étuis ont chacun huit ftries liffes. Dans quelques individus, les jambes & les antennes font brunes : dans d'autres, elles font feulement d'un noir moins foncé. On trouve ces animaux fous les pierres.

38. BUPRESTIS *ater fubvillofus, antennis pedibufque ferrugineis.*

Le buprefte noir velouté.
Longueur 6 *lignes. Largeur* 2 *lignes.*

Son corps eft affez allongé. Sa couleur eft noire ; feulement
ment

ment fes pattes & fes antennes , fur-tout à leur bafe , font
d'un brun rougeâtre. Son corcelet eft liffe , & fes étuis font
chargés d'un petit duvet gris, jaunâtre , & font très-finement ponctués. Du fond de chaque point, part un des
petits poils , dont les étuis font couverts. On trouve cet
infecte avec les précédens.

39. **BUPRESTIS** *ater, lævis , pedibus antennarum-*
que bafi ferrugineis.

Le buprefle noir à pattes brunes.

Sa grandeur eft la même que celle du précédent. Sa
couleur eft auffi femblable à la fienne. La principale différence confifte dans fes étuis , qui font rafes , fans aucun
poil ni duvet. Une autre différence à remarquer , c'eft que
la troifiéme & la cinquiéme ftrie , en commençant à compter de la future , ont des points enfoncés , ainfi que la derniere , tandis que les autres font liffes , fi ce n'eft le bas de
la feconde , où l'on voit quelquefois un ou deux points.

40. **BUPRESTIS** *totus viridi cupreus , antennis nigris.*

Le buprefle perroquet.
Longueur 5 , 3 lignes. Largeur 2 , 1 lignes.

Il y a peu d'efpéces qui donnent autant de variétés pour
la grandeur & la nuance des couleurs. On peut juger des
différentes grandeurs par les dimenfions que nous donnons.
Quant à la couleur , elle eft verte , tantôt claire , tantôt
brune , toujours plus ou moins cuivreufe. Dans tous , le
deffous du corps eft plus noir. Les antennes font noires , à
l'exception de leur bafe , qui eft brune ; l'extrémité des
pattes ou les tarfes font bruns. Le corcelet eft à peu près
de la largeur des étuis , avec un fillon longitudinal dans
fon milieu , & deux points enfoncés & oblongs près de fa
jonction avec les étuis. Ceux-ci font chargés chacun de
huit ftries liffes & fans aucuns points. Cet infecte eft commun dans les jardins & les campagnes.

Tome I. X

41. BUPRESTIS *viridis, pedibus elytrorumque margine exteriore pallide teſtaceis.*

Le bupreſte vert à bordure.
Longueur 4 ½ lignes. Largeur 2 lignes.

La tête & le corcelet de cette belle eſpéce ſont d'un vert cuivreux. Ce dernier eſt parſemé de petits points. Les étuis ſont d'un vert matte, chargés de huit ſtries chacun, & ornés de petits points ſerrés, du fond de chacun deſquels part un petit poil. Le deſſous de l'inſecte eſt noir. Les antennes ſont de couleur fauve pâle, ainſi que les pattes & le bord extérieur des étuis. On voit ſur le corcelet le ſillon longitudinal du milieu, & les deux points ou enfoncemens poſtérieurs, qui ſont communs à toutes les eſpéces de cette famille.

42. BUPRESTIS *niger, thorace, antennis pedibuſque ferrugineis.*

Linn. faun. ſuec. n. 524. Carabus niger, thorace, antennis pedibuſque ferrugineis.
Linn. ſyſt. nat. edit. 10, *p.* 415; *n.* 15. Carabus melanocephalus.

Le bupreſte noir à corcelet rouge.
Longueur 3 lignes. Largeur 1 ¼ ligne.

Le deſſous de ſon corps, ſa tête & ſes étuis ſont noirs; les antennes, les pattes & le corcelet ſont d'un rouge brun. Sa forme eſt ſemblable à celle des précédens, & ſes étuis ſont raſes, avec huit ſtries liſſes & unies ſur chacun.

43. BUPRESTIS *ferrugineo - lividus, elytris punctato - ſtriatis.*

Le bupreſte fauve.
Longueur 2 lignes. Largeur ¼ ligne.

Cette petite eſpéce eſt par-tout de la même couleur, brune, rougeâtre, un peu livide : ſes yeux ſeuls ſont d'un brun plus noir. Les huit ſtries de ſes étuis ſont ponctuées dans leur fond , & ne font point unies. Tout le reſte de l'inſecte eſt liſſe & poli.

BRUCHUS.

LA BRUCHE.

Antennæ filiformes.	Antennes filiformes.
Thorax ſubrotundus gibbus.	Corcelet arrondi en boſſe.
Corpus ſphæroidæum , dorſo convexo.	Corps ſpheroïde , convexe en deſſus.

Le caractere de ce nouveau genre , conſiſte premiérement , dans ſes antennes filiformes , preſque par-tout d'égale groſſeur ; ſecondement , dans la forme de ſon corcelet , qui eſt preſque ſphérique & comme boſſu en deſſus. Un troiſiéme caractere moins eſſentiel , eſt la figure de ce petit animal , dont le ventre eſt aſſez arrondi & ſphérique, & dont le dos eſt très-convexe.

C'eſt dans les tas de feuilles ſéches , dans le foin , dans les herbiers qu'on trouve ces inſectes. Leur larve paroît ſe nourrir de ces feuilles ; qu'elle déchire & détruit. Ceux qui ont des collections de plantes , n'ont que trop ſouvent occaſion de les connoître. Lorſque cette larve veut ſe métamorphoſer en chryſalide , elle ſe fait une enveloppe d'un tiſſu fin , ſoyeux & très-blanc. C'eſt de cette eſpéce de coque ou enveloppe, que ſort l'inſecte parfait , qu'on trouve ſouvent dans les maiſons.

La ſeconde eſpéce de ce genre eſt remarquable par ſa forme preſque ronde , & par ſes étuis qui ſont réunis enſemble , qui ſe recourbent aſſez avant en deſſous , & ſous leſquels on ne trouve point d'ailes. Cette eſpéce eſt moins commune que la premiere. Nous avons donné à ce nouveau genre le nom ancien de *bruche* (*bruchus*) par lequel les Naturaliſtes ont autrefois déſigné un inſecte qui dévoroit & rongeoit les plantes , ce qui convient très-bien à ceux de ce genre.

X ij

Les efpéces que nous avons trouvées autour de Paris, fe réduifent aux deux fuivantes.

1. BRUCHUS *teftaceus, elytrorum fafcia duplici albida.* Planch. 2, fig. 6.

Linn. faun. fuec. n. 487. Cerambix teftaceus, elytrorum fafcia duplici albida, thorace fpinofo.
Linn. fyft. nat. edit. 10, p. 393, n. 33. Cerambyx fur.

La bruche à bandes.
Longueur 1 ½ ligne. Largeur ⅔ ligne.

Les antennes de ce petit infecte font plus longues que fon corps. Sa tête eft large, un peu applatie, avec les yeux faillans. Son corcelet eft globuleux, affez petit, plein de tubérofités irrégulieres, cependant fans pointes fur les côtés, quoique M. Linnæus lui en attribue. Ce qui fembleroit en former, ce font des petites touffes de poils, qui font fur les côtés & un peu fur le deffus du corcelet. Ces poils font blanchâtres : l'écuffon eft pareillement couvert de poils blancs. Les étuis font convexes, avec des ftries formées par des points, & ils font chargés de deux bandes tranfverfes de poils blancs, l'une proche le corcelet, l'autre plus bas, toutes deux interrompues dans leur milieu. Souvent l'infecte retire fa tête & fes pattes en deffous, & contrefait le mort, principalement quand on le touche. La couleur de cet animal eft brune, mais elle varie pour la nuance, qui eft tantôt plus & tantôt moins claire. Cet infecte eft vorace & carnaffier : il ronge & détruit les animaux & les plantes que l'on conferve dans les cabinets, & les réduit en poudre.

2. BRUCHUS *totus teftaceus, elytris coadunatis.*

La bruche fans aîles.
Longueur 1 ligne. Largeur ¼ ligne.

Rien n'eft plus fingulier, pour la forme, que ce petit infecte ; il reffemble à un globe brun & liffe, porté fur des

pattes. Sa tête fait feulement une petite pointe d'un côté.
Cette tête eft très-petite , & il en fort des antennes prefqu'auffi longues que le corps & placées au devant des
yeux , qui font très - petits. Le corcelet eft large & fort
court. Les étuis font convexes , liffes , polis & d'une couleur de maron ; ils font joints & réunis enfemble , & de
plus , ils envelopent une grande partie du deffous du corps,
enforte que l'infecte eft tout cuiraffé. Sous ces étuis réunis & immobiles , il n'a point d'ailes. Ses pattes & fes antennes font un peu velues & d'une couleur claire ; le refte
de fon corps eft brun & liffe. J'ai trouvé plufieurs fois chez
moi ce petit animal , dans des endroits ou l'on n'avoit pas
touché depuis long-tems. On le trouve auffi dans le vieux
foin. Je ne fçais point dans quel endroit fe rencontre fa
larve.

LAMPYRIS *Cantharidis fpec. linn.*

LE VER-LUISANT.

Antennæ filiformes.	Antennes filiformes.
Caput clypeo thoracis marginato tectum.	Tête cachée par un large rebord du corcelet.
Abdominis latera plicato - papilofa.	Côtés du ventre pliés en papilles.

Pendant long-tems , on n'a connu que la femelle de la
première efpéce de ce genre , qui , n'ayant point d'ailes ni
d'étuis , reffemble à une efpéce de ver , ce qui a fait donner à ce genre le nom de *ver luifant* , à caufe de la lueur
& de la clarté que cet animal jette pendant la nuit. Nous
lui avons confervé le nom de *lampyris* , qui lui avoit été
donné anciennement.

Ce genre a plufieurs caracteres très-diftincts. 1°. La forme de fes antennes , qui font fimples , & qui vont en diminuant infenfiblement de la bafe à la pointe , ce qui lui
eft commun avec quelques-autres genres. 2°. La figure de
fon corcelet qui eft grand , avec de larges rebords , fous

lequel fa tête eft cachée. Cette tête rentre dans une large ouverture, pratiquée dans le deffous de ce corcelet. 3°. Enfin la forme des côtés des anneaux du ventre, qui font pliffés & repréfentent des efpéces de papilles molaffes. La réunion de ces trois caracteres fuffit pour reconnoître cet infecte, & diftinguer ce genre de tous les autres.

Nous ne connoiffons dans ce Pays que trois efpéces de vers-luifans ; encore la feconde pourroit elle bien n'être qu'une variété de la premiere ; mais les Pays étrangers en fourniffent quelques-autres, qui, comme les nôtres, ont la finguliere propriété de luire pendant la nuit. Les femelles, qui font dépourvûes d'ailes & qui rampent fur terre, ont cette propriété à un degré beaucoup plus confidérable que les mâles, qui n'ont que quelques points lumineux. Il paroît que cette lueur a été accordée à la femelle, qui ne peut voler, pour être apperçue des mâles, qui la cherchent en voltigeant. En effet, fi l'on prend le foir dans fa main des vers luifans vers la fin de Juin, qui eft le temps de leur accouplement, on voit quelquefois le mâle qui vient voltiger autour de fa femelle, & par ce moyen on parvient à le prendre. Cette lumiere que jettent les femelles, eft fouvent fi vive, qu'on la prendroit pour un charbon ardent. La matiere qui la produit paroît être un véritable phofphore, femblable à la matiere lumineufe que donnent certains poiffons & les vers qui habitent quelques coquilles. Plus l'infecte eft en mouvement, plus l'éclat de ce phofphore eft vif & brillant, & lorfqu'il commence à diminuer, on n'a qu'à agiter, irriter l'infecte & le faire marcher, auffi-tôt la clarté augmente & reprend fa premiere vivacité.

Je ne connois point la larve du mâle du ver-luifant. M. de Geer, dans les Mémoires Etrangers de l'Académie, donne la figure de celle de la femelle. Quant aux efpéces de ce genre, elles fe réduifent aux trois fuivantes.

1. **LAMPYRIS** *fœminâ apterâ.* Planch. 2 , fig. 7.

Linn. faun. fuec. n. 584. Cantharis fæmina aptera.
Linn. fyft. nat. edit. 10 , p. 400 , *n.* 1. Cantharis oblonga nigra; thorace tefta-
 ceo , margine laterali nigro.
Aldrov. inf. p. 495. *fig.* 1 , 2.
Colum. ecphr. 1 , p. 38 , *t.* 36. Noctiluca terreftris.
Jonft. inf. t. 15 , *fig.* 2. Cicindela Mouff.
Charleton. exercit. p. 47. Cicindela.
Merret. pin. p. 201. Cicindela.
Mouffet. lat. p. 109 , *f.* 1. Maf. 2 fæmina.
Bradl. nat. t. 26 , *fig.* 3. *A.* Fæmina. B. Maf.
Raj. inf. p. 78 , *n.* 15. Scarabæus lampyris fordide nigricans, corpore longo
 & angufto , feu cicindela maf.
Raj. inf. p. 79. Cicindela impennis feu fæmina.
Lift. tab. mut. tab. 2 , *fig.* 11.
Dal. pharmac. p. 391. Cicindela.
Leche nov. infect. fpec. p. 23 , *n.* 47. Cantharis mas coleopterus.

Le ver - luifant à femelle fans aîles.
Le mâle. Longueur 3 ⅔ *lignes. Largeur* 1 ⅓ *ligne.*
La femelle. Longueur 6 *lignes. Largeur* 2 ½ *lignes.*

On connoît affez le ver-luifant femelle , mais peu de
perfonnes connoiffent le mâle. Nous allons commencer
par décrire celle-là , & nous donnerons enfuite la defcription de fon mâle.

Le ver-luifant femelle varie beaucoup pour la grandeur. Sa couleur eft brune. On n'apperçoit point d'abord
fa tête : la plaque du corcelet qui eft large , applatie , demi-circulaire , & qui déborde beaucoup , la couvre entiérement , à peu près comme dans les *caffides* , que nous
examinerons par la fuite. Mais fi on regarde en deffous , on
voit une efpéce de fourreau évafé , dans lequel fe retire
cette tête , qui eft fort petite. Les antennes qui font filiformes , affez unies , font à peine de la longueur du corcelet , & lorfque la tête eft retirée , elles font cachées en
partie. Le refte du corps de l'infecte eft nû , fans aîles ni
étuis , & compofé de dix anneaux , unis en deffus , mais
qui en deffous ont fur leurs bords de chaque côté un repli
molaffe. Lorfque l'animal eft en vie , les trois derniers anneaux font jaunâtres , & dans l'obfcurité , ils répandent
une lumiere affez vive pour pouvoir lire , fur-tout fi l'on a
trois ou quatre de ces vers. Cette lumiere s'apperçoit fou-

vent le foir, pendant l'été, dans les jardins & les campagnes.

Le mâle eft plus petit que fa femelle. Sa tête eft figu-rée précifément de même , & recouverte pareillement par la plaque du corcelet ; feulement elle paroît un peu plus groffe que celle de la femelle ; elle eft noire, ainfi que les antennes. Le ventre de ce mâle , moins gros & moins long que celui des femelles , a les plis & les papilles des côtés bien moins marqués. Mais la plus grande différence qui fe trouve entre les deux fexes , c eft que le mâle eft cou-vert d'étuis bruns , chagrinés , chargés de deux lignes lon-gitudinales relevées , plus longs que le ventre , & fous lefquels font les aîles. Les derniers anneaux du ventre ne font pas auffi lumineux que ceux de la femelle ; on voit feulement quatre points de lumiere , deux fur chacun des deux derniers anneaux.

2. LAMPYRIS *hemiptera*.

Le ver - luifant à demi - fourreaux.
Longueur 2 ⅓ lignes.   Largeur ⅓ ligne.

Sa couleur eft brune, comme celle de l'efpéce précé-dente. Il en différe ; premiérement . par fes antennes, qui font affez groffes & de la longueur de la moitié du corps: fecondement , par le corcelet , dont la plaque eft plus allongée, avec une élévation longitudinale dans fon mi-lieu : troifiémement, par fes fourreaux ou étuis, qui font courts , & ne couvrent que la moitié de fon corps. Celui que j'ai, eft un mâle. Je croirois volontiers qu'il n'eft qu'une variété de l'efpéce précédente , ou peut - être le même infecte mal développé. Néanmoins les différences que j'ai rapportées , m'ont engagé à mettre ici cet in-fecte , jufqu'à ce que l'on foit certain qu'il ne différe pas du précédent , d'autant que les deux derniers anneaux de fon corps étoient lumineux.

3. LAMPYRIS *elytris rubris , thorace rubro , nigra macula.*

Linn.

Linn. faun. suec. n. 587. Cantharis elytris rubris, thorace rubro nigra macula.

Linn. syst. nat. edit. 10, *p.* 401, *n.* 13. Cantharis sanguinea.

Frisch. germ. 12, *p.* 41, *t.* 3, *ic.* 7, *fig.* 2. Scarabæus arboreus parvus ruber, elytris longis, clypeo pectorali linea nigra.

Raj. ins. p. 101, *n.* 4. Cantharis prioribus similis quarta.

Act. Upsf. 1736, *p.* 19, *n.* 3. Cantharis elytris ruberrimis.

Le ver luisant rouge.
Longueur 4½ *lignes. Largeur* 1¾ *ligne.*

Ses antennes, ses pattes & tout son corps sont noirs, à l'exception de son corcelet & de ses étuis, qui sont d'un beau rouge. Sur le milieu de son corcelet, est une tache longitudinale noire, qui en occupe plus d'un tiers, & qui s'étend jusqu'au petit écusson, qui est pareillement noir. Ses étuis ont des stries fines & légeres. La tête est toute cachée sous le corcelet, dont les rebords sont grands & larges. Les antennes sont de la longueur de la moitié de l'insecte, & ses étuis débordent son corps. Cette jolie espéce a été trouvée par M. Mallet, mon confrere, qui me l'a communiquée.

CICINDELA. *Cantharis. linn.*

LA CICINDELE.

Antennæ filiformes.	Antennes filiformes.
Thorax planus, marginatus.	Corcelet applati & bordé.
Caput detectum.	Tête découverte.
Elytra flexilia.	Etuis flexibles.

La cicindele a été confondue avec la cantharide par quelques Auteurs ; mais son caractere l'éloigne beaucoup de la vraie cantharide des boutiques, qui se trouve même placée dans un ordre tout-à-fait différent, ayant cinq piéces aux tarses des deux premieres paires de pattes, & quatre seulement aux tarses de la derniere paire, au lieu que le genre que nous traitons, a cinq piéces à tous les tarses, tant des jambes postérieures, que des pattes antérieures. Nous trouvant donc obligés de séparer ce genre des can-

Tome I. Y

tharides, nous lui avons donné le nom ancien de *cicindele*, qui autrefois, étoit celui d'un genre approchant du ver-luisant, & peut-être de ce même genre auquel nous le restituons aujourd'hui.

Le caractere des cicindeles consiste, 1°. dans leurs antennes; qui sont filiformes, comme celles du genre précédent, 2°. dans la forme de leur corcelet, qui est un peu applati & bordé, mais qui ne couvre point la tête de l'insecte ; 3°. dans la flexibilité de leurs étuis, qui, sans être membraneux, sont cependant beaucoup plus mols que ceux de la plûpart des autres insectes à étuis.

Les espéces de ce genre sont communes, & se trouvent ordinairement sur les fleurs. Je ne connois point leurs larves. Quant aux insectes parfaits, il y en a quelques-uns qui ont une singularité qui mérite d'être remarquée. Ces cicindeles ont de chaque côté deux vesicules rouges, charnues, irréguliéres, & à plusieurs pointes, qui partent des côtés du corcelet & du ventre, un peu en dessous, & que l'insecte fait enfler & défenfler. Ces espéces d'appendices rouges à plusieurs pointes, ont été appellées par quelques amateurs d'histoire naturelle des *cocardes*, & les cicindeles qui en sont pourvûes, portent le nom de *cicindeles à cocardes*. J'en ai remarqué autour de Paris trois espéces ; sçavoir, la cicindele bedeau, la cicindele verte à points rouges, & la cicindele verte à points jaunes, dont il y a deux variétés. Quel peut être l'usage de cette partie singuliere, qui n'a point certainement été donnée à ces insectes sans quelques raisons ? C'est ce qu'il est difficile de décider. J'ai quelquefois mutilé ces cicindeles ; je les ai privées d'une ou de toutes ces vesicules, sans qu'elles ayent paru moins agiles & moins vives. Peut-être quelque hazard heureux, ou quelqu'observation suivie donneront-ils plus de lumiere sur l'usage de ces parties.

1. CICINDELA *elytris nigricantibus, thorace rubro, nigra macula.* Planch. 2 , fig. 8.

Linn. ſyſt. nat. edit. 10, *p.* 401 , *n.* 10. Cantharis fuſca.
Linn. faun. ſuec. n. 586. Cantharis elytris nigricantibus , thorae rubro , nigra
maculâ.
Raj. inſ. p. 84 , *n.* 29. Cantharus ſepiarius major , elytris nigricantibus, dorſo
ſeu thorace ſupino obſcure rufo.
Raj. inſ. p.] 1 , *n.* 2. Cantharis ſemiunciam longa.
Act. Upſ. 1736 , *p.* 19 , *n.* 2. Cantharis elytris fuſcis.

La cicindele noire à corcelet maculé.
Longueur 5 *lignes.   Largeur* 1 $\frac{1}{5}$ *ligne.*

Cet inſecte a la tête noire , mais ſes machoires ſont rouges. Ses antennes , qui ſont un peu applaties , vont en diminuant par le bout , & ont une longueur égale à celle de
la moitié du corps. Elles ſont noires & leur baſe eſt rougeâtre. Le corcelet élevé dans ſon milieu avec des rebords
larges & plats , eſt d'un rouge fauve , & a ſur le devant
une tache noire preſque ronde. Les étuis ſont aſſez larges :
leur couleur eſt noire , & ils ſont mols , flexibles , un peu
chagrinés & comme ſoyeux. Les cuiſſes ſont rouges , mais
leurs extrémités , ainſi que les jambes & les tarſes , ſont
noires. Le deſſous de l'animal eſt tout noir , à l'exception
des derniers articles du ventre , qui ſont d'un jaune rougeâtre : les côtés ſont auſſi de la même couleur jaune , &
forment des replis papillaires. On trouve cet inſecte très-
communément ſur les fleurs.

2. CICINDELA *thorace rubro immaculato , genubus*
poſticis , nigris.

Linn. ſyſt. nat. edit. 10, *p.* 401 , *n.* 11. Cantharis livida.

Elle donne les variétés ſuivantes.

   a. *Cicindela elytris teſtaceis , thorace rubro immacu-*
lato , genubus poſticis nigris.

Raj. inſ. p. 84 , *n.* 28. Cantharus ſepiarius major , è rufo flavicans , elytris
non maculatis.
Act. Upſ. 1736 , *p.* 19 , *n.* 1. Cantharis elytris teſtaceis.
Linn. faun. ſuec. n. 585. Cantharis elytris teſtaceis, thorace rubro immaculato.

b. *Cicindela elytris nigricantibus , thorace rubro im-*
maculato , genubus poſticis nigris.

Raj inſ. p. 101 , *n.* 3. Cantharis præcedenti ſimilis & æqualis.

La cicindele à corcelet rouge.
Longueur 5 , 6 *lignes.   Largeur* 1 ½ *ligne.*

On voit que cet inſecte varie pour la couleur des étuis ,
qui ſont tantôt noirs & tantôt de couleur jaunâtre. On en
trouve de noirs qui ſont accouplés avec des jaunes , &
d'autres fois des noirs accouplés enſemble , ce qui prouve
très-certainement que ce ne ſont que des variétés. D'ailleurs les uns & les autres , à la couleur près de leurs étuis ,
ſe reſſemblent parfaitement. Ils reſſemblent auſſi beaucoup à l'eſpéce précédente. Leurs antennes noires , applaties & jaunâtres à leur baſe , ſont de la longueur de la
moitié du corps. La tête eſt toute d'un jaune rouge , avec
les yeux noirs. Le corcelet figuré comme dans la précédente eſpéce , eſt entiérement d'un rouge fauve , ſans
tache noire. Les étuis fléxibles & ſoyeux , ſont ou noirs ou
d'un jaune pâle. Les pattes ſont de cette derniere couleur , à l'exception des genoux & des jambes des pattes
poſtérieures , & quelquefois de celles du milieu , qui ſont
noirs. Le deſſous de l'animal eſt noirâtre , mais les côtés
& les derniers anneaux du ventre , ſont jaunes. On trouve
cet inſecte ſur les fleurs , avec le précédent.

3. **CICINDELA** *elytris nigricantibus , thorace rubro*
immaculato , genubus omnibus rubris.

La petite cicindele noire.
Longueur 2 ½ *lignes.   Largeur* 1 *ligne.*

Les antennes de cette eſpéce ſont de la longueur de la
moitié du corps ; elles ſont fauves , plus noires vers l'extrémité. La tête eſt de même fauve en devant , mais ſa
partie poſtérieure eſt noire , ainſi que les yeux , ce qui forme une longue bande tranſverſe. Le corcelet eſt rouge ,

fans aucune tache. Les étuis font d'un noir un peu cendré & matte. les pattes font rougeâtres, & n'ont point du tout de noir, fi ce n'eft un peu au milieu des pattes poftérieures, dans les mâles feulement. C'eft par-là qu'on peut plus fûrement diftinguer cette efpéce des précédentes, dont elle différe beaucoup pour la grandeur. Le deffous du ventre eft noir, avec des anneaux rouges. On trouve cet infecte avec les précédens.

4. **CICINDELA** *elytris teftaceis , thorace rubro immaculato , genubus omnibus rubris.*

La petite cicindele pâle.
Longueur 3 lignes.   Largeur $\frac{1}{4}$ ligne.

C'eft précifément la même forme que celle des précédentes, peut-être même n'eft-ce qu'une variété de quelqu'une de ces efpéces : elle a les yeux noirs, la tête & le corcelet rouges fans aucune tache, les étuis pâles, le deffous du corps cendré & les pattes fauves, fans que les jambes poftérieures foient noires.

5. **CICINDELA** *rubra , elytris teftaceis , apice nigris.*

La cicindele à étuis tachés de noir.
Longueur 4 lignes.   Largeur 1 ligne.

Celle-ci eft toute rouge, à l'exception des antennes & des pieds, ou bouts des pattes qui font noirs. Les étuis qui font de couleur fauve, ont aufli un peu de noir à leur extrémité ; du refte elle reffemble beaucoup aux précédentes.

6. **CICINDELA** *nigra , elytris pedibufque pallidis.*

Elle varie pour la couleur du corcelet.

 a. *Cicindela nigra , thorace omnino nigro , elytris pedibufque pallidis.*

b. *Cicindela nigra , thoracis margine flavo , elytris pedibufque pallidis.*

La cicindele noire à étuis jaunes.
Longueur 2 , 2 ½ lignes.   Largeur ⅓ ligne.

Il y a encore beaucoup de reſſemblance entre cette eſpéce & les précédentes : elle varie pour la couleur du corcelet : dans les unes , la tête , le corcelet & le ventre ſont noirs , & les pattes ainſi que les étuis , ſont d'une couleur fauve pâle : dans les autres , la tête & le ventre ſont noirs ; le corcelet eſt auſſi noir , mais bordé de jaune ; enfin les cuiſſes ſont noires , & les pattes ainſi que les étuis , d'un jaune pâle : dans les unes & les autres la baſe des antennes eſt de la couleur dès étuis,& leur extrémité eſt noire : le corcelet eſt un peu plus applati dans celles où il eſt bordé de jaune. Cet inſecte ſe trouve avec les précédens.

7. CICINDELA *viridi-ænea, elytris extrorſum rubris.*

Linn. faun. ſuec. n. 588. Cantharis viridi-ænea , elytris extrorſum rubris.
Linn. ſyſt. nat. edit. 10 , *p.* 402 , *n.* 16. Cantharis ænea.
Raj. inſ. 77 , *n.* 12. Scarabæus minor , corpore longiuſculo , elytris rubicundis.

La cicindele bedeau.
Longueur 3 lignes.   Largeur 1 ½ ligne.

La tête de cette eſpéce eſt verte , & ſes machoires ſont d'un jaune citron , ainſi que les trois ou quatre premiers anneaux de ſes antennes. Ces antennes ſont verdâtres à leur extrémité , elles ſont preſqu'auſſi longues que la moitié du corps , & elles ont une particularité remarquable ; c'eſt que leur ſecond anneau a une appendice formée en pointe , & le troiſiéme une autre qui fait le crochet. Le corcelet liſſe & preſqu'applati avec des rebords , eſt vert ; il a ſeulement un peu de rouge ſur les côtés. Le ventre & les pattes ſont verts. Les étuis le ſont auſſi à leur baſe , & le long du côté intérieur qui forme la ſuture, ſans cependant que cette couleur aille juſqu'au bas de la juture. Tout le reſte de l'ćtui qui en fait plus des deux tiers , ſçavoir le côté extérieur & le bas , ſont rouges. Quand l'inſecte eſt en vie , on voit deux veſicules rouges comme charnues , terminées par deux pointes , placées aux deux côtés du corcelet , qui s'enflent & ſe déſenflent alternativement. Il y a deux ſemblables veſicules aux deux côtés du ventre : c'eſt à cauſe de ces veſicules à pointes qui reſſemblent à des cocardes , que l'on a donné à cette cicindele & à ſes ſemblables, le nom de *cicindeles à cocardes*. On trouve cet inſecte ſur les fleurs.

8. CICINDELA *æneo-viridis , elytris apice rubris.*

Linn. faun. ſuec. n. 589. Cantharis æneo-viridis , elytris apice rubris.
Act. Upſ. 1736 , *p.* 19 , *n.* 5. Cantharis elytris viridi - ænois apice rubris,
Linn. ſyſt. nat. edit. 10 , *p.* 402 , *n.* 17. Cantharis bipuſtulata.

La cicindele verte à points rouges.
Longueur 3 lignes. Largeur 1 ½ ligne.

Ses antennes ſont un peu moins longues que la moitié de ſon corps : elle a , comme la précédente , des crochets aux premiers anneaux de ſes antennes , ce qui eſt commun aux cicindeles à cocardes : auſſi celle-ci a-t-elle des veſicules rouges tricuſpidales aux côtés du corcelet & du ventre , comme la précédente ; quant à la couleur, elle eſt partout d'un vert bronzé , ſeulement le bout de ſes étuis ſe termine par une tache ponceau. Le deſſus du ventre caché par les ailes & les étuis , eſt auſſi rouge. Cet inſecte ſe trouve ſur les fleurs avec le ſuivant.

9. CICINDELA *æneo-viridis elytris apice flavis.*

Raj. inſ. p. 101 , *n.* 7. Cantharis vix tres octavas unciæ longa.

Elle donne les deux variétés ſuivantes.

    a. *Cicindela tota æneo - viridis , elytris apice flavis.*
    b. *Cicindela cœruleo-viridis , thoracis margine rubro , elytris apice flavis.*

La cicindele verte à points jaunes.

Sa grandeur eſt la même que celle de la précédente ; dont elle pourroit bien n'être qu'une variété : elle-même varie pour la couleur. Tantôt elle eſt toute verte avec des points jaunes à l'extrémité de ſes étuis ; tantôt on trouve d'autres individus qui ſont bleuâtres , & qui outre les taches jaunes du bout des étuis , ont encore le rebord de leur corcelet rouge : les unes & les autres ont les cocardes ou veſicules rouges aux côtés du corcelet & du ventre.

10. CICINDELA *fuſca , elytris apice flavis , thorace rubro nigra macula.*

Linn. faun. ſuec. n. 592. Cantharis fuſca , elytris apice flavis , thorace rufo.
Linn. ſyſt. nat. edit. 10 , p. 402 , *n.* 21. Cantharis minima.

La cicindele noire à points jaunes & corcelet rouge.
Longueur 1 ½ *ligne. Largeur* ½ *ligne.*

Cette petite eſpéce a la tête & les antennes noires. Son corcelet eſt rougeâtre avec une tache noire au milieu. Les étuis ſont d'un brun foncé , liſſes , avec un point jaune à l'extrémité de chacun. Les pattes ſont aſſez longues & noirâtres , ainſi que le deſſous de l'animal. Je n'ai pu m'aſſurer ſi cette cicindele avoit des cocardes ou veſicules. On la trouve ſur les fleurs avec la ſuivante.

N. B. Une choſe qui me paroît ſinguliere , c'eſt que M. Linnæus dans ſa dixiéme édition du *Syſtema Naturæ* , donne pour ſynonime à cette cicindele , & joigne avec elle la deuxiéme eſpéce de necydale qui en différe beaucoup & qu'il avoit ſéparée dans ſa *Fauna Suecica ;* il faut qu'il y ait au moins un de ces deux inſectes qu'il n'ait pas vû.

11. CICINDELA *fuſca , elytris apice flavis , thorace fuſco.*

Linn. faun ſuec. n. 591. Cantharis elytris nigris , apice flavis , thorace atro.
Linn. ſyſt. nat. edit. 10 , p. 402 , *n.* 20. Cantharis biguttata.

La cicindele noire à points jaunes & corcelet noir.

Sa

Sa grandeur ne différe pas de celle de l'efpéce précédente. Quant à la couleur, elle eft partout d'un brun noirâtre un peu vert , fans aucune couleur rouge fur le corcelet : feulement fes étuis font terminés par deux points
jaunes un peu rougeâtres , & fes jambes font jaunes.

12. CICINDELA *elytris nigris , fafciis duabus ru-*
bris.

Linn. faun. fuec. n. 590. Cantharis elytris nigris , fafciis duabus rubris.
Linn. fyft. nat. edit. 10 , p. 402 , n. 19. Cantharis fafciata.
Raj. inf. p. 102 , n. 22.
Act. Upf. 1736 , p. 19 , n. 6.

La cicindele à bandes rouges.

Cette efpéce eft femblable à la précédente pour la grandeur. Ses antennes & fes pattes font noires, fes pieds feulement font un peu pâles. Sa tête & fon corcelet font d'un
vert un peu bleuâtre. Ses étuis font noirs , chargés de deux
bandes tranfverfes d'un beau rouge , l'une au haut ou à
la bafe de l'étui, quelquefois interrompue dans fon milieu ,
l'autre placée à la pointe , où elle termine l'étui fans être
interrompue : la largeur de ces bandes varie , enforte que
tantôt le noir & tantôt le rouge domine fur les étuis :
le deffous de l'infecte eft noir.

13. CICINDELA *viridis , thorace rubro immaculato.*

La cicindele verte à corcelet rouge.
Longueur 1 ¼ ligne. Largeur ⅓ ligne.

Cette petite efpéce eft toute noire , à l'exception du
corcelet qui eft rouge , fans taches noires. Les étuis qui
font très-liffes , font entiérement de couleur verte , fans
aucuns points à leur extrémité , comme dans les efpéces
précédentes. Les antennes font de la longueur du corcelet & les pattes font jaunâtres. On trouve cet infecte fur
les fleurs.

14. CICINDELA *viridi-cœrulea.*
Tome I.   Z

Elle donne les variétés suivantes.

   a. *Cicindela viridis.*
   b. *Cicindela cœrulea.*
   c. *Cicindela viridi-cœrulea.*

La cicindele verdâtre.
Longueur 3 lignes. Largeur 1 ligne.

Cette cicindele plus allongée que les précédentes, est partout de la même couleur, mais cette couleur varie : dans les unes elle est verte, dans d'autres bleue, & dans quelques autres elle tient le milieu entre le vert & le bleu. Les antennes ont leurs anneaux moins applatis, moins allongés & un peu plus ronds : elles n'égalent pas la longueur du corcelet. Ce corcelet est convexe avec des rebords, moins applati que dans la plûpart des autres espéces : il est pointillé ainsi que les étuis.

15. CICINDELA *plumbeo-nigra.*

La cicindele plombée.
Longueur 2 lignes. Largeur ½ ligne.

C'est précisément la même forme que dans l'espéce précédente, ensorte que je croirois qu'on pourroit ne la regarder que comme une variété, si elle n'étoit constamment plus petite. Celle-ci a aussi une particularité, c'est que les antennes dans les mâles sont courtes comme dans l'espéce précédente, égalant à peine le corcelet, & qu'elles sont composées d'anneaux assez arrondis, au lieu que dans les femelles les antennes sont formées d'articles plus longs, plus triangulaires, qu'elles approchent de celles des autres cicindeles & qu'elles égalent la moitié de la longueur du corps. Tout l'insecte est de couleur noire luisante, un peu plombée & sans aucune tache.

16. CICINDELA *villoso-cinerea.*

La cicindele cendrée.
Longueur 1 ligne. Largeur ½ ligne.

Celle - ci diffère un peu des autres par sa forme. Ses antennes font courtes , d'un tiers moins longues que fon corcelet , & vont un peu en groffiffant vers le bout ; elles font de couleur brune tirant fur le maron , ainfi que les pattes. Le corcelet eft plus convexe & a des rebords moins marqués que dans les autres cicindeleles. Tout l'animal eft noirâtre , mais paroît cendré à caufe des petits poils ferrés & blanchâtres , qui le recouvrent partout : les yeux font noirs & affez faillans.

17. CICINDELA *plumbeo - cuprea , tibiis pallidis , abdomine fubrotundo.*

La cicindele bronzée.
Longueur : ligne.

Cette petite cicindele eft moins allongée & plus arrondie que les précédentes : fes étuis n'ont ni points , ni ftries. Tout fon corps eft de couleur plombée , à l'exception des jambes feules , qui font d'un jaune ou fauve pâle.

OMALISUS.

L'OMALISE.

Antennæ filiformes.

Antennes filiformes.

Thorax planus tetragonus , angulis pofterioribus in fpinam productis.

Corcelet applati à quatre angles , dont les deux poftérieurs finiffent en pointes aigues.

J'ai donné à ce genre inconnu jufqu'ici le nom d'omalife , qui veut dire applati , à caufe de la forme platte de la feule efpéce qu'il renferme.

Son caractere confifte premiérement dans la figure de fes antennes qui font filiformes , fecondement & particuliérement dans la forme finguliere de fon corcelet qui eft applati & repréfente un quarré long , dont les angles poftérieurs qui regardent les étuis fe prolongent en pointes longues & aigues. Cette forme a quelque léger rapport avec celle du corcelet des taupins, dont les omalifes diffèrent par les antennes & par le deffous de leur corcelet qui eft nud, fimple, & qui n'a point cette efpéce de pointe que nous avons fait remarquer dans les taupins. Nous n'avons encore trouvé qu'une feule efpéce de ce genre, qui paroît même affez rare & difficile à rencontrer, & nous ne connoiffons point fa larve.

1. OMALISUS. Planch. 2, fig. 9.

L'omalife.

Longueur 2 ¼ lignes. Largeur 1 ligne.

Le corps de cet infecte eft applati. Ses antennes font noires & de la longueur de la moitié du corps : il les porte droites en avant & parallèlement l'une à l'autre. Son corcelet eft quarré applati, avec deux échancrures poftérieurement, & fes angles poftérieurs font aigus & fe terminent en pointe. Les étuis font applatis & fe courbent fur le côté, en formant une efpéce d'angle ou d'équerre. Ils ont chacun neuf ftries longitudinales formées par des points, fçavoir fix depuis la future jufqu'à l'angle ou courbure, & trois depuis cette élévation anguleufe jufqu'au bord extérieur. Tout l'infecte eft noir, à l'exception du bord extérieur & de l'extrémité des étuis, qui font d'un rouge fafrané. Ce rare infecte s'eft trouvé à Fontainebleau.

HYDROPHILUS. *Dytifcus linn.*

L'HYDROPHILE.

Antennæ clavatæ perfoliatæ antennulis breviores.	Antennes en maffe, perfoliées, plus courtes que les antennules.
Pedes natatorii.	Pattes en nageoires.

L'hydrophile approche beaucoup des deux genres fuivans pour fa forme & le lieu où on le trouve ; mais il eft aifé de l'en diftinguer par fes antennes. Dans cet infecte elles font en mafle , ou terminées par un bout plus gros que le refte de l'antenne , & qui eft compofé d'articles applatis , minces & enfilés par leur milieu. Une efpéce de bouton allongé termine cette mafle & toute l'antenne. On voit que cette conformation des antennes reffemble beaucoup à celle des dermeftes que nous avons décrite , & l'hydrophile pourroit prefque fe rapporter à ce genre , fi deux autres caractères ne l'en éloignoient. Le premier eft la longueur des antennules qui furpaffe celle des antennes qui font affez courtes. Le fecond fe tire de la forme des tarfes , qui dans les hydrophiles font larges , plats & minces , bordés du côté intérieur de poils ferrés & femblables à des nageoires. Ces tarfes étoient néceffaires à des infectes qui font leur féjour ordinaire dans l'eau.

On rencontre fouvent les larves des hydrophiles dans les eaux : elles font allongées & ont fix pattes écailleufes. Leur corps eft compofé de onze anneaux. Leur tête eft groffe , avec quatre barbes ou antennes en filets & de fortes machoires. Les derniers anneaux de leur corps ont des rangées de poils fur les côtés , & le ventre fe termine par deux pointes chargées de femblables poils , qui forment des efpéces de panaches. Ces larves font fouvent d'un brun verdâtre panaché : elles font vives , agiles & très-voraces : elles mangent & dévorent les autres infectes aquatiques , & fouvent fe détruifent & fe déchirent les unes les autres. L'infecte parfait n'eft guères moins vorace que fa larve , mais il ne peut attaquer que les larves , les infectes parfaits comme lui , fe trouvant à l abri des coups par le moyen de cette efpéce de cuiraffe écailleufe dont leur corps eft revêtu. Il faut prendre cet infecte avec précaution : outre que fes machoires peuvent pincer , il a encore fous le corcelet une autre défenfe : c'eft une longue pointe aigue & très-piquante , qu'il fçait

enfoncer dans les doigts en faisant des efforts pour marcher en reculant.

Les œufs des hydrophiles font affez gros ; ils les renferment dans une efpéce de coque foyeufe blanchâtre , un
peu grife , affez forte & épaiffe , de forme ronde , & qui fe
termine par une longue appendice , ou queue mince de
même matiere. On rencontre affez fouvent ces coques
dans l'eau. C'eft dans leur intérieur qu'éclofent les œufs
& que naiffent les petites larves des hydrophiles. Ces fortes
coques fervent probablement à ces infectes à défendre
leurs œufs contre la voracité de plufieurs autres infectes
aquatiques , & même contre leurs femblables qui ne les
épargneroient pas.

1. HYDROPHILUS *niger , elytris fulcatis , antennis fufcis.* Planch. 3 , fig. 1.

Linn. faun. fuec. n. 561. Dytifcus antennis perfoliatis fufcis.
Linn. fyft. nat. edit. 10 , *p.* 411 , *n.* 1. Dytifcus piceus.
Frifch. germ. tom. 1 , *tab.* 6.

Le grand hydrophile.
Longueur 17 *lignes. Largeur* 9 *lignes.*

Ce grand infecte eft tout noir & affez luifant. Sa tête eft
un peu applatie , munie de grandes machoires , & les yeux
font placés fur fes côtés poftérieurement. Les antennes
pofées en deffous & immédiatement devant les yeux , font
brunes & compofées de neuf articles : fçavoir un long ,
courbe & applati , qui tient à la tête , un fecond plus court
& rond , trois autres très-courts , enfuite quatre qui forment la maffe ou le gros de l'antenne , comme dans les
dermeftes. Le premier de ces quatre eft évafé en enton-
noir , les deux d'enfuite font applatis & enfilés par leur
milieu , ce que nous appellons perfoliés , le dernier qui
termine l'antenne , forme une efpéce de cône , qui finit en
pointe. Ces antennes font de la longueur de la tête. Les
quatre antennules font de la même couleur que les antennes , mais deux des quatre furpaffent les antennes en lon-

gueur. Le corcelet eſt uni & poli : les étuis le ſont auſſi ;
on y apperçoit ſeulement quelques ſillons ſuperficiels ,
dont trois ſont plus apparens. Sous le corcelet de l'inſecte
eſt une élevation longitudinale, conſidérable, qui formant
une eſpéce de ſternum, paſſe entre ſes pattes & ſe termine
du côté du ventre par une pointe forte & aigue aſſez ſaillante. Le bout des jambes a deux épines aigues , & les
tarſes de l'inſecte ſont applatis avec des barbes de poils du
côté intérieur , ce qui les fait reſſembler à des nageoires :
auſſi l'inſecte nage-t-il très-bien. Les piéces des tarſes qui
ſont au nombre de cinq , ſont difficiles à diſtinguer. Enfin le
pied ſe termine par des onglets courbes ou eſpéces de
griffes au nombre de quatre , comme dans la plûpart des
inſectes à étuis , quoique quelqués Auteurs prétendent le
contraire. C'eſt à l'aide de ces crochets que l'animal marche ſur terre & hors de l'eau , quoique ſa démarche ſoit
irréguliere , ſes pattes n'ayant pas le mouvement de rota-
tion ou de genou, comme celles de la plûpart des inſectes ,
mais ſeulement celui de charniere.

2. HYDROPHILUS *niger* , *elytrorum punctis per ſtrias digeſtis , antennis nigris.*

Linn. faun. ſuec. n. 562. Dytiſcus antennis perfoliatis nigris , elytris lævibus.
Linn. ſyſt. nat. edit. 10, *p.* 411 , *n.* 2. Dytiſcus caraboïdes.

L'hydrophile noir picoté.
Longueur 7 *lignes. Largeur* 3 *lignes.*

Il eſt d'un noir luiſant , moins allongé & plus arrondi
poſtérieurement que le précédent , qui le ſurpaſſe beaucoup pour la grandeur. Un de ſes principaux caracteres
diſtinctifs ſe tire de la forme des étuis , qui au lieu d'être
ſillonnés comme dans la premiere eſpéce , ont ſeulement
des points rangés en ſtries ſur leur milieu & poſés irréguliérement ſur leur bord extérieur. La pointe du corcelet
ou du *ſternum* en deſſous eſt peu ſaillante : enfin les antennes & antennules ſont noires.

3. HYDROPHILUS *niger*, *elytris lævibus denſe punctatis.*

L'hydrophile liſſe à points.
Longueur 2 lignes.   Largeur 1 ligne.

Cette eſpéce eſt noire , aſſez arrondie , liſſe & ſans ſtries ; mais en la regardant à la loupe, on voit que ſon corcelet & ſes étuis ſont chargés d'un nombre infini de petits points. On la trouve dans l'eau avec les précédentes.

4. HYDROPHILUS *niger*, *elytris ſtriatis*, *pedibus fuſcis.*

Linn. faun. ſuec. n. 563. Dytiſcus antennis perfoliatis nigris ; pedibus fuſcis ; elytris ſtriatis.
Linn. ſyſt. nat. edit. 10, *p.* 411 , *n.* 3. Dytiſcus fuſcipes.

L'hydrophile noir ſtrié.
Longueur 3 ½ lignes.   Largeur 1 ⅓ ligne.

Il eſt noir : ſes pattes & ſes antennules ſont brunes : les antennes ſont noires ; le corcelet eſt ponctué , & les étuis ont des ſtries formées par des points ſerrés.

5. HYDROPHILUS *fulvus.*

L'hydrophile fauve.
Longueur 2 lignes.   Largeur 1 ligne.

Le deſſous de ſon corps eſt noir , & ſes pattes ſont de couleur fauve , ainſi que la tête , le corcelet & les étuis. Sur ces derniers on voit un peu de noir diſpoſé par bandes longitudinales , mais peu terminées & peu diſtinctes. Les œufs de cet inſecte ſont de couleur blanche : il les porte à l'extrémité de ſon corps , où ils ſont diſpoſés en paquets de forme ovale.

DYTICUS.

DYTICUS. *Dytiscus linn.*

LE DITIQUE.

Antennæ filiformes, capite longiores.	Antennes filiformes plus longues que la tête.
Pedes natatorii.	Pattes en nageoires.

Le ditique, comme qui diroit le plongeur, que quelques modernes ont appellé ditifque, reffemble tout-à-fait pour la forme extérieure au genre précédent : il eft comme lui de forme ovale, allongée & terminé poftérieurement en pointe mouffe, mais il en différe par fon caraĉtere.

Ce caraĉtere confifte ; 1°. dans la figure de fes antennes filiformes, qui vont en diminuant infenfiblement de la bafe à la pointe, & qui font plus longues que la tête de l'infeĉte & que fes antennules ; 2°. dans la figure de fes pieds, qui font en forme de nageoires, bordées de poils, comme dans le genre précédent.

Quant à la larve de ces infeĉtes, elle approche infiniment de celle des hydrophiles : elle vit comme elle dans l'eaŭ, & c'eft pareillement dans l'eau qu'elle fe métamorphofe, ayant foin néanmoins de s'enfoncer dans la terre qui eft au fond de l'eau pour y faire fa coque : l'infeĉte parfait qu'elle produit, fe trouve fréquemment dans les ruiffeaux & les mares. On trouve ces animaux en grande quantité, lorfqu'on vuide des baffins, ou qu'on pêche des étangs : les poiffons en détruifent & en mangent beaucoup. Les efpéces de ce genre font :

1. **DYTICUS** *fufcus, margine coleoptrorum thoracifque flavo.*

Frifc. germ. 13, *t.* 1, *f.* 7.
Rofel. inf. vol. 2. Infect. aquat. claff. 1, tab. 2.

Le ditique brun à bordure.
Longueur 8 lignes. Largeur 4 lignes.

Tome I.   A a

Le deſſous du corps de cet inſecte eſt noir , ainſi que ſa tête & ſon corcelet , ſeulement le deſſus des machoires eſt rougeâtre. Sur la partie ſupérieure de la tête on voit deux enfoncemens l'un à côté de l'autre. Les côtés du corcelet ſont jaunes. Les étuis ſont très‑liſſes , chargés ſeulement chacun de deux ſtries longitudinales de points très‑ſuperficiels , & moins apparens ſur les femelles que ſur les mâles. Si on regarde ces étuis à la loupe , on voit qu'ils ſont finement ſtriés tranſverſalement , en quoi cette eſpéce différe de la ſuivante , ainſi que par la couleur. Cette couleur des étuis eſt d'un gris brun , avec une bordure jaune ſur les côtés , principalement dans le haut & un peu vers le bas. Le ſternum en deſſous ſe termine par une eſpéce de fourche. Les pattes n'ont que l'articulation de charniere. Les antennes ſont de la longueur du corcelet & de couleur fauve. On trouve ces inſectes dans les eaux dormantes & tranquilles.

2. DYTICUS *niger , margine coleoptrorum thoraciſque flavo.*

Linn. ſyſt. nat. edit. 10 , *p.* 411 , *n.* 5. Dytiſcus marginalis.
Linn. faun. ſucc. n. 565. Dytiſcus niger , margine coleoptrorum thoraciſque flavo.
Mouffet , lat. pag. 145 , *fig.* 1 , 3.
Mouff. append. tab. 1. Hydrocantharus.
Raj. inſ. p. 93 , *n.* 1. Hydrocantharus noſtras.
Liſt. tab. mut. t. 5 , *f.* 2.
Roſel. inſ. vol. 2. Inſect. aquatil. claſſ. 1 , *tab.* 1 , *fig.* 9, 11.

Le ditique noir à bordure.
Longueur 1 *pouce. Largeur* 6 *lignes.*

Sa couleur en deſſus eſt très‑noire , à l'exception du bord extérieur du corcelet & des étuis , & d'une raie fauve tranſverſe placée ſur la lévre ſupérieure au‑devant de la tête. Le deſſous du corps eſt mêlé de jaune & de brun. Les étuis ſont très‑liſſes , & n'ont que quelques points enfoncés , éloignés les uns des autres , formant deux bandes longitudinales ſur chaque étui. Le ſternum en deſſous ſe termine par une fourche mouffe. Les pattes n'ont que l'articulation de charniere. Les quatre antérieures font figurées finguliérement dans les mâles. Les quatre premieres piéces de leurs tarfes font très-courtes , larges , avec des broffes en deffous , ce qui forme une palette ronde dont cet infecte fe fert pour accrocher fa femelle. La derniere piéce de ces mêmes tarfes eft longue & foutient les onglets. Les pattes poftérieures ont leurs tarfes applatis , barbus , formés en nageoires , & les onglets de ces pattes droits & nullement crochus. Les antennes & antennules font de couleur fauve. Cette efpéce vit dans l'eau comme la précédente. Je n'ai jamais trouvé que des mâles de cet infecte , mais je foupçonne beaucoup l'efpéce fuivante d'être fa femelle.

3, DYTICUS *elytris ftriis viginti dimidiatis*. Planch. 3, fig. 2.

Linn. faun. fuec. n. 567. Dytifcus elytris ftriis viginti dimidiatis.
Linn. fyft. nat. edit. 10 , p. 412 , n. 9. Dytifcus femiftriatus.
Frifch. germ. 2 , tab. 7 , fig. 4 , p. 35.
Bradley , nu. tab. 26 , f. 2. A.
Raj. inf. p. 94 , n. 2. Hydrocantharus elytris ftriatis feu canaliculatis.
Rofel. inf. vol. 2. Infect. aquatil. claff. 1 , tab. 1 , f. 5 , 6 , 7 , 10.

Le ditique demi-fillonné.
Longueur 14 lignes. Largeur 7 lignes.

Ce grand ditique eft noir en deffus , mais fa tête , fes antennes , le tour de fon corcelet & les bords extérieurs des étuis font jaunes , en quoi il reffemble beaucoup aux ditiques à bordure , qui font plus petits que lui. Le deffous de fon corps & fes pattes font prefqu'entiérement jaunes. Les étuis ont chacun dans le haut dix ftries profondes , mais qui ne defcendent que jufqu'aux deux tiers ; le tiers inférieur de l'étui eft liffe. On trouve cet infecte dans l'eau avec les autres de ce genre : ceux que j'ai trouvés étoient tous femelles.

4. DYTICUS *cinereus , margine coleoptrorum flavo ;*
thoracis medietate flava.

Linn. syst. nat. edit. 10 *, p.* 412 *, n.* 8. Dytiscus cinereus.
Linn. faun. suec. n. 566. Dytiscus cinereus , margine coleoptrorum flavo , tho-
racis medietate flava.
List. tab mut. t. 5 *, f.* 1.
Rosel. ins. vol. 2 *, tab.* 3 *, fig.* 3 *,* 4 *,* 5 *,* 6 *,* 8. Insect. aquatili. class. 1.
Petiv. gazoph. tab. 70 *, fig.* 3.

Le ditique à corcelet à bandes.
Longueur 7 lignes.   Largeur 4 lignes.

Le fond de la couleur de sa tête est noir , mais la partie
antérieure est jaune , & il y a de plus cinq taches jaunes ,
sçavoir une en devant en équerre , dont l'angle regarde la
partie postérieure ; deux autres aux côtés de celle-la ,
oblongues , obliques , & se réunissant avec le jaune du
devant de la tête , & enfin deux postérieures à côté l'une de
l'autre , figurées en lunules , dont les pointes regardent le
corcelet. Celui-ci est noir , mais tous ses bords , tant
en devant & en arriere que sur les côtés , sont jaunes. Il
a de plus dans son milieu une large bande transverse de la
même couleur , qui se termine à chaque bout par une
tache ronde sans se réunir à la bordure jaune. Les étuis
sont d'une couleur cendrée , formée par le mélange de
jaune & de noir dont ils sont pointillés : leurs bords
sont jaunes. Le dessous de l'insecte est noir , à l'exception
des côtés des anneaux du ventre qui ont des taches jaunes.
Les pattes de devant sont variées de jaune & de noir ,
& celles de derriere sont noires , à l'exception des cuisses
qui sont jaunes. Les antennes sont pareillement jaunes.
Tous ceux que j'ai de cette espéce , sont des mâles qui ont
aux quatre pattes de devant les brosses dont nous avons
parlé , en décrivant la seconde espéce : peut-être leurs
femelles sont-elles différentes. Je soupçonnerois l'espéce
suivante d'être la femelle de celle-ci , n'en ayant trouvé
que des femelles , mais jamais je ne les ai rencontrés
accouplés , ce qui fait que je n'ose assurer ce fait.

5. DYTICUS *elytris sulcis decem longitudinalibus, thoracis medietate flava.*

Linn. fann. suec. n. 569. Dytiscus elytris sulcis decem longitudinalibus.
Linn. syst. nat. edit. 10, *p.* 412, *n.* 10. Dytiscus sulcatus.
Raj. inf. p. 94, *n.* 3. Hydrocantharus minor, corpore rotundo plano.
Rosel. inf. vol. 2, *tab.* 3, *fig.* 7. Infect. aquatil. classi. 1.

Le ditique sillonné.
Longueur 6 lignes. Largeur 4 lignes.

Ce ditique paroît être la femelle de l'espéce précédente ; quelques personnes même m'ont assuré les avoir vûs
accouplés ensemble , & je n'ai jamais trouvé que des
femelles parmi ceux-ci : cependant dans l'incertitude j'ai
féparé ces infectes qui paroissent fort différens. La tête &
le corcelet de ceux-ci font bien semblables à ceux de l'efpéce précédente , mais leurs étuis ne le font aucunement.
Ces étuis dans cette espéce font noirs avec quatre fillons
enfoncés fur chacun & cinq élévations entre ces fillons :
le creux des fillons eft garni de poils grifâtres un peu
fauves. Le deffous de l'animal eft précifément de même
que dans le précédent. Toutes ces reffemblances femblent
prouver que ces deux infectes ne différent que par le fexe :
le dernier n'a point à fes pattes de devant les broffes qui
ne fe trouvent que dans les mâles.

6. DYTICUS *totus niger lævis.*

Le ditique en deuil.
Longueur 4 lignes. Largeur 2 lignes.

Il eft tout noir , feulement fes antennes font un peu
brunes , & fes pattes moins noires que le refte du corps.
Ses étuis n'ont ni ftries , ni points. On voit feulement vers
le haut le commencement de deux fillons fuperficiels , qui
difparoiffent avant que de parvenir au milieu de l'étui.

7. DYTICUS *fulvus , maculis sparsis nigris.*

Le ditique fauve à taches noires.
Longueur 3 lignes. Largeur 1 ½ ligne.

Eu deſſous cet inſecte eſt noir , à l'exception des pattes & des antennes , qui ſont de couleur fauve ou brune claire. Sa tête eſt de même couleur fauve , ainſi que ſon corcelet & ſes étuis; il n'y a que ſes yeux qui ſont noirs. Le corcelet a une bande tranſverſe plus brune dans ſon milieu ; & les étuis qui ſont aſſez liſſes & ſeulement chargés de quelques points enfoncés rangés en ſtries , ont quantité de petits points noirs & ronds , qui ſe tiennent la plûpart les uns avec les autres.

8. DYTICUS *fuſcus , elytris antice & externe flavis.*

Le ditique à bordure panachée.
Longueur 2 lignes. Largeur 1 ligne.

La tête de cet inſecte eſt jaune & ſes yeux ſont noirs. Son corcelet eſt brun avec les bords jaunes. Les étuis ſont pareillement bruns & chargés de quatre taches d'une couleur jaune pâle , diſpoſées vers le bord des étuis , ce qui rend ces bords comme panachés. Il y a auſſi ſur le milieu des étuis deux petites taches longues , ſemblables aux précédentes , mais moins marquées. Le deſſous de l'inſecte eſt d'un jaune un peu brun. On trouve cet animal dans l'eau comme tous ceux de ce genre , & il paroît luiſant quoiqu'un peu velu. Cet inſecte a une particularité : c'eſt que les quatre pattes antérieures ſemblent n'avoir que quatre piéces aux tarſes , la premiere piéce qui s'articule avec la jambe , étant fort petite , preſqu'imperceptible & cachée dans l'articulation.

9. DYTICUS *ater , elytris fuſcis.*

Linn. faun. ſuec. n. 568. Dytiſcus ſupra fuſcus , ſubtus ater.

Le ditique noir à étuis bruns.
Longueur 2 lignes. Largeur 1 ligne.

Sa tête , ſon corcelet & le deſſous de ſon corps ſont noirs. On voit cependant une petite raie brune qui termine la tête postérieurement. Les étuis sont bruns. Tout l'insecte est lisse, mais peu brillant.

10. DYTICUS *ovatus fuscus, capite thoraceque rubi-cundis.*

Linn. faun. suec. n. 571. Dytiscus ovatus fuscus, capite thoraceque rubris.
Act. Ups. 1736, *p.* 15, *n.* 5. Dytiscus ovatus, collari ventrique rubro, alis fuscis.

Le ditique sphérique.
Longueur 2 lignes. Largeur 1 ½ ligne.

La grandeur de cette espéce varie, les dimensions que nous donnons sont celles du plus grand nombre des individus : en général ces insectes sont gros, renflés & presque sphériques : leur couleur est partout d'un brun rougeâtre, plus brun sur les étuis, plus rouge sur la tête, le corcelet & le ventre : leurs yeux sont noirs. Ces insectes sont lisses, & ont un certain air soyeux & comme satiné, sans cependant être velus.

11. DYTICUS *flavo-fuscus, oculis nigris, elytris lævibus.*

Le ditique aux yeux noirs.
Longueur 1 ¼ ligne. Largeur ¼ ligne.

Le dessous du corps de ce petit insecte est jaunâtre. Sa tête & son corcelet sont de la même couleur. Ses yeux sont noirs. Ses étuis sont lisses, sans points ni stries, & d'une couleur brune formée par le mélange du jaune & du noir.

12. DYTICUS *cinereus, capite nigro, thorace luteo, elytris nigro-maculatis, punctato-striatis.*

Le ditique strié à corcelet jaune.
Longueur 1 ligne. Largeur ½ ligne.

La tête de ce petit ditique est noire, ainsi que le dessous de son corps. Son corcelet est jaune & ses pattes sont de couleur fauve. La couleur de ses étuis est cendrée, &

ils font chargés de ftries formées par des points & de quelques taches noires. Mais un caractere particulier de cette efpéce, c'eft que le deffous du corcelet où le *fternum* fe termine en formant deux larges plaques qui couvrent l'articulation des pattes poftérieures & la moitié de leurs cuiffes, ce qui les empêche de fe mouvoir, fi ce n'eft horifontalement : auffi cet infecte nage-t-il très-bien par ce mouvement, mais il ne peut marcher fur terre : les onglets de fes pattes poftérieures font courts & droits.

13. **DYTICUS** *niger, thorace flavo, elytris lævibus, maculis limboque luteis.*

Le ditique panaché fans ftries.
Longueur 2 lignes. Largeur 1 ¼ ligne.

Sa tête eft jaune & fes yeux font noirs. Le corcelet eft auffi jaune, fi ce n'eft antérieurement à l'endroit où il touche la tête où il eft noir. Les étuis font noirs, liffes, fans points ni ftries, avec quatre taches jaunes le long du bord extérieur, & deux autres qui forment chacûne un quarré long fur le milieu des étuis, l'une plus haut & l'autre plus bas. Ces deux taches avec les deux correfpondantes de l'autre étui, forment enfemble une efpéce de quarré. Le deffous du corps eft mêlé de noir & de brun, & les antennes ainfi que les pattes font jaunes. On trouve cette efpéce avec les autres.

14. **DYTICUS** *niger, elytris maculis & limbo luteis, ftria unica.*

Le ditique à une feule ftrie.
Longueur 1 ligne. Largeur ⅓ ligne.

Ce petit infecte eft tout noir, à l'exception des côtés du corcelet, où l'on voit un peu de jaune, & des étuis qui font tachés de jaune avec leur bord de même couleur : il n'a fur chaque étui qu'une feule ftrie proche la fut011e, le refte eft liffe fans ftries ni points.

15.

15. DYTICUS *fuscus, capite thoraceque fulvo, antennis subclavatis, scutello nullo.*

Le ditique à grosses antennes.
Longueur 2 lignes.   Largeur 1 ligne.

La couleur de cet insecte est brune. Sa tête & son corcelet sont d'un brun plus clair & rougeatre ; ses yeux sont noirs, & ses étuis sont lisses. Une singularité assez remarquable de cette espéce, c'est que les sept dernieres piéces des antennes sont beaucoup plus grosses que les quatre premieres, ce qui donne à l'antenne une forme apparente de masse ou massue ; mais ces antennes sont plus longues que la tête, ce qui rapproche cet insecte de ceux de ce genre. Il sert comme de passage pour conduire au genre suivant. Une autre particularité de ce même animal, c'est de n'avoir point d'écusson entre les étuis.

GYRINUS. *Dytiscus. Linn.*

LE TOURNIQUET.

Antennæ rigidæ, capite breviores.	Antennes roides, & plus courtes que la tête.
Pedes natatorii.	Pattes en nageoires.
Oculi quatuor.	Quatre yeux.

Ce genre, auquel nous avons donné le nom de Tourniquet, à cause de la maniere dont il tourne dans l'eau & des cercles qu'il décrit, s'approche beaucoup des deux genres précédens. Ses pattes sont en nageoires, comme les leurs ; mais il en differe 1°. par la figure de ses antennes, qui sont assez grosses, courtes, roides, à anneaux serrés, moins longues que la tête, & qui ont à leur base un appendice latérale ; 2°. en ce que cet insecte a quatre yeux, ce qui ne se remarque point dans les autres insectes à étuis, qui n'en ont que deux. Je ne connois qu'une seule

Tome I.   B b

péce de ce genre , dont je n'ai obfervé ni la larve , ni la chryfalide.

1. GYRINUS. Planch. 3 , fig. 3.

Linn. faun. fuec. n. 572. Dytifcus ovatus glaber , antennis capite brevioribus obtufis.
Linn. fyft. nat. edit. 10 , *p.* 412 , *n.* 14. Dytifcus natator.
Merr. pin. 203. Pulex aquaticus.
Petiv. gaʒ. p. 21 , *t.* 13 , *fig.* 9. Scarabæus niger noftras fupra aquam velociter circum natans.
Raj. inf. p. 87 , *n.* 10. Scarabæus aquaticus fubrotundus è cæruleo-viridi fplendente colore undique tinctus.
Rofel. inf. fupplem. 2 , *tom.* 3 , *tab.* 31.

Le tourniquet.
Longueur 2 ½ *lignes.   Largeur* 1 ⅓ *ligne.*

Ce petit animal eft un des plus finguliers infectes que nous ayons. Il eft d'un noir liffe & brillant, comme du jayet , fes pattes feules font jaunes. Ses étuis ont des ftries fines de petits points, qu'on n'apperçoit guères qu'avec la loupe. La premiere fingularité de cet infecte , c'eft qu'il a quatre yeux, deux en deffus , à la place ordinaire , & deux en deffous , un peu plus en arriere. Tous quatre font gros & apparens. La feconde , c'eft que fur la partie poftérieure des bords de fes étuis, on voit de petites éminences portées fur des pédicules , qui s'enlevent aifément , quand l'animal eft mort ; il faut les voir fur l'infecte vivant. La troifiéme confifte dans la forme de fes pattes , fur-tout des pattes poftérieures , qui font courtes , ramaffées, applaties & fort larges. L'infecte nage très-bien avec ces pattes. Souvent il court à la furface de l'eau, où on le voit briller , l'eau ne s'attachant pas à fes étuis, qui font très-liffes. Il décrit des cercles en courant fur la furface de l'eau avec une très-grande vîteffe , enforte qu'on a peine à l'attraper, & lorfqu'on veut le prendre , il fe plonge au fond , pour revenir bientôt au deffus.

ORDRE SECOND.

Insectes qui ont quatre articles à toutes les pattes.

MELOLONTHA. *Chrysomela. Linn.*

LA MELOLONTE.

Antennæ serratæ ante ocu-	Antennes en scie posées
los positæ.	au devant des yeux.

CE genre est le premier de ceux qui renferment les insectes du second ordre, qui ont quatre piéces ou articulations aux tarses de toutes les pattes. La forme de la melolonte approche de celle d'un genre nombreux, que nous examinerons bientôt, & qui est connu sous le nom de chrysomele ; elle lui ressemble encore par un autre endroit, c'est par la configuration des tarses, dont toutes les piéces ont en dessous des espéces de brosses ou éponges, sur lesquelles l'insecte pose & appuye en marchant. Ces brosses sont composées de petits poils fort drus & fort courts, souvent de couleur brune.

Le caractere générique de la melolonte, est, 1°. d'avoir les antennes en forme de scie, comme dentelées d'un côté, & composées d'anneaux, qui approchent de la figure triangulaire ; 2°. d'avoir ces mêmes antennes posées à la partie antérieure de la tête, au devant des yeux. C'est par cette position que la melolonte différe du genre suivant, dont les antennes sont pareillement en forme de scie.

1. MELOLONTHA *coleoptris rubris, maculis quatuor nigris, thorace nigro.* Planch. 3, fig. 4.

Linn. faun. suec. n. 432. Chrysomela oblonga nigra, coleoptris rubris, maculis quatuor nigris.

Linn. fyft. nat. edit. 10, p. 374, *n.* 50. Chryfomela cylindrica, thorace nigro; elytris rubris, punctis duobus nigris, antennis brevibus.

La melolonte quadrille à corcelet noir.
Longueur 4 *lignes. Largeur* 2 *lignes.*

En deſſous, cette melolonte eſt noire & chargée de quelques petits poils, qui vûs dans un certain jour, paroiſſent ſoyeux & un peu blancs. Ses pattes, ſes aîles, ſa tête, ſes antennes, ſon corcelet & l'écuſſon ſont noirs & un peu luiſans. Les étuis ſeuls ſont d'un rouge un peu jaune, avec deux taches noires ſur chacun; l'une plus petite & plus ronde vers le haut de l'étui, à ſon angle extérieur; l'autre plus grande & comme tranfverſale, preſque au milieu de l'étui, tirant un peu vers le bas. Les antennes formées en ſcie ſont aſſez courtes, & n'égalent guères que le corcelet en longueur. J'ai trouvé cet inſecte ſur le prunellier ſauvage.

2. **MELOLONTHA** *coleoptris rubris, maculis quatuor nigris, thorace rubro nigra macula.*

La melolonte quadrille à corcelet rouge.
Longueur 2 *lignes. Largeur* 1 *ligne.*

Cet inſecte ſemblable au précédent, eſt plus petit. Il eſt tout noir en deſſous: ſa tête eſt de la même couleur. Son corcelet eſt rouge, avec un point noir dans le milieu. Ses étuis ſont pareillement rouges & chargés de quatre points ou marques noires, deux ſur chaque étui, placées comme dans l'eſpéce précédente. Ces étuis ont des petits points aſſez peu réguliers. Cet inſecte eſt plus rare que le précédent.

3. **MELOLONTHA** *nigro-viridis, elytris luteopallidis.*

La melolonte liſette.
Longueur 2 *lignes. Largeur* 1 *ligne.*

La couleur de cet inſecte eſt par-tout d'un vert foncé,

à l'exception des antennes, qui sont noires, & des étuis, qui sont d'une couleur pâle un peu jaune. Tout l'animal est assez petit. Ses antennes sont composées de onze piéces, qui imitent très-bien les dents d'une scie. Elles égalent la moitié du corps en longueur. Cette espéce a été trouvée à Saint-Cloud, dans le Parc.

4. MELOLONTHA *cærulea , thorace pedibusque ferrugineis.*

Linn. syst. nat. edit. 10 , p. 374 , *n.* 53. Chrysomela cylindrica , thorace cæruleo nitido , elytris cærulcis , pedibus testaceis.

La melolonte bleuette.
Longueur 1 ½ *ligne. Largeur* ¼ *ligne.*

Le dessous de son corps & sa tête sont d'un bleu noir : ses étuis sont d'un bleu plus clair. Les pieds & le corcelet sont d'un rouge brun, & les antennes sont noires, un peu brunes à leur base. Les étuis sont parsemés de points irréguliers.

5. MELOLONTHA *viridi-cærulea , thorace rubro cærulea macula , tibiis ferrugineis.*

La melolonte mouche.
Longueur 1 ¼ *lignes. Largeur* 1 *ligne.*

La forme de cet insecte a quelque chose de singulier. Il a la tête fort grosse & le corcelet assez large, ensorte que ces deux parties sont la moitié de la longueur du corps. Les étuis au contraire sont courts. Le dessous du corps, la tête & les étuis sont bleus : les cuisses & la base des antennes sont de couleur fauve , tandis que l'extrémité de ces mêmes antennes & les tarses sont noirs. Enfin le corcelet est rouge , un peu fauve , avec une tache bleue au milieu. Les machoires de cette melolonte sont grandes & avancées ; les antennes sont courtes , & égalent au plus le quart de la longueur du corps , & les étuis sont chargés de points irréguliers , avec des rebords assez marqués.

PRIONUS. *Cerambyx. Linn. Raj. &c.*

LE PRIONE.

Antennæ ferratæ in oculo posita.	Antennes en scie, dont l'œil entoure la base.

Le prione a été ainsi appellé, à cause de la forme de ses antennes, qui représentent une scie. C'est ce que signifie son nom latin, dérivé du mot grec. Le caractere de ce genre consiste donc d'abord à avoir les antennes en forme de scie, comme dans le genre précédent ; mais il différe des melolontes par un second caractere, c'est la position de ces antennes, dont l'œil entoure tellement la base, qu'elles semblent implantées au milieu de l'œil. Je ne connois encore qu'une seule espéce de ce genre autour de Paris, encore est-elle rare ; & je n'ai rencontré ni sa chrysalide ni sa larve. Je soupçonne cependant beaucoup cette derniere d'habiter dans les troncs d'arbres.

1. PRIONUS. Planch. *3*, fig. *5.*

Linn. faun. suec. n. 480. Cerambyx niger , thorace planiusculo , margine utrinque tridentato, coleopteris piceis.

Linn. syst. nat. edit. 10 , *p.* 389 , *n.* 4. Cerambyx thorace marginato-dentato , corpore piceo, elytris mucronatis, antennis corpore brevioribus.

Frisch. germ. 13 , *p.* 15 , *tab. 9.* Cerambyx niger antennis serratis.

Raj. ins. 95. Cerambyx maxima, cornibus magnis articulatis & reflexis.

Rosel. ins. tom. 2. Scarab. terrestr. præfat. classsic. 2. *tab.* 1. *fig.* 1 , 2.

Le prione.

Longueur 15 *lignes.*   *Largeur 6 lignes.*

On peut regarder cet insecte comme un des plus singuliers pour la forme ; il est fort grand, comme on le voit par les dimensions que je donne ; elles ont même été prises sur un mâle que j'ai, & sa femelle est encore plus grande. Tout son corps est assez luisant & d'une couleur brune tirant sur le noir. Sa tête a des machoires fortes , au dessous desquelles on voit quatre antennules , deux plus grandes ,

composées de quatre piéces, & deux plus petites, qui
n'en ont que trois. Les antennes sont composées de onze
articles, dont les neuf derniers sont presque triangulaires,
ayant cependant leur angle extérieur plus allongé & plus
pointu, ce qui donne à l'antenne la figure d'une scie. Ces
antennes égalent presque la moitié de la longueur du corps.
Leur position a quelque chose de particulier, c'est que leur
base, à l'endroit de son insertion avec la tête, est envi-
ronnée par l'œil, au moins en partie, ensorte que l'œil se
trouve par-là retréci dans son milieu & prend la figure d'un
rein, comme on le voit dans la planche 3, fig. 5. Cette insertion de l'antenne fait différer cet insecte des melolontes,
qui lui ressemblent par leurs antennes en scie, & le rappro-
cheroit des capricornes & des leptures ; mais les antennes
de ceux-ci sont autrement figurées. Le corcelet est large,
assez applati ; ses côtés sont aigus & garnis chacun de trois
pointes aigues. Les étuis ont des rebords bien marqués ;
ils sont luisans & comme chagrinés, sans aucunes stries.
Je n'ai trouvé qu'une seule fois cet insecte par terre, au
bois de Boulogne, dans le mois d'août.

CERAMBYX.

LE CAPRICORNE.

Antennæ à basi ad apicem decrescentes, in oculo positæ.	Antennes qui vont en diminuant de la base à la pointe, & dont l'œil entoure la base.
Thorax aculeatus.	Corcelet armé de pointes.

Ce genre est un de ceux qui fournissent les plus beaux
insectes ; il a trois caracteres génériques, qui le font aisément reconnoître. Le premier de ces caracteres consiste
dans la forme de ses antennes, qui sont fort longues, dont
les articulations sont bien marquées, & qui vont en diminuant insensiblement d'articles en articles, depuis leur

bafe jufqu'à la pointe. Le fecond dépend de la pofition
finguliere de ces mêmes antennes, dont l'œil entoure la
bafe, de même que dans le genre précédent, enforte que
l'antenne femble fortir du milieu de l'œil. Enfin le corcelet fournit le troifiéme caractere. Dans ces infectes, il eft
armé de chaque côté d'une pointe latérale, fouvent affez
aigue. C'eft par ce dernier caractere que ce genre des capricornes fe diftingue du genre fuivant, qui lui reffemble
beaucoup. Il y a cependant encore une autre petite difié-
rence entre ces deux genres; elle dépend de la maniere
dont les capricornes portent leurs antennes; ils les tiennent recourbées en arriere, de façon qu'elles forment un
arc, à peu près comme les cornes de bélier.

La larve qui produit ces infectes, reffemble à un ver mol,
allongé & affez étilé, dont la tête eft écailleufe, & la partie antérieure armée de fix pattes dures. Ces larves font
fouvent de couleur blanche; elles fe trouvent dans l'intérieur des arbres qu'elles percent, fe nourriffant de la fubftance du bois, qu'elles réduifent en poudre.

C'eft dans ces mêmes trous qu'elles fe métamorphofent
en chryfalides, dont fort l'infecte parfait, qu'on furprend
quelquefois à la fortie du trou, dans lequel il s'eft métamorphofé. L'infecte parfait eft de forme allongée : fes pattes font longues & leurs tarfes font garnis en deffous d'efpéces de broffes ou pelottes fouvent jaunâtres. Plufieurs
efpéces répandent une odeur forte affez agréable, que l'on
fent de loin. Quelques-unes, lorfqu'on les prend dans la
main, font une efpéce de cri, produit par le frotement du
corcelet fur le haut du ventre & des étuis. Du refte, ces
infectes ne font aucun mal.

1. C E R A M B Y X *fufco-niger, elytris rugofis, apice in-
teriore fpinofis, antennis corpore longioribus.*

Frifch. germ. 13, *tab.* 8.

Le grand capricorne noir.
Longueur 1 ½ *pouce. Largeur* 6 *lignes.*

2.

2. CERAMBYX *ater, elytris rugosis integris, antennis corpore longioribus.*

Le petit capricorne noir.
Longueur 9 lignes. Largeur 3 ½ lignes.

Ces deux infectes font fi femblables, qu'on feroit porté
d'abord à n'en faire qu'une feule efpéce. Ils femblent ne
différer que par la couleur, qui eft beaucoup plus foncée
dans le fecond, & par la grandeur; mais fi on les examine
avec foin, on voit que ce font réellement deux efpéces
différentes. Le grand capricorne répand une odeur de
rofe affez forte, que ne donne point le petit. De plus, on
remarque à l'angle intérieur de l'extrémité des étuis du
grand capricorne, des petites pointes épineufes, une efpéce d'appendice, qui manque aux étuis de la petite efpéce. A cela près, ces deux infectes fe reffemblent: tous
deux font noirâtres. Leur corcelet a des rugofités confidérables, & une épine aigue de chaque côté; leurs étuis
font chagrinés & leurs antennes ont une fois & demi la
longueur de tout le corps. Elles font, comme dans tous
les infectes de ce genre, compofées de onze articles ou
anneaux, dont le premier eft gros & le fecond fort court.
On trouve ces infectes autour des arbres, où ils cherchent
à dépofer leurs œufs. Leurs larves habitent dans les troncs
des vieux arbres qu'elles mangent & détruifent.

Nota. Je ne fçais fi ce feroit une de ces deux efpéces que
M. Linnæus auroit voulu défigner *faun. fuec. n.* 482; il
lui donne des taches jaunes, qui ne fe trouvent point
dans les nôtres, ce qui me fait croire que l'efpéce qu'il a
défignée eft différente de celle-ci.

3. CERAMBYX *ater, elytris punctis elevatis, antennis corpore brevioribus.*

Le capricorne noir chagriné.
Longueur 1 pouce. Largeur 5 lignes.

Tome I.   C c

Cet infecte eſt plus raccourci & plus gros que les précédens. Sa couleur eſt noire partout. Ses antennes ſont aſſez
groſſes & plus courtes que dans la plûpart des autres eſpéces , elles n'égalent guères que les deux tiers de la longueur du corps. Le corcelet a deux pointes aigues , une de
chaque côté & eſt ridé ; mais les ſillons de cette partie
ſont aſſez fins , ce qui rend ſa couleur matte. Les étuis
ſont ovales , larges , & comme chagrinés & parſemés de
petits points ronds élevés. Les pattes ſont groſſes. Cet infecte m'a été donné ; on l'avoit trouvé ſur les vieux bois
d'un chantier.

4. CERAMBYX *cinereo-cœruleſcens , elytrorum ma-*
culis ſex fuſcis. Planch. 3 , fig. 6.

Linn. ſyſt. nat. edit. 10, *p.* 392, *n.* 23. Cerambyx thorace ſpinoſo , coleoptris
obtuſis , faſcia maculiſque quatuor atris , antennis longis.
It. ſcan. 260. Cerambyx ſubcœruleſcens , faſcia maculiſque quatuor nigris.
Robert , ic. 8.
Petiv. gazoph. tab. 65 , *fig.* 3.
Scheuzer. itin. alpin. it. 1 , *tab.* 1 , *f.* 5 , *pag.* 87 , *vol.* 1. Capricornus ſeu
Κεϱαμβοξ primus mouffeti , coloris fere cinerei , cujus venter , crura , &
cornua dilute , *imo eleganter* cœrulea , *articulis nigris interſtincta* , ſcapulæ ,
cauda & elytra , nigris quibuſdam maculis variegata.
Jonſt. inſ. tab. 14 , *ord.* 1 , *f.* 9.
Mouff. inſ. pag. 150 , *f.* 2.

La roſalie.
Longueur 15 *lignes. Largeur* 4 *lignes.*

Cet infecte eſt un des plus beaux de ce Pays-ci. Sa tête
eſt d'un bleu cendré , avec les machoires plus noires. Ses
antennes ſont grandes , elles ont une fois & demi la longueur de tout le corps : elles ſont du même bleu , ayant à
l'extrémité de chaque article une touffe de duvet brun , ce
qui entrecoupe la couleur bleue & rend ces antennes très-
belles. Le corcelet eſt bleu , avec une tache brune de couleur de ſuie ſur le devant. Les étuis ſont de la même couleur cendrée bleuâtre , chargés chacun de trois taches ,
une en bas plus petite , une au milieu ſort grande , tenant
toute la largeur de l'étui & une moyenne en haut. Ces

taches font brunes de couleur matte & comme veloutées : elle font entourées ainfi que celle du corcelet , par une raie de couleur plus claire que le refte du corps. Tout le deffous de l'animal eft d'un beau bleu , les jointures des pattes font feulement plus brunes. Cet infecte fe trouve dans les troncs d'arbres pourris comme le précédent. On le rencontre quelquefois dans les chantiers.

5. CERAMBYX *viridi-cœrulefcens.*

Linn. faun. fuec. n. 478. Cerambyx viridi-cœrulefcens , antennis corpus
  fubæquantibus.
Act. Upf. 1736 , *p.* 120 , *n.* 1. Cerambyx viridi-æneus.
Linn. fyft. nat. edit. 10 , *p.* 391 , *n.* 22. Cerambyx mofchatus.
Mouff. p. 149 , *f. ult.* Cerambyx tertius. *p.* 150.
Lift. loq. p. 384 , *n.* 11. Scarabæus magnus fuaviter olens.
Raj. inf. pag. 81 , *n.* 17. Scarabæus capricornus dictus major , viridis odoratus.
Frifch. germ. 13 , *p.* 17 , *tab.* 11. Scarabæus arboreus cœruleo - viridis.

Le capricorne vert à odeur de rofe.
Longueur 1 *pouce. Largeur* 3 ½ *lignes.*

Tout le corps de ce beau capricorne eft d'un vert tirant un peu fur le bleu , luifant , brillant & doré , quelquefois il eft d'un bleu doré & azuré. La defcription que M. Linnæus en donne , eft affez exacte. Le ventre , dit-il , eft bleu en deffus ; les aîles font noires , les jambes bleues , ainfi que les tarfes qui font velus en deffous. Le corcelet a de chaque côté une pointe , & entre ces pointes fur le bas du corcelet proche les étuis , fe trouvent trois tubercules , & quelques autres plus petits fur le devant du corcelet , ce qui le fait paroître raboteux. Les étuis font longs , un peu mols & fléxibles & finement chagrinés : ils ont chacun deux raies longitudinales un peu élevées. M. Linnæus en marque trois , il n'y en a cependant que deux. Je ne fçais pas non plus pourquoi il trouve les antennes autrement conformées que dans les autres capricornes : elles font pré- cifément de même , fi ce n'eft que l'extrémité des articles ou anneaux eft un peu moins renflée. Ces antennes font au moins de la longueur du corps. On trouve cet infecte

fur le faule , où il répand une odeur fort femblable à celle
de la rofe. Cette odeur fe fait fentir au point de fe répan-
dre dans des prés où il y a des faules chargés de quelques
uns de ces infectes : ils font affez communs.

6. CERAMBYX *niger , elytris thoracifque lateribus*
rubris.

Le capricorne rouge.
Longueur 8 lignes.　Largeur 2 ⅓ lignes.

Il eft d'un noir matte & velouté prefque partout , il n'y
a que fes étuis & les bords de fon corcelet qui foient d'un
beau rouge. Ses antennes font à peu près de la longueur de
fon corps. Le corcelet a deux pointes latérales peu faillantes , mais fenfibles & aigues. Tout le corps eft un peu
velu , à l'exception des étuis qui font liffes , mais chargés
de points pofés irréguliérement. On obferve entre les mâles & les femelles, une différence affez fenfible : outre que
les premiers font plus petits , comme il eft ordinaire parmi
les infectes , leur corcelet de plus eft tout noir , orné feulement de deux taches latérales , rondes , de couleur rouge ,
une de chaque côté & tout-à-fait ifolées ; au lieu que dans
les femelles , ces taches rouges ne font point ifolées , mais
communiquent enfemble par une bande de même couleur , qui borde le devant du corcelet. On trouve cet
infecte dans les vieux bois , où fa larve fait fon domicile : il
n'eft pas fort commun autour de Paris.

7. CERAMBYX *niger , elytris vellere cinereo marmo-*
ratis , antennis pedibufque cinereo interfectis.

Le capricorne noir marbré de gris.
Longueur 3 ½ lignes.　Largeur 1 ligne.

Cette efpéce eft beaucoup plus petite que les précédentes. Ses antennes ont environ le double de la longueur de
fon corps. Leurs anneaux font entrecoupés de noir & de
gris. Le corps de l'infecte eft noir : fes étuis & fon corcelet

font pointillés par ftries longitudinales , & de ces points
fortent des petits poils gris , qui forment fur l'infecte des
taches grifes. Cette couleur grife forme principalement
fur le milieu des étuis une large bande tranfverfe , bordée
en haut & en bas par des bandes irrégulières plus noires
que le refte des étuis. Les cuiffes de l'infecte font larges ,
courtes & ovales : les jambes , ainfi que les tarfes , font
grifes vers le haut , noires vers le bas. Ce petit infecte a
été trouvé fur des faules.

8. CERAMBYX *ater ovatus , antennis corporé dimi-*
dio brevioribus , elytris vellere cinereo albidis.

N. B. *Idem elytris fufcis vellere cinereo fafciatis. Va-*
rietas.

Frifch. germ. 13 , *t. 19.*

Le capricorne ovale cendré.
Longueur 6 lignes.   Largeur 2 ½ lignes.

La forme de ce capricorne diffère de celle des précédens : il eft plus ovale & moins allongé. Ses antennes font
courtes , elles n'égalent que la moitié de la longueur de
tout le corps. La tête eft pointillée ainfi que le corcelet.
Tout l'animal eft noir , à l'exception des étuis. Ces étuis
font ovales , arrondis & couverts de petits poils drus , qui
varient pour la couleur. Tantôt ils font d'un gris cendré
égal & uniforme partout , ce qui fait paroitre les étuis
blanchâtres & de couleur cendrée : tantôt ce gris eft moins
clair , mais il y a trois bandes longitudinales plus blanches
fur chaque étui , une au milieu & une de chaque côté , de
façon cependant qu'il ne paroît que cinq raies fur l'infecte ,
parce que les raies blanches qui font fur le bord intérieur
des deux étuis proche la future , fe joignent & ne forment
qu'une feule bande : tantôt enfin le duvet des étuis eft
brun , & les bandes feules font de couleur cendrée ; ce
qui fait des variétés qui fe multiplient encore par les différentes nuances de couleur. J'ai trouvé affez fréquemment

cet insecte sur les haies & les buissons, particuliérement sur l'aubépine.

9. CERAMBYX *ovatus fuscus, elytris antice cine-reis, apice bidentatis.*

Linn. syst. nat. edit. 10, p. 301, n. 18. Cerambyx thorace spinoso, elytris subpræmorsis, punctisque tribus trispidis, antennis hirtis longioribus.
Linn. faun. suec. n. 484. Cerambyx cinereus, elytris præmorsis nigris, punctis faciisque alba, antennis corpore sesqui-longioribus.
Raj. ins. p. 97. Scarabæus antennis articulatis longis 4ᵘˢ.

Le capricorne à étuis dentelés.
Longueur 3 lignes.   Largeur 1 ⅓ ligne.

On peut regarder cette espéce de capricorne comme une des plus singuliéres de ce Pays-ci. Sa couleur est brune plus ou moins foncée en différens endroits. Ses antennes surpassent d'un bon tiers la longueur de son corps : elles sont composées d'anneaux moitié bruns, moitié gris, avec un anneau tout-à-fait blanc vers leur milieu. Le corcelet outre les épines latérales, a deux tubercules considéra-bles en dessus, un de chaque côté. Les étuis sont bruns, ornés d'une large bande grise transversale proche de leur base. Cette bande est formée par des petits poils cendrés, & elle n'est pas partout du même blanc, mais elle paroît comme panachée de différentes nuances. On voit sur les étuis deux ou trois stries longitudinales élevées, chargées de quelques poils gris & de plusieurs touffes de poils bruns. L'extrémité de chacun des deux étuis a deux poin-tes aigues, une extérieure plus longue & une intérieure plus courte. On trouve cet insecte dans les prés.

10. CERAMBYX *ovatus fuscus, elytris integris.*

Le capricorne brun de forme ovale.
Longueur 2 lignes.   Largeur ¼ ligne.

Ce capricorne approche beaucoup du précédent ; il est un peu plus petit. Sa couleur est brune, plus foncée en quelques endroits & plus claire en d'autres. Ses antennes surpassent d'un tiers la longueur de son corps, & leurs anneaux font d'une couleur un peu plus claire vers leur bafe. Le corcelet eft garni de pointes latérales , & les étuis ont deux ftries longitudinales élevées , qui vers le bout font chargées de petites touffes de poils. Ces étuis n'ont point de bande grife comme dans le précédent.

LEPTURA.

LA LEPTURE.

Antennæ a bafi ad apicem decrefcentes , in oculo pofitæ.	Antennes qui vont en di-minuant de la bafe à la pointe , & dont l'œil entoure la bafe.
Thorax inermis,	Corcelet nud & fans pointes.
Familia 1ᵃ. Thorace cylindraceo.	Famille 1°. A corcelet cylindrique.
—— 2ᵃ. *Thorace globofo.*	—— 2°. A corcelet globuleux.
—— 3ᵃ. *Thorace inæquali fcabro.*	—— 3°. A corcelet inégal & raboteux.

On voit par le caractere que nous donnons , que ce genre approche infiniment du précédent , & même dans l'ordre naturel on pourroit joindre les leptures aux capricornes , dont elles ne différent que par leur corcelet , qui n'eft point armé de pointes comme celui des infectes précédens : auffi n'avons-nous féparé ces deux genres , que pour faciliter la méthode & éviter d'en furcharger un feul d'un trop grand nombre d'efpéces. Nous avons encore fait plus , comme les efpéces de leptures font nombreufes , nous les avons diftribuées en trois familles , d'après les formes différentes de leur corcelet.

Pour tout le refte , les leptures reffemblent tout-à-fait aux capricornes , tant pour la forme du corps , que pour leurs larves , leurs chryfalides & l'endroit où elles fe trouvent : ainsi il ne nous reste qu'à décrire les espéces que renferme ce genre & qui sont presqu'aussi belles que celles du genre précédent.

PREMIERE FAMILLE.

1. LEPTURA *cinerea , nigro - punctata , thorace cylindraceo.*

Linn. faun. suec. n. 493. Cerambyx griseus , nigro - punctatus , thorace inermi. Petiv. gazoph. 5 , t. 2 , f. 1. Capricornus norvegicus nigrescens , vaginis punctatis , maculisque pallidis aspersis.

La lepture chagrinée.
Longueur 1 pouce.   Largeur 4 lignes.

Cette grande lepture est toute couverte de petits poils, qui la font paroître d'un gris cendré un peu jaunâtre. A travers cette couleur on voit des points noirs, lisses, élevés. Les antennes sont de la longueur du corps, composées de onze articles, dont la base est grise & le sommet noir, en quoi M. Linnæus s'est trompé, marquant précisément le contraire. Le corcelet est cylindrique avec un petit sillon élevé dans son milieu.

2. LEPTURA *tota cœruleo - atra , capite thoraceque subvilloso.*

La lepture ardoisée.
Longueur 4 ½ lignes.   Largeur 1 ¼ ligne.

La forme de cet insecte est la même que celle du précédent ; il est seulement beaucoup plus petit. Il est partout d'une couleur noire, bleuâtre ardoisée. Ses antennes sont de la longueur de son corps. Sa tête & son corcelet sont un peu velus, & ses étuis sont pointillés, mais irréguliérement. On voit sur ces étuis deux raies longitudinales plus élevées. J'ai trouvé cet insecte sur les fleurs.

3. LEPTURA *nigra , thoracis lineis tribus , elytrorumque maculis villoso - flavis , thorace cylindraceo , antennis corpus æquantibus.*

La

'La lepture à corcelet cylindrique & taches jaunes.
Longueur 4 , 5 , 6 lignes. Largeur 1 , 1 ½ lignes.

Nous avons marqué dans la phrase de cette espéce, que son corcelet est cylindrique, pour la distinguer d'une autre lepture à taches jaunes, mais dont le corcelet est globuleux, dont nous ferons mention incessamment en examinant les leptures de la seconde famille. Celle-ci varie beaucoup pour la grandeur, comme on en peut juger par les dimensions que nous donnons. Sa tête est noire, ornée de trois lignes de poils jaunes, qui partent de l'intervalle des antennes, & descendent vers le corcelet en s'éloignant les unes des autres. Le corcelet est noir & pointillé, chargé de trois bandes longitudinales, qui font la suite de celles de la tête, sçavoir une au milieu & une sur chaque côté. Les étuis sont noirs, pointillés, couverts de petits poils jaunâtres, qui forment dans différens endroits des plaques plus jaunes, dont on distingue quatre ou cinq paires plus marquées, rangées longitudinalement, outre l'écusson qui est jaune. Les pattes sont noires & un peu velues. Les antennes sont de la longueur du corps, & la base de chacun de leurs anneaux est grise, ce qui rend les antennes entrecoupées de gris & de noir. On trouve cet insecte au commencement de l'été sur le bouleau.

4. LEPTURA *nigra ; elytris flavis ; apice nigris.* *Linn. faun. suec. n. 506.*

'La lepture noire à étuis jaunes.
Longueur 2 lignes. Largeur ½ ligne.

Cette espéce a en petit la même forme que les précédentes. Sa couleur est noire ; il n'y a que ses étuis qui font jaunes avec l'extrémité noire, & les pattes de devant qui font aussi jaunes. Les antennes sont un peu plus courtes que le corps. Les étuis sont pointillés irréguliérement, & plus mols que ceux des autres espéces de ce genre. Tout

Tome I.   D d

l'animal vû à la loupe , paroît couvert d'un petit duvet de
poils. On le rencontre affez communément.

5. LEPTURA *nigro-cinerea , thorace elytrifque maculis oculiferis atris , circulo cinereo , thorace fubcy-
lindraceo.*

La lepture aux yeux de pcon.
Longueur 5 lignes. Largeur 2 ⅓ lignes.

Elle eft de couleur noire , cendrée , un peu bleuâtre. Ses
antennes font panachées alternativement de gris & de
noir ; le gris occupe la bafe de chaque article , & le noir eft
à l'extrémité. Sur le corcelet on voit quatre taches , deux
de chaque côté , dont la fupérieure eft plus grande que l'inférieure. Ces taches font d'un noir matte , velouté , & elles
font entourées d'un petit cercle gris. Chaque étui a deux
taches femblables , une plus haut & plus petite , l'autre
plus bas. Ces taches reffemblent à des yeux dont l'iris
feroit gris & la pupille noire. Il y a outre cela fur les étuis
quelques taches & lignes cendrées peu marquées. Les
étuis & le corcelet vûs de près paroiffent ponctués. Cette
lepture eft rare. Celle que j'ai , a été trouvée au Jardin du
Roi & m'a été donnée par M. Bernard de Juffieu.

6. LEPTURA *tota nigro-ferruginea , thorace fubcy-
lindraceo.*

La lepture rouillée.
Longueur 17 lignes. Largeur 5 lignes.

Cette efpéce la plus grande de ce genre , approche
beaucoup pour fa forme du grand capricorne noir. Sa
couleur eft d'un brun noirâtre vers le haut , fçavoir fur
les antennes , la tête & le corcelet : mais les étuis font
d'un brun clair couleur de rouille. Les antennes plus longues que le corps & compofées de onze anneaux , ont
une particularité : c'eft que les premiers anneaux , furtout
le troifiéme font très-longs , & les derniers vont en dimi-

ñuant considérablement de longueur. Les mâchoires font fort prominentes & avancées, & les étuis paroissent chagrinés. Les pattes font longues. On trouve cet insecte dans les bois.

SECONDE FAMILLE.

7. LEPTURA *nigra, maculis villoso-flavis, thorace globoso, antennis corpore dimidio brevioribus.*

La lepture à corcelet rond & taches jaunes.
Longueur 6 ½ lignes. Largeur 2 lignes.

Le fond de la couleur de cet insecte est noir, & son corps est couvert de petits points, du fond desquels partent quelques poils jaunâtres qui forment des taches. Il y en a deux oblongues fur la tête entre les antennes, plusieurs fur le corcelet rangées en deux lignes transversales, & nombre d'autres fur les étuis grandes & petites, dont les plus grandes font au nombre de cinq fur chaque étui & de formes différentes. Les antennes font courtes, égalant à peine la moitié de la longueur du corps, & le corcelet est large & sphérique : les pattes font noires.

N. B. J'ai vû une variété de cette espéce, où les poils jaunâtres du corcelet formoient quatre raies longitudinales, & les taches velues des étuis représentoient des figures d'U en différens fens.

8. LEPTURA *nigra, villoso-flava, maculis duabus in elytro singulo glabris nigris.*

La lepture velours jaune.
Longueur 5 lignes. Largeur 2 lignes.

Son corps est noir, mais il paroît jaune, à caufe des petits poils de cette couleur qui couvrent la tête, le corcelet & les étuis. Ses antennes font noirâtres ; leur longueur n'excéde pas la moitié de celle du corps. Les yeux font noirs. Il y a fur les étuis quatre taches noires lisses, deux

D d ij

sur chaque étui, formées par le fond de la couleur de l'animal, qui paroît en ces endroits où le poil jaune manque. Le dessous de l'insecte & ses pattes sont noirs. J'ai trouvé ce petit animal sur les fleurs, mais il n'est pas fort commun.

9. **LEPTURA** *nigricans, capite thoraceque rubro, punctis nigris.*

La lepture à corcelet rouge ponctué.
Longueur 4 lignes. Largeur 1 ligne.

Ses antennes sont à peu près de la longueur de son corps. Sa tête est d'un rouge terne, avec un point noir entre les deux antennes, & trois autres à sa jonction avec le corcelet. Celui-ci est noir en dessous, & en dessus de la même couleur que la tête, avec sept points noirs, sçavoir un au milieu proche les étuis & trois de chaque côté. Les étuis sont noirâtres, un peu ardoisés & chargés de petits points. Le ventre en dessous est de la même couleur, rougeâtre seulement vers le bout. Les pieds sont roux avec les jointures noires.

10. **LEPTURA** *nigra, elytrorum lineis quatuor arcuatis, punctisque flavis, pedibus testaceis.*

Petiv. gazoph. tab. 63, fig. 7.
Linn. syst. nat. edit. 10, p. 399, n. 19. Leptura thorace globoso nigro, elytris nigris, fasciis linearibus flavis, tribus retrorsum arcuatis, pedibus ferrugineis.
Leche. nov. inf. spec. diff. abo. n. 30. Cerambyx niger, elytris fasciis quatuor flavis arcuatis.
Raj. inf. p. 83, n. 23. Scarabæus major, corpore longo angusto niger, cum tribus in utravis ala lineis transversis lutescentibus.
Frisch. germ. 12, p. 31, t. 3, f. 4. Scarabæus quartæ magnitudinis niger, caracteribus flavis.

La lepture aux croissans dorés.
Longueur 5, 6, 8 lignes. Largeur 1½, 2 lignes.

Cette belle espéce varie beaucoup pour la grandeur. Le fond de sa couleur est d'un brun noirâtre, matte & comme velouté. Ses pattes & ses antennes sont d'une couleur fauve claire , ces dernieres font à peu près de la longueur du corps. Sur la machoire fupérieure , il y a une raie tranf-verfale d'un jaune citron , une autre pareille fur la tête entre les antennes , & enfin la bafe de la tête eft entourée d'une raie ou bande de même couleur. Le corcelet qui eft rond & large , eft de même terminé en haut & en bas par une femblable ligne , qui ne fe voit qu'en deffus & non en deffous , & de plus au milieu du corcelet , il y a encore une bande jaune tranfverfe , mais fouvent interrompue dans fon milieu. L'écuffon qui eft entre les étuis vers leur bafe , eft jaune. Sur chaque étui aux deux côtés de l'écuf-fon , il y a une tache ou point jaune. Sur la future , plus bas que l'écuffon , fe trouve une grande tache ronde , jau-ne , commune aux deux étuis : enfuite en defcendant , on voit fur chaque étui trois bandes tranfverfales en arc ou croiffant , dont les pointes regardent le bas de l'infecte. La premiere de ces bandes ne va pas tout-à-fait jufqu'à la future , les deux autres y vont & fe joignent aux corref-pondantes de l'autre étui : enfin l'étui eft terminé par une quatriéme & derniere bande ou tache longue , qui partant de l'angle extérieur,remonte vers la future. Toutes ces ta-ches & raies font formées par des petits poils d'un beau jaune doré : en deffous l'animal eft noir avec quelques poils jaunes , & quatre raies tranfverfes jaunes fur les an-neaux du ventre. On trouve ce bel infecte dans les troncs d'arbres pourris.

N. B. J'ai vû une variété affez finguliere de cette efpéce de lepture. La différence ne confiftoit que dans les étuis. Ils étoient bruns au lieu d'être noirs. Vers leur bafe il n'y avoit qu'une feule bande jaune , tout le refte de l'étui juf-ques vers le milieu de fa longueur,n'avoit point de jaune : au contraire toute la moitié inférieure de ces mêmes étuis, étoit jaune , à l'exception de deux bandes brunes tranfver-fes , placées à peu près à diftances égales. Ces étuis étoient affez liffes & nullement veloutés comme dans l'efpéce ci-deſſus : du reſte la tête , le corcelet & les pattes n'avoient aucune différence.

Une autre variété qui n'étoit pas moins ſinguliere, différoit , & par le corcelet , & par les étuis. Le corcelet étoit, comme dans l'eſpéce ci-deſſus , terminé par une bande jaune en haut & en bas ; mais ces deux bandes étoient larges , enſorte que le noir du milieu du corcelet ne faiſoit qu'une bande tranſverſe aſſez étroite. Les bandes jaunes étoient pâles , à l'exception de l'endroit où elles bordoient la bande noire , qui étoit plus foncé. Les étuis liſſes & noires avoient cinq bandes jaunes tranſverſes , à l'exception de celle du milieu qui étoit un peu oblique. La derniere de ces bandes terminoit les étuis qui n'avoient pas d'autres taches ou points iſolés.

11. **LEPTURA** *nigra , elytrorum lineis tribus tranſverſis punctiſque flavis , pedibus teſtaceis.*

Linn. faun. ſuec. n. 507. Leptura nigra , elytrorum lineis tranſverſis flavis ; pedibus teſtaceis.
Linn. ſyſt. nat. edit. 10 , p. 399 , *n.* 20 Leptura thorace globoſo nigro , elytris nigris , faſciis flavis , ſecunda antrorſum arcuata , pedibus ferrugineis.
Raj. inſ. p. 82 , *n.* 22. Scarabæus medius , abdomine longo , anguſto , niger , lineolis & maculis luteis pulchre variegatus.
Friſch. germ. 12 , *p.* 32, *t.* 3 , *f.* 5.
Liſt. tab. mut. t. 2 , *f.* 1.
Liſt. loq p. 385 , *n.* 14. Scarabæus niger , lineolis quibuſdam luteis diſtinctus , ſubcroceis pedibus.
Petiv. gaᶻoph. tab. 63 , *fig.* 6.
Act. Upſ. 1736 , *p.* 20 , *n.* 8. Leptura elytris nigris , lineis flavis.

La lepture à trois bandes dorées.
Longueur 3 *lignes. Largeur* 1 *ligne.*

Cet inſecte approche infiniment du précédent pour la forme & les couleurs. Il en différe pour la grandeur , qui cependant varie beaucoup. Sa couleur eſt d'un noir brun velouté , comme celle de l'eſpéce précédente. Sur la tête on ne voit point de taches jaunes. Le corcelet eſt bordé de jaune en haut & en bas , mais ſans raie tranſverſe au milieu. L'écuſſon eſt jaune. A ſes côtés ſont deux raies oblongues , une ſur chaque étui , qui ne vont point juſqu'à

la future : enfuite viennent deux autres raies fur chaque
étui ; la premiere en arc , dont les extrémités regardent
la tête de l'animal, la feconde tout-à-fait tranfverfe , joignant fa correfpondante. L'étui eft terminé par une derniere tache ou raie oblongue en arc , qui fuit le Lord
de cette partie. L'animal en deffous eft noir avec deux
points jaunes de chaque côté de la poitrine , & quatre
bandes femblables fur les anneaux du ventre. Les pattes
& les antennes font fauves. Celles-ci égalent la moitié de
la longueur du corps , & font quelquefois plus brunes
à l'extrémité. On trouve cet infecte communément fur les
fleurs.

12 **LEPTURA** *nigra , elytrorum lineis tranfverfis
punctifque albis.*

Raj. inf. p. 83 , n. 25. Scarabæus parvus oblongus niger , elytris duabus lineis
albis tranfverfis diftinctus.
Petiv. gazoph. tab. 63 , fig. 5.

La lepture à raies blanches.
Longueur 2 ½ , 4 *lignes. Largeur* 1 , 1 ½ *ligne.*

Cette efpéce encore femblable aux précédentes , varie
auffi pour la grandeur. Elle eft noire , fes cuiffes antérieures font renflées en maffue , & fes antennes égalent la
moitié de la longueur de fon corps. La tête eft noire , ainfi
que le corcelet , qui a feulement en bas une petite bordure
fouvent prefqu'imperceptible de poils blancs. L'écuffon
eft blanc : du bas de l'écuffon partent deux raies blanches,
qui s'écartant l'une de l'autre , defcendent obliquement
chacune fur un étui , & fe terminent bientôt au milieu de
la largeur de cet étui. A cet endroit , eft un point blanc
rond , & en dehors en remontant une tache longue de
même couleur plus bas eft une raie blanche tranfverfe un
peu en arc , dont la pointe intérieure remonte le long de
la future : enfin l'étui fe termine par une tache blanche
oblongue. En deffous l'animal eft noir , avec deux taches
blanches fur chaque côté de la poitrine , & trois raies

tranſverſales ſemblables ſur les anneaux du ventre. J'ai trouvé cet inſecte ſur les fleurs des plantes en ombelle.

13. LEPTURA *nigra , elytris pallido - fuſcis , ſigna=* *turis flavis.*

La lepture noire à étuis gris tachés de jaune.
Longueur 4 ½ lignes.   Largeur 1 ⅓ ligne.

Sa tête eſt noire , avec deux raies jaunes longues entre les antennes , qui deſcendent juſqu'aux machoires. Ses antennes pareillement noires , ne ſont guères plus longues que le corcelet. Celui-ci eſt auſſi noir , avec quatre bandes jaunes longitudinales , étroites & peu marquées. Les étuis ſont d'une couleur brune , pâle , un peu griſe & aſſez ſingu-liere. Ils ont pluſieurs taches jaunes , ſçavoir d'abord à leur baſe deux points , qui ſouvent ſe réuniſſent & forment une bande : enſuite une bande étroite en arc , dont les pointes regardent l'extrémité de l'inſecte ; plus bas deux points ou une bande interrompue dans ſon milieu , qui deſcend du bord extérieur vers le bord intérieur : enſuite une bande tranſverſe en zigzag , qui ſe prolongeant le long de la ſuture , va gagner le bas de l'étui & former à ſon bord une derniere bande. Les pattes ſont brunes.

14. LEPTURA *villoſo-flava , elytris lineis tribus* *tranſverſis nigris.*

La lepture jaune à bandes noires.
Longueur 4 lignes.   Largeur 1 ligne.

Le fond de la couleur de cette lepture eſt noir , mais elle paroît jaune , à cauſe des petits poils de cette couleur dont elle eſt couverte en deſſus & en deſſous. Les anten-nes égalent en longueur la moitié du corps : elles ſont noi-râtres , ainſi que les pattes. Les étuis ont trois bandes noi-res tranſverſes formées par le défaut des poils jaunes : la premiere de ces bandes ne va pas juſqu'à la ſuture , mais remonte & ſe recourbe , faiſant un double coude , qui
imite

imite la figure d'un G : les deux autres font droites, bien tranfverfes, & fe joignent aux correfpondantes de l'autre étui. L'étui eft terminé par la couleur jaune. Les yeux de l'infecte font noirs. Cette efpéce eft très-jolie.

15. **LEPTURA** *nigra, elytris maculis teftaceis, nigris, albidis, lineifque nigris & albicantibus variegatis.*

Raj. inf. p. 83 , *n.* 26. Scarabæus parvus, corpore angufto longo, elytris triplici colore rufo, albo, nigroque pulchre diftinctis.

Lift. append. 386 , *n.* 15. Scarabæus niger, fummis alarum thecis flavefcentibus , iifdem que imis albicantibus, præter alias quafdam lineolas albidas.

La lepture arlequine.
Lorgueur 5 *lignes. Largeur* 1½ *ligne.*

Il y a peu d'infectes dont les couleurs foient auffi difficiles à décrire que celles de celui-ci. Sa tête & fon corcelet font noirs. Ses antennes font noires à la bafe, blanchâtres au milieu, brunes au bout, & prefque de la longueur du corps. L'écuffon eft jaunâtre. Les étuis font d'abord d'un brun rougeâtre en haut. Cette couleur eft terminée par une raie blanchâtre, qui, partant du bord extérieur, remonte, en faifant l'arc, jufques vers la future, fans cependant y toucher, enforte que cette raie ne fe joint point à fa correfpondante. Suit une raie noire de même forme, qui va jufqu'à la future, puis une raie blanche, & une autre noire femblable, mais qui l'une & l'autre n'occupent que le deffus de l'étui, dont le bord extérieur eft brun. Enfin vient une raie blanchâtre en zigzag, qui termine tout à-fait la couleur brune, & après laquelle eft une grande tache noire arrondie. Après cette tache en vient une blanchâtre, grande & velue, qui termine l'étui. En deffous, l'animal eft noir, avec des taches jaunes fur les côtés de la poitrine, & des bandes tranfverfes de même couleur fur les anneaux du ventre. Cet infecte eft rare : je ne l'ai trouvé qu'une feule fois au Jardin Royal.

16. **LEPTURA** *cærulea, tibiis rufis, thorace fubglobofo.*

Tome I.   E e

La lepture bleue.
Longueur 3 lignes.   Largeur ¼ ligne.

Elle est en dessous noirâtre, un peu dorée. Sa couleur en dessus est d'un beau bleu foncé, à l'exception des antennes & des jambes. La base des antennes est fauve, & l'extrémité est noirâtre. Quant aux pattes, les cuisses sont grosses & bleues, comme les étuis, mais les jambes sont fauves, ainsi que les tarses. Le corcelet, & sur-tout les étuis, sont ponctués irréguliérement & comme chagrinés. On trouve cet insecte dans les Chantiers.

TROISIÉME FAMILLE.

17. **LEPTURA** *testaceo-fusca, thorace rhomboïdali villoso, elytrorum maculis quatuor albidis transversim positis.*

La lepture brune à corcelet romboïdale.
Longueur 5 ½ lignes.   Largeur 2 lignes.

Les antennes de cette lepture sont courtes, & n'ont guéres que le tiers de la longueur du corps. Le corcelet est comme quarré, raboteux, ayant deux tubercules en dessus un de chaque côté; il est un peu velu, ainsi que la tête. Les étuis sont finement chagrinés. La couleur de l'insecte est par-tout d'un brun obscur; seulement vers le tiers des étuis, en descendant, on voit quatre points blanchâtres formés par des petits poils & rangés transversalement au nombre de deux sur chaque étui. De ces deux points, celui qui est proche de la suture, est le plus large. Le dessous de l'animal est de la même couleur que le dessus.

18. **LEPTURA** *testacea, thorace glabro.*

Linn syst. nat. edit. 10, *p.* 396, *n.* 47. Cerambyx testaceus.
Linn. faun. suec. n. 491. Cerambyx testaceus, thorace glabro.
Act. Ups. 1736, *p.* 20, *n.* 3. Buprestis collari glabro, elytris testaceis.

La lepture livide à corcelet lisse.
Longueur 4 ¾ lignes.   Largeur 1 ½ ligne.

Ses antennes font de la longueur de fon corps, à peu de chofe près. Son corcelet eft raboteux & inégal. Ses étuis font pointillés finement, fans raies ni ftries. Quant à la couleur, les antennes, la tête, le corcelet & les pattes font d'une efpéce de rouge fade, ou de couleur fauve brune. Les yeux feulement font noirs, & dans quelques-uns les jointures des cuiffes : ces derniers font les mâles. Les étuis font d'une couleur fauve plus claire. Le deffous du corps eft jaune un peu livide & mêlé de noir. On trouve cet infecte fur les fleurs. A la premiere vûe, on eft tenté de le prendre pour la *cicindele à corcelet rouge. Cicindela n. 2. a.*

19. **LEPTURA** *atra, thorace teftaceo, femoribus craffis.*

La lepture noire à corcelet rougeâtre.

Cette efpéce eft femblable à la précédente pour la forme & la grandeur ; elle n'en différe que par la couleur noire de la tête & des étuis. Le corcelet, par ce contrafte de couleur, paroît un peu plus rouge. Le deffous du ventre eft femblable à celui de l'efpéce précédente, & les pattes font de même couleur fauve, avec leurs articulations noires. J'aurois été fort tenté de regarder ces différences comme de fimples variétés de fexe, fi je n'euffe trouvé des mâles & des femelles de chacune de ces deux efpéces. On les trouve toutes deux dans les mêmes endroits.

20. **LEPTURA** *atra, femoribus craffis rufis.*

La lepture noire à groffes cuiffes brunes.

Je ne vois aucune différence entre cette lepture & la précédente ; elles fe reffemblent pour la forme, la grandeur & la couleur ; feulement le corcelet de celle-ci eft noir, comme fes étuis. Elles pourroient bien n'être que variétés l'une de l'autre.

21. LEPTURA *nigra , thorace coleoptrifque fericeo-
rubris.*

Linn *fyft. nat. edit.* 10 , p. 396 , n. 51. Cerambyx thorace mutico fubrotundo ,
elytrifque fanguineis , corpore nigro, antennis mediocribus.

La lepture veloutée couleur de feu.
Longueur 5 lignes.   Largeur 1 ¼ ligne.

Les antennes de cette belle efpéce font de la longueur
des deux tiers du corps ; elles font noires , ainfi que la tête
& tout l'animal, à l'exception du corcelet & des étuis ,
qui font d'un beau rouge couleur de feu, & qui paroiffent
foyeux, à caufe des petits poils dont l'infecte eft couvert.
On voit auffi un peu de rouge au dernier anneau du ventre, en deffous. Le corcelet eft très raboteux, & on feroit
tenté de le croire épineux , & de faire de cet infecte un capricorne ; mais quand on regarde de près , on voit que ces
efpéces de pointes, qu'on apperçoit dans quelques - uns ,
ne font que des touffes du petit poil qui couvre le corcelet. Cet infecte vient dans les vieux bois. On le trouve
dans les Chantiers, & fouvent dans les buchers des maifons.

22 LEPTURA *nigra , elytris pedibufque rubefcentibus
lividis , coleoptris attenuatis.*

La lepture à étuis étranglés.
Longueur 4 lignes.   Largeur 1 ligne.

Cette efpéce eft une des plus fingulieres de ce genre. Sa
tête eft toute noire , ainfi que les antennes , qui égalent
les deux tiers de la longueur du corps. Le corcelet eft raboteux , un peu velu , chagriné , avec un tubercule liffe
fur chaque côté, & un plus petit au milieu. Ce corcelet,
dans quelques-uns, eft tout noir; dans d'autres , il eft bordé de jaune citron en haut & en bas. L'écuffon eft du même jaune. Les étuis larges par en haut , fe trouvent retrécis
& étranglés vers le milieu , & n'ont vers le bas que moitié
de la largeur qu'ils ont en haut ; vers cette extrémité, ainfi

retrécie, ils s'éloignent l'un de l'autre, ce qui leur donne une figure cambrée. Leur couleur est d'un fauve rougeâtre & livide, avec un peu de noir seulement en haut. Les pattes sont de la couleur des étuis; il n'y a que les quatre cuisses de devant qui sont arrondies & formées en masse, dont le gros bout, proche l'articulation, soit teint en noir. Tout le dessous de l'insecte est noir. On voit seulement aux côtés du ventre les bords des anneaux colorés de jaune. Cet insecte se trouve communément sur les fleurs.

ST. ENOCORUS. *Leptura Lin. Cerambycis sp. linn.*

LE STENCORE.

Antennæ à basi ad apicem decrescentes, ante oculos positæ.	Antennes qui vont en diminuant de la base à la pointe, posées devant les yeux.
Elytra apice angustiora.	Etuis plus étroits par le bout.
Familia. 1ª. *Thorax armatus spina vel tuberculo laterali.*	Famille 1°. Corcelet armé d'une pointe ou d'un tubercule latéral.
⸺ 2ª. *Thorax inermis.*	⸺ 2°. Corcelet nud.

Les antennes du stencore ressemblent tout-à-fait à celles des deux genres précédens; mais il en diffère par deux caractères particuliers à ce genre, & qui nous ont engagé à le séparer des leptures & des capricornes. Le premier consiste dans la position des antennes, qui sont devant les yeux & séparés d'eux, au lieu que celles des capricornes & des leptures sont comme implantées dans l'œil même. Le second se tire de la forme des étuis, qui, dans ces insectes, vont en se retrécissant vers le bout plus ou moins. Ce dernier caractere n'est pas aussi essentiel que le premier. C'est cette forme d'étuis retrécis par le bout, qui a fait donner à ce nouveau genre le nom de *stencorus*, comme qui diroit retréci, *angustatus*.

Parmi ces stencores, quelques-uns ont le corcelet armé

de pointes latérales, comme les capricornes, ou de tubercules mousses, & non pointus; d'autres ont le corcelet uni,
comme les leptures.

Nous aurions pû, d'après cette diversité de corcelet,
séparer ce genre & le diviser en deux, puisque ce n'est
que par un pareil caractere que les capricornes & les leptures différent entr'eux ; mais comme ce genre n'est pas à
beaucoup près aussi nombreux, nous nous sommes con-
tenté d'en former deux familles: la premiere comprend les
stencores, qui ont au corcelet des pointes ou des tubercules sur les côtés : dans la seconde, sont les autres insectes
de ce genre, qui ont un corcelet nud & uni.

Les larves de ces insectes, ainsi que leurs chrysalides,
ressemblent à celles des deux genres précédens. Plusieurs
d'entr'elles habitent aussi dans l'intérieur des arbres. Il y a
cependant un stencore dont la larve pourroit bien être
aquatique ; c'est la derniere espéce. On la trouve toujours
aux bords des ruisseaux, sur les flambes ou iris qui y croissent. Ces plantes sont couvertes de ces insectes, dont la
larve, que je ne connois pas, doit probablement se nourrir des feuilles ou même des racines d'iris, qui viennent
dans l'eau. Cette espéce est une des plus belles.

PREMIERE FAMILLE.

1. STENOCORUS *glaber, è fusco niger, elytro sin-*
gulo lineis tribus elevatis, maculis duabus luteis, tho-
race spinoso.

Linn. *faun. suec. n.* 486. Cerambyx cinereus, coleopterorum fasciis duabus
flavis, antennis corpore dimidio brevioribus, thorace spinoso.

Le stencore lisse à bandes jaunes.
Longueur , 9 lignes.   Largeur 2 ½ lignes.

La tête de cet insecte, ainsi que celle de presque tous
ceux de ce genre, est allongée, avec les antennules assez
grandes & bien marquées. Les antennes, qui n'égalent
que la longueur de la moitié du corps, sont posées devant

les yeux, en quoi cet insecte diffère des capricornes. Le
corcelet est allongé, étroit & cylindrique, avec une épine
bien marquée sur chaque côté. La couleur de la tête & du
corcelet est noire, avec quelques petits poils gris. Les
étuis sont assez larges, lisses, luisans, & ils ont chacun
trois raies longitudinales plus élevées; ils sont de plus
pointillés. Leur couleur est d'un noir rougeâtre, sur-tout
vers le bas, entre-coupée par deux taches jaunes, l'une
vers le haut de l'étui, qui descend obliquement en s'approchant de la future; l'autre plus bas, formée en croissant,
dont les pointes regardent le bout de l'étui. L'écusson est
jaune: les pattes sont noires & les cuisses d'un brun rougeâtre. On trouve cet insecte dans les bois.

2. STENOCORUS *niger, vellere flavo variegatus,
elytris lineis duabus elevatis, thorace spinoso.*

Linn. syst. nat. edit. 10, p. 393, *n.* 32. Cerambyx inquisitor.
Linn. faun. suec. n. 485. Cerambyx cinereus, nigro-nebulosus, antennis
corpore dimidio brevioribus, thorace spinoso.
Act. Ups. 1736, p. 10, *n.* 1. Necydalis cinereo-maculata, sulcata.

Le stencore noir velouté de jaune.
Longueur 6 ½ lignes. Largeur 2 lignes.

Ce stencore approche beaucoup du précédent. Il est tout
noir, chargé de points & couvert de petits poils jaunes,
qui souvent forment différentes plaques sur les étuis. Sa
tête est allongée; les antennules sont bien marquées, &
les antennes placées devant les yeux & courtes, n'égalent
que le tiers de la longueur du corps. Derriere les yeux, il
y a une tache noire oblongue, & entr'eux un sillon assez
profond, ainsi que dans l'espéce précédente. Le corcelet
est assez cylindrique, avec une pointe aigue de chaque
côté. Les étuis ont chacun deux lignes longitudinales élevées, & en regardant de près, il semble qu'on apperçoive
le commencement d'une troisiéme.

3. STENOCORUS *è fusco niger, femoribus rufis,
articulis nigris.*

Le ſtencore à genoux noirs.
Longueur 7, 8, 10 lignes. Largeur 1 ½, 1 ; 2 ¼, lignes.

Celui-ci eſt long & étroit. Sa grandeur varie. Sa tête eſt
noire, ſemblable pour la forme à celle des eſpéces précédentes. Ses antennes ſont environ de la longueur du corps,
noires en haut, fauves vers leur baſe. Le corcelet eſt pareillement noir, avec une pointe mouſſe de chaque côté.
Il eſt couvert, ainſi que la tête & le deſſous de la poitrine, de petits poils, qui, vûs à un certain jour, paroiſſent dorés. Les étuis vont en ſe retréciſſant vers leur extrémité. Ils ſont parſemés de petits points, & ſont d'un brun
fauve à leur baſe & noirs au bout. La loupe y fait découvrir quelques poils. Les cuiſſes & les jambes ſont de la
même couleur fauve, mais leurs articulations, ainſi que
les tarſes, ſont noirs. J'ai trouvé cet inſecte ſur les fleurs.

4. STENOCORUS *ruber, oculis nigris, elytris vio-*
laceis.

Le ſtencore rouge à étuis violets.
Longueur 9 lignes. Largeur 2 ¼ lignes.

Cette eſpéce eſt grande & belle. Ses antennes, qui égalent les trois quarts de la longueur de ſon corps, ſont rouges à leur baſe, noires à leur extrémité. La tête & le
corcelet ont ſur le milieu un ſillon profond, ce qui fait paroître ces parties comme raboteuſes, ſur-tout le corcelet,
qui ſemble formé de deux tubercules hémiſphériques. Ce
corcelet a de chaque côté une eſpéce de tubercule mouſſe,
nullement pointu. Les étuis ſont liſſes & finement pointillés. Tout l'animal eſt d'un rouge un peu terne, à
l'exception du bout des antennes, des yeux, des étuis &
de la partie ſupérieure du ventre, qui ſont d'un bleu violet, un peu noir. Les étuis ſont ſeulement bordés d'un peu
de rouge. J'ai trouvé cet inſecte ſur un orme.

5. STENOCORUS *niger, elytris teſtaceo-flavis;*
punctis duobus, cruce faſciiſque nigris.

Linn.

Linn. faun. fuec. n. 508. Leptura nigra, clytris teftaceis, punctis duobus, cruce, fafciifque nigris.

Le ftencore jaune à bandes noires.
Longueur 6 lignes. Largeur 1 ½ ligne.

Les antennes, qui font placées devant les yeux, égalent la longueur du corps de cet infecte. Il les porte fouvent couchées fur le dos, comme plufieurs efpéces de ce genre. Leur couleur eft noire, mais entrecoupée de brun fauve, qui fe trouve à la bafe de chaque articulation. La tête eft noire, mais les antennules, qui font affez apparentes, font de couleur fauve, ainfi que deux touffes de poils, qui font proche des machoires. Le corcelet eft noir, allongé & figuré en cône, dont la bafe pofe fur les étuis; il a de chaque côté un tubercule mouffe. Les étuis font jaunes & un peu pâles, chacun a d'abord en haut deux points noirs détachés, un en deffus, l'autre fur le côté, tenant au bord extérieur. Entre ces points, un peu plus bas, fe trouve une tache commune aux deux étuis, & qui tient à la future, qui eft noire. Plus bas, vers le milieu des étuis, fe trouve une grande tache noire, qui part du bord extérieur, & va fe joindre à la future en diminuant un peu, ce qui forme la croix. En defcendant, vient une large bande noire tranfverfe, & enfin les étuis font terminés par une tache noire confidérable. Ces étuis vont en fe retréciffant vers le bas, & leur bout paroit comme échancré à l'angle intérieur, qui eft beaucoup moins allongé que l'extérieur. Le deffous de l'animal eft noir: les deux paires de pattes antérieures font jaunes, & leurs tarfes noirs: les cuiffes & les jambes poftérieures font noires, avec un peu de jaune feulement à leur bafe. On voit à ces dernieres cuiffes une épine ou appendice vers leur milieu, mais dans les mâles feulement. Cet infecte, qui eft affez beau, fe trouve fréquemment fur la ronce.

SECONDE FAMILLE.

6. STENOCORUS *niger, elytris rubefcentibus, apice futuræque medietate nigris.*

Linn. faun. fuec. n. 493. Leptura nigra, elytris nigricante lividoque variis.
Linn. fyft. nat. edit. 10, p. 391, *n.* 16. Cerambyx thorace fpinofo pubefcente, elytris faftigiatis lividis, fafcia obfcura longitudinali flexuofa, antennis brevioribus.

Le ftencore bedeau.

La forme de cette efpéce & des trois fuivantes, eft femblable à celle de la précédente. Quant à la grandeur, elle varie beaucoup. Les plus grands individus ont plus de demi-pouce de long, fur deux lignes & demi de large ; d'autres n'ont guéres que moitié de cette grandeur. Les antennes font de la longueur du corps, prefqu'auffi groffes à leur extrémité qu'à leur bafe. Le corcelet eft en cône, comme dans le précédent, plus arrondi cependant, & fans pointes ni tubercules latéraux. Tout le corps eft noir, à l'exception des étuis, qui font d'un rouge brun, fi ce n'eft à leur extrémité, où ils font noirs, & fur la moitié poftérieure & un peu plus de la future, qui a une bande noire affez large. Cette bande eft plus large en haut & va en fe retréciffant à mefure qu'elle defcend, jufqu'à ce qu'elle fe joigne à la partie noire, qui termine les étuis.

7. STENOCORUS *niger, elytris rubefcentibus lividis.* Planch. 4, fig. 1.

 Stenocorus niger, elytris rubefcentibus   *Stenocorus niger, elytris rubefcentibus*
lividis, apice nigris. MAS.   *lividis, apice fimili.* FŒMINA.

Linn. faun. fuec. n. 499. Leptura nigra, elytris rubefcentibus lividis.
Linn. fyft. nat. edit. 10, p. 397, *n.* 2. Leptura melanura.
Aft. Upf. 1736, p. 20, *n.* 5. Leptura elytris teftaceis, apice nigris. (quæ maf.) *n.* 4. Leptura elytris rubris.
Raj. inf. p. 97, *n.* 6. Cerambyx capite, fcapulis, antennis nigris ; elytris flavis, extremitatibus nigris.
Frifch. germ. 12, p. 38, *t.* 6, *f.* 5. Scarabæus arboreus major, violaceoruber.

Le stencore noir à étuis rougeâtres.

Il en est de cette espéce comme de la précédente, à laquelle elle ressemble extrémement : elle varie infiniment pour la grandeur : en total cependant, elle est plus petite que le *stencore bedeau.* Tout son corps est noir, à l'exception des étuis, qui sont tantôt rouges, ceux-là sont les femelles ; tantôt rougeâtres avec le bout noir, & quelquefois les bords inférieurs des étuis, & ceux-là sont les mâles. Les étuis sont retrécis vers le bout, & vûs à la loupe ils paroissent ponctués & couverts de poils. Il y a aussi des poils sur le corcelet & le ventre, qui à un certain jour luisent & paroissent blanchâtres ou un peu jaunes. On trouve cet insecte sur les broussailles, principalement sur les ronces.

8. STENOCORUS *niger, elytris luteis, apice nigris.*

Le stencore noir à étuis jaunes.

Cette espéce ressemble aux deux précédentes pour la forme, la grandeur & les couleurs, seulement ses étuis sont d'un jaune pâle, & noirs à leur extrémité : peut-être n'est-ce qu'une variété : elle se trouve aussi sur la ronce.

9. STENOCORUS *niger nitidus, abdomine fusco-rubente.*

Le stencore noir à ventre rougeâtre.
Longueur 3 lignes. Largeur 1 ligne.

On retrouve encore dans cette espéce la même forme que dans les précédentes, elle est seulement plus petite. Sa couleur est par-tout d'un noir luisant, son ventre seul est d'un brun rougeâtre.

10. STENOCORUS *niger, femoribus clavatis rufis, apice nigris.*

Le stencore noir à cuisses rouges.
Longueur 2 ½ lignes.　Largeur ½ ligne.

Les antennes de ce stencore font de la longueur de son corps. Sa tête, son corcelet & ses étuis sont noirs, mais la couleur n'en est pas matte, à cause des petits poils gris dont ils sont couverts, & qu'on voit à l'aide de la loupe sortir d'autant de petits trous ou points. Le dessous du corps est pareillement noir, ainsi que les tarses & les jambes postérieures : mais les cuisses & les quatre jambes antérieures sont d'un rouge brun, & noires seulement à leur extrémité ; de plus les cuisses vont un peu en grossissant & forment la masse.

☞ STENOCORUS *totus niger.*

Longueur 3 ¾ lignes.　Largeur 1 ⅓ ligne.

Cette variété est toute noire & paroît un peu veloutée ; à cause de quelques petits poils noirs ; du reste elle est précisément semblable à la précédente, à la couleur des cuisses & la grandeur près.

11. STENOCORUS *niger, thorace rubro.*

Linn. faun. suec. n. 551. Cicindela atra, thorace rufo, elytris nigro-cœruleis.

Le stencore noir à corcelet rouge.
Longueur 4 lignes.　Largeur 1 ¼ ligne.

Ses antennes font de la longueur des trois quarts de son corps : elles sont noires, ainsi que la tête & les pattes. Le corcelet est d'un rouge foncé, lisse, & parsemé seulement de quelques points éloignés les uns des autres. Les étuis sont d'un noir bleuâtre, fortement & irréguliérement pointillés. Ils sont moins retrécis vers le bas, que dans la plûpart des espéces de ce genre. Le dessous du corps est noir, à l'exception du ventre qui est jaunâtre. Cet insecte se trouve à Fontainebleau.

12. STENOCORUS *deauratus , femoribus poflicis dentatis.*

Linn. faun. fuec. n. 509. Leptura deaurata , antennis nigris , femoribus poflicis dentatis.
Frifch. germ. 12 , *p.* 33 , *tab.* 6 , *f.* 2. Scarabæus arboreus , purpuro-aureus medius.
Linn. fift. nat. edit. 10 , *p.* 397 , *n.* 1. Leptura aquatica.

Il donne les variétés fuivantes.

 α. Stenocorus rubro - æneus , femoribus poflicis dentatis.

Act. Upf. 1736 , *p.* 20 , *n.* 3. Leptura rubro - ænea.

 β. Stenocorus viridi - æneus , femoribus poflicis dentatis.

Act. Upf. 1736 , *n.* 2. Leptura viridi - ænea.

 γ. Stenocorus flavo - æneus , femoribus poflicis dentatis.

 δ. Stenocorus violaceo - æneus , femoribus poflicis dentatis.

Linn. faun. fuec. n. 510. Leptura fubæneo - violacea , femoribus poflicis dentatis.
Act. Upf. 1736 , *n.* 1. Leptura cœruleo - nigra.

 ε. Stenocorus nigro - æneus , femoribus poflicis dentatis.

Le ftencore doré.
Longueur 2 ½ , 3 , 4 *lignes.* *Largeur* ⅔ , 1 *ligne.*

Les deux efpéces que donne M. Linnæus , ne font que des variétés , ainfi que toutes celles que j'ai rapportées , qui ne différent que par la couleur rouge , verte , jaune , violette & noire , mais toujours dorée. Cet infecte varie auffi beaucoup pour la grandeur , comme pour la couleur. C'eft un des plus beaux que nous ayons , fur-tout quand on le regarde de près. Ses antennes font de la longueur des deux tiers du corps , & moins dorées que le refte. Elles font pofées comme dans les autres efpéces de ce genre. Le

corcelet est cylindrique avec un tubercule de chaque côté
vers le haut & un sillon dans son milieu. La tête, le corcelet & tout le corps sont parsemés de petits points, qui
sont plus grands sur les étuis & y forment des espéces
de stries au nombre de dix, qui néanmoins dans quelques-
uns ne sont pas bien distinctes. Ces étuis vont en se retrécissant, moins cependant que dans les espéces précédentes, ce qui donne à l'insecte un air un peu différent de
ceux de ce genre, quoique la position de ses antennes,
ainsi que la grandeur de ses antennules l'en rapprochent.
Les cuisses postérieures sont plus larges & plus longues
que les autres, & ont une épine ou pointe aigue au côté
inférieur, ce qui fait la note spécifique de cet insecte. On
le trouve au bord des ruisseaux & dans les prés sur la flam-
be ou iris qui en est quelquefois toute couverte.

LUPERUS.

LE LUPERE.

Antennæ filiformes articulis longis.	Antennes filiformes à longs articles.
Thorax planus, marginatus.	Corcelet plat & bordé.

Les insectes de ce genre, dont la figure approche assez
de celle de la chrysomele, ont une démarche lourde, pe-
sante & qui semble avoir quelque chose de *triste*, ce qui
leur a fait donner le nom de luperes, *luperus, tristis.*

Leur caractere consiste, premiérement dans la forme
de leurs antennes assez longues, dont les articles sont de
même allongés, & qui sont semblables à des fils d'égale
grosseur à leur base & à leur extrémité : secondement dans
la forme de leur corcelet qui est assez applati, ou du moins
très peu convexe, & dont le contour est garni de rebords.
C'est par ce dernier caractere que ce genre se distingue du
suivant, qui lui ressemble tout-à-fait pour la forme des

antennes. Les larves des luperes font affez groffes , courtes , de forme ovale : elles ont fix pattes & une petite tête
écailleufe. Le refte de leur corps eft mol & d'un blanc
fale. On trouve ces larves fur l'orme , dont elles mangent
les feuilles Je ne connois que deux efpéces de ce genre.

1. L U P E R U S *niger , thorace pedibufque rufis.*
Planch. 4 , fig. 2.

Le lupere noir à corcelet & pattes rouges.

2. LUPERUS *niger , pedibus rufis.*

Le lupere noir à pattes rouges.
Longueur 1 ½ , 2 *lignes. Largeur* ¼ *ligne.*

Ces deux infectes font de même grandeur & fe reffemblent parfaitement. Tous les deux font noirs avec les pattes fauves & leurs antennes fort longues : feulement les
uns ont leur corcelet rouge & les autres l'ont noir. Ces
derniers font ordinairement mâles , & leurs antennes font
plus longues que leur corps ; pour les autres leurs antennes
font plus petites, ils font plus grands , & tous ceux que j'ai
trouvés étoient femelles , enforte que ces deux infectes
pourroient bien n'être qu'une fimple variété de fexe. Leurs
étuis font fort brillans & mols comme ceux des cicindeles , dont ils approchent pour la forme du corcelet &
des antennes , mais dont ils différent par leurs tarfes qui
n'ont que quatre piéces. Ces infectes fe trouvent enfemble
fur l'orme & plufieurs autres arbres.

CRYPTOCEPHALUS. *Chryfomelæ fpec. linn,*
LE GRIBOURI.

Antennæ filiformes articu-   Antennes filiformes à longs
lis longis.   articles.

     Corcelet hémifphérique & en
Thorax gibbus hæmifphæricus.   boffe,

Le gribouri , cet infecte fi connu & fi redouté des culti-

vateurs , ou n'étoit point décrit par les Auteurs méthodiques d'hiftoire naturelle , ou , s'ils en connoiffoient quelques efpéces , ils les confondoient avec la chryfomele ,
dont cependant ce genre différe beaucoup , comme on
s'en apperçoit aifément en examinant les caracteres de
l'un & de l'autre. Celui du gribouri confifte premiérement
dans la figure de fes antennes longues , filiformes , compofées d'articles allongés & d'égale groffeur par-tout :
fecondement dans la forme de fon corcelet hémifphérique , qui imite le dos rond d'un boffu , & fous lequel eft
cachée en partie la tête de l'infecte , ce qui lui a fait donner le nom de *cryptocephalus* , comme qui diroit *tête
cachée*.

Les larves de ces infectes affez femblables à celles du
genre précédent , rongent & défolent les différentes plantes fur lefquelles elles fe trouvent ; mais celle qui fait
le plus de tort eft la larve du gribouri de la vigne ; elle détruit les jeunes pouffes de vigne , elle en fait périr les
fleurs , & lorfque ces infectes font nombreux , ils caufent
un très-grand dommage dans les Pays de vignobles. Les
infectes parfaits , que produifent ces larves , font de forme
ovale : leurs pattes font affez longues , & leur tête eft
petite & cachée en partie par la rondeur du corcelet. Plufieurs efpéces de ce genre font affez belles.

1. CRYPTOCEPHALUS *violaceus , punctis inor-
dinatis.*

Linn. faun. fuec. n. 416. Chryfomela nigro-purpurea , punctis excavatis af-
perfa.
Linn. fyft. nat. edit. 10 , *p.* 369 , *n.* 6. Chryfomela ovata violacea , elytris
punctis excavatis fparfis.
Frifch. germ. 7 , *p.* 13 , *t.* 8. Scarabæus alni cœruleus.

Le gribouri bleu de l'aûne.
Longueur 4 *lignes.* Largeur 3 *lignes.*

Ce gribouri , le plus grand de tous ceux que nous
avons , eft d'un beau violet , tant en deffus qu'en deffous.
Ses

Ses étuis, vûs à la loupe, paroissent parsemés de très-petits points irréguliers. La forme de son corcelet sous lequel rentre sa tête, le range parmi les insectes de ce genre. On le trouve ordinairement sur l'aûne & quelquefois sur d'autres arbres, mais toujours dans des endroits humides. Il vient au printems.

2. CRYPTOCEPHALUS *niger, elytris rubris.*

Le gribouri de la vigne.
Longueur 2 lignes.   Largeur 1 ligne.

Cet insecte n'est que trop connu dans les Pays où il fait du ravage. Sa tête est noire & renfoncée sous son corcelet, comme dans tous ceux de ce genre. Ses antennes sont noires, longues & filiformes. Son corcelet est noir, luisant & comme bossu, renflé dans son milieu. Son ventre est large & quarré. Les étuis qui le recouvrent sont d'un rouge sanguin & couverts de plusieurs petits poils, ainsi que le corcelet. L'animal en dessous est noir & a les pattes fort allongées. La larve de ce gribouri se trouve sur la vigne.

3. CRYPTOCEPHALUS *viridi-auratus sericeus.*

Linn. faun. suec. n. 418. Chrysomela viridis nitida, thorace æquali, elytris punctis excavatis contiguis, pone dehiscentibus.
Act. Upf. 1736, p. 17, n. 2. Chrysomela viridis nitida.

Le velours vert.
Longueur 3, 4 lignes.   Largeur 2 lignes.

La forme de son corps est un peu allongée. Il est par-tout d'un beau vert brillant & soyeux. Son corcelet est un peu bombé & couvert de petits points séparés les uns des autres. Les antennes & les tarses sont noirâtres. Les étuis sont couverts de points qui se touchent les uns aux autres, ce qui rend l'animal moins lisse, & fait paroître sa couleur plus riche. On trouve ce gribouri sur le saule ; il n'est pas absolument bien commun ici.

4 CRYPTOCEPHALUS *niger, elytro singulo duplici linea longitudinali flava.*

Tome I.   G g

Le gribouri à deux bandes jaunes.
Longueur 1 ½, 2 lignes. Largeur ¼ ligne.

La grandeur de cet insecte varie, principalement suivant la diversité de sexe. Sa couleur est noire par-tout & assez brillante, il n'y a que ses étuis qui soient chargés de deux bandes longitudinales jaunes, l'une plus étroite sur le bord extérieur de l'étui, l'autre plus large sur son milieu. Le bord intérieur est noir, ensorte que la suture du milieu des étuis forme une large bande noire. La bande jaune la plus large, ne va que jusqu'aux deux tiers de l'étui, au lieu que celle du bord extérieur s'étend en bas, & embrasse tout le rebord de l'étui jusqu'à l'angle, sans cependant se joindre tout-à-fait à celle de l'autre côté. Les étuis sont striés; tout le reste de l'animal n'a ni points, ni stries. Je l'ai trouvé à la fin de juin dans les prés & aux environs des prés sur les buissons.

5. CRYPTOCEPHALUS *niger, capite thoraceque antice luteis, elytro singulo externe macula duplici flava.*

Le gribouri à deux taches jaunes.

Cet insecte ressemble beaucoup au précédent pour la forme, la grandeur & les couleurs, & se trouve dans les mêmes endroits, & dans le même tems. Il est tout noir en dessous, à l'exception de ses pattes de devant qui ont un peu de jaune à leur partie intérieure. La tête est noire, avec une tache jaune sur le devant, qui se divise en deux branches & forme l'Y-grec. Le corcelet est pareillement noir, bordé de jaune sur le devant & les côtes. Les étuis qui sont striés, sont aussi noirs, ayant sur leur bord extérieur & sur l'inférieur deux taches jaunes assez larges & séparées l'une de l'autre.

6. CRYPTOCEPHALUS *niger, elytris rubris striatis, maculis quatuor limboque nigris.* Planch. 4, fig. 3.

Le gribouri rouge strié à points noirs.
Longueur 2 ¼ lignes. Largeur 1 ½ ligne.

Le dessous de son corps , ses pattes , ses antennes , sa tête & son corcelet sont noirs & luisans , sans qu'on apperçoive aucun point sur le corcelet. Les étuis seuls sont rouges & striés longitudinalement. Leurs bords , tant extérieurs qu'intérieurs sont noirs , & de plus chaque étui a deux taches noires , l'une grande & ronde , placée inférieurement un plus bas que le milieu de l'étui , l'autre petite & allongée , placée vers son angle supérieur & extérieur. Les antennes égalent la longueur du corps de l'animal. J'ai trouvé ce gribouri sur le *cirsium.*

7. CRYPTOCEPHALUS *niger , thorace lineis flavis , elytris rubris punctatis , maculis quatuor limboque nigris.*

Le gribouri rouge sans stries à points noirs.

On seroit porté à faire de cette espéce une variété de la précédente , tant elle lui ressemble pour la grandeur & les couleurs : elle en différe cependant par deux endroits. Premiérement, son corcelet a trois bandes longitudinales jaunes , une de chaque côté assez large , & une au milieu plus étroite , souvent interrompue dans le bas , au lieu que dans l'espéce précédente le corcelet est tout noir. La seconde différence beaucoup plus essentielle , c'est que dans cette espéce les étuis sont ponctués & chagrinés sans simétrie , au lieu que dans la précédente il y a des stries longitudinales bien marquées : du reste la couleur & les taches sont les mêmes , si ce n'est que dans celle-ci la tache noire inférieure est moins arrondie , mais allongée transversalement , & que le bord noir des étuis est un peu moins marqué. Le bout inférieur des cuisses a aussi un peu de jaune.

8. CRYPTOCEPHALUS *cæruleo-violaceus , punctis per strias digestis.*

Le gribouri bleu strié.
Longueur 2 lignes.   Largeur 1 ligne.

Ce petit insecte est en dessous d'un noir un peu bleuâtre , le dessus est d'un bleu plus brillant. Sa forme est assez quarrée , comme celle de tous ceux de ce genre. Ses antennes minces sont de la longueur des trois quarts du corps. Le corcelet renflé & élevé , cache une partie de la tête : il est poli & luisant. Les étuis ont des stries longitudinales au nombre de onze sur chacun , formées par des bandes de points. Tout l'animal est lisse & luisant.

9. CRYPTOCEPHALUS *cœruleus , punctis sparsis , tibiis anticis ferrugineis.*

Le gribouri bleu à points.
Longueur 2 lignes.   Largeur 1 ¼ ligne.

Cette espéce est de la même couleur que la précédente ; son corcelet est aussi fort lisse , & ses étuis sont ponctués , mais les points des étuis sont semés irréguliérement sans former de stries : de plus les jambes des pattes antérieures sont de couleur fauve , ce qui ne se voit point dans le précédent. On remarque de plus dans cette espéce une petite tubérosité au haut des étuis attenant le corcelet.

10. CRYPTOCEPHALUS *niger striatus , pedibus rufis.*

Le gribouri noir strié.
Longueur 1 ¼ ligne.   Largeur ¼ ligne.

Il est tout noir , à l'exception des tarses & de la base des antennes : du reste sa forme ressemble tout-à-fait à celle des précédens. Son corcelet est lisse & ses étuis sont couverts de stries formées par des points : il a , comme le précédent , une petite tubérosité vers le haut des étuis.

11. CRYPTOCEPHALUS *niger striatus , thorace pedibusque rufis.*

Le gribouri noir à corcelet rouge.
Longueur 1 ½ ligne.   Largeur ¼ ligne.

Sa couleur est noire, mais ses pattes sont fauves, ainsi que son corcelet qui est même rougeâtre. Ses étuis ont des stries longitudinales de points, & au haut de leur bord extérieur, on voit une petite raie longitudinale jaune. A cette différence près, ainsi qu'à la couleur du corcelet, cet insecte ressemble beaucoup au précédent.

12. CRYPTOCEPHALUS *capite thoraceque fulvo, elytris pallidis.*

Le gribouri fauve.
Longueur 1 ligne.   Largeur ⅔ ligne.

En dessous ce gribouri est d'un brun noirâtre. Sa tête, son corcelet & ses pattes sont d'une couleur fauve rougeâtre. Ses antennes sont noires, & ses étuis, dont la couleur est d'un jaune pâle, sont striés. Son corcelet est sans stries, ni points, & fort luisant.

CRIOCERIS. *Chrysomelæ spec. linn.*

LE CRIOCERE.

Antennæ cylindraceæ articulis globosis.	Antennes cylindriques à articles globuleux.
Thorax cylindraceus.	Corcelet cylindrique.

Deux caractères distinguent essentiellement ce genre de tous les autres & en particulier de celui des chrysomeles avec lesquelles on l'avoit confondu. Le premier consiste dans la forme des antennes qui sont assez grosses, mais d'égale grosseur par-tout, & dont les articles courts & ronds les font ressembler à une espéce de *cordonnet*, d'où a été tiré le nom de ce genre. Le second caractere consiste dans la figure du corcelet qui est cylindrique & allongé, ainsi que le corps.

Les larves de ces insectes sont grosses, courtes, ramaffées & lourdes. Leur corps est mol & couvert d'une peau
assez fine. Elles ont une tête écailleuse & six pattes pareillement écailleuses. Ces larves vivent sur différentes plantes, mais c'est en terre qu'elles se métamorphosent. Elles
s'y forment une espéce de coque dont les parois sont enduits en dedans d'un vernis brillant & argenté. Ce verni
n'est point produit par des fils de soie, comme il arrive à
plusieurs autres coques d'insectes : la larve du criocere ne
file point, elle jette seulement une espéce de bave, qui se
séche, se durcit, & enduit tout l'intérieur de la coque ou
cavité dans laquelle elle est renfermée. Ces coques ne sont
pas aisées à trouver, & souvent on ne les distingue pas,
parce qu'elles ressemblent à des petites mottes de terre.
Lorsqu'on les ouvre, on y apperçoit la chryfalide, dans
laquelle on reconnoît aifément toutes les parties qui doivent compofer l'insecte parfait.

Quelques-uns de ces insectes ont quelques particularités
qui méritent d'être remarquées. La larve de la première
espéce qui se trouve sur le lys, est une des plus lourdes :
aussi outre les six pattes écailleuses, elle a à la queue deux
mammelons membraneux qui l'aident à marcher. On voit
sur les côtés de son corps une suite de points noirs, qui
sont les stigmates de l'insecte, au nombre de deux sur chaque anneau, un de chaque côté, excepté sur le second
anneau. Mais ce que cet insecte a de plus singulier, c'est
que sa peau qui est très-fine & délicate, se trouve mise à
l'abri du soleil & des injures de l'air par ses excrémens
dont il est toujours couvert. Pour cet effet, l'anus de cet
animal n'est point pofé en dessous, comme dans la plûpart
des autres insectes, mais en dessus entre le dernier &
l'avant-dernier anneau, & il se trouve tellement difpofé,
que les excrémens en sortant, ne peuvent prendre d'autre
direction, que celle de remonter sur le corps de l'insecte.
Arrivés en cet endroit, ils sont poussés plus haut par ceux
qui les suivent & que rend successivement l'animal ; ils

pàrviennent ainſi juſqu'à ſa tête. Ce mouvement progreſſif eſt encore aidé par les ondulations que l'inſecte exécute avec ſa peau, qui pouſſent ces excrémens vers le haut : de cette façon l'animal ſe trouve couvert d'un enduit ſale & mal propre, qui met ſa peau à l'abri de la trop grande ſéchereſſe. Sa tête ſeule paroît à l'extérieur & n'en eſt pas couverte, ainſi que le deſſous de ſon corps, qui eſt poſé contre la feuille ſur laquelle eſt l'inſecte. Cette couverture d'excrémens, lorſqu'elle eſt fraîche, reſſemble à un paquet de feuilles broyées, par la ſuite elle devient plus brune, elle ſe durcit & ſe ſéche : pour lors l'inſecte s'en débarraſſe aiſément par un leger frottement contre quelque feuille, & ſe recouvre d'un nouvel enduit plus frais. Quand ces inſectes ſont parvenus à leur grandeur, ils ſont moins couverts de cette ordure, ils ſont auſſi moins lourds, ils marchent plus vîte, leur corps prend une teinte un peu rougeâtre, & ils vont ſe retirer & s'enfoncer en terre, où ils ſe métamorphoſent, comme nous l'avons dit. D'autres larves, comme celles du *criocere porte-croix* de l'aſperge, ſont plus propres : elles ſont auſſi plus allongées, mais preſqu'auſſi lourdes.

Enfin un des inſectes de ce genre des plus ſinguliers, eſt celui de la dernicre eſpéce. Je ne connois point la larve de cet animal qui eſt rare : pour ce qui eſt de l'inſecte parfait, je l'ai trouvé pluſieurs fois & toujours ſur le *gramen*. Tout le corps de ce petit animal eſt hériſſé de pointes, dont pluſieurs même ſont fourchues, enſorte qu'il reſſemble à une coque de châteigne, auſſi l'avons-nous nommé *la châteigne noire*, à cauſe de ſa couleur.

1. CRIOCERIS *rubra*.

Linn. faun. ſuec. n. 425. Chryſomela rubra, thorace cylindracco, utriaque impreſſo.
Linn. ſyſt. nat. edit. 10, *p.* 375, *n.* 62. Chryſomela merdigera.
Merian. europ. 2, *tab.* 21.
Reaum. inſ. vol. 3, *t.* 17, *f.* 1, 2.

Le criocere rouge du lys.
Longueur 3 *lignes. Largeur* 1 $\frac{1}{2}$ *ligne.*

Cet infecte dont la couleur eft très-belle , varie pour la grandeur. Nous avons donné les dimenfions de ceux que l'on trouve le plus ordinairement ; mais il y en a de plus petits. Le deffous du corps , les pattes , la tête & les antennes font noires ; le corcelet & les étuis font d'un beau rouge vermillon , & fur ces derniers on voit des ftries formées par des rangées longitudinales de petits points. La larve , qui donne cet infecte , eft molaffe , affez groffe , de couleur de chair , avec fix pattes au-devant de fon corps. On la trouve fur les plantes liliacées qu'elle ronge & détruit. Elle eft toujours couverte de fes ordures qu'elle fait remonter fur fon dos,& fous lefquelles elle eft à l'abri. Souvent les lys font tous mangés par ces efpéces de larves. L'infecte auffi beau & auffi propre que fa larve eft fale & dégoûtante , fe trouve pareillement fur le lys. Lorfqu'on le prend , il fait une efpéce de cri produit par le frottement des jointures du corcelet avec la tête & le corps. La nymphe tient , pour ainfi dire , le milieu entre la larve & l'infecte parfait : on y voit très-diftinctement toutes les parties de l'animal qui en doit fortir. L'accouplement de ces crioceres eft long , il dure plufieurs heures. La femelle après avoir été fecondée , dépofe fes œufs irréguliérement les uns auprès des autres fur la partie inférieure de quelque feuille de lys. Ces œufs font difpofés par tas de huit ou dix , & font enduits d'une liqueur qui les colle à la feuille. Ils font oblongs , de couleur rougeâtre lorfqu'ils font nouvellement dépofés , mais en fe féchant ils deviennent bruns. Au bout de quinze jours , on en voit fortir les petites larves qui fe répandent fur les feuilles des lys.

2. **CRIOCERIS** *rubra , punctis tredecim nigris.*
Planch. 4 , fig. 5.

Frifc. germ. 13 , *tab.* 28.

Le criocere rouge à points noirs.
Longueur 2 ½ *lignes. Largeur* 1 ¼ *ligne.*

II

Il y a beaucoup de reſſemblance entre cet inſecte & le précédent pour la forme, la grandeur & même la couleur. Sa téte eſt rouge avec les yeux & les antennes noirs. Le corcelet eſt rouge en deſſus, noir en deſſous. Ses étuis ſont rouges, ſtriés & chargés chacun de ſix points ou marques noires qui forment deux eſpéces de triangles, l'un ſupérieur dont la baſe regarde l'intérieur, l'autre inférieur, dont la baſe eſt tournée vers le rebord extérieur de l'étui : outre ces douze points des étuis, il y en a un treiziéme en haut à la jonction des deux étuis, poſé ſur l'écuſſon. Les pattes de l'animal ſont rouges avec les jointures & les pieds ou tarſes noirs : enfin les anneaux du ventre ſont rayés tranſverſalement de rouge & de noir. C'eſt ſur l'aſperge que l'on trouve ce joli inſecte avec le ſuivant, mais moins fréquemment que lui.

3. **CRIOCERIS** *thorace rubro punctis duobus nigris, coleoptris flavis, cruce cœruleo-nigra.*

Linn. faun. ſuec. n. 450. Chryſomela thorace rubro cylindraceo punctis duobus nigris, coleopteris flavis cruce nigra.
Friſch. germ. 1, *p.* 27, *t.* 6. Scarabæus cruciatus, crucæ aſparagi.
Linn. ſyſt. nat. edit. 10, *p.* 376, *n.* 75. Chryſomela aſparagi.
Roſel. inſ. vol. 2. Scarab. terreſtr. claſſ. 3, *tab.* 4.

Le criocere porte-croix de l'aſperge.
Longueur 2 ⅓ *lignes. Largeur* 1 *ligne.*

C'eſt encore ſur l'aſperge que l'on trouve communément cet inſecte, un des plus joliment habillés que l'on puiſſe voir. Il eſt aſſez allongé. Tout le deſſous de ſon corps, ainſi que ſes pattes & ſa tête, ſont d'un noir bleuâtre : les antennes ſont noires. Le corcelet eſt rouge, ayant ſur ſon milieu deux points noirs ordinairement aſſez marqués, mais ſi petits dans quelques-uns, qu'à peine les voit-on. Les étuis ſont larges, ſtriés, d'une couleur ſauve vers le rebord extérieur, & variés diverſement pour la couleur. Le jaune paroit faire le fond ; ſur ce fond eſt une eſpéce de croix de couleur noire bleuâtre, dont la branche du milieu aſſez large, eſt ſur le bord intérieur de l'un &

Tome I. Ii ii

de l'autre étui , & commune à tous les deux. Les bras de
la croix font au milieu : ils font larges & courts , & ne vont
point jufqu'au bord extérieur des étuis. Au haut de ce bord
extérieur , eft une marque ou tache bleue , qui ordinairement eft féparée de la croix , & quelquefois y eft jointe.
Vers le bas des étuis , font deux femblables taches rondes,
qui tiennent au pied de la croix. Quelquefois ces taches
& ces couleurs varient , & j'ai quelques-uns de ces infectes où les branches de la croix manquent tout-à-fait , &
font fuppléées par les taches du haut & du bas. La larve
de cet infecte , eft d'un brun gris & de forme allongée.
On la trouve fréquemment fur l'afperge , ainfi que l'infecte parfait.

4. CRIOCERIS *cæruleo-viridis , thorace femoribufque
rufis.*

Linn. faun. fuec. n. 440. Chyfomela cœruleo-viridis , thorace femoribufque
rufis.
Act. Upf. 1736 , p. 19 , Attelabus fubrotundus , cæruleo-nigricans , collari
teftacco.
Raj. inf. p. 100. Scarabæus antennis clavatis quartus.
Reaum. inf. tom. 3 , t. 17. f. 15.

Le criocere bleu à corcelet rouge.
Longueur 2 *lignes. Largeur* ⅓ *ligne.*

Le deffous du corps de ce criocere , ainfi que fa tête
& fes étuis , eft de couleur bleue. Son corcelet & fes
cuiffes font rouges : les tarfes & les antennes font noirs.
Ses étuis font ftriés , ce qui me feroit prefque douter que
ce fût cet infecte que M. Linnæus eût voulu défigner par
la phrafe que je cite , parce qu'il ne parle point des ftries ;
cependant tout le refte de fa defcription quadre très-bien
avec notre efpéce. La larve qui la produit , eft femblable
à celle du criocere rouge du lys , mais plus petite. Elle eft
tantôt couverte , comme elle , de fes excrémens , & tantôt d'une fimple matiere gluante & tranfparente. Elle fait
auffi fa métamorphofe en terre. On trouve cette larve fur
les feuilles de l'orge & de l'avoine.

5. CRIOCERIS *tota cœruleo-viridis.*

Linn. syst. nat. edit. 10 , p. 376 , *n.* 66. Chryfomela oblonga cœrulea, tho-race cylindrico, lateribus gibbis.

Le criocere tout bleu.
Longueur 2 *lignes. Largeur* ¾ *ligne.*

Cette efpéce reffemble tout-à-fait à la précédente , fi ce n'eft qu'elle eft toute bleue. Ses étuis font ftriés : fes antennes & fes pattes tirent fur le noir pour la couleur.

6. CRIOCERIS *pallida , oculis nigris.*

Le criocere aux yeux noirs.
Longueur 2 ¼ *lignes. Largeur* 1 *ligne.*

Sa tête , fes pattes & fes antennes font d'une couleur fauve pâle : fes étuis font d'un jaune encore plus pâle , & chargés de points irréguliers. Ses yeux font noirs. Les antennes font auffi longues que la moitié du corps. Tout le corps de l'animal eft allongé , comme celui des infectes de ce genre.

7. CRIOCERIS *tota atra , fpinis horrida.*

La châteigne noire.
Longueur 1 ½ *ligne. Largeur* ⅓ *ligne.*

Cette jolie & finguliere efpéce eft toute noire , & fa couleur eft matte & foncée. Tout fon corps eft couvert en deffus de longues & fortes épines , ce qui la rend hé-riffée , comme une coque de châteigne. Il y a même une épine à la bafe des antennes. Le corcelet en a un rang pofé tranfverfalement : ces dernieres font fourchues. Enfin fes étuis en ont une très-grande quantité , qui font fimples. Ces pointes font dures & roides. J'ai trouvé plufieurs fois , quoiqu'affez rarement , ce petit infecte fur le haut des tiges du *gramen.* Il eft difficile à attraper , & il fe laiffe tomber à terre , dans le gazon , dès qu'on en approche. Il porte fes antennes droites devant lui. Je ne connois point fa larve.

Hh ij

ALTICA *Mordella. Linn.*

L'ALTISE.

Antennæ ubique æquales.	Antennes d'égale grosseur tout du long.
Femora postica crassa subglobosa.	Cuisses postérieures grosses, presque sphériques.

Une particularité des insectes de ce genre, c'est de sauter vivement en l'air, aussi agilement que des puces, ce qui leur a fait donner le nom latin de *altica*, comme qui diroit en françois *sauteurs*, au lieu du nom de *mordelles*, sous lequel ils étoient décrits par quelques Auteurs modernes. Nous avons réservé ce dernier nom à quelques insectes, qui font un genre très-différent de celui-ci, quoiqu'on eût confondu les uns & les autres ensemble.

Pour exécuter ce saut si vif & si considérable, la nature a donné aux altises les pattes de derriere, plus grandes & plus fortes que les autres. Les cuisses de ces pattes sont sur-tout remarquables. Elles sont dans presque tous ces insectes démésurément grosses, & souvent presque sphériques, ce qui fait qu'ils marchent mal & lentement, mais aussi ces grosses cuisses renferment des muscles assez forts, pour exécuter un mouvement aussi violent que celui que font ces animaux pour sauter. Nous avons tiré le caractere de ce genre de ces grosses cuisses, & de la forme des antennes, qui sont assez longues & de la même grosseur partout. Les altises sont toutes assez petites. On les trouve en grande quantité sur les plantes potageres, sur-tout au printems. Elles les criblent & les rongent. J'ai trouvé aussi sur ces mêmes plantes quantité de petites larves, qui pourroient bien être celles de ces altises, ce que je n'ose cependant assurer, n'ayant pas suivi leur changement.

1. ALTICA *viridi - cœrulea.*

Linn. ſyſt. nat. edit. 10 , *p.* 372 , *n.* 35. Chryſomela ſaltatoria, córpore vireſ-
centi-cœruleo.
Linn. faun. ſuec. n. 539. Mordella ſubrotunda atro-ænea.

L'altiſe bleue.
Longueur 1 *lignes. Largeur* 1 *ligne.*

Cette altiſe eſt bleue en deſſus & en deſſous, & quelquefois un peu verdâtre. Sa tête eſt aſſez quarrée ; ſes yeux
ſont ſaillans, & ſes antennes de la moitié de la longueur
de ſon corps. Le corcelet eſt quarré, un peu large, liſſé,
avec un enfoncement tranſverſale à ſa partie poſtérieure.
Ses étuis ſont liſſes , & vûs à la loupe, ils paroiſſent parſemés de petits points irréguliers. Cet inſecte ſaute très bien,
& a les cuiſſes poſtérieures groſſes , comme tous ceux de
ce genre. Il ſe trouve communément dans les jardins.

2. ALTICA *nigra , elytris cœruleis , thorace pedibuſ-*
que rubris.

L'altiſe de la mauve.

3. ALTICA *nigra , elytris nigro - æneis ſtriatis , tho-*
race rubro , pedibus nigris. Planch. 4 , fig. 4.

L'altiſe bedaude.
Longueur 1 $\frac{1}{2}$ *ligne. Largeur* 1 *ligne.*

Ces deux eſpéces ſe reſſemblent beaucoup pour la figure , la grandeur & les couleurs. Toutes deux ſont noires , & ont le corcelet & la tête rouge , avec les yeux noirs.
Mais la premiere a les étuis bleuâtres , l'autre les a d'un
noir broſſé. De plus, les pieds de la ſeconde ſont noirs ,
& ceux de la premiere ſont rouges. Enfin cette premiere a
les étuis preſqu'unis, & la ſeconde les a chargés de points
rangés par ſtries. La premiere de ces deux eſpéces ſe trouve en quantité ſur la mauve & les plantes malvacées , &
l'autre habite ſur les choux.

4. ALTICA *nigro-ænea, elytris striatis, pedibus ferrugineis.*

L'altise noire dorée.
Longueur 1 ligne. Largeur ½ ligne.

Cette altise est par-tout d'un noir un peu doré, à l'exception de la base des antennes & des pattes, qui sont d'une couleur rousse. Il faut cependant remarquer que les grosses cuisses de derriere sont de la même couleur que le corps, & qu'il n'y a que leurs jambes qui soient de couleur rougeâtre. Les étuis sont chargés de stries formées par des points. Cet insecte est très-commun dans les jardins.

5. ALTICA *nigro-ænea, ovata, pedibus nigris.*

L'altise noire ovale.
Longueur 1 ½ ligne. Largeur 1 ligne.

Elle est par-tout d'un noir verdâtre un peu bronzé. Ses étuis sont chargés de points irréguliers, en quoi elle différe de la précédente, ainsi que par ses pattes, qui sont de la même couleur que le reste de son corps.

6. ALTICA *nigro-ænea, oblonga, pedibus nigris.*

L'altise noire allongée des cruciferes.
Longueur 1 ligne. Largeur ⅓ ligne.

Elle est de la même couleur que la précédente, mais bien plus allongée & plus petite. Je l'ai trouvée en quantité sur les plantes cruciferes, & sur-tout sur le *crambe* ou choux-marin à feuilles découpées.

7. ALTICA *nigra, ovata, pedibus rufis, elytris non striatis.*

L'altise noire à pattes fauves.
Longueur 1 ¼ ligne. Largeur ¾ ligne.

Elle est ovale, toute noire, finement chagrinée, sans

aucunes ftries, avec les pattes un peu fauves. Si on regarde fes étuis à la loupe, on voit qu'ils font parfemés de
petits points, d'où partent de très-petits poils. A la vûe
fimple, ces étuis paroiffent liffes.

8. ALTICA *nigra, fubrotunda, tibiis ferrugineis.*

L'altife noire à jambes jaunes.
Longueur ⅔ ligne. Largeur ⅓ ligne.

Cet infecte eft très-petit. Il eft par-tout d'un noir affez
liffe, à l'exception des jambes, qui font de couleur fauve.
Ses antennes font noires, & fes étuis n'ont point de ftries.
Sa petiteffe & l'agilité avec laquelle il faute, le feroient
prendre pour une puce. Il différe principalement du précédent, en ce que fes pattes font noires, & qu'il n'y a
que fes jambes qui foient de couleur fauve. De plus, il
eft beaucoup plus petit.

9. ALTICA *atra, elytris longitudinaliter in medio flavefcentibus.*

Linn. faun. fuec. n. 542. Mordella oblonga atra, elytris longitudinaliter in
medio flavefcentibus.
Linn. fyft. nat. edit. 10, *p.* 373, *n.* 42. Chryfomela faltatoria, corpore atro,
elytris linea flava, pedibus pallidis.
Lift. tab. mut. t. 2, *f.* 29.
Act. Upf. 1736, *p.* 18, *n.* 6. Gyrinus niger, utrinque albus.

L'altife à bandes jaunes.
Longueur ½, 1 ligne. Largeur ¼, ½ ligne.

Cet infecte eft un des plus jolis & des plus petits de
ce genre. Sa grandeur varie cependant quelquefois de
moitié. Tous ont tout le corps noir, à l'exception de la
bafe des antennes, qui eft un peu fauve, ainfi qu'une
partie des pattes poftérieures. Sur chaque étui regne une
bande longitudinale jaune, que le noir borde de tous côtés. Ces étuis font chargés de points noirs, mais irréguliers & fans ftries. Cette altife eft commune dans les jardins, fur-tout fur les plantes odorantes.

10. ALTICA *nigra* ; *thorace elytrifque flavis , oris nigris.*

L'altife à bordure noire.
Longueur 1 ¼ *ligne.　Largeur* ⅔ *ligne.*

On trouve à la premiere vûe une grande reffemblance entre cet infecte & l'altife à bandes jaunes ; mais outre que celui-ci eft plus grand , la forme de fon corps eft plus arrondie. D'ailleurs les bandes jaunes font plus larges , & couvrent tout l'étui , à l'exception du bord , qui eft noir : elles font d'un jaune pâle , & le corcelet eft pareillement jaune , au lieu que dans l'altife à bandes , il eft noir. Celle-ci a donc les pattes , les antennes , la tête & tout le deffous du corps noirs. Son corcelet eft d'un jaune pâle , avec un peu de noir aux côtés. Ses étuis font jaunes bordés de noir, tant intérieurement , qu'extérieurement , de façon cependant que cette bordure fe termine un peu avant la bafe de l'étui , & ne va pas jufqu'au corcelet , laiffant le haut tout jaune.

11. ALTICA *cœrulea , elytris ftriatis , tibiis ferrugineis.*

Linn. faun. fuec. n. 540. Mordella ovata , cœrulea , nitida , tibiis ferrugineis.
Linn. fyft. nat. edit. 10 , *p.* 372 , *n.* 37. Chryfomela faltatoria , corpore virefcenti-cœruleo , pedibus teftaceis , femoribus pofticis violaceis.
Raj. inf. p. 98 , *n.* 9. Scarabæus antennis articulatis longis , feu **capricornus** exiguus faltatrix.
Act. Upf. 1736 , *p.* 18 , *n.* 5. Gyrinus cœruleus nitidus.

L'altife du choux.
Longueur 1 *ligne.　Largeur* ½ *ligne.*

En deffus ce petit infecte eft d'un beau bleu brillant ; avec des ftries de points fur fes étuis. Ses pattes font de couleur de rouille , à l'exception des cuiffes poftérieures. La bafe des antennes eft de la même couleur. On trouve cet infecte en grande quantité fur les choux , qu'il ronge & dévore.

12*

12. ALTICA *cœrulea, elytris punctis sparsis, tibiis ferrugineis.*

L'altise bleue sans stries.
Longueur 1 ½ ligne.   Largeur ⁴⁄₅ ligne.

Cette altise est, comme la précédente, d'un beau bleu; mais ses étuis sont chargés de points placés irréguliérement, qui ne forment point de stries, en quoi elle différe de l'altise du choux. De plus, la base des antennes & les pattes sont d'une couleur de rouille, mais plus foncée que dans l'espéce précédente. A ces deux circonstances près, ces espéces se ressemblent beaucoup.

13. ALTICA *nigro-aurata, thorace aureo femoribus ferrugineis.*

Linn. syst. nat. edit. 10, p. 373, n. 41. Chrysomela saltatoria, elytris cœruleis, capite thoraceque aureo, pedibus ferrugineis.

L'altise rubis.
Longueur 1 ligne.   Largeur ½ ligne.

Ce joli insecte est d'une belle couleur bronsée. Son corcelet est d'un rouge doré, vif, éclatant, & imitant la couleur du rubis. Il est chargé de points irréguliers, & ses étuis ont des stries régulieres. Les pattes & la base des antennes sont de couleur fauve. On trouve communément cet insecte sur le saule.

14. ALTICA *aurea, pedibus flavis.*

Le plutus.
Longueur 1 ⅓ ligne.   Largeur ⅓ ligne.

Tout le dessus de cet insecte est d'une belle couleur d'or; en dessous il est d'un noir bronsé. Ses antennes & ses pattes, à l'exception des cuisses postérieures, sont d'un jaune un peu fauve. Ses étuis sont striés. Il se trouve dans les jardins.

Tome I.   I i

15. ALTICA *nigra, coleoptris punctis quatuor rubris.*

L'altise à points rouges.
Longueur 1 ½ *ligne. Largeur* ⅘ *ligne.*

Il eſt aiſé de reconnoître ce petit inſecte par les quatre points rouges ou plutôt fauves, dont il eſt chargé. En deſſus, il eſt d'un noir luiſant, & chacun de ſes étuis a deux points rougeâtres ; l'un vers l'extrémité inférieure, l'autre en haut, vers la partie extérieure. Les pattes, à l'exception des cuiſſes poſtérieures & la baſe des antennes, ſont de la même couleur que les points des étuis. Ceux-ci vûs à la loupe, paroiſſent finement & irréguliérement piqués.

16. ALTICA *oblongæ, ferruginea, elytris ſtriatis.*

L'altiſe fauve à ſtries.

17. ALTICA *ovata, ferruginea, elytris punctis ſparſis.*

L'altiſe fauve ſans ſtries.

Ces deux inſectes ſont aſſez ſemblables. Ils varient pour la grandeur, & ils ont l'un & l'autre depuis une ligne juſqu'à deux lignes de long. Le ſecond eſt ovale & plus large que le premier, qui eſt allongé. Tous deux ſont d'une couleur fauve, à l'exception de leurs yeux, qui ſont noirs. Mais ce qui conſtitue la principale différence de ces deux eſpéces, c'eſt que les étuis de la premiere ſont ſtriés réguliérement, au lieu que ceux de la ſeconde n'ont que des petits points irréguliers.

18. ALTICA *flava.*

Linn. faun. ſuec. n. 535. Mordella flava.
Linn. ſyſt. nat. edit. 10, *p.* 373, *n.* 40. Chryſomela ſaltatoria, corpore flaveſcente, pedibus teſtaceis.

L'altiſe jaune.
Longueur 1 ¼ *ligne. Largeur* 1 *ligne.*

La différence de grandeur me feroit preſque douter que

cet infecte fût le même que celui que M. Linnæus a voulu défigner, fi tout le refte n'étoit femblable. Tout le corps de notre efpéce eft jaune. Cette couleur eft plus pâle fur le corcelet, la-tête & les étuis; & plus fauve aux pattes, aux antennes & fur le deffous du corps: les yeux feuls font bruns. Cet infecte eft affez commun dans les jardins.

19. **A L T I C A** *elytris pallido-flavis, capite nigro.*

La paillette.
Longueur 1 ligne. Largeur ½ ligne.

Ce petit infecte eft noir en deffous: fa tête eft de la même couleur; mais fes étuis, fon corcelet, la bafe de fes antennes & fes pattes, à l'exception des cuiffes poftérieures, font d'une couleur jaune pâle, imitant la couleur de la paille. Les points, dont fes étuis font chargés, font irréguliers, & ne forment aucunes ftries. On trouve fouvent cet infecte dans les jardins.

G A L E R U C A *Chryfomela. Linn.*

LA GALERUQUE.

Antennæ ubique æquales, articulis fubglobofis.	Antennes d'égale groffeur par-tout, à articles prefque globuleux.
Thorax inæqualis, fcaber, marginatus.	Corcelet raboteux & bordé.

Les deux caracteres que nous donnons, & qui confiftent dans la forme des antennes & du corcelet de ce genre, fuffifent pour le diftinguer de tous les autres genres de cet ordre, & en particulier de celui de la chryfomele, dont il approche le plus. Les antennes de cette derniere vont en groffiffant vers le bout, au lieu que celles de la galeruque font par-tout d'égale groffeur: de plus, elle a le corps plus allongé que la chryfomele, qui eft tout-à-fait hémifphérique.

I i ij

Les larves de ces infectes font allongées, & ont six pattes, qui font écailleufes, ainfi que leur tête. On les trouve
fur les feuilles de plufieurs arbres. Mais il y en a une finguliere, qui vit dans l'eau, c'eft celle de la galeruque
aquatique. Cette larve, qui eft noire, fe trouve fur les
feuilles du *potamogeton*, dans le fond même de l'eau. Souvent en tirant ces feuilles de l'eau dans certain tems de
l'année, on les trouve toutes chargées des ces infectes,
qui les dévorent. Quoique tirées de l'eau, ces larves ne
font point mouillées. Il paroît qu'il tranfpire de leur corps
quelque matiere graffe, qui ne permet pas à l'eau de s'y
attacher, de même que les plumes des canards & autres
oifeaux aquatiques, font enduites d'une efpéce d'huile,
qui les empêche d'être mouillées par l'eau dans laquelle
ces oifeaux vivent ordinairement.

1. **GALERUCA** *atro-fufca, elytris lineis tribus
elevatis, punctis numerofis.* Planch. 4, fig. 6.

Linn. faun. fuec. n. 413. Chryfomela atra, punctis excavatis contiguis.
Linn. fyft. nat. edit. 10, p. 369, n. 2. Chryfomela ovata atra punctata, antennis pedibufque nigris.

La galeruque brunette.
Longueur 4 lignes. Largeur 3 lignes.

Cette efpéce eft par-tout d'un brun noir, tantôt plus,
tantôt moins foncé. Ses antennes compofées de onze articles, comme celles de tous les infectes de ce genre, égalent environ la moitié de fon corps. Sa tête eft prefque
quarrée, avec les yeux faillans. Son corcelet eft auffi
quarré, avec des bords faillans, une impreffion ou finuo-
fité au milieu, & des enfoncemens fur les côtés, ce qui
rend ce corcelet inégal & raboteux; il eft de plus chargé
de beaucoup de points. Les étuis un peu allongés en font
pareillement chargés, & ont chacun quatre lignes longitudinales élevées, dont les deux qui font les plus proches
de la future, font plus marquées & plus apparentes. Cet
infecte eft affez commun dans les prés.

N. B. *Galeruca fufca, elytris lineis elevatis interruptis.*

Celle-ci eft une variété de la précédente, à laquelle elle reffemble tout-à-fait pour la figure, la forme & la grandeur ; elle n'en différe que par fa couleur, qui eft d'un brun moins foncé, & par les lignes élevées des étuis, qui font interrompues en plufieurs endroits, ce qui forme plu-fieurs points longs.

2. G A L E R U C A *fanguineo - rubra.*

La galeruque fanguine.
Longueur 2 ½ lignes. Largeur 1 ½ ligne.

Tout le deffous de cette galeruque eft noir, & le deffus eft d'un rouge couleur de fang. Sa tête & fon corcelet ont des fillons ou enfoncemens longitudinaux. Sés yeux font noirs, & le corcelet, ainfi que les étuis, font parfemés de petits points. Cet infecte approche beaucoup pour la forme des précédens.

N. B. Il y a une variété de cette efpéce plus petite d'un bon tiers, & d'une couleur rouge plus foncée, du refte tout-à-fait femblable.

3. G A L E R U C A *pallida, thorace nigro variegato, ely-tris fafciis duabus longitudinalibus nigris.*

La galeruque à bandes de l'orme.
Longueur 2, 3 lignes. Largeur 1 ½, 2 lignes.

On trouve communément fur l'orme cet infecte, qui varie beaucoup pour la grandeur. Sa forme eft affez allon-gée, comme celle de tous ceux de ce genre. En deffous il eft noir, avec les pattes d'une couleur jaunâtre pâle. Le deffus eft de la même couleur jaune. Ses yeux font noirs, & il y a au milieu de fa tête une petite tache noire. Le corcelet, qui eft renfoncé tranfverfalement dans fon milieu, a trois taches noires, une au milieu plus allongée ;

& deux autres rondes, une fur chaque côté. Enfin chaque
étui a une bande noire affez large vers fon bord extérieur,
outre une autre petite & courte que l’on rencontre fouvent vers le haut de l’étui, plus intérieurement. Les feuilles de l’orme font quelquefois toutes rongées & piquées
par les larves de cet infecte. On y rencontre auffi en grande
quantité leurs œufs, qui font blancs, oblongs, pointus
par le haut & rangés par bandes affez ferrées, qui forment
des groupes fur ces feuilles.

4. GALERUCA *pallida*, *thorace nigro variegato,*
   elytris unicoloribus pallidis.

La galeruque aquatique.
Longueur 2 *lignes.   Largeur* 1 ½ *ligne.*

Il y a très-peu de différence entre cette efpéce & la précédente. La feule que j’aie obfervée, c’eft que fes étuis
font d’une feule couleur jaunâtre & pâle, fans avoir de
bandes longitudinales noires. On trouve cette galeruque
au bord de l’eau, fur le *potamogeton*. La larve qui la produit vient fur les feuilles de cette plante, dans l’eau même :
elle eft toute noire.

5. GALERUCA *nigra*, *thorace elytrifque luteo-lividis.*

La galeruque grifette.
Longueur 2 ½ *lignes.   Largeur* 1 ½ *ligne.*

Elle reffemble encore beaucoup aux deux précédentes.
Sa tête eft noire, ainfi que le deffous de fon corps & fes
antennes, dont cependant la bafe eft un peu jaunâtre. Les
pattes ont auffi une petite teinte de jaune à leur extrémité. Le corcelet eft pâle, varié de quelques points noirs
rangés tranfverfalement, comme dans la galeruque de
l’orme. Les étuis font pâles, d’une feule couleur, & parfemés de points, ainfi que le corcelet. On trouve cette galeruque fur le bouleau.

6. GALERUCA *nigro-violacea.*

La galeruque violette.
Longueur 3 lignes. Largeur 1 ½ ligne.

Ce joli animal eft d'un violet foncé, plus noir en deffous & plus clair en deffus. Il reffemble par la couleur à
la chryfomele du faule, mais il en différe par le caractere
& la grandeur. Sa tête eft quarrée, & fes yeux font faillans. Ses antennes font de la longueur de la moitié du
corps. Son corcelet eft bordé, un peu quarré, avec un léger fillon dans fon milieu: fes étuis ont auffi des rebords.
Ils font chargés de points, ainfi que le corcelet. Je ne connois point la larve de cette galeruque.

CHRYSOMELA.

LA CHRYSOMELE.

Antennæ à bafi ad apicem crefcentes, articulis globofis.	Antennes plus groffes vers le bout, à articles globuleux.
Thorax æqualis marginatus.	Corcelet uni & bordé.

Les couleurs brillantes, dont font parées plufieurs efpéces de chryfomeles, fur lefquelles on croit voir reluire
l'or & l'airain, ont fait donner à ce genre le nom qu'il porte; mais fon caractere n'avoit point été affez examiné jufqu'ici, enforte que l'on rapportoit à ce genre plufieurs infectes qui en différent beaucoup. Deux caracteres cependant
peuvent faire fûrement diftinguer les chryfomeles des autres infectes, qui en approchent. Le premier confifte dans
la forme de leurs antennes, qui vont en augmentant de
groffeur vers le bout, & dont les articles font courts &
prefque ronds. Le fecond fe tire de leur corcelet, qui eft
uni, large & bordé fur fes côtés. On peut ajouter à ces
caracteres une troifiéme marque, mais qui n'eft pas à beaucoup près auffi effentielle, c'eft la forme du corps de ces
infectes, qui font ordinairement hémifphériques. Il y a

cependant une efpéce, c'eft la derniere de ce genre, qui n'a point cette forme, & qui eft de figure allongée.

Les larves de ces infectes ont en général un corps ovale, un peu allongé, mol, à la partie antérieure duquel font fix pattes écailleufes, ainfi que la tête. Une de ces larves s'eft changée chez moi en chryfalide, dans laquelle la chryfomele eft reftée informe & a péri : peut-être cet infecte a-t-il befoin de faire fa transformation dans la terre. Quant à l'infecte parfait, outre fa forme arrondie & les autres caracteres que nous avons rapportés ci-deffus, fes pattes méritent encore une attention particuliére ; elles font toutes terminées par des pieds ou tarfes compofés de quatre articles, qui tous ont en deffous des efpéces de pelottes brunes ou fauves, beaucoup plus fenfibles que dans la plûpart des autres infectes. Auffi les articles des tarfes font-ils larges & applatis.

Parmi les efpéces que renferme ce genre, plufieurs font très-belles ; mais on doit fur-tout admirer la *chryfomele à galons* & *l'arlequin doré*, qui font ornées des plus riches couleurs. Ces deux efpéces, ainfi que plufieurs autres, ont encore un autre ornement, qui ne paroît que lorfque ces infectes volent : c'eft la couleur de leurs ailes, qui font d'un très-beau rouge. Une autre efpéce, c'eft l'avant-derniere, eft remarquable par une autre particularité ; elle n'a point d'aîles fous fes étuis, & de plus, les deux étuis font réunis & n'en forment qu'un feul. On fent qu'un infecte ainfi conformé n'avoit pas befoin d'aîles, qui lui feroient devenues inutiles.

Les efpéces du genre des chryfomeles font :

1. **CHRYSOMELA** *nigro - cœrulea, elytris rubris apice nigris. Linn. faun. fuec. n.* 428.

Linn. fyft. nat. edit. 10, p. 370, n. 20. Chryfomela populi.
Merian. inf. 14. t. 27.
Albin. inf. 63. f. C.

La grande chryfomele rouge à corcelet bleu.
Longueur 5, 6 *lignes. Largeur* 4 *lignes.*

Cette

Cette efpéce eft une des plus grandes. La forme de fon corps eft ovale & arrondie. Sa tête & fon corcelet font d'un bleu un peu verdâtre. Tout le deffous du corps eft de la même couleur, ainfi que les pattes. Ses antennes font noires, compofées de onze articles, qui vont fenfiblement en groffiffant. Il y a fur le corcelet deux foffettes ou impreffions oblongues pofées fur fes côtés. Les étuis font rouges, avec un peu de noir à leur pointe inférieure. Leur bord eft élargi & embraffe le corps. On trouve cet infecte fur le peuplier, dont fa larve ronge & mange les feuilles. Souvent on voit ces feuilles toutes rongées & diffléquées, à l'exception des nervures, que laiffe cet animal. Cette larve eft très-puante, & lorfqu'on la touche, il tranfude de fon corps une efpéce d'huile jaunâtre.

N. B. *Eadem elytris omnino rubris.*

La petite chryfomele rouge à corcelet bleu.
Longueur 3 lignes. Largeur 2 lignes.

Cette variété eft plus petite d'un tiers : fon corcelet eft d'un bleu un peu plus vif, & elle n'a point de taches noires à l'extrémité de fes étuis ; du refte elle eft parfaitement femblable à la précédente, tant pour fa forme & fes couleurs, que pour fa larve & l'endroit où on la trouve.

2. **CHRYSOMELA** *viridi-ænea ; elytris rubicundis, punctis fparfis.*

Linn. faun. fuec. n. 427. Chryfomela viridi-ænea, elytris rubicundis.
Linn. fyft. nat. edit. 10, p. 370, n. 18. Chryfomela ovata, thorace aurato, elytris rufis.

La chryfomele rouge à corcelet doré.
Longueur 3 ½ lignes. Largeur 2 ⅓ lignes.

Cette chryfomele en deffous eft d'un vert bronzé. Sa tête & fon corcelet font d'une couleur brillante cuivreufe & dorée. Ses étuis font d'un rouge terne de couleur de brique, parfemés de points placés irréguliérement. Les

Tome I.   K k

ailes qui font fous ces étuis font rouges , les antennes feules font noires.

3. CHRYSOMELA *nigra , elytris rubris ftriatis ;
ftriis punctatis.*

La chryfomele rouge à corcelet noir.
Longueur 2 ½ lignes.   Largeur 1 ¼ ligne.

Tout fon corps eft noir , à l'exception de fes étuis qui
font rouges. Sur ces étuis font des ftries longitudinales de
points très-régulieres. Le corcelet eft liffe , mais peu brillant.

4. CHRYSOMELA *rubra , elytro fingulo maculis
quinque nigris. Linn. faun. fuec. n.* 1354.

La chryfomele rouge à points noirs.
Longueur 3 lignes.   Largeur 2 lignes.

Les antennes de cette belle efpéce font rouges à leur
bafe , noires à leur extrémité & de la longueur du corcelet. La tête eft noire. Le corcelet eft rouge , mais fa partie
poftérieure qui touche les étuis eft noire. Cette marque
noire n'eft qu'au milieu & n'eft pas égale dans toute fa
longueur , car fes extrémités font plus larges. L'écuffon eft
auffi noir. Les étuis affez liffes & luifans , ont chacun neuf
ftries longitudinales compofées de points. Ils font rouges
avec cinq taches noires fur chacun , fçavoir trois taches
rangées longitudinalement fur le bord extérieur de l'étui ,
& deux proche la future. Le deffous du ventre eft noir &
les pattes font rouges. Cette chryfomele fe trouve fur
le faule.

5. CHRYSOMELA *tota violacea.*

Linn. fyft. nat. edit. 10 , p. 369 , n. 8. Chryfomela ovata violacea alis rubris.

La chryfomele violette.
Longueur 3 ½ lignes.   Largeur 3 lignes.

Cette efpéce eft grande , bien ronde , & par-tout d'un

beau violet : elle eſt liſſe & polie en deſſus : ſes aîles
qui ſont cachées ſous ſes étuis , ſont rouges.

6. CHRYSOMELA *cœrulea , thorace violaceo.*

La chryſomele bleue à corcelet violet.
Longueur 4 lignes.   Largeur 2 ½ lignes.

Elle eſt toute d'un bleu noirâtre , à l'exception du corce‑
let qui eſt violet. Ce dernier eſt très-liſſe & brillant : les
étuis ſont d'une couleur plus matte & ponctués irrégulié‑
rement. Les aîles ſous les étuis ſont rouges & les an‑
tennes noires.

N. B. *Eadem thorace nigro‑violaceo.*

Le corcelet de cette variété eſt plus noir & plus foncé.

7. CHRYSOMELA *tota nigra.*

La chryſomele noire à aîles rouges.
Longueur 3 lignes.   Largeur 2 lignes.

Elle eſt toute noire , ſes aîles ſeules qui ſont cachées
ſous ſes étuis , ſont rouges : les étuis ſont ponctués.

8. CHRYSOMELA *nigro‑cœrulea , elytris atris punctatis , margine exteriore rubro.* Planch. 4 , fig. 7.

Linn. ſyſt. nat. edit. 10 , p. 371 , n. 26. Chryſomela ovata nigra , elytris mar‑
gine ſanguineis.

La chryſomele noire à bordure rouge.
Longueur 5 lignes.   Largeur 4 lignes.

Elle eſt ovale & aſſez large. Sa tête & ſon corcelet ſont
bleus , ainſi que le deſſous de ſon corps , ce qui ſemble la
rapprocher de la premiere eſpéce. Elle lui reſſemble enco‑
re par une impreſſion qu'on remarque ſur les côtés du cor‑
celet , qui le rend comme bordé. Mais les étuis ſont d'un
noir foncé , chargés de points , qui les ſont paroître cha‑
grinés. Ils ſont bordés ſur les côtés juſqu'au bas d'une

bande affez large d'un rouge clair. Les aîles font rouges.
On trouve dans les bois ce joli infecte.

9. CHRYSOMELA *nigro-cœrulea , elytris lucidis punctatis , margine exteriore & anteriore rubris.*

La chryfomele bleue à bordure rouge.
Longueur 3 ½ lignes.   Largeur 3 lignes.

Il y a beaucoup de reffemblance entre cette efpéce & la précédente : elle eft affez arrondie. Tout fon corps eft d'une couleur bleue foncée. Sa tête , fon corcelet & fes étuis font chargés de petits points. Ces derniers font lui-fans & ne font point noirs comme dans la précédente efpéce , mais de la même couleur que le refte du corps , & de plus ils ont une large bordure rouge , non-feulement fur les côtés , mais en devant à leur jonction avec le cor-celet. J'ai trouvé cet infecte une feule fois à Bondy , dans une prairie près de la forêt ; il étoit à terre dans le gazon. Je ne connois point fa larve.

10. CHRYSOMELA *viridi-cœrulea.* Linn. faun. fuec. n. 419.

Act. Upf. 1736 , p. 17 , n. 1. Chryfomela viridi-cœrulea nitida.
Linn. fyft. nat. edit. 10 , p. 369 , n. 4. Chryfomela ovata viridis nitida , antennis
pedibufque concoloribus.

Le grand vertubleu.
Longueur 4 lignes.   Largeur 3 lignes.

Ce bel infecte eft ovale & fort convexe. Sa couleur eft par-tout d'un beau vert glacé d'un peu de bleu,ce qui pro-duit de très beaux reflets. Il n'y a en tout que fes yeux qui foient jaunâtres. Son corcelet eft échancré en devant à l'endroit de la tête. Il eft parfemé , ainfi que les étuis , de petits points qui ne fe touchent pas & qui font quel-ques ftries , mais peu régulieres. On trouve cette chryfo-mele fur le *galeopfis* , le *lamium* , la menthe & les autres plantes labiées.

11. CHRYSOMELA *viridis nitida , thorace antice æquali , elytris pone contiguis. Linn. faun. fuec. n. 421.*

La chryfomele dorée.
Longueur 2, 3 lignes. Largeur 1 ½, 2 lignes.

12. CHRYSOMELA *viridis nitida , thorace antice excavato , fafciis elytrorum longitudinalibus cœruleis.*

Linn. faun. fuec. n. 420. Chryfomela viridis nitida , thorace antice excavato.
Linn. fyft. nat. edit. 10, p. 369 , *n.* 5. Chryfomela ænea.

Le petit vertubleu.
Longueur 2 ½ lignes. Largeur 1 ½ ligne.

Je joins ces deux efpéces, qui ont beaucoup de reffemblance entr'elles , ainfi qu'avec l'efpéce 10 : elles font affez ovales, la premiere paroît feulement un peu plus allongée : toutes deux font par-tout d'un beau vert doré , & ont le corcelet & les étuis parfemés de points. Quant aux différences qui fe rencontrent entr'elles , la derniere-a le corcelet affez échancré en devant , au lieu que l'autre l'a plus uni : les points de celle-ci font plus ferrés fans former aucunes ftries , ceux de la derniere font un peu plus éloignés & forment quelques ftries. Enfin la différence la plus remarquable à la premiere vûe, c'eft que la premiere efpéce eft toute du même vert , au lieu que dans l'autre le vert doré eft entrecoupé par une bande d'un beau bleu qui fe trouve le long de chaque étui au milieu , outre la future longitudinale de ces étuis qui eft de la même couleur , ce qui divife tout le deffus des étuis en fept bandes ou raies longitudinales , dont quatre font d'un vert doré , & trois bleues , auffi un peu dorées. On trouve ces deux infectes fur les plantes labiées avec la dixiéme efpéce. Les aîles de ces deux chryfomeles font rouges.

13. CHRYSOMELA *viridis nitida , ftriis decem cupreis , punctorum duplici ferie divifis.*

La chryfomele à galons.
Longueur 4 lignes.   Largeur 3 lignes.

Ce magnifique infecte eft ovale. Son corps en deffous
eft d'un vert doré , ainfi que fa tête & fon corcelet , qui
n'ont aucuns points & font très-liffes. On voit fur la tête &
aux deux côtés du corcelet , quelques taches d'un rouge
cuivreux : mais ce qu'il y a de plus beau dans cet infecte ,
ce font fes étuis. Le fond de leur couleur eft d'un vert
brillant. Ce vert eft entrecoupé par dix bandes longitudinales d'un beau rouge cuivreux très-éclatant ; il y en a
cinq fur chaque étui. Entre chacune de ces bandes il y
a deux rangées de points en ftries qui font fur la bande
verte & forment comme un galon , tandis que la bande
cuivreufe eft très - liffe. Pour voir encore mieux toute la
beauté de cet animal , il faut le regarder avec la loupe. On
le trouve , comme les précédens , fur les plantes labiées.
Ses aîles font rouges.

14. **CHRYSOMELA** *aurea ; fafciis cæruleis , cu-*
preifque alternis , punctis inordinatis.

L'arlequin doré.
Longueur 3 , 3 ½ lignes.   Largeur 2 , 2 ¼ lignes.

Cette chryfomele approche infiniment de la *chryfomele*
à galons. Chacun de fes étuis a quatre belles bandes longitudinales d'un rouge cuivreux , entrecoupées par autant
de bandes bleues , & fur les bords des unes & des autres
font d'autres bandes d'un vert jaune & brillant fort étroites. Cet affemblage produit les plus belles couleurs. Le
corcelet eft pareillement couvert de trois bandes cuivreu-
fes , entrecoupées par quatre bandes bleues , bordées auffi
de jaune un peu vert. La tête eft ornée des mêmes couleurs. Le deffous de l'infecte , fes antennes & fes pattes
font de couleur violette , en quoi il diffère de l'efpéce
précédente : mais leur principale différence confifte en ce
que dans celle-ci les étuis font chargés de points irré-

guliers , au lieu que dans la chryſomele à galons, il y a des
ſtries ſingulieres bien marquées. Les aîles de cette chryſomele ſont rouges. On la trouve dans les endroits arides &
élevés.

15. CHRYSOMELA *ſupra rubro - cuprea , infra*
nigra nitens.

La chryſomele briquetée.
Longueur 4 ½ lignes. Largeur 3 lignes.

Je ne ſçais ſi cette chryſomele ſetoit celle que M. Linnæus a voulu déſigner , n°. 426 du *Faun. Suecic.* ſous
le nom de *Chryſomela ænei coloris.* La nôtre en deſſous
eſt d'un noir verdâtre & bronzé : ſa tête eſt d'un vert doré ,
& ſon corcelet eſt d'un rouge cuivreux fort brillant. Ses
étuis ſont d'un rouge brun un peu bronzé , que je ne puis
mieux comparer qu'à ces médailles de bronze antique , à
qui le tems a fait acquérir une eſpéce de vernis. Son corcelet , ainſi que ſes étuis , ſont parſemés de petits points ,
qui forment quelques ſtries irréguliéres. Les aîles que
cachent ces étuis , ſont d'un beau rouge. Cet inſecte a été
trouvé autour de Paris , mais comme il m'a été donné , je
ne puis dire ſur quelle plante il ſe trouve,

N. B. Il y a une autre variété de cette eſpéce , qui n'en
différe qu'en ce que le corcelet eſt de la même couleur
que les étuis : du reſte elles ſont toutes deux abſolument
ſemblables.

16. CHRYSOMELA *nigra , elytris cœruleo-viridi-*
bus , thorace , pedibus antennarumque baſi rufis.

Reaum. inſ. tom. 3 , t. 1 , f. 18.

La chryſomele verte à corcelet rouge.
Longueur 1 ¼ , 1 ½ ligne. Largeur 1 ligne.

Le corps de cette chryſomele eſt noir : ſa tête eſt d'un
noir verdâtre , ainſi que ſes antennes dont la baſe eſt

rougeâtre. Son corcelet eſt large & de couleur rouge Ses
étuis ſont verdâtres , un peu bleus , parſemés , ainſi que
le corcelet, de petits points ſerrés. Les pattes ſont rouges,
à l'exception des tarſes qui ſont noirs. J ai trouvé cette
chryſomele ſur la mauve , la guimauve & les autres plan‐
tes malvacées.

17. CHRYSOMELA *nigro-purpurea , punctis exca‐
vatis ſtriata. Linn. faun. ſuec. n.* 415.

Raj 90, *n.* 5.
Act. Upſ. 1736 , p. 19 , *n.* 3. Attelabus cœruleus nitidus oblongiuſculus , ſubtus
  niger.
Linn. ſyſt. nat. edit. 10 , p. 369 , *n.* 7. Chryſomela betulæ.
Roſel. inſ. vol. 1. Scarab. terreſtr. claſſ. 3. tab. 1.

La chryſomele bleue du ſaule.
Longueur 1 ½, 2 *lignes.   Largeur* 1 , 1 ⅓ *ligne.*

    La larve qui produit cet inſecte , reſſemble beaucoup
à celle des coccinelles. Sur chacun de ſes anneaux il y a
une bande de petites pointes qui font paroître cette larve
comme hériſſée. Lorſqu'on examine ces pointes à la loupe ,
on voit qu'elles ſont un peu velues à leur extrémité , &
il en ſuinte un peu d'humeur. On trouve ſouvent les feuil‐
les du ſaule & celles du bouleau toutes chargées en deſſous
de ces petites larves qui rongent le parenchyme des feuil‐
les , ſans toucher aux nervures & à la pellicule ſupérieure.
Lorſqu'elles veulent ſe métamorphoſer , elles s'attachent
fortement à la feuille par l'extrémité poſtérieure de leur
corps , & reſtent immobiles & comme arrondies pendant
une quinzaine de jours. Au bout de ce tems , la peau de
cette eſpéce de chryſalide ſe fend vers le corcelet , & on
en voit ſortir l'inſecte parfait , ou la chryſomele. Celle‐ci
eſt aſſez arrondie , de couleur pourpre imitant la couleur
de violette , quelquefois bleue ou verdâtre , rarement noi‐
re , car ſa couleur varie beaucoup. Sa tête , ſon corcelet &
ſes étuis ſont chargés d'une infinité de petits points , qui
regardés à la loupe , paroiſſent former ſur les étuis des
ſtries aſſez régulieres. On trouve pendant une partie de
                                                    l'été ,

l'été beaucoup de ces infectes fur les faules & les bou-
leaux.

18. CHRYSOMELA *rubra, thorace punctis duobus
nigris, coleoptrorum futura nigra.*

La chryfomele à future noire.
Longueur 1 ¼ ligne. Largeur ⅓ ligne.

Cette petite efpéce eſt noire en deſſous avec les pattes
fauves ; en deſſus elle eſt rouge. A la baſe du corcelet, il
y a deux points noirs qui touchent aux étuis. La jonction
des deux étuis forme auſſi une future noire, leur bord
intérieur fe trouvant de couleur noire. Sur chaque étui il y
a onze ſtries longitudinales, formées par des points rangés
réguliérement, à l'exception néanmoins de deux ſtries fur
le milieu de chaque étui, qui ne font pas régulieres & fe
confondent enfemble. Les yeux de l'infecte font noirs.

19. CHRYSOMELA *atro-purpurea, elytris coadunatis, alis nullis.*

Linn. faun. fuec. n. 595. Tenebrio atra, coleoptris pone rotundatis, ma-
xillis prominentibus.
Linn. fyſt. naɩ. edit. 10, p. 418, n. 14. Tenebrio caraboïdes.
Frifch. germ. 13, p. 27, t. 22.

La chryfomele à un feul étui.
Longueur 3, 6, 7 lignes.

Quoique M. Linnæus faſſe de cet infecte un ténébrion,
c'eſt cependant une vraie chryfomele, qui a tous les
caractères des efpéces de ce genre. Ses antennes, fes pattes avec les petites éponges bien marquées, enfin jufqu'à
fa forme arrondie ; tout le rapproche des chryfomeles. Ce
petit animal varie beaucoup pour la grandeur. Les plus petits font ordinairement les mâles, & les plus gros font des femelles. Les uns & les autres font d'un noir foncé, fouvent
un peu violet, plus matte dans les femelles, & plus luifant dans les mâles. Le corcelet eſt large, un peu plus
étroit vers fa baſe. Les pattes ont leurs petites éponges

Tome I. L l

jaunâtres : mais ce qui caractérise cet insecte, c'est que ses étuis sont réunis ensemble , & ne forment qu'un seul fourreau , dont le rebord extérieur embrasse le corps & sous lequel il n'y a point d'ailes. Cette particularité avoit fait ranger cet insecte parmi les ténébrions ; mais s'il falloit y avoir égard , on devroit aussi ranger dans le même genre plusieurs charansons , & des buprestes dans lesquels elle se trouve. Cette chrysomele se rencontre communément dans les jardins & les bois. Sa larve habite sur le *caille-lait* dont elle se nourrit.

20. **CHRYSOMELA** *oblonga nigra , elytrorum lineis duabus longitudinalibus luteis.*

Linn. faun. suec. n. 438. Chrysomela nigro-ænea , elytrorum lineis duabus luteis.

La chrysomele à bandes jaunes.
Longueur 2 ½ *lignes.   Largeur* ⅘ *ligne.*

Cette chrysomele différe de toutes les autres , en ce qu'elle est très-allongée : en dessous elle est noire , mais ses cuisses sont bariolées de jaune un peu brun. Sa tête est toute noire. Son corcelet est large , quarré , noir , avec des rebords jaunes sur les côtés , & parsemé de points posés irrégulièrement. Ses étuis sont longs , avec des stries de points bien marquées. Ils sont lisses , & sur chacun il y a deux bandes longitudinales jaunes , sçavoir une au bord extérieur , & une approchant du bord intérieur : entre ces deux dernieres bandes , est la future noire des étuis. Les deux bandes jaunes communiquent & se joignent ensemble par le bas. Les antennes vont en grossissant par le bout & sont de la longueur du corcelet. On trouve cet insecte dans les prés.

MYLABRIS.

LE MYLABRE.

Antennæ sensim crescentes,   Antennes plus grosses vers

articulis hæmisphæricis, ros- le bout, à articles hémisphé-
tro brevi plano insidentes. riques, posées sur une trompe courte & large.

Antennulæ quatuor in extremo Quatre antennules à l'extrémité
rostri. de la trompe.

Le mylabre semble tenir le milieu entre le genre précédent & les deux suivans ; son caractere approche de celui
des uns & des autres. Ses antennes ressemblent à celles de
la chrysomele, étant plus grosses vers le bout, & composées d'articles hémisphériques un peu triangulaires, mais
elles sont posées sur une espéce de trompe, qui ne différe
de celle des genres suivans, qu'en ce qu'elle est large
& courte. Un autre caractere, c'est que la bouche de l'insecte & les quatre antennules qui l'accompagnent, sont
posées à l'extrémité de cette trompe. On peut encore à
ces caracteres en ajouter un moins essentiel, c'est la forme
des étuis qui sont presque ronds & si courts, qu'ils laissent toute la partie postérieure de l'insecte à découvert. Je
ne connois point les larves de ces insectes qu'on trouve
assez communément sur les fleurs.

1. **MYLABRIS** *fusca, cinereo - nebulosa, abdominis
apice cruce alba.* Planch. 4, fig. 9.

Le mylabre à croix blanche.
Longueur 2 lignes. Largeur 1 ligne.

Ses antennes sont de la longueur du tiers de son corps.
Leurs sept derniers anneaux vont en grossissant. Elles sont
placées devant les yeux, sur une espéce de petite avance, ou trompe platte & courte, au bout de laquelle sont
les antennules. Ses yeux sont assez saillans. Le corcelet est
large & uni sans rebords. Les étuis ont des stries longitudinales assez serrées. Ils sont courts & laissent au moins le
quart du ventre à découvert. Tout l'insecte est brun, mais
chargé par endroits d'un duvet cendré qui forme sur le

corcelet & les étuis des taches nébuleufes. L'écuffon & le
bout du corcelet qui y touche, font ordinairement plus
blancs. Le bout du ventre qui déborde les étuis, eft d'un
gris blanc avec deux taches noires, une de chaque côté,
ce qui partage le blanc en trois raies qui fe coupent &
forment une efpéce de croix d'autant plus remarquable,
que l'extrémité des étuis eft brune. Les cuiffes de l'infecte
ont chacune une petite appendice en forme de dent ou
d'épine. On trouve ce petit animal fur les fleurs.

2. MYLABRIS *tota fufca.*

Le mylabre brun.
Longueur 3 lignes. Largeur 1 ½ ligne.

Cette efpéce approche fi fort de la précédente, que je
penferois volontiers qu'elle n'en eft qu'une variété : néanmoins outre la groffeur & la couleur qui font différentes,
on peut encore les diftinguer par un autre endroit, ce qui
m'a engagé à les féparer : c'eft que dans cette efpéce
les étuis couvrent prefqu'entiérement le ventre, ce qui ne
fe remarque pas dans les deux autres efpéces de ce genre,
où les étuis font fort courts : du refte elles fe reffemblent
pour la forme, les antennes, la tête, le corcelet, les
cuiffes qui ont une petite dent ou épine latérale, & les
ftries des étuis, qui dans leurs enfoncemens font ponctuées : feulement le ventre ne déborde point les étuis, &
on ne voit point fur le corps cette efpéce de duvet blanchâtre qu'on apperçoit dans l'efpéce précédente. Cet infecte m'a été donné & je ne connois point fa larve.

3. MYLABRIS *nigra, abdomine albo fericeo.*

Le mylabre fatiné.
Longueur 1 ligne. Largeur ½ ligne.

Ce petit infecte eft tout noir & luifant. Ses étuis font
ftriés & fouvent chargés d'un petit duvet foyeux & un
peu blanc. Le ventre déborde ces étuis, & eft beaucoup

plus chargé du même duvet, qui le fait paroître blanc. Cet infecte fe trouve fur les fleurs très-communément.

RHINOMACER. *Curculio, linn.*

LE BECMARE.

Antennæ clavatæ integræ, roftro longo infidentes.	Antennes en maffe toutes droites, pofées fur une longue trompe.

On voit par le caractere que nous donnons de ce genre, & celui que nous donnerons du genre fuivant, que ces deux genres, le becmare & le charanfon, approchent beaucoup l'un de l'autre : auffi ne les aurions-nous pas féparés, fi le genre des charanfons n'eût pas déja été furchargé d'un grand nombre d'efpéces. Tous deux ont leurs antennes avec une extrémité fort groffe, formant une efpéce de maffe, en quoi ils différent déja du genre précédent ; tous deux ont leurs antennes pofées fur une trompe fouvent fort longue, & quelquefois affez fine. Mais ces antennes dans le becmare font toutes droites & leurs articles font prefque tous auffi longs les uns que les autres, au lieu que les antennes du charanfon font coudées & ployées dans leur milieu, & que leur premiere moitié eft prefque toute formée d'une feule piéce beaucoup plus longue que les autres. Au bout de la trompe fur laquelle les antennes font pofées, on obferve les machoires de l'infecte qui font fort petites, & qui ne font point accompagnées de quatre antennules comme dans le mylabre. Quant aux larves & aux chryfalides des becmares, elles font précifément les mêmes que celles des charanfons, que nous détaillerons dans un inftant. Les efpéces de ce genre font :

1. RHINOMACER *corpore angufto longo niger, thorace fafciis quatuor albicantibus.*

Le becmare levrette.
Longueur 3 lignes. Largeur ⅔ ligne.

Ce becmare eſt très - allongé. Sa grandeur varie un peu. Sa trompe eſt de la longueur de ſon corcelet. Ses étuis ont des ſtries longitudinales formées par des rangées de points. Tout l'inſecte eſt noir : ſeulement on voit ſur ſon corcelet quatre raies longitudinales blanchâtres , formées par des petits poils , ſçavoir deux ſur le dos du corcelet , & une de chaque côté. J'ai trouvé cet inſecte ſur les chardons.

2. RHINOMACER *totus viridi - ſericeus.*

Le becmare vert.
Longueur 3 lignes. Largeur 2 lignes.

Ce bel inſecte eſt par-tout d'un vert doré. Sa trompe eſt de la longueur de ſon corcelet & fort dorée. Sa tête & ſon corcelet ſont verts , quelquefois dorés , chargés de petits points. Les étuis qui ſont de la même couleur & de forme un peu quarrée , ſont chargés de points qui forment des ſtries aſſez ſerrées , mais peu régulieres.

3. RHINOMACER *viridi - auratus , ſubtus nigro, violaceus.*

Le becmare doré.
Longueur 2 lignes. Largeur 1 ½ ligne.

Cette eſpéce reſſemble aſſez à la précédente. Le deſſous de ſon corps eſt d'un noir violet ; ſes antennes & ſes pattes ſont auſſi noires. Le deſſus , ſçavoir la trompe , le corcelet & les étuis ſont d'un beau vert doré. Ces derniers ſont chargés de ſtries formées par des points : parmi ces inſec-tes , il y en a quelques-uns , qui ont de chaque côté du corcelet une épine latérale dreſſée en devant & fort aigue : mais cette pointe n'eſt pas conſtante & ne ſe trouve pas dans tous.

4. RHINOMACER *niger , elytris rubris , capite thoraceque aureis , proboſcide longitudine ferè corporis.*

Le becmare doré à étuis rouges.
Longueur 1 ¼ , 2 lignes. Largeur ⅓ 1 ligne.

La grandeur des individus de cette efpéce varie. Les
petits font les mâles , & les gros les femelles. Ces dernieres portent une trompe de la longueur de leur corps, les
autres l'ont moins longue d'un grand tiers. Les uns & les
autres ont la trompe , les pattes , les antennes & le deffous
du corps noirs , les étuis rouges avec des ftries , & la tête
ainfi que le corcelet d'un bronzé rougeâtre & un peu obfcur. Souvent les étuis vûs à la loupe paroiffent un peu
velus.

5. RHINOMACER *fubvillofus cœruleus.*

Le becmare bleu à poil.
Longueur 1 , 1 ½ , 2 ½ *lignes. Largeur* ½ , 1 , 1 ¼ *ligne.*

Ce becmare varie finguliérement pour la grandeur &
même pour les couleurs , enforte qu'on feroit tenté d'en
faire plufieurs efpéces. La plûpart font par-tout d'un bleu
foncé noirâtre uniforme , tandis que quelques-uns ont le
corcelet d'un vert affez brillant : du refte , tous vûs à
la loupe , paroiffent couverts de petits poils affez drus :
tous ont une trompe allongée de la longueur du quart
de leur corps , fur le milieu de laquelle font pofées les
antennes. Tous enfin ont les étuis quarrés & affez fortement ftriés. Cet infecte fe trouve fur les fleurs.

6. RHINOMACER *nigro-fufcus , glaber , punctato-*
ftriatus.

Le becmare noir ftrié.

Il y a peu de différences entre cette efpéce & la précédente. Il eft vrai qu'elle eft parfaitement liffe & qu'on
n'apperçoit fur fon corps aucuns petits poils , mais fa
forme eft la même. Les étuis ont auffi des ftries formées
par des points. Quant à la couleur , elle eft par-tout d'un
brun noir & affez foncé ; quelquefois le noir eft un peu
bleuâtre & luifant. Cet infecte fe trouve avec le précédent.

7. RHINOMACER *nigro - viridescens ; oblongus ; ftriatus.*

Le becmare allongé.
Longueur 1 ⅓ ligne.   Largeur ⅓ ligne.

Cette efpéce diffère beaucoup de la plûpart des précédentes : premiérement elle eft petite , allongée , enforte que l'animal , loin d'avoir une forme quarrée , eft fort étroit. Sa couleur eft uniforme , noire , bronzée d'un peu de vert , ou plutôt femblable à l'iris de l'acier qui a paflé au feu : de plus les firies longitudinales de fes étuis font unies , & ne font point formées par des rangées de points, ce qui fait une diftinction fpécifique très - marqué. Cet infecte fe trouve fur les fleurs des plantes ombelliferes.

8. RHINOMACER *fubglobofus , niger , ftriatus ; femoribus rufis.*

Le becmare noir à pattes fauves.
Longueur 1 ligne.   Largeur ½ ligne.

Ce petit infecte eft de la groffeur d'une puce. Sa trompe fine & aigue eft prefque de la longueur de fon corps. Ses étuis ont des ftries éloignées & diftinctes , & font renflés , enforte que le corps a une figure ronde un peu ovale. Tout l'animal eft d'un noir luifant , à l'exception des cuiffes qui font rougeâtres. On le trouve fur les fleurs.

9. RHINOMACER *fubglobofus , villofus , niger ; pedibus elytrifque rufis.*

Le becmare - puce.
Longueur ⅓ ligne.   Largeur ⅓ ligne.

Cet infecte eft encore plus petit que le précédent. Il a , comme lui , le ventre affez renflé , & le devant du corps éfilé. Sa trompe affez fine , eft plus longue que fon corcelet ; fa tête eft noire , ainfi que fon corcelet : fes pattes & fes étuis font bruns. Ces étuis font ftriés. Tout le corps eft
couvert

couvert de petits poils. Cet animal varie pour la couleur, qui eſt plus ou moins claire. J'en ai auſſi une variété, où les ſtries des étuis ſont moins marquées : peut-être fait-elle une eſpéce différente ; mais cet inſecte eſt ſi petit, qu'on n'y peut découvrir de caractères ſpécifiques.

10. RHINOMACER *niger, thorace elytriſque rubris ; proboſcide longitudine capitis.*

Le becmare laque.
Longueur 1 ½ ; 3 lignes.   Largeur ⅓, 1 ¼ ligne.

Quant à la forme, cet inſecte eſt arrondi & comme boſſu. Il varie beaucoup pour la grandeur. Sa trompe eſt large & courte, égalant ſeulement la longueur de la tête. Tout l'inſecte eſt noir, à l'exception du corcelet & des étuis qui ſont rouges. On voit ſur ces étuis qui ſont liſſes, quelques ſtries, mais peu apparentes. Il y a une certaine conformité de figure entre cet inſecte & le gribouri de la vigne, quoiqu'ils paroiſſent très-différens, en les regardant l'un auprès de l'autre.

11. RHINOMACER *niger, thorace elytriſque rubris, capite pone elongato.*

Linn. faun. ſuec. n. 476. Curculio niger, elytris rubris, capite pone elongato.
Linn. ſyſt. nat. edit. 10, p. 387, n. 1. Attelabus niger, elytris rubris.
Act. Upſ. 1736, p. 19, n. 4. Necydalis rubra, capite minimo rubro.

La tête écorchée.
Longueur 3 lignes.   Largeur 1 ½ ligne.

Cette eſpéce eſt la plus ſinguliere de ce genre, ſur-tout pour la figure de ſa tête. Elle paroît d'abord approcher de la précédente pour la grandeur & les couleurs, elle eſt ſeulement ordinairement un peu plus grande. Sa trompe qui eſt groſſe & courte, n'égale pas la moitié de la longueur de ſa tête. Les antennes poſées ſur le milieu de cette trompe, ſont auſſi aſſez courtes, & ne ſurpaſſent guères la longueur de la tête. Celle-ci eſt longue & preſque d'une forme triangulaire allongée , dont la pointe tien-droit au corcelet , & dont la bafe donneroit naiffance à la trompe , ayant à fes deux angles les deux yeux. Cette forme de tête , dont l'articulation avec le corcelet eft comme étranglée , & qui va enfuite en s'élargiffant , la fait reffembler à un fquelette , ou à une tête écorchée. Le deffous du corps eft noir , ainfi que la tête , les antennes , le devant du corcelet , l'écuffon & les jambes. Les cuiffes , les étuis & les deux tiers poftérieuts du corcelet font d'un beau rouge. On voit fur les étuis , des ftries for-mées par des points. Cet infecte fe trouve fur les charmes dans les bois.

CURCULIO.

LE CHARANSON.

Antennæ clavatæ fractæ , roftro longo corneo infiden-tes.

Antennes en maffe , cou-dées dans leur milieu, & po-fées fur une longue trompe.

Familia. 1ᵃ. *Femoribus inermi-bus.*

Famille 1°. A cuiffes fimples.

――― 2ᵃ. *Femoribus denticu-latis.*

――― 2°. A cuiffes dente-lées.

Le caractere du genre des charanfons , eft un des plus aifés à appercevoir du premier coup d'œil. Il approche beaucoup de celui du becmare. Ses antennes font termi-nées comme celles de ce genre par un bout plus gros , for-mant une efpéce de maffe , & elles font pofées fur une trompe longue , fouvent éfilée : mais il y a une différence très-fenfible entre ces deux genres. Les antennes du bec-mare font droites , & compofées d'anreaux ou articles prefqu'égaux entr'eux , au lieu que celles du charanfon font coudées dans leur milieu , & comme divifées en deux parties , dont la premiere , fçavoir celle qui tient à la trompe , eft compofée d'un feul article très-long , qui à lui

feul égale prefque tous les autres. Cette différence nous a
porté à féparer le genre des becmares de celui des charanfons, dont les efpéces font en grand nombre. Nous avons
fait plus : pour faciliter encore la connoiffance du genre
nombreux des charanfons, nous l'avons divifé en deux
familles. La premiere comprend ceux de ces infectes,
dont les cuiffes font fimples & unies, comme dans la plûpart des autres infectes : dans la feconde, font renfermés les
charanfons, qui ont à leurs cuiffes une efpéce de pointe,
ou de dent, une appendice épineufe. Ce caractere eft aifé
à appercevoir & nous a fervi à diftinguer d'une façon naturelle ces infectes.

Les larves des charanfons ne différent pas de celles de
la plûpart des infectes à étuis. Elles reffemblent à des vers
allongés & mols ; elles ont en devant fix pattes écailleufes,
& une tête pareillement écailleufe. Mais les endroits où
habitent ces larves & leurs métamorphofes, préfentent
quelques particularités. Certaines efpéces, que l'on re-
doute par les défordres qu'elles font dans les greniers,
trouvent moyen de s'introduire dans les grains de bled,
lorfqu'elles font encore petites : c'eft-là leur domicile.
Cachées dans le grain, il eft très-difficile de les y découvrir;
elles y croiffent à leur aife, & aggrandiffent leur demeure
à mefure qu'elles croiffent, aux dépens de la farine intérieure du grain dont elles fe nourriffent. Les greniers font
fouvent défolés par ces infectes, qui quelquefois font en
fi grand nombre, qu'ils dévorent & detruifent tous les
grains. Lorfque l'infecte, après avoir mangé toute la farine, eft parvenu à fa groffeur, il refte dans l'intérieur du
grain, caché fous l'écorce vuide, qui fubfifte feule, il s'y
métamorphofe, y prend l'état de chryfalide, & n'en fort
que fous la forme d'infecte parfait, en perçant la peau
extérieure de ce grain, dont tout le dedans eft vuide. On
ne peut guéres reconnoître à la vûe les grains de bled qui
font ainfi attaqués & vuidés par ces infectes; ils paroiffent
extérieurement gros & rebondis ; mais l'état où le charan-

fon les a mis, les rend beaucoup plus légers ; & fi on jette dans l'eau du bled attaqué par ces infectes, tous les grains gâtés nagent au deffus de l'eau, tandis que les autres tombent au fond. D'autres larves de charanfons ne font pas auffi friandes du bled, mais elles attaquent plufieurs autres graines de la même maniere. Les féves, les pois, les lentilles, que l'on conferve après les avoir fait fécher, font expofés à être gâtés par ces petits animaux, qui rongent l'intérieur de ces graines, dans lefquelles ils fe font logés, & n'en fortent qu'après avoir achevé leur tranf-formation, en perçant la peau extérieure de ces mêmes graines. C'eft ce que l'on peut reconnoître en jettant ces graines dans l'eau. Celles qui furnagent, font ordinairement piquées par les charanfons. Quelques autres efpé-ces fe logent dans l'intérieur des plantes : les têtes des ar-tichaux, des chardons, font fouvent piquées & rongées in-térieurement par des larves de charanfons affez grands. Une autre efpéce plus petite, mais finguliere, perce & mine intérieurement les feuilles d'ormes. Souvent pref-que toutes les feuilles d'un orme paroiffent jaunes & com-me mortes vers un de leurs bords ; tandis que tout le refte de la feuille eft verd. Si on examine ces feuilles, on voit que cet endroit mort forme une efpéce de fac ou veficule. Les deux lames ou pellicules extérieures de la feuille, tant en deffus qu'en deffous, font entieres, mais éloignées & fé-parées l'une de l'autre, & le parenchyme qui eft entr'elles, a été rongé par plufieurs petites larves de charanfons, qui fe font formé cette demeure, dans laquelle on les rencontre. Après leur transformation, elles en fortent en perçant cette efpéce de veficule, & il en vient un charan-fon, qui eft brun, petit & difficile à attraper, à caufe de l'agilité avec laquelle il faute. Cette propriété de fauter, qu'a cette feule efpéce, dépend de la forme & de la lon-gueur de fes pattes poftérieures. Nous lui avons donné le nom de *charanfon fauteur*.

Il feroit trop long d'entrer ici dans le détail des diffé-

rentes efpéces de charanfons, qui attaquent prefque toutes les parties de plufieurs plantes : nous ne pouvons cependant nous difpenfer de dire encore un mot des charanfons de la fcrophulaire. Ces petits animaux, malgré
leur grandeur médiocre, font au nombre des plus jolies
efpéces de ce genre, par le travail fingulier de leurs étuis.
Mais ce n'eft pas encore ce qui les rend le plus remarquables. Lorfque leurs larves, après avoir rongé les feuilles
de la fcrophulaire, font parvenues à leur groffeur & font
prêtes à fe transformer, elles forment au haut des tiges
une efpéce de veffie à moitié tranfparente, dans laquelle
elles s'enferment & fe métamorphofent. Cette veffie ronde & affez dure, paroît produite par une humeur vifqueufe,
dont on voit la larve couverte. Comment l'infecte peut-
il, avec cette efpéce de glu, former cette veficule ronde ? C'eft ce que je n'ai pû parvenir à appercevoir. J'ai
feulement trouvé les larves nouvellement renfermées
dans cette veficule ; je les y ai vûes fous la forme de nymphes, & enfin l'infecte parfait en eft forti fous mes yeux.
Ces veficules font de la groffeur des coques qui renferment les graines de la fcrophulaire, & fouvent mêlées avec
elles ; mais on les diftingue aifément par leur tranfparence
& leur forme ronde, qui différe du fruit de la fcrophulaire, qui fe termine en pointe.

Parmi les infectes parfaits que renferme ce genre, nous
pourrions en faire remarquer plufieurs qui ont différentes
particularités. La longue trompe du *charanfon trompette*,
les écailles, qui recouvrent les étuis de plufieurs efpéces,
& fur-tout du beau *charanfon à écailles vertes* & dorées,
le défaut d'ailes du *charanfon cartifanne*, & des charanfons gris, dont les étuis font réunis & comme foudés enfemble, enforte qu'ils n'en forment qu'un feul ; enfin les
pointes ou épines, qui arment le corcelet ou même les
étuis de quelques-uns, font autant de fingularités qui feront détaillées dans l'examen que nous allons faire des efpéces de ce genre.

P REMIERE F AM I L L E.

1. C U R C U L I O *albo nigroque varius, probofcide pla-
niufculâ carinatâ , thoracis longitudine. Linn. faun.
fuec. 14. 448.* Planch. 4 , fig. 8.

Frifch. germ. 11 , p. 32 , t. 23 , *fig.* 5. Curculio brevi-roftris.

Le charanfon à trompe fillonnée.
Longueur 6 lignes.   Largeur 2 lignes.

La trompe de ce charanfon eft groffe , de la longueur
du corcelet, portant un fillon creux en deffus dans toute
fa longueur. Elle eft de couleur noire , avec des bandes
longitudinales grifes. Le corcelet eft chagriné & parfemé
de points noirs élevés. Le fond de fa couleur eft noir ,
mais il eft couvert de petits poils qui le font paroître gris :
de plus , on voit fur ce corcelet cinq bandes grifes longitudinales plus claires que le refte , une au milieu , & deux
de chaque côté. Les étuis font pareillement noirs & chagrinés , mais ils paroiffent gris & comme nébuleux , à
caufe des petits poils de cette couleur qui les recouvrent.
Les patres font grifes , ainfi que le deffous de l'animal. On
trouve cet infecte fur les arbres.

2. C U R C U L I O *totus fufcus rugofus.*

Le charanfon ridé.
Longueur 4 lignes.   Largeur 2 lignes.

Ce charanfon eft par-tout de couleur brune. Sa trompe
affez groffe , eft de la longueur du corcelet. Celui-ci & les
étuis font ridés irréguliérement ; il y a cependant fur le
bord extérieur des étuis , deux ou trois ftries longitudinales élevées. Cet infecte fe trouve dans les prés.

3. C U R C U L I O *fufco - nebulofus , thorace fulcato,
elytris ftriatis.*

Le charanfon à corcelet fillonné.
Longueur 3 ½ lignes.   Largeur 2 lignes.

La longueur de cet insecte est la même à peu près que celle du précédent ; il est seulement un peu moins allongé. Sa trompe est grosse, quarrée, sillonnée en dessus, & de la longueur du corcelet. Ses yeux sont noirs & sa tête brune, avec quelques bandes longitudinales plus foncées en couleur. Le corcelet est brun, sillonné profondément. Les étuis sont bruns, chargés de taches plus claires : ils ont des stries larges formées par des points enfoncés assez grands, ce qui fait paroître ces stries comme noueuses. Les pattes & le dessous du corps sont d'un gris plus clair. L'animal n'a point d'aîles sous ses étuis. Je l'ai trouvé avec l'espéce précédente.

4. C U R C U L I O *oblongus, elytris villoso-cinereis ; sutura-nigra.*

Linn faun. suec. n. 445. Curculio fuscus oblongus, elytris rectis acuminatis ?
Act. Upsf. 1736, p. 16, n. 1. Curculio acuminatus longus fuscus.

Le charançon à suture noire.
Longueur 5 lignes. Largeur 1 ½ ligne.

Cet insecte est allongé & de couleur noire. Sa trompe est grosse, de la longueur du corcelet, un peu évasée par le bout & chargée sur ses côtés d'un peu de gris. Le dernier article des antennes est un peu moins gros que dans la plûpart des espéces de ce genre. On voit sur son corcelet quatre bandes longitudinales grises un peu ondées, deux de chaque côté, formées par des petits poils. Les étuis sont pareillement d'un gris cendré, excepté le long de la suture du milieu, qui est noire ; de plus, il y a sur la partie grise des étuis de chaque côté, deux taches plus obscures, l'une plus haut, l'autre plus bas. Ces étuis se terminent assez en pointes, & ils ont des stries de points qui se réunissent en formant des angles aigus.

5. C U R C U L I O *fuscus, fulvo maculatus ; elytris striatis, striis alternatim nigro maculatis.*

Le charanfon à côtes tachetées.
Longueur 3 ½ lignes.   Largeur 1 ⅓ ligne.

Le deſſus de cette eſpéce eſt d'un brun noirâtre, & le deſſous de ſon corps eſt fauve. Sa trompe aſſez groſſe eſt un peu moins longue que le corcelet. Celui-ci a trois bandes longitudinales fauves. Les étuis ſont un peu veloutés, & ont chacun neuf ſtries ponctuées. Les eſpaces entre ces ſtries ſont ponctués & ſont alternativement noirâtres & d'un brun clair. Sur ces derniers endroits, ſont des taches noires formées par un duvet court de cette couleur. La femelle eſt un peu plus groſſe que le mâle, & ſa couleur eſt plus claire. On trouve communément cette eſpéce dans les lieux arides au printems.

6. CURCULIO *oblongus, fuſcus, thoracis lateribus albidis, elytris ſtriatis, punſto albo.*

Le charanfon à deux points blancs.
Longueur 4 lignes. Largeur 1 ½ ligne.

La forme de cet inſecte eſt allongée. Sa couleur eſt brune un peu noirâtre. Sa trompe aſſez forte & plus groſſe à ſon extrémité, eſt au moins de la longueur du corcelet. Celui-ci a ſur chacun de ſes côtés une raie longitudinale d'un blanc un peu fauve, formée par des petits poils. Il y a un ſemblable point blanc au milieu de chaque étui, & quelques poils vers le bas, ſur les côtés. Ces étuis ont des ſtries formées par des points, qui ne ſont pas contigus.

7. CURCULIO *nigro-fuſcus, thorace utrinque faſciæ longitudinali, elytris duplici tranſverſa cinerea.*

Le charanfon à deux bandes tranſverſes.
Longueur 9 lignes.   Largeur 4 lignes.

En deſſous ce grand charanſon eſt de couleur cendrée ; en deſſus, ſa tête eſt noire. Sa trompe eſt large & courte. Son corcelet eſt chagriné de couleur noire, avec les côtés de couleur cendrée. Ses étuis qui ſont noirâtres, ont pareillement

reillement chacun deux bandes grifes tranfverfes ; la premiere pofée un peu plus haut que le milieu de l'étui, panachée dans fon milieu par différentes taches nuageufes & noirâtres ; la feconde fur la partie poftérieure de ces mêmes étuis. On trouve cet infecte fur les chardons, avec le fuivant.

8. C U R C U L I O *niger, ftriatus, maculis villofo-fufcis nebulofus.*

Le charanfon tacheté des têtes de chardon.
Longueur 2 ½, 4 lignes. Largeur 1 ¼, 2 lignes.

On voit que la grandeur de cet infecte varie beaucoup. Le fond de fa couleur eft d'un brun noir. En deffous, il eft tout couvert de petits poils gris, courts, qui le font paroître gris, quand on le regarde à un certain jour. En deffus, il eft parfemé d'un grand nombre de taches d'un gris roux, formées pareillement par des petits poils. Les mâles en ont plus que les femelles, qui font plus groffes & plus noires. La trompe eft groffe & de la longueur de la tête & du corcelet. Ce dernier eft chagriné & les étuis font ftriés. La larve de ce charanfon habite dans les têtes des chardons & dans celles du *cirfium*, qu'elle ronge. On reconnoît ces têtes lorfqu'elles font piquées par ces infectes, parce qu'elles ont un endroit noir & defféché. Lorfque la larve eft parvenue à fa groffeur, elle fait fa coque dans ces mêmes têtes, d'où fort l'animal parfait.

9. C U R C U L I O *niger, thorace punctato, elytris alternatim ftriatis & punctatis.*

Le charanfon brodé.
Longueur 3 ⅓ lignes. Largeur 1 ¼ ligne.

Ce charanfon eft noir, & reffemble à la premiere vûe à beaucoup d'autres efpéces de ce genre ; mais fon caractere fpécifique confifte dans les ftries de fes étuis. Il y en a neuf fur chacun, & entre chaque ftrie fe trouvent deux rangées de points, qui quelquefois fe confondent. La

Tome I. N n

trompe eſt à peu près de la longueur du corcelet. Celui-ci eſt long, ponctué, environ de la longueur des trois quarts des étuis.

10. **CURCULIO** *cinereus, ſquamoſus, alis carens, elytris ſtriatis.*

Linn. faun. ſuec. n. 452. Curculio cinereus, oblongus, elytris obtuſiuſculis.
Liſt. loq. p. 394, *n.* 30. Scarabæus fuſcus, lanugine incanus.

Le charanſon gris, ſtrié & ſans aîles.
Longueur 2 ½, 4 lignes.　Largeur 1 ½, 2 ¼ lignes.

Cette eſpéce eſt une des plus communes, on la rencontre par-tout dans les jardins & dans les bois. Elle varie aſſez conſidérablement pour la grandeur. Quant à ſa forme, ſa trompe eſt très-courte, n'égalant pas la longueur du corcelet. Son corps eſt aſſez renflé, rond & obtus par le bout. Ses étuis ſont larges & ſe recourbent, en enveloppant une partie du ventre. Cette configuration les empêche d'agir & de ſe lever: auſſi n'en eſt-il pas beſoin; car il n'y a point d'aîles ſous ces étuis. Le corps de l'inſecte eſt brun, mais il eſt tout couvert d'écailles griſes plus ou moins foncées, qui donnent à cet animal une couleur griſe, comme marbrée. La tête & le corcelet ſont chagrinés, & les étuis ont chacun dix ſtries formées par des rangées de points.

11. **CURCULIO** *oblongus, totus niger, thorace punctato, elytris ſulcatis.*

Le charanſon noir à ſillons.
Longueur 2 lignes.　Largeur ⅔ ligne.

La couleur de cette petite eſpéce eſt noire par-tout, à l'exception des pattes, qui ſont un peu ſauves. Son corcelet eſt ponctué, & ſes étuis ont des ſillons profonds formés par des points.

12. **CURCULIO** *ſquamoſo-viridis, roſtro thorace breviore, pedibus rufis.*

Linn. faun. suec. n. 449. Curculio æneo-fuscus, rostro thorace breviore.
Act. Upf. 1736. *p.* 16, *n.* 2. Curculio acuminatus, oblongiusculus, æneo-
   fuscus.

Le charanson à écailles vertes & pattes fauves.
Longueur 2, 3 lignes. Largeur ⅔, 1 ⅓ ligne.

La grandeur de ce charanson varie ; en général, il est
assez allongé. Sa couleur est brune, mais tout son corps est
parsemé de petites écailles d'un vert bronsé, ce qui le fait
paroître d'une couleur très-brillante. Ces écailles se détachent par le frotement. Les pattes, qui quelquefois sont
couvertes des mêmes écailles, sont d'une couleur plus
claire que le reste du corps. Quant à la forme, la trompe
de cet insecte est courte & n'égale guéres que les deux
tiers du corcelet. Celui-ci est chagriné, & les étuis ont
chacun environ dix stries. On trouve très-communément
ce charanson sur les arbres & sur les plantes.

13. CURCULIO *rostro thoracis longitudine, thorace tribus striis pallidioribus,*

Le charanson à corcelet rayé.
Longueur 2 ½ lignes. Largeur 1 ½ ligne.

Cette espéce approche infiniment du charanson qu'a
décrit M. Linnæus, n. 450 de sa *Fauna suecica* ; mais la
différence de grandeur, jointe à celle de la longueur de la
trompe, me font beaucoup douter que ce soit la même
espéce. Quoi qu'il en soit, le mien est par-tout de la même couleur grise un peu fauve, seulement ses yeux & les
côtés de sa trompe sont noirs. Son corcelet a aussi quatre
bandes longitudinales brunes, entrecoupées par trois bandes plus claires. Les étuis ont chacun neuf stries, au lieu
que celui de M. Linnæus n'en a que quatre sur chaque
étui, ce qui fait encore une nouvelle différence. On trouve
cet insecte sur les arbres & les buissons. Vû à la loupe, il
paroît couvert d'un petit duvet de poils.

❀

14. C U R C U L I O *roſtro thorace breviore , ſquamis nitentibus , thoracis elytrorumque faciis longitudinalibus.*

Le charanſon écailleux à bandes.
Longueur 2 *lignes.* Largeur ⅓ *ligne.*

On ſeroit d'abord tenté de prendre cet inſecte pour une ſimple variété du précédent , mais il y a pluſieurs différences ſpécifiques qui l'en diſtinguent. Premiérement, il eſt plus petit. Secondement , ſa trompe eſt groſſe & courte , égalant à peine la moitié de la longueur du corcelet. Troiſiémement, tout l'animal eſt brun , mais couvert d'écailles un peu cuivreuſes. Ces écailles forment trois bandes longitudinales ſur le corcelet , une au milieu & une ſur chacun des côtés. Les étuis ont des ſtries de points , & ſont auſſi couverts d'écailles , qui forment quatre bandes longitudinales ſur chaque étui , mais moins diſtinctes que ſur le corcelet. J'ai trouvé cet inſecte ſur les fleurs.

15. C U R C U L I O *rufus , ſubvilloſus , capite nigricante , roſtro thorace breviore.*

Le charanſon griſette.
Longueur 1 ½ *lignes.* Largeur ⅔ *ligne.*

Cette petite eſpéce eſt par-tout d'un roux pâle , à l'exception de ſa tête , qui eſt noirâtre. Sa trompe eſt groſſe & courte , environ de la moitié de la longueur du corcelet. Celui-ci eſt pointillé irréguliérement , ainſi que la tête. Les étuis ont chacun dix ſtries longitudinales formées par des points. Tout l'animal vû à la loupe , paroît couvert de poils clair-ſemés.

16. C U R C U L I O *cœruleo - viridis nitens , thorace punctato , elytris ſtriatis.*

Petiv. gazoph. p. 77 , n. 6. Curculio parvus ſplendide viridis.

Le charanſon ſatin - vert.
Longueur 1 ½ *ligne.* Largeur ½ *ligne.*

La couleur de cet insecte varie : quelquefois il est d'un beau vert brillant & bronzé ; d'autres fois sa couleur est plus obscure & bleuâtre. Quant à sa grandeur & sa forme allongée , il approche beaucoup du charanson brun des bleds , seulement son corcelet n'est pas si allongé. Ce corcelet est chargé de points , & les étuis sont striés. La couleur des pattes & des antennes , est un peu plus obscure que celle du reste du corps. J'ai trouvé assez communément cet insecte sur les plantes cruciferes , au printems.

17. **CURCULIO** *oblongus, niger ; abdomine squamoso, lateribus albis.*

La pleureuse.

Je soupçonnerois cet insecte de n'être qu'une variété du précédent , sans les écailles dont son ventre est chargé ; il a la même forme allongée , la même grandeur, son corcelet est de même ponctué, & ses étuis chargés de stries , entre chacune desquelles se trouve une rangée de points. Seulement l'animal est noir & luisant : son ventre est couvert d'écailles blanches , qui étant en plus grande quantité sur les côtés , les rendent très-blancs.

18. **CURCULIO** *rufo-testaceus oblongus , thorace elytrorum fere longitudine. Linn. faun. succ. n. 462.*

Linn. syst. nat. edit. 10 , p. 378 , *n.* 12. Curculio longi-rostris piceus oblongus , thorace punctato longitudine elytrorum.
Raj. ins. p. 88. Scarabæus parvus corpore breviore sordide seu obscure fulvus , proboscide longa , deorsum arcuata.

Le charanson brun du bled.
Longueur 1 ½ *ligne. Largeur* ⅓ *ligne.*

Les personnes qui ont des greniers ne connoissent que trop ce petit animal , qui fait de grands ravages dans les bleds. Tout l'insecte est assez allongé ; sa trompe est mince & longue. Sa couleur est par-tout d'un brun noirâtre ; sa tête & son corcelet sont chargés de points , & ses étuis ont des stries longitudinales , dans lesquelles la loupe fait découvrir des petits points. Ce qui fait le caractere spécifique de cet infecte, c'est son corcelet, dont la longueur égale presque celle des étuis. Cette espéce approche beaucoup, à la grandeur près, du grand charanson, que donne le ver palmiste. Il dépose ses œufs dans les grains de bled. C'est-là que croît sa larve, qui ronge la farine du grain & n'en laisse que l'écorce, que l'animal parfait perce pour en sortir après sa transformation.

19. C U R C U L I O *rufus, femoribus posticis crassioribus, elytris rufis.*

Le charanson sauteur brun.

20. C U R C U L I O *rufus, femoribus posticis crassioribus, elytris maculis quatuor nigris.*

Linn. faun. suec. n. 473. Curculio lividus, coleoptris maculis quatuor obscuris.
Linn. syst. nat. edit. 10 , *p.* 381 , *n.* 34. Curculio alni.

Le charanson sauteur à taches noires.
Longueur 1 ½ *ligne. Largeur* ⅓ *ligne.*

Je serois fort porté à regarder ces deux infectes comme variétés l'un de l'autre. Ils se ressemblent parfaitement, à l'exception des points noirs, qui sont sur le second, & qui ne se trouvent pas sur le premier. Tous deux sont de la même grandeur. Tous deux ont leur téte, leur trompe & le dessous de leur corps noirs, & le dessus de couleur fauve. Les pattes sont de cette derniere couleur, à l'exception cependant des cuisses, qui dans la seconde espéce sont noires, ce qui n'est pas suffisant pour constituer une espéce différente. Leurs étuis à tous deux sont striés. Leurs cuisses postérieures sont fort grosses & leur servent à sauter. La plus grande différence qu'on remarque entre ces deux infectes, c'est que ceux de la seconde espéce ont deux taches noires sur chaque étui, l'une plus petite à la base, l'autre plus large, un peu plus bas que le milieu de l'étui. J'ai des mâles & des femelles de chacune de ces deux es-

péces, enforte qu'on ne peut pas les regarder comme des
variétés de fexe.

Ces infectes font affez communs, principalement fur
les buiffons. Leurs larves viennent fur l'orme, où elles
forment ces cavités que l'on trouve entre les membranes
des feuilles de cet arbre, qui paroiffent renflées & deffé-
chées.

21. **CURCULIO** *cinereus, elytrorum punĉto quadru-
plici nigricante, probofcide thorace breviöre.*

Le charanfon quadrille à courte trompe.
Longueur 1 ½ *ligne.* *Largeur* ⅓ *ligne.*

Ce petit infecte eft affez allongé. Il eft tout gris ; mais le
milieu de fa tête eft plus brun, & il a deux bandes longitudinales plus obfcures fur le deffus du corcelet. Ces deux
bandes, à leur bafe, fe terminent par deux taches plus
noires. Les étuis font ftriés & de la même couleur que le
refte, à l'exception de deux points noirs fur chaque étui,
féparés par un point blanc, l'un plus haut, l'autre plus bas,
placés chacun vis-à-vis fon correfpondant de l'autre étui,
enforte que ces quatre points forment une efpéce de
quarré.

22. **CURCULIO** *cinereus, elytrorum punĉto quadru-
plici albo, probofcide thorace longiöre.*

Linn. *fyft. nat. edit.* 10, *p.* 380, *n.* 25. Curculio longi-roftris grifeus, coleoptris maculis quatuor albidis.

Le charanfon quadrille à longue trompe.
Longueur 2 *lignes.* *Largeur* 1 *ligne.*

Il reffemble beaucoup au précédent, dont il différe,
1°. par fa trompe, qui eft fine, longue, & dont la longueur excéde d'un bon tiers celle du corcelet ; 2°. parce
que chaque étui eft chargé de deux points blancs pofés au-
deffus l'un de l'autre, & féparés par un point noir, ce qui
eft tout le contraire de l'efpéce précédente. Tout le refte eft
femblable, à la grandeur près, & fes étuis font auffi ftriés.

23. CURCULIO *niger , ovatus , ſtriatus , totus villoſo-*
cinereus , thorace inermi.

Le charanſon ſatin-gris.
Longueur 1 ½ *ligne.*　**Largeur** 1 *ligne.*

Cet inſecte paroît tout gris & comme ſoyeux , à cauſe
des petits poils dont il eſt couvert , quoique le fond de ſa
couleur ſoit noir. Il eſt aſſez ovale : ſes étuis ont des ſtries
qui ne ſont point formées par des points , mais chaque
petit poil part du fond d'un point entre ces ſtries.

24. CURCULIO *ovatus , nigro - cinereus , thorace*
utrinque denticulato.

Le charanſon à corcelet épineux.

Ce charanſon eſt de la groſſeur d'un grain de millet ;
aſſez ovale , & d'une couleur noire cendrée. Son caractere ſpécifique , eſt d'avoir aux deux côtés du corcelet une
épine ou pointe médiocrement ſaillante , preſque comme
les capricornes. Ses étuis ſont ſtriés avec deux rangs de
points entre les ſtries. Le fond de la couleur de l'animal
eſt noir , & la teinte cendrée vient d'un duvet de petits
poils blanchâtres.

25. CURCULIO *ſubrotundus , niger , ſquamoſus ;*
elytris ſtriatis ; thorace utrinque aculeato , lateribus
lineaque media albis.

Le charanſon à bandes blanches.

On peut regarder ce charanſon comme un des plus petits. Il égale à peine la groſſeur d'un grain de millet. Il eſt
ovale , preſque rond , & ſon corps eſt tout couvert d'écailles. Sa trompe eſt aſſez longue. On voit ſur le dos de
ſon corcelet une ligne blanche dans le milieu , & ſur les
côtés de larges bandes de la même couleur ; elles ſont formées par les écailles , qui dans ces endroits ſont blanches

ſur

fur un fond noir. Les étuis font ftriés , & les ftries font formées par des points qui fe touchent.

26. CURCULIO *fubglobofus , cinereo-ater , ftriatus ;*
probofcide thoracis longitudine.

Le charanfon noir ftrié.
Longueur 1 ligne. Largeur ½ ligne.

Ce petit animal eft tout noir , feulement en deffous
il paroît cendré. Cette couleur vient de quelques écailles
dont il eft couvert en deffous. Sa tête & fon corcelet font
pointillés , & fes étuis font chargés de ftries ferrées. Sa
trompe eft longue , éfilée , & fouvent il la recourbe en
deffous. On trouve cet infecte fur les fleurs.

27. CURCULIO *globofus rufus , elytris ftriatis , faf-*
cia tranfverfa alba.

Le charanfon roux à bande tranfverfale blanche.
Longueur 1 ligne. Largeur ⅔ ligne.

Il eft par-tout de couleur fauve, un peu rouffe. Ses étuis
font ftriés avec une bande tranfverfe blanchâtre au milieu,
qui eft fort apparente , & deux autres peu fenfibles , l'une
plus haut , l'autre plus bas , qui fouvent ne paroiffent point
du tout. Ces bandes font formées par des petits poils
blancs.

28. CURCULIO *globofus niger, elytris ftriatis , faf-*
cia tranfverfa alba.

Le charanfon noir à bande tranfverfale blanche.

Celui-ci pourroit bien n'être qu'une variété du précédent. Il lui reffemble pour tout, la grandeur, la forme,
les taches, à l'exception de la couleur du fond , qui eft
rouffe dans le précédent , & noire dans celui-ci. Il fembleroit cependant que le corcelet de celui-ci feroit plus
étroit , & la loupe y fait appercevoir quelques petits poils
blancs. On trouve cette efpéce fur le faule dont fe nourrit
fa larve.

29. CURCULIO *subvilloso-murinus, scutello albicante.*

Le charanson souris.
Longueur 1 *ligne.*   Largeur ½ *ligne.*

Le fond de la couleur de ce charanson est noir, mais il est tout couvert de poils de couleur de gris-de-souris. Sa trompe est assez fine, & de la longueur de son corcelet. L'extrémité de ce corcelet près de l'écusson, ainsi que l'écusson, est blanchâtre, ce qui suffit pour reconnoître cet insecte, dont la couleur varie un peu, tantôt plus & tantôt moins foncée.

30. CURCULIO *totus fuscus spinosus, elytris striis elevatis villoso-spinosis.*

Le charanson à côtes épineuses.
Longueur 1 ½ *ligne.*   Largeur ⅔ *ligne.*

Il est tout brun & obscur. Sa trompe est grosse, de la longueur du corcelet. Ses étuis ont neuf stries longitudinales, & sur leur élévation sont des petits poils courts & roides comme des épines. Il y a aussi de semblables épines sur le corcelet.

31. CURCULIO *niger, scutello albicante, elytrorum striis utrinque denticulatis.*

Le charanson noir à côtes.
Longueur 1 *ligne.*   Largeur ½ *ligne.*

Cet insecte est d'un noir de jayet, lisse & luisant. Sa trompe est plus longue que son corcelet. Celui-ci est chagriné, & les étuis ont des stries bien marquées. Si on les examine à la loupe, on apperçoit que ces stries sont dentelées, à cause des points élevés qui sont dans le creux qui forme un intervalle entr'elles, & qui souvent se joignent à la crête élevée de la strie.

32. CURCULIO *pyriformis nigro-cærulescens abdomine ovato.*

Linn. faun. fuec. n. 463. Curculio piceus, abdomine ovato.
Linn. fyft. nat. edit. 10, p. 378, n. 9. Curculio acridulus.

Le charanfon pyriforme.
Longueur 1 ¼ ligne. Largeur ½ ligne.

La forme de ce charanfon eft affez finguliere. Il a le ventre gros & ovale ; fon corcelet va en diminuant, & fa tête fe termine en devant par une trompe affez fine, ce qui lui dónne une figure de poire ou de cucurbite. Tout fon corps eft d'un noir bleuâtre. Sa tête & fon corcelet font pointillés. Ses étuis font fortement ftriés & dans le fond des ftries on apperçoit des points enfoncés. On trouve communément fur les fleurs ce charanfon qui varie beaucoup pour la grandeur.

33. CURCULIO *lividus , coleoptris fafciis plurimis obfcuris.*

Le charanfon marbré à bandes.
Longueur ⅓ ligne. Largeur ⅓ ligne.

Cette efpéce eft la plus petite de celles de ce genre que j'aye ramaffées. Le brun paroît dominer dans fa couleur. Sa tête, fon corcelet & fes cuiffes font noirs ; fes antennes & fes pieds font roux. L'écuffon eft un peu blanchâtre. Les étuis font ftriés, & d'une couleur rouge brune, mais variés par bandes tranfverfes qui defcendent un peu obliquement du côté extérieur de l'étui vers la futur, où elles forment un angle avec celles de l'autre côté : de plus chaque étui a une petite raie noire longitudinale proche la futur. La trompe eft fine & de la longueur du corcelet. J'ai trouvé ce petit infecte fur les fleurs, il eft fur-tout en très-grande quantité fur les fleurs de la falicaire.

SECONDE FAMILLE.

34. CURCULIO *niger apterus, thorace utrinque puncto duplici fulvo , bafi pilis fulvis coronata.*

O o ij

Le charanson à corcelet couronné.
Longueur 6 lignes.   Largeur 2 ½ lignes.

Ce charanson eft tout noir & luifant. Sa trompe eft groffe
& de la longueur du corcelet. Celui-ci eft liffe & ponctué.
Il a fur les côtés quatre taches fauves , deux de chaque
côté , formées par des petits poils de cette couleur , &
toute la bafe du corcelet eft ornée d'une rangée de femblables poils , qui forment une bande , dont le bas du corcelet fe trouve comme couronné. Les étuis font chagrinés,
affez fortement réunis enfemble , & leur courbure recouvre une partie du deffous du ventre. Sous ces étuis l'animal
n'a point d'aîles.

35. CURCULIO *niger , maculis villofo-flavis , elytris*
fubrugofis.

Le charanson tigré.
Longueur 6 lignes.   Largeur 3 lignes.

Il eft noir ; fa trompe eft groffe fur-tout par le bout , &
auffi longue que le corcelet. Celui-ci , ainfi que les étuis ,
eft comme ridé finement & chagriné. Les uns & les autres
font parfemés de taches fauves formées par des petits
poils. Cet infecte eft très-rare ici , mais on le trouve communément plus loin de Paris du côté de la Normandie.

36. CURCULIO *cinereus , fquamofus , alis carens ;*
elytris rugofis.

Le charanson gris à étuis réunis & chagrinés.
Longueur 6 lignes.   Largeur 2 ½ lignes.

A peine pourroit-on diftinguer cette efpéce du *charan-*
fon gris , ftrié & fans aîles du n°. 10 , fans les petites épines des cuiffes de celui-ci. Il paroît feulement beaucoup
plus grand : du refte il eft précifément de même pour la
forme & la couleur. Sa trompe eft groffe & courte , &
n'égale pas la longueur du corcelet. Celui-ci eft chagriné
& affez rond. Les étuis ne font point ftriés , mais feu-

lement chagrinés, en quoi ils diffèrent de ceux de l'efpéce du n°. 10. Ces étuis font larges, & fe recourbent en enveloppant une partie du deffous du corps. Ils font affez fortement réunis enfemble, & fous ces étuis l'infecte n'a point d'aîles. Tout l'animal eft brun, mais recouvert d'écailles grifes.

37. C U R C U L I O *fufcus, apterus, elytris rugofo-ftriatis.*

Le charanfon cartifanne.
Longueur 3, 4 ½ *lignes.* *Largeur* 1 ½, 2 ½ *lignes.*

La grandeur de cet infecte varie confidérablement : pour fa forme, il reffemble aux deux précédens. Sa couleur eft d'un brun obfcur, plus rougeâtre vers les pattes. Sa trompe eft courte, moitié moins longue que le corcelet, mais large & groffe. Le corcelet eft chagriné & les étuis ont chacun environ onze ftries affez marquées. Ces ftries font larges & paroiffent raboteufes, à caufe des points ou tubercules, dont elles font chargées, tant dans leur fond, que fur leur crête élevée. Les étuis font fortement réunis enfemble, ils fe recourbent fous le ventre, & l'animal n'a point d'aîles deffous.

38. CURCULIO *fquamofus, viridi-auratus.*

Linn. faun. fuec. n. 459. Curculio femoribus omnibus denticulo notatis, corpore viridi oblongo.
Linn. fyft. nat. edit. 10, *p.* 384, *n*. 59. Curculio argentatus.

Le charanfon à écailles vertes.
Longueur 4 *lignes.* *Largeur* 1 ½ *ligne.*

Ce charanfon reffemble beaucoup au charanfon à écailles dorées, il eft feulement plus grand : du refte il eft de même d'une couleur brune noirâtre, mais tout couvert d'écailles, qui le font paroître d'une couleur verte bronzée. Ses antennes & fes pattes font plus brunes. Sa trompe eft à peu près de la longueur de fon corcelet. Ce dernier eft chagriné, ainfi que la tête, & les étuis font chacun chargés de dix ftries formées par des rangées de points ? mais ce qui conftitue la différence fpécifique de cet infecte & du charanfon à écailles dorées , c'eft que toutes les cuiffes de celui-ci ont des petites dents ou épines , qui ne fe trouvent point dans l'autre. On rencontre communé- ment cet infecte dans les jardins fur les arbres.

39. CURCULIO *oblongus , niger , elytris pedibufque teftaceis.*

Le charanfon à étuis fauves.
Longueur 2 ½ lignes.   Largeur 1 ligne.

Il eft tout noir , à l'exception des pattes , des antennes & des étuis , qui font de couleur fauve. Sa trompe eft plus courte que fon corcelet. Celui-ci eft étroit & chagriné , ainfi que la tête. Les étuis font luifans , chargés chacun de fept ftries formées par des points enfoncés. On trouve ce charanfon fur les arbres.

N. B. Il y a une variété de cette efpéce , dont le corce- let eft de la même couleur que les étuis.

40. CURCULIO *fubglobofus , nigro-fufcus , fquamo- fus , lineolis albis variegatus.*

Le charanfon geographie.
Longueur 2 lignes.   Largeur 1 ⅓ ligne.

La forme de ce charanfon eft affez ovale. Je mefure fa longueur fans compter fa trompe , qui eft ordinairement repliée fous fa tête , & dont la longueur furpaffe celle de la tête & du corcelet pris enfemble. Le fond de la cou- leur de l'infecte eft d'un brun noir , mais il eft orné de pe- tites écailles blanches , femblables à celles des aîles des papillons , qui couvrent fon corps en différens endroits , tant en deffus qu'en deffous. Ces écailles en deffus for- ment plufieurs lignes blanches fur le fond noirâtre de l'a- nimal. Sur le corcelet on apperçoit en deffus trois de ces lignes blanches longitudinales , une au milieu & deux aux côtés. Elles font coupées par trois autres tranfverfales moins marquées, dont la derniere plus apparente, occupe le bord poftérieur du corcelet. Les étuis ont plufieurs raies longitudinales femblables, moins diftinctes, & quelques tranfverfales : de l'écuffon principalement, partent deux lignes, une de chaque côté, qui defcendant obliquement & extérieurement vers le bas, coupent les raies longitudinales à angles aigus. Le deffous de l'infecte eft encore plus chargé de ces mêmes écailles blanches, qui forment fur le corps de l'animal des figures irréguliéres, comme celles d'une carte de géographie. Les pattes font auffi variées de femblables taches blanches. Les étuis font ftriés, & toutes les cuiffes ont chacune une dent ou épine très-marquée. J'ai trouvé ce charanfon au bois de Vincennes fur la viperine.

41. CURCULIO *fufcus*, *elytris ftriatis*, *macularum albarum fafcia triplici tranfverfa*.

Le charanfon brun à bandes tranfverfes de taches blanches.
Longueur 4 *lignes.* **Largeur** 1 ½ *ligne.*

Ce charanfon eft tout brun : fa trompe affez groffe, eft de la longueur du corcelet environ. Ce corcelet eft comme chagriné. Les étuis font chargés chacun de dix bandes longitudinales de points affez marqués. L'écuffon eft taché d'un point jaune formé par des poils de cette couleur, ainfi que l'angle extérieur de la bafe de chaque étui : de plus les étuis ont trois bandes tranfverfes de taches blanchâtres, formées par des petits poils blancs un peu jaunâtres. La fupérieure eft prefque au milieu des étuis, & l'inférieure fort proche de leur pointe.

42. CURCULIO *rufo-marmoratus*, *fcutello cordato albo*, *probofcide fubulata longiffima*.

Linn. fyft. nat. edit. 10, *p.* 383, *n.* 51. Curculio longiroftris, femoribus dentatis, corpore grifeo longitudine roftri.
Uddm. differt. 24. Curculio ovatus grifeus, roftro filiformi longitudine corporis,

Rosel. inf. tom. 3, suppl. 385, t. 67, f. 5, 6.

Le charanson trompette.
Longueur 2, 3, 3 ½ lignes.   Largeur 1, 1 ½, 1 ⅓ ligne.

Il est aisé de reconnoître cet insecte aux deux marques énoncées dans la phrase, sçavoir son écusson blanc, & sa trompe allongée en alêne. Cette trompe varie pour la grandeur. Ordinairement elle égale la longueur du corps de l'animal, souvent elle la surpasse d'un bon tiers. Elle est fine, mince & déliée. Quant à la grandeur de l'insecte, elle varie beaucoup. Sa couleur est d'un roux foncé. Son corps se termine en pointe. Ses étuis font légérement striés & chargés d'un duvet roux fort court, mais distribué par plaques, ce qui rend le corps bariolé & comme marbré. Les pattes sont grandes & longues pour le corps. J'ai trouvé cet insecte à Meudon. Il attaque les noix.

43. CURCULIO *flavescens, elytris luteo & rufo tessellatis.*

Le charanson damier.
Longueur 2 lignes.   Largeur 1 ligne.

Ce petit insecte a beaucoup de ressemblance avec le charanson trompette. Sa trompe est assez longue, égalant près de la moitié du corps : elle est noire & lisse, ainsi que les yeux ; le reste du corps est d'un jaune un peu roux. Les étuis font d'un jaune plus clair, striés, & chargés de taches plus brunes un peu quarrées, ce qui les fait ressembler à un damier à jouer.

J'ai vû un autre individu plus brun, qui me paroît cependant de la même espéce : peut-être n'est-ce qu'une différence de sexe, mais ce charanson étant sec, je n'ai pû m'en assurer.

44. CURCULIO *subglobosus niger, punctis duobus atris futuræ longitudinalis coleoptrorum, thorace exalbido.*

Linn.

Linn. faun. ſuec. n. 460. Curculio ſubgloboſus , punctis duobus nigris futuræ
longitudinalis coleoptrorum , thorace exalbido.
Linn. ſyſt. nat. edit. 10 , *p.* 380 , *n.* 27. Curculio longi-roſtris ſubgloboſus ,
coleoptris maculis duabus atris dorſalibus.
Reaum. inſ. v. 3 , *t.* 2 , *f.* 12.
Act. Upſ. 1736 , *p.* 16 , *n.* 5. Curculio globoſus , proboſcide reflexa.
Liſt. append. 3. 5. Scarabæus exiguus cinereus , duabus maculis nigris in alarum
thecis inſignitus.

Le charanſon à lozange de la ſcrofulaire. ●
Longueur 3 *lignes.* *Largeur* 1 ½ *ligne.*

La forme du corps de cet inſecte eſt arrondie. Sa trompe
eſt noire & luiſante , aſſez fine & plus longue que le corcelet : lorſqu'il ſent qu'on veut le prendre , il la retire ſous
lui, ainſi que ſes pattes, & il contrefait le mort. Son corcelet plus étroit que ſes étuis , eſt couvert de petits poils
d'un blanc jaunâtre. Les étuis ſont d'un brun noirâtre ,
chargés chacun de cinq ſtries , entre leſquelles ſont des
lignes noires élevées , entrecoupées de points blancs ,
formés par des petits poils , ce qui rend l'animal aſſez joli.
Mais ce qu'il a de particulier , & qui conſtitue ſon caractere ſpécifique , c'eſt une tache noire aſſez conſidérable au
milieu du dos , ſur la future même des étuis , moitié
ſur l'un & moitié ſur l'autre , dont la figure imite un lozange , & qui eſt formée par l'écartement que ſouffrent en
cet endroit les ſtries les plus proches de la future. Derriere
cette tache noire ſe trouve une tache blanche aſſez marquée , & une autre pareillement blanche à quelque diſtance , plus près de l'extrémité des étuis. Les pattes ſont noires & les tarſes de couleur fauve.

Cet animal ſe trouve en quantité ſur la ſcrofulaire. On y
rencontre d'abord ſa larve , qui eſt de couleur pâle , avec
la tête noire , & dont le corps eſt couvert d'un enduit
gluant. Elle ronge les feuilles de la plante. Cette larve
forme à l'extrémité des branches proche les boutons des
fleurs , une coque ronde reſſemblant à une veſſie , où elle
ſe métamorphoſe , & de laquelle , au bout de quelques
jours , j'ai vû ſortir l'inſecte parfait. Je n'ai jamais rencon-

Tome I.   P p

tré cet infecte fur le bouillon blanc , comme le difent
Lifter & M. de Reaumur , ce qui me feroit prefque douter que ce fût le même animal qu'ils euffent connu , fi
leurs defcriptions & leurs figures ne démontroient que
c'eft celui de la fcrofulaire.

45. CURCULIO *fubglobofus , cinereus , punctis
duobus nigris futuræ longitudinalis coleoptrorum.*

Le charanfon gris de la fcrofulaire.
Longueur 1 ½ ligne. Largeur ¼ ligne.

Il approche infiniment du précédent , dont il différe
d'abord par fa couleur, qui eft grife. Sur le haut & fur
le bas de la future des étuis , font deux taches noires ,
qui ne font point accompagnées de marques blanches ,
comme dans l'efpéce précédente. Le fond de la couleur
des étuis eft gris avec des ftries élevées, qui font ornées &
variées de points blancs & bruns. Je foupçonnerois cette
efpéce de n'être qu'une variété de celle qui précéde , fi fa
grandeur n'étoit pas conftante. Elles fe trouvent toutes
deux fur la fcrofulaire.

46. CURCULIO *fubglobofus , fufco - nebulofus ,
macula cordata alba in medio dorfo. Linn. faun. fuec.
n. 461.*

Linn. fyft. nat. edit. 10 , *p.* 380 , *n.* 26. Curculio pericarpius.
Act. Upf. 1736 , *p.* 16 , *n.* 7. Curculio minimus , cinereus , fubrotundus ,
obtufus.

Le charanfon porte - cœur de la fcrofulaire.
Longueur 1 ligne. Largeur ½ ligne.

La forme de ce charanfon approche de celle des
deux précédens , mais il eft beaucoup plus petit. Il eft
noirâtre , & fa trompe eft affez longue & déliée. Ses étuis
font ftriés avec quelques petits poils gris. Au haut de la
future des étuis , proche le corcelet , on voit une tache
blanche un peu formée en cœur. Quelquefois il a auffi fur
les étuis d'autres petites taches de même couleur. Cet in-

fecte fe trouve fur la fcrofulaire , comme les précédens. Les épines de fes cuiffes font difficiles à voir à caufe de fa petiteffe.

47. CURCULIO *fubglobofus , fquamofus , cinereo-fufcus , elytrorum maculis tribus & apice albis.*

Le charanfon brun à points blancs.

Ce charanfon eft prefque rond , très - petit , de la groffeur d'un grain de millet. Sa trompe eft éfilée , menue , une fois & demi auffi longue que le corcelet. Celui- ci eft chagriné , affez large , brun en deffus , & gris en deffous , à caufe des petites écailles de cette couleur , dont il eft couvert. Les étuis font larges , affez courts , bruns , chargés de ftries ferrées , ayant chacun une tache blanche dans leur milieu , & une commune à la bafe , formée par la réunion des deux étuis. La pointe de ces mêmes étuis a auffi affez fouvent une tache blanche. Toutes ces taches , ainfi que la couleur grife qui couvre le deffous du ventre de l'infecte , viennent des petites écailles dont il eft chargé. Ce charanfon reffemble beaucoup pour fa forme à celui de la fcrofulaire , il eft feulement beaucoup plus petit. On le trouve dans les prés.

48. CURCULIO *niger , thorace utrinque dentato.*

Le charanfon noir à corcelet armé.
Longueur 2 lignes. Largeur 1 ligne.

Cet infecte eft tout noir : fa trompe eft de la longueur de fon corcelet. Celui-ci eft oblong , formé en quarré long , avec une pointe ou épine affez apparente fur chaque côté. Les étuis ont des ftries bien marquées , formées par des points. Les aîles font variées de noir.

49. CURCULIO *fufco - niger , thorace inermi.*

Le charanfon noir à corcelet fans pointes.
Longueur 1 ligne. Largeur ½ ligne.

Il eſt par-tout d'une couleur brune noirâtre. Son corps eſt aſſez allongé , ſa trompe égale preſque la moitié de la longueur de tout ſon corps , & ſes étuis ont des ſtries formées par des points.

50. CURCULIO *fuſcus , ſcutello puncto albo , elytris macula rubeſcente.*

Le charanſon brun à écuſſon blanc.
Longueur 1 ½ *ligne.   Largeur* ⅔ *ligne.*

Celui-ci approche des deux précédens , & n'a pas de pointes au corcelet. Il eſt tout brun , ſeulement il a un petit point blanc ſur l'écuſſon , à la commiſſure des étuis , & de plus on voit ſur ceux-ci une tache d'un brun rougeâtre , plus claire , placée plus bas que leur milieu , qui forme une eſpéce de bande tranſverſale ſur l'un & l'autre étui. La trompe eſt ſine & plus longue que le corcelet. Celui-ci eſt chagriné , & les étuis ont des ſtries formées par des bandes de points. Les épines des cuiſſes antérieures ſont fort viſibles & très-aigues.

51. CURCULIO *ferrugineus , elytris ſtriatis , oculis nigris.*

Le charanſon couleur de rouille.
Longueur 1 ¼ *ligne.   Largeur* ½ *ligne.*

Il eſt par-tout d'une couleur rougeâtre approchant de celle de la rouille , il n'y a que ſes yeux qui ſoient noirs. Sa trompe plus brune , égale la moitié de la longueur du corps , & les étuis ont des ſtries formées par des rangées de points.

52. CURCULIO *obſcure rufus , villis cinereis aſperſus, roſtro thorace breviore.*

Le charanſon velouté.
Longueur 2 *lignes.   Largeur* 1 *ligne.*

La trompe de ce charanſon eſt groſſe & courte , n'égalant

guères que la moitié de la longueur du corcelet. Celui-ci est affez long. Les étuis ont des ftries formées par des rangées de points. Tout l'animal eft d'un brun noir , mais le deffus de fon corps eft couvert de petits poils gris , qui le font paroître un peu cendré.

53. CURCULIO *oblongus , villis cinereis afperfus ; roftro thoraci æquali.*

Le charanfon vierge.
Longueur 1 *ligne.* Largeur ½ *ligne.*

Le fond de la couleur de ce petit infecte eft d'un brun foncé & noirâtre , mais il paroit d'un gris blanc , à caufe des petits poils de cette couleur , dont tout fon corps eft chargé ; il n'y a que les pattes & la trompe qui en foient moins couvertes , & qui paroiffent d'un brun plus clair. La trompe eft fine , déliée , & de la longueur du corcelet pour le moins. Les yeux font noirs , & les étuis font ftriés. On trouve ce petit charanfon fur les fleurs.

BOSTRICHUS.

LE BOSTRICHE.

Antennæ clavatæ , clavá ex articulis tribus compofitá, capiti infidentes.	Antennes en maffe compofée de trois articles, pofées fur la tête.
Roftrum nullum.	Point de trompe.
Thorax cubicus caput intra fe recondens.	Corcelet cubique dans lequel eft cachée la tête.
Tarfi nudi fpinofi.	Tarfes nuds & épineux.

Ce genre & le deux fuivans fe reffemblent tout-à-fait pour les antennes. Dans tous les trois elles font en maffe , à peu près comme celles du becmare , fi ce n'eft que le gros bout de l'antenne , ou la maffe , eft compofée de trois articles très-diftincts , & que ces antennes font pofées fur la tête immédiatement , au lieu que dans le becmare &

le charanfon , elles naiffent d'une longue trompe qui
manque dans ce genre & les deux fuivans. Nous aurions
donc réuni enfemble le boftriche , le clairon & l'antribe ,
d'autant que ces genres renferment peu d'efpéces , fi la
forme différente du corcelet & des tarfes ne les eût trop
éloignés les uns des autres. Le boftriche a un corcelet
gros , quarré , de forme cubique , en devant duquel eft un
enfoncement , où la tête eft reçue comme dans un capuchon ou un camail , en quoi il différe des genres fuivans.
Il en différe encore par la forme de fes tarfes , qui font
fimples , nuds & épineux , au lieu que ceux du clairon &
de l'antribe ont en deffous des petites pelottes ou éponges : peut-être trouvera-t-on dans la fuite quelqu'efpéce à
réunir à la feule que renferme ce genre. J'en ai vû quelques-unes , qui venoient du Sénégal. Quant au nôtre, il eft
affez rare , & je ne connois ni fa larve , ni fa chryfalide ; je
foupçonne cependant fa larve de vivre dans le bois ,
autour duquel on trouve l'infecte parfait : d'ailleurs la forme finguliere de cet animal le rapproche affez des vrillettes , qui vivent pareillement dans le bois. Nous lui avons
donné le nom de *boftrichus* , à caufe de fon corcelet qui eft
velu , & chargé de petits poils , qui à la loupe paroiffent
frifés.

1. B O S T R I C H U S *niger , elytris rubris.* Planch. 5;
   fig. 1.

Le boftriche.
Longueur 5 lignes.   Largeur 2 lignes.

Sa tête eft affez petite & noire : fes antennes font petites
& compofées de onze articles , dont les huit premiers
font courts & ferrés , & les trois derniers beaucoup plus
gros , faifant à eux feuls près des deux tiers de la longueur
de l'antenne. Le corcelet eft gros , rond , cependant un
peu anguleux & quarré , chagriné & finement velu. La
tête fouvent s'enfonce toute entiere fous ce corcelet , enforte que l'animal paroît comme décapité. Les étuis font

liffes & irréguliérement pointillés ; ils font rouges , & tout le refte de l animal eft noir.

CLERUS. *Dermeftis fpec. linn.*

LE CLAIRON.

Antennæ clavatæ , clavâ ex articulis tribus compofita, capiti infidentes.	Antennes en maffe compofée de trois articles , pofées fur la tête.
Foftrum nullum.	Point de trompe.
Thorax fubcylindraceus , non marginatus.	Corcelet prefque cylindrique, fans rebords.
Tarfi fpongiofi.	Tarfes garnis de pelottes.

Le clairon , auquel nous avons donné le nom de *clerus*, par lequel les anciens ont défigné une efpéce d'infecte inconnue aujourd'hui , a précifément le même caractere d'antennes que le boftriche. Il en différe par la forme de fon corcelet, qui eft prefque cylindrique , fans avoir des rebords fur les côtés , & par les pelottes ou éponges dont fes tarfes font garnis.

Les larves de ces infectes n'ont rien de remarquable , mais les lieux différens qu'elles habitent , méritent notre attention. Celles de la premiere efpéce font d'une belle couleur rouge & font très-carnaffieres. Elles s'introduifent dans les nids des abeilles maçonnes , trouvent moyen de percer leurs cellules , & fe nourriffent de leurs larves & de leurs chryfalides , fans craindre l'éguillon des abeilles , tandis qu'elles font à l'abri dans ces cellules. C'eft dans ce même endroit qu'elles fe métamorphofent , & elles n'en fortent que fous la forme d'un infecte parfait , que fes étuis & la dureté de fes anneaux défendent alors fuffifamment contre les piqûres des abeilles. Cet infecte parfait , dont les couleurs font vives & éclatantes , n'habite plus ces nids , on le trouve fur les fleurs & les plantes. La larve de la feconde efpéce, femblable à celle de la premiere, mais plus petite ; fe trouve dans des endroits plus fales. Les charognes, les peaux d'animaux défféchées font fon domicile ordinaire. Enfin la quatriéme & derniere, qui eft fort petite, fe trouve dans les fleurs d'une plante qui eft très-commune à la campagne. Le refeda fait fa demeure, & on l'y rencontre par bandes fouvent fort nombreufes.

1. C L E R U S *nigro-violaceus , hirfutus , elytris fafcia triplici coccinea.* Planch. 5, fig. 4.

Linn. fyft. nat. edit. 10, *p.* 388, *n.* 7. Attelabus cœrulefcens, elytris rubris ; fafciis tribus nigris.
Swamerd. bibl. nat. tom. 2, *tab.* 26, *fig.* 3.
Raj. inf. p. 108, *n.* 21.
Reaum. inf. vol. 6, *tab.* 8, *fig.* 9, 10.

Le clairon à bandes rouges.
Longueur 6 lignes. Largeur 2 lignes.

Cet infecte le plus beau de ceux de ce genre, eft oblong. Son corcelet eft de forme un peu cylindrique. Il eft d'un beau bleu brillant & chargé de poils. Ses étuis font de même couleur, & chargés chacun de trois bandes d'un beau rouge de lacque : ou, pour mieux dire, on en peut compter quatre ; fçavoir, une en haut, qui defcend un peu obliquement, en partant de l'angle fupérieur & extérieur des étuis ; une plus bas, plus droite & plus large ; enfin, une troiſiéme plus étroite, qui fe prolongeant au côté extérieur, en forme une quatriéme. La larve de cet infecte fe loge dans les nids d'abeilles maçonnes, fe nourrit de leurs larves, & y croît enfermée dans ce nid, qu'elle ouvre enfuite lorfqu'elle a fubi fa métamorphofe,

2. C L E R U S *nigro - cœruleus.*

Linn. faun. fuec. n. 373. Dermeftes nigro-cœruleus.
Raj. inf. 100. Scarabæus antennis clavatis 12.

Le clairon bleu.
Longueur 1 ½, 2, 2 ½ *lignes. Largeur* ⅓, 1, 1 ¼ *ligne.*

Cette efpéce varie beaucoup pour la grandeur. Elle eft
très-

très-semblable pour la forme à la précédente , mais elle eſt toute bleue & un peu velue. L'une & l'autre eſt allongée & ſe replie en renfonçant ſa tête & cachant ſes pattes. On trouve cet inſecte ſur les fleurs & ſouvent dans les maiſons. Sa larve mange les charognes.

3. CLERUS *fuſcus , villoſus , elytris flavis cruce fuſca.*

Le clairon porte-croix.
Longueur 4 lignes. Largeur 1 ligne.

La forme de cet inſecte eſt la même que celle du clairon à bandes rouges , & il a tous les caractères des autres eſpé-ces de ce genre , à l'exception néanmoins d'une petite différence ; c'eſt que leurs antennes , figurées en maſſe , ont leurs trois derniers articles plus gros , au lieu que dans celui - ci cela eſt moins marqué , & il n'y a preſque que le dernier article qui forme la maſſe. La tête de ce clairon eſt d'un brun clair , ainſi que ſes antennes. Ses yeux ſont noirs : ſon corcelet eſt d'un brun plus foncé que la tête. Les étuis ſont d'un jaune pâle avec deux bandes brunes , l'une plus haut & étroite , l'autre plus bas & large. La future des étuis eſt de même couleur , & joint enſemble ces bandes , ce qui forme ſur le dos de l'inſecte la figure d'une croix. Les pattes ſont pâles avec leurs articulations plus brunes. Les étuis ont des ſtries de points enfoncés , & tout l'animal eſt velu.

4. CLERUS *niger , ſubovatus , villis cinereis.*
Le clairon ſatiné.
Longueur 1 ligne. Largeur $\frac{1}{7}$ ligne.

Il eſt fort petit , plus court & plus ovale que les pré-cédens , avec un corcelet un peu plus large , ſur-tout vers le bas. Sa couleur eſt noire , mais il paroît gris , à cauſe des petits poils de cette couleur , dont il eſt couvert , & qui le rendent comme ſatiné. Ses pattes ſont brunes. On le trouve en quantité dans les fleurs du reſeda.

Tome I. Q q

ANTHRIBUS. *Dermeſtis ſp. linn.*

L'ANTRIBE.

Antennæ clavatæ, clava ex articulis tribus compoſita capiti inſidentes.	Antennes en maſſes compoſée de trois articles, poſées ſur la tête.
Roſtrum nullum.	Point de trompe.
Thorax latus marginatus.	Corcelet large & bordé.
Tarſi ſpongioſi.	Tarſes garnis de pelottes.

Ce genre a le même caractere d'antennes que les deux précédens. Il différe du botriche & reſſemble au clairon par les pelottes, dont ſes tarſes ſont garnis ; & enfin il différe de ce dernier par ſon corcelet, qui eſt large & bordé à l'entour, au lieu que celui du clairon eſt preſque cylindrique & ſans aucuns rebords. On trouve ces inſectes ſur les fleurs, qu'ils rongent & paroiſſent hacher en morceaux, c'eſt ce qui les a fait appeller antribe, *anthribus, flores comminuo.* Pour ce qui regarde l'hiſterique de ce genre, la forme de ſes larves, leurs métamorphoſes, je ne puis rien avancer à ce ſujet, ne les connoiſſant pas aſſez. Je me contenterai de décrire les eſpéces.

1. **ANTHRIBUS** *ovatus, niger, elytris ſtriatis, rubro nigroque marmoratis.* **Planch.** 5, fig. 3.

L'antribe marbré.
Longueur 1 ½ *ligne. Largeur* 1 ⅕ *ligne.*

On voit par les dimenſions de cet inſecte, qu'il eſt aſſez quarrée & peu allongé. Sa tête & ſon corcelet ſont noirs, avec quelques petits poils gris, ſans points ni ſtries, du moins bien marqués. Les étuis ont des ſtries longitudinales formées par des points. Leur fond eſt d'un rouge brun, ſur lequel on voit des points & des marques noires, les unes plus grandes, les autres plus petites, rangées en long, ſuivant la direction des ſtries. Le long de ces bandes, font quelques taches grifâtres entre les points noirs. Au milieu de chaque étui, le noir domine & forme une tache quarrée plus grande. La future des étuis est auſſi de couleur noire. Les pattes font noires variées d'un peu de gris, & le deſſous du ventre est auſſi noir, avec un peu de rouge brun, ſemblable à celui des étuis. Le corcelet de cet animal est aſſez large, renflé & bordé & ſes antennes, comme celles de tous ceux de ce genre, font bien formées en maſſue, ayant les trois derniers articles beaucoup plus gros que les autres. On trouve cet inſecte fur la jacée.

2. **ANTHRIBUS** *ovatus ſubvilloſus, è fuſco cine-reoque variegatus.*

L'antribe minime.
Longueur 1 ⅓ *ligne.* **Largeur** ⅔ *ligne.*

Cette eſpéce est aſſez quarrée. Elle est brune, mais couverte par endroits de petits poils gris, qui la rendent bigarrée, principalement ſur les étuis, où l'on voit preſqu'alternativement des taches brunes & griſes. Ces étuis font ſtriés. J'ai trouvé cet inſecte ſur les fleurs.

3. **ANTHRIBUS** *ater, elytris apice cineraſcentibus.* Planch. 5, fig. 2.

L'antribe noir ſtrié.
Longueur 6, 7 *lignes.* **Largeur** 2 ⅓ *lignes.*

Il n'y a aucune des parties de cet inſecte qui ne ſoit noire, à l'exception de l'extrémité de ſes étuis. Sa tête est longue & platte depuis les yeux juſqu'à ſon extrémité, où elle est armée de deux fortes machoires. Les yeux font fort ſaillans & placés ſur les côtés. Le corcelet est plus large dans le milieu qu'à ſes extrémités. Deux éminences ſur ſes côtés, avec quelques inégalités en forme de rides ſur le dos, lui donnent la figure du corcelet d'un capricorne. Sa partie antérieure est relevée d'un petit bourrelet.

Les étuis ont chacun dix ftries, formées par des points
creux, féparés les uns des autres. Entre la feconde & la
troiſiéme ftrie, eſt une côte relevée, principalement dans
une petite inflexion, qu'elle fait proche le corcelet. Les
étuis, à leur extrémité poſtérieure, font un peu cendrés
& fe recourbent pour couvrir le ventre. Dans les dix ftries
des étuis, je n'en ai point compris une, qui eſt proche la
ſuture, & qui n'eſt compoſée que de huit ou dix points.

4. A N T H R I B U S *niger, elytris abdomine brevioribus.*

Linn. faun. ſuec. n. 370. Dermeſtes niger oblorgus, abdomine acuto.
Act. Upf. 1736, p. 16, n. 7. Scarabæus minimus ater, florilegus.
Raj. inf. p. 108, *n.* 29. Scarabæus antennis clavatis, clavis in annulos diviſis.

L'antribe des fleurs.
Longueur 1 *ligne.*   *Largeur* ½ *ligne.*

Cette petite efpéce eſt noire par-tout. Sa forme eſt
ovale, un peu quarrée. Ce qui la rend très-aifée à reconnoître, c'eſt que fes étuis font plus courts que fon ventre,
& n'en recouvrent que les deux tiers; mais le bout de fon
ventre n'eſt pas en pointe, comme le dit M. Linnæus, ce
qui me feroit prefque douter que ce fût cette efpéce qu'il
eût voulu déſigner. On trouve ce petit animal en très-
grande quantité fur les fleurs, fur-tout fur les plantes en
ombelles.

5. A N T H R I B U S *niger ovatus, elytris apice punctis
duobus rubris.*

L'antribe à deux points rouges au bout des étuis.
Longueur 1 *ligne.*   *Largeur* ½ *ligne.*

Cette antribe eſt ovale. Ses étuis font noirs, liſſes,
oblongs, brillans, avec deux points rouges aſſez grands
vers leur extrémité inférieure, un fur chaque étui. On
trouve fur les fleurs ce petit animal, qui reſſemble à une
coccinelle.

6. A N T H R I B U S *niger, ovatus, elytris abdomen
tegentibus.*

L'antribe noire liſſe.
Longueur ¼ ligne.   Largeur ⅕ ligne.

Cette eſpéce ne différe de la précédente ; que parce qu'elle n'a point de taches rouges , & qu'elle eſt encore plus petite. Du reſte , elle eſt de même ovale, & ſes étuis ſont liſſes. Je la croirois volontiers ſimple variété de la cinquiéme.

7. A N T H R I B U S *oblongus , totus rufus.*

L'antribe fauve.
Longueur 1 ligne.   Largeur ⅓ ligne.

Sa couleur eſt par-tout d'un brun fauve. La forme de ſon corps eſt aſſez étroite & allongée. Ses antennes ſont auſſi longues que ſa tête & ſon corcelet pris enſemble , & leurs trois derniers articles , ſont plus gros , très-diſtinēts , & forment la maſſe. Le corcelet & les étuis ſont pointillés irréguliérement. On trouve ſouvent cette petite eſpéce ſur le vieux bois.

SCOLYTUS.

LE SCOLITE.

Antennæ clavatæ , clava ſolida.	Antennes en maſſe ſolide d'une ſeule piéce.
Roſtrum nullum.	Tête ſans trompe.

Le caractere du ſcolite eſt aiſé à voir, & le diſtingue très-bien de tous les autres genres de cette ſection. Ses antennes ſont à la vérité terminées par une eſpéce de maſſe, comme celles du charanſon ; mais outre qu'elles ne ſont point poſées ſur une trompe , elles ſont configurées de maniere à ne pas s'y méprendre. On peut voir dans la figure cette ſtruēture ſinguliere , qui s'apperçoit mieux qu'on ne peut la décrire. On verra le peu d'articles dont ces antennes ſont compoſées , la forme bizarre d'un de ces articles & la grosse masse que forme seule la derniere piéce des antennes. Nous n'avons qu'une seule espéce de ce genre, encore est-elle assez rare. Je ne connois ni sa larve ni sa chrysalide. Quant à l'insecte parfait, on le trouve assez communément dans les chantiers, ce qui me fait croire que sa larve doit habiter dans les vieux bois.

1. SCOLYTUS Planch. 5, fig. 5.

Le scolite.
Longueur 1 ½ ligne. Largeur ⅓ ligne.

Ce petit insecte approche des becmares & des dermestes. Il différe de ceux-ci par ses tarses; de ceux-là, parce qu'il n'a pas de trompe, & des uns & des autres, parce que la masse de ses antennes est solide, composée d'une seule piéce, sans qu'on y puisse appercevoir la moindre séparation. La forme de son corps ressemble à celle des scarabés. Il est un peu allongé. Sa tête & son corcelet sont d'un noir lisse & brillant, & vûs à la loupe, ils paroissent ponctués. Ses étuis sont bruns, courts, striés. Si on les regarde de près, on voit dans le creux des stries, des points; & sur leur dessus, ou entre les stries, une autre rangée de points peu enfoncée. Les étuis ne font pas la moirié de la longueur du corps, & la tête & le corcelet, qui est fort long, en font plus de moitié. Les pattes & les antennes sont brunes. On trouve cet insecte sous les écorces.

CASSIDA.

LA CASSIDE.

Antennæ extrorsum crassiores, nodosæ.	Antennes plus grosses vers le bout, & à gros articles.
Thorax & elytra marginata. Caput thorace tectum.	Corcelet & étuis bordés. Tête cachée sous le corcelet.

Ce genre est un des plus aisés à reconnoître. Son carac-

tere le plus effentiel eft la forme de fon corclet, qui eft
grand, & dont les rebords allongés antérieurement cachent la tête de l'infecte & la furpaffent. Ce caractere
générique, joint à la figure des antennes, diftingue la
caffide de tous les autres infectes à étuis, & fur-tout des
boucliers (peltis) que quelques Auteurs avoient confondus
avec la caffide. Ces deux genres font fi éloignés l'un de l'autre, qu'ils font même d'ordres différens, la caffide n'ayant
que quatre piéces ou articulations aux tarfes, au lieu que
le bouclier en a cinq. La forme de ces infectes, dont la
tête eft cachée fous les larges rebords du corcelet, leur
a fait donner le nom de caffide, comme qui diroit *cafque.*

Les larves de ces infectes font encore bien plus fingulieres que l'animal parfait. Elles ont fix pattes, & leur
corps eft large, court, applati ; bordé fur les côtés d'appendices épineufes & branchues. Leur queue fe recourbe
en deffus de leur corps, & fe termine en une efpéce de
fourche, entre les deux fourchons de laquelle fe trouve
l'anus. Par ce moyen, les excrémens que rend l'infecte,
en fortant de fon corps, reftent foutenus fur cette efpéce
de fourche, où ils s'amaffent & forment comme un parafol, qui met fon corps à l'abri : ainfi cette larve foutient
toujours en l'air, au deffus de fon corps, un tas d'excrémens. Lorfqu'ils font trop defféchés, elle s'en débarraffe,
& de nouveaux plus frais prennent la place des anciens.
Cette larve fe défait plufieurs fois de fa peau, dont on
trouve quelquefois la dépouille fur fon parafol, avec les
excrémens. On rencontre fouvent ces infectes fur les chardons, les plantes verticillées & une efpéce d'aunée d'automne. C'eft auffi fur ces mêmes plantes qu'on trouve la
chryfalide finguliere de ces mêmes infectes, qui ne s'enfoncent point en terre pour fe métamorphofer. Cette chryfalide, qui fuccéde à la larve, après qu'elle s'eft dépouillée
de fa derniere peau, eft large, platte, prefque ovale,
ornée dans fon contour d'appendices à plufieurs pointes,
femblables à des efpéces de feuillages, & en devant,

d'une espéce de bandelette ou corcelet terminé en arc de cercle, & chargé de pareilles pointes. Elle ressemble en quelque façon à un écusson d'armoirie couronné, & on la prendroit à peine pour un animal. En dessous, on apperçoit presque toutes les parties de l'insecte parfait, contenu sous les enveloppes de la chrysalide, sa tête, ses antennes, qui sont brunes, & ses pattes. Cette singuliere nymphe est d'un vert pâle; elle a quelques taches brunes sur son corcelet, & ses épines ou lames latérales sont blanches. Au bout de quinze jours, on voit sortir de cette chrysalide l'insecte parfait, par la rupture qui se fait à la partie antérieure de la peau de dessus. Nous avons cru devoir donner la figure de la larve & de la chrysalide, dont la forme singuliere s'apperçoit plus aisément & mieux qu'on ne peut la décrire. L'insecte parfait dépose sur les feuilles ses œufs, qui sont rangés les uns auprès des autres, & forment des plaques souvent couvertes d'excrémens.

Quant aux espéces de cassides, nous n'en avons pas un grand nombre dans ce pays-ci; elles se réduisent à cinq, sans compter quelques variétés. Les pays étrangers en fournissent plusieurs autres belles espéces. Celles des environs de Paris, sont les suivantes.

1. CASSIDA *viridis, corpore nigro. Act. Upf.* 1736, *p.* 17, *n.* 1.

Linn. syst. nat. edit. 10, *p.* 362, *n.* 1. Cassida viridis.
Linn. faun. suec. n. 377. Cassida viridis, ovata, lævis; clypeo caput tegente integro.
Raj. inf. p. 107, *n.* 5. Scarabæus antennis clavatis, clavis in annulos divisis.
Reaum. inf. vol. 3, *t.* 18, *fig. omnes.*
Blank. belg. 89, *tab.* 11, *fig.* F. Testudo viridis.
Goed. belg. vol. 1, *p,* 94, *t.* 43. Testudo viridis.
List. goed. 286, *t.* 116.
Merian. europ. 3, *tab.* 14.
Frisc. germ. 13, *p,* 35, *t.* 29. Coccionella clypeata viridis.
Rosel. inf. vol. 2, *tab.* 6. Scarab. terrestr. class. 3.

La casside verte.
Longueur 1, 1½ *ligne. Largeur* ⅔, 1 *ligne.*

La grandeur de cet insecte varie. Son corcelet est large,
un

un peu applati, & a des rebords plats, fort saillans, enforte que la tête de l'animal est tout-à-fait cachée. Les
étuis ont des stries de points , & débordent pareillement
de beaucoup le corps. Cette conformation donne à l'insecte l'air d'une petite tortue. Tout le dessus de l'insecte
est uni & de couleur verte. En dessous, on voit le corps
de l'animal plus petit & plus étroit que ses étuis & tout
noir, à l'exception des pattes, qui sont d'une couleur
pâle. Cet insecte se trouve sur les plantes verticillées & sur
les chardons. Sa larve ressemble à celle des autres insectes de ce genre. On peut voir la figure que nous en avons
donnée.

2. CASSIDA *nebulosa , pallida , corpore nigro.*

Linn. faun. suec. n. 378. Cassida nebulosa , pallida , ovalis ; clypeo caput
  tegente integro.
Linn. syst. nat. edit. 10 , *p.* 363 , *n.* 2. Cassida nebulosa.
Raj. ins. p. 88 , *n.* 13. Scarabæus minor , sordide fulvus, punctis & maculis
  aliquot nigris temere sparsis notatus.
Goed. belg. 1 , *p.* 96 , *t.* 44.
List. goed. 287 , *t.* 117.
List. tab. mut. t. 17 , *f.* 10.

La casside brune.
Longueur 2 , 3 *lignes. Largeur* 1 ½ *ligne.*

Cette casside ressemble tout-à-fait à la précédente. Son
corcelet & ses étuis débordent extrêmement la tête & tout
le corps, qui sont entiérement cachés dessous. Le corps
est noir. La seule différence entre ces deux espéces de
cassides , est celle de la couleur du dessus de l'animal,
qui, au lieu d'être vert , comme dans l'espéce précédente,
est dans celui-ci d'une couleur brune claire , parsemé de
quelques petites taches noires. Les pattes sont aussi de la
même couleur. On trouve cet insecte dans les bois & sur
les mêmes plantes que le précédent.

3. CASSIDA *pallida , linea duplici longitudinali , viridi-deaurata.*

Tome I.   R r

Linn. fyft. nat. edit. 10 , *p.* 363 , *n.* 3. Caffida grifea, elytris linea cærulea ni: diffima

La caff.de à bandes d'or.
Longueur 1 ¼ *lignes.   Largeur* 1 ¼ *ligne.*

Il y a encore peu de différence entre cette efpéce & les deux précédentes : elle approche fur-tout infiniment de la feconde ; mais fa couleur eft pâle d'un jaune terne , tirant un peu fur le fauve. Ses étuis ont des ftries longitudinales de points , mais la troifiéme ftrie , en commençant à compter de la future , eft écartée des deux premieres , & le long de cet endroit , eft une belle raie longitudinale d'un vert doré , mais qui ne fe voit que fur l'infecte vivant : car lorfqu'il eft mort , elle difparoit à mefure qu'il fe defféche.

4. C A S S I D A *viridis , thorace ferrugineo.*

La caffide verte à corcelet brun.
Longueur 2 ½ *lignes.   Largeur* 1 ⅔ *lignes.*

Ses étuis font d'un beau vert & ftriés de points. Son corcelet eft d'un brun rougeâtre , quelquefois en entier ; d'autres fois dans fa partie poftérieure feulement. L'écuffon & le bord des étuis qui le touchent , font auffi d'un rouge brun , ce qui forme une efpéce de triangle brun , tandis que le refte des étuis eft vert. J'ai trouvé cette efpéce avec la fuivante fur l'aunée des prés. *After pratenfis autumnalis conyzæ folio. inft. R.* 5.

5. C A S S I D A *viridis maculis nigris variegata.*
Planch. 5 , fig. 6.

Caffida rubra , maculis nigris variegata.

La caffide panachée.
Longueur 3 ½ *lignes.   Largeur* 2 *lignes.*

Je joins enfemble ces deux variétés , qui font tout-à-fait femblables , & qui ne différent que pour le fond de la couleur. L'une a le corcelet & les étuis rouges ; l'autre les a d'un beau vert. Toutes deux ont les pattes , les antennes & le deſſous du corps noirs. Toutes deux ont ſur leurs étuis des ſtries longitudinales formées par des points enfoncés. Toutes deux enfin ont les mêmes taches noires ſur les étuis. Ces taches ſont d'abord au nombre de cinq ou ſix le long de la ſuture longitudinale qu'elles touchent, ſe joignant ſouvent avec les correſpondantes de l'autre étui, ce qui fait pour lors une bande longue, noire, dentelée & feſtonnée. Enſuite il y a deux grandes & longues taches vers l'angle extérieur du haut des étuis ; & enfin deux ou trois petits points noirs ſur le milieu de l'étui. On trouve ces deux inſectes enſemble, en grande quantité au bord des étangs, ſur l'aunée des prés. Leurs larves reſſemblent à celle de la caſſide verte. Elles ſont applaties, épineuſes, ſur-tout ſur les côtés, & ont une queue fourchue, avec laquelle elles ſoutiennent leurs excrémens. Elles rongent les feuilles de l'aunée. J'en ai nourri pluſieurs, qui m'ont toujours donné des caſſides vertes panachées, ce qui m'a fait ſoupçonner que les rouges & les vertes ne différoient que par l'âge, les dernieres étant les plus jeunes, & les autres les plus vieilles. Pour m'en aſſurer encore, j'ai nourri des caſſides de couleur verte. Le vert de leurs étuis a pris peu à peu une teinte d'abord jaune, puis de plus en plus rouge ; ce qui prouve que la différence de couleur ne vient que de l'âge plus ou moins avancé.

ANASPIS.

L'ANASPE.

Antennæ filiformes, ſenſim creſcentes.	Antennes filiformes, qui vont en groſſiſſant vers le bout.
Scutellum vix apparens. *Thorax planus, lævis non marginatus.*	Ecuſſon imperceptible. Corcelet plat, uni & ſans rebords.

Les inſectes de ce genre, qui ſont aſſez rares, reſſem-

blent beaucoup pour la forme à ceux d'un autre genre ;
que nous examinerons plus bas, qui eſt celui des *mor-*
delles. Ils ſont allongés, retrécis vers le bout, & plus larges
en devant ; mais ce qui les diſtingue, ce ſont, 1°. leurs antennes filiformes, qui vont en augmentant un peu & preſqu'inſenſiblement vers leur extrémité ; 2°. & ſur-tout leur
écuſſon, qui eſt ſi petit, qu'il eſt imperceptible, & qu'on
ne peut guéres l'appercevoir qu'à l'aide d'une loupe, encore eſt-il ſouvent tout-à-fait caché ſous le corcelet.
Cette particularité a fait donner à ce genre le nom d'anaſpe, *anaſpis,* comme qui diroit ſans écuſſon, parce qu'à
la premiere inſpection, ces inſectes paroiſſent en manquer. Je ne connois ni les larves ni les chryſalides des
anaſpes. Les inſectes parfaits ſe trouvent ſur les fleurs &
ſouvent dans les fleurs.

1. ANASPIS *tota nigra.* Planch. 5, fig. 7.

L'anaſpe noire.
Longueur 1, 1 ½ ligne.   Largeur ½, ligne.

Ses antennes, qui ſont filiformes, vont un peu en groſſiſſant vers l'extrémité, & ſont placées ſur le deſſus de la
tête devant les yeux. Elles ſont un peu plus longues que le
tiers du corps. La tête eſt applatie. Toute ſa baſe poſe ſur
le corcelet, qui eſt large, un peu convexe, & qui va en
s'élargiſſant du côté qui regarde les étuis. Ceux-ci ſont
allongés & vont en ſe retréciſſant vers leur extrémité, ce
qui donne à l'inſecte une figure un peu pointue. Tout l'a-
nimal eſt noir, liſſe, ſans points ni ſtries. Ses pattes ſeulement ſont un peu jaunâtres, ſur-tout les quatre antérieures. Cet inſecte ſe trouve ſur les fleurs.

2. ANASPIS *nigra, ely tro ſingulo antice macula flava.*

L'anaſpe à taches jaunes.

Cette eſpéce eſt tout-à-fait ſemblable à la précédente
pour la forme & pour la grandeur ; elle n'en différe que par

deux grandes taches jaunes, qui font à la partie antérieure des étuis·, & qui en occupent près d'un tiers. Ces taches ne vont pas tout-à-fait jufqu'à la future, qui, étant noire, fépare ces marques jaunes l'une de l'autre. On trouve cet infecte avec le précédent.

3. ANASPIS *nigra, thorace luteo.*

L'anafpe à corcelet jaune.
Longueur 1 *ligne.* **Largeur** ⅖ *ligne.*

Cet infecte eft encore tout-à-fait femblable aux deux précédens. Ses antennes font de la longueur de la moitié du corps, jaunes à la bafe, noires à l'extrémité. La tête eft noire, ainfi que le ventre & les étu's. Le corcelet eft jaune un peu fauve. Les cuiffes font du même jaune, & le refte des pattes eft noir. Cet animal fe trouve avec les précédens, mais moins fréquemment.

4. ANASPIS *villofo-flavefcens, coleoptrorum maculis tribus obfcuris.*

'L'anafpe fauve.
Longueur ¼ *ligne.* **Largeur** ⅕ *ligne.*

Sa couleur eft par-tout fauve, jaunâtre, & l'infecte paroît un peu foyeux, à caufe des petits poils dont il eft couvert. Son corcelet eft d'une couleur un peu plus foncée que les étuis. Sur ceux-ci, on voit trois taches plus brunes, une fur le milieu de chaque étui, & une troifiéme pofée un peu plus bas, fur la future, & commune aux deux étuis. Le deffous de l'infecte eft de couleur plombée & obfcure. Dans cette efpéce, on apperçoit un peu l'écuffon, qui ne paroît point dans les précédentes.

ORDRE TROISIÉME.

Infectes qui ont trois articles à toutes les pattes.

COCCINELLA.

LA COCCINELLE.

Antennæ extrorfum craf- | Antennes à gros articles,
fiores, nodofæ, antennulis | plus groffes vers le bout, &
breviores. | plus courtes que les anten-
 | nules.

Corpus hœmifphæricum. | Corps hémifphérique.

LA coccinelle eft un de ces infectes communs, que tout le monde connoît, & que les enfans même recherchent fous le nom de *bête-à-dieu* ou *vache-à-dieu*. Neanmoins fon caractere, quoiqu'aifé à diftinguer, n'a pas été apperçu jufqu'ici des Naturaliftes. Le nombre des piéces qui compofent fes tarfes, eft un premier caractere effentiel à ce genre & au fuivant, & qui les diftingue tellement de tous les autres infectes à étuis, que nous en avons fait un ordre particulier. Mais de plus, les antennes de la coccinelle, compofées de gros articles noueux, qui vont en groffiffant vers le bout; en un mot, prefque femblables en petit à celles de la chryfomele, & en même-tems plus petites que les antennules, forment un caractere générique bien remarquable. Dans la plûpart des autres infectes à étuis, les antennules ou barbillons, qui accompagnent la bouche & les machoires, font beaucoup plus petites que les antennes, que l'on voit placées fur la tête, aux environs des yeux. Ici c'eft précifément le contraire : les antennules font beaucoup plus grandes que les antennes : ce font elles que l'on apperçoit d'abord, & il faut chercher les antennes pour les voir. Auffi quelques Naturaliftes modernes ont-ils pris les antennules de la coccinelle, pour les véritables antennes. Cette figure des antennes, la forme du corps des coccinelles, qui eft arrondi, & le nombre des articles des tarfes, font aifément & fûrement reconnoî re ce genre.

Les larves des différentes efpéces de coccinelles, ne font pas moins communes que les infectes parfaits. Dans l'été, on voit les feuilles de plufieurs arbres couvertes d'un nombre infini de ces larves, qui fe nourriffent de pucerons; elles font allongées, plus larges à leur partie antérieure, où font leurs fix pattes, & leur partie poftérieure fe termine en pointe. Elles marchent lentement & d'un pas lourd. La plûpart font noirâtres, bariolées de quelques taches jaunes, fauves ou blanchâtres. Lorfqu'elles veulent fe métamorphofer, elles s'appliquent contre une feuille par la partie poftérieure de leur corps, elles fe recourbent, fe gonflent & forment une efpéce de boule, dont la peau s étend & fe durcit. Au bout d'une quinzaine de jours, la peau de cette chryfalide fe fend fur le dos, & on en voit fortir l'infecte parfait, dont les couleurs font d'abord pâles & les étuis fort mols; mais en peu de tems ceux ci fe durciffent & prennent une belle couleur vive & brillante. Les œufs des coccinelles font oblongs & de couleur d'ambre jaune.

Les efpéces de ce genre, qui eft nombreux, ne font pas fort grandes, mais elles font toutes liffes & brillantes. Parmi ces efpéces, il pourroit y avoir beaucoup de variétés. J en ai déja marqué quelques-unes, que j ai apperçues; mais je fuis perfuadé qu un obfervateur exact en pourroit encore découvrir plufieurs autres. J'ai trouvé plufieurs de ces efpéces accouplées avec 1 autres, qui paroiffent très-différentes. Que réfulte-t il de cet accouplement? En vient-il une variété qui tienne de l'un & de l autre individu, une efpéce de m let, ou bien ces deux individus accouplés, quoique différens, ne font ils que des variétés 1 un de l autre? C eft ce qu il faudroit fuivre & examiner. En attendant, nous allons détailler les espéces de ce genre, que nous connoissons, & qui paroissent les plus constantes.

1. COCCINELLA *coleoptris rubris, punctis duobus nigris. Linn. faun. suec. n. 388.*

Linn. syst. nat. edit. 10, *p.* 364, *n.* 2. Coccinella bipunctata.
Merian. europ. 3, *p.* 58, *tab.* 35, *f. infima.*
List. loq. p. 383, *n.* 8. Scarabæus alter niger exiguus, pennarum crustis miniatulis, in quibus mediis duæ tantum maculæ nigræ.
Raj. inf. p. 86, *n.* 2. Scarabæus hæmisphæricus minor, elytris è flavo rubentibus, singulis maculis seu punctis nigris media parte notatis.
Petiv. gazoph. p. 34, *t.* 21, *f.* 4. Coccinella anglica bimaculata, seu minor rubra.
Reaum. inf. 3, *tab.* 31, *f.* 16.
Frisch. germ. 9, *p.* 33, *t.* 16, *f.* 4. Coccinella secundæ magnitudinis, punctis coleoptrorum duobus.
Bradl. natur. t. 27, *f.* 4.

La coccinelle rouge à deux points noirs.
Longueur 2 ½ *lignes. Largeur* 2 *lignes.*

Tout le dessous de cet insecte est noir. Son corcelet est de la même couleur, avec deux grandes taches blanches sur les côtés, & une petite en cœur à sa partie postérieure, qui touche à l'écusson. On voit aussi deux petits points blancs sur la tête, qui est noire. Les étuis sont rouges & ont chacun un point noir considérable dans leur milieu. Tout l'insecte est hémisphérique: son corcelet & ses étuis ont à leur contour un rebord, qui se voit en dessous. On trouve cette coccinelle sur les plantes & sur plusieurs arbres. La larve qui la produit, est allongée, noire & variée de jaune. Elle se trouve principalement sur l'aune, où elle vit de pucerons. J'ai quelquefois trouvé cette espéce accouplée avec d'autres, qui paroissent fort différentes.

2. COCCINELLA *coleoptris rubris, punctis quinque nigris. Linn. faun. suec. n. 392.*

Linn. syst. nat. edit. 10, *p.* 365, *n.* 5. Coccinella quinque-punctata.

La coccinelle rouge à cinq points noirs.

Cette

Cette coccinelle ressemble à la précédente pour sa forme & sa grandeur. Son corps est noir : sa tête & son corcelet le sont aussi, mais il y a sur la tête deux points blancs, & sur les côtés du corcelet, deux taches blanches. Les étuis, qui sont rouges, ont chacun vers leur milieu un point noir considérable, & un autre plus petit, placé plus bas & plus extérieurement. De plus, il y a un autre point à l'origine des étuis, commun à tous les deux, ce qui fait en tout cinq points noirs. L'insecte est hémisphérique, & ses étuis sont bordés, comme ceux des autres espéces de ce genre. Celle-ci se trouve dans les jardins, mais plus rarement que la précédente. Sa larve a six pattes, & se métamorphose comme les autres du même genre.

3. **COCCINELLA** *coleoptris rubris , punctis septem nigris. Linn. faun. suec. n. 391.* Planch. 6 , fig. 1.

Linn. syst. nat. edit. 10 , *p.* 365 , *n.* 8. Coccinella septem-punctata.
Albin. inf. t. 61 , *f.* C.
Goed. belg. 2 , *p.* 58 , *t.* 18 , Gall. tom. 3 , *tab.* 18.
List. goed. p. 268 , *f.* 112.
List. loq. p. 382 , *n.* 7.
List. mut. t. 3 , *f.* 2.
Reaumur. inf. 3 , *t.* 31 , *f.* 18.
Merian. europ. 2 , *p.* 24. , *t.* 11.
Petiv. gazoph. p. 33 , *t.* 21 , *f.* 3. Cochinella anglica vulgatissima S. rubra , septem nigris maculis punctata.
Raj. inf. p. 86 , *n.* 1. Scarabæus subrotundus seu hemisphæricus rubens major vulgatissimus.
Frisch. germ. 4 , *p.* 1 , *t.* 1 , *f.* 4. Coccionella major.
Rosel. inf. vol. 2 , *tab.* 2 , Scarab. terrestr. class. 3.

La coccinelle rouge à sept points noirs.
Longueur 3 , 4 *lignes. Largeur* 2 ½ , 3 *lignes.*

Cette coccinelle est la plus commune de toutes & une des plus grandes de ce Pays-ci. Sa tête est noire avec deux petits points blancs. Son corcelet est pareillement d'un noir foncé & brillant, avec une marque d'un blanc jaunâtre sur chaque côté. Chacun de ses étuis a trois points noirs disposés en triangle, & de plus il y en a un à l'origine des étuis, commun à tous les deux, ce qui fait en tout

Tome I. S f

fept points noirs. La larve qui produit cet infecte, eft longue, a fix pattes en devant & eft tout-à-fait femblable
à celle de l'efpéce précédente, fi ce n'eft qu'elle eft plus
grande. Elle eft de couleur grife avec des taches noires &
blanches. On la trouve fur tous les arbres, mais fur-tout
fur le tilleul, où elle fe nourrit de pucerons : pour cet effet
fa tête eft armée de machoires aigues. Lorfqu'elle veut fe
transformer, elle s'attache à une feuille par l'anus & fe
gonfle : fa peau devient roide & forme une efpéce de
coque, de laquelle fort la coccinelle parfaite, par une
ouverture ou fente qui fe fait fur le dos de cette chryfalide.

4. COCCINELLA *coleoptris rubris, punctis novem nigris, thorace nigro, lateribus albis.*

Linn. fyft. nat. èdit. 10, p. 367 ; n. 9. Coccinella coleoptris nigris punctis rubris fex.

La coccinelle rouge à neuf points noirs & corcelet noir.
Longueur 2 ½ lignes. Largeur 2 lignes.

Il y a tant de reffemblance entre cette coccinelle & la
précédente, qu'on la prendroit volontiers pour une fimple
variété ; fa grandeur eft cependant un peu moindre : du
refte la tête & le corcelet font la même chofe, il n'y a
de différence que dans les points noirs des étuis. Ces
points dans cette efpéce, font au nombre de neuf & prefque de onze. Il y a fur chaque étui trois grands points
noirs, & un quatriéme plus petit vers le bas, ce qui, avec
le point commun, qui fe trouve à l'origine des deux étuis,
fait en tout neuf points : de plus on voit au bord latéral des
étuis, un petit endroit noir de chaque côté, qui reffemble
encore à une tache. Cette marque paroît particuliere à
cette efpéce. On rencontre cet infecte fur les arbres &
les charmilles : il n'eft pas bien commun.

5. COCCINELLA *coleoptris rubris, punctis novem nigris, thorace nigro, antice albo.*

La coccinelle rouge à neuf points noirs & corcelet varié.

6. COCCINELLA *coleoptris rubris , punctis tredecim nigris. Linn. faun. succ. n. 395.*

Act. U. f. 1736, p. 18, n. 3. Coccinella punctis duodecim.
Reaum. inf. 3 , tab. 31 , f. 19.

La coccinelle rouge à treize points noirs & corcelet jaune varié.

Longueur 2 lignes. Largeur 1 ½ ligne.

Je joins enfemble ces deux coccinelles, qui pourroient bien n'être que variétés l'une de l'autre , comme on le va voir par la defcription. Toutes deux font de même grandeur. Leur tête eft jaunâtre en devant, & irréguliérement bordée de noir en arriere. Leur corcelet eft noir , mais la partie antérieure & les côtés font tachés de blanc, qui s'avançant dans le noir , y forme un deffein fort joli. Ainfi par rapport à la tête & au corcelet , ces deux infectes font tout-à-fait femblables. La feule différence qui fe rencontre entr'eux , eft dans le nombre des points noirs des étuis. Ces étuis dans tous les deux font rouges. Dans la coccinelle à treize points , il y en a fix fur chaque étui, fçavoir trois petits en haut difpofés en triangle , & trois autres en bas auffi en triangle , de façon que les bafes des triangles fe regardent. Les deux points fupérieurs du triangle d'en bas font les plus grands & prefque contigus. Outre ces douze points, il y en a un treiziéme à l'origine des étuis , commun à tous les deux. Dans la coccinelle à neuf points, on voit le même arrangement , à l'exception que les deux points inférieurs du triangle d'en haut manquent fur chacun de fes étuis , ce qui fait en tout quatre points de moins. On voit même dans quelques-unes tous les trois points du triangle fupérieur manquer abfolument , enforte qu'il n'y a que fept points en tout , ce qui fait encore une variété : mais le caractere fpécifique confifte dans les deux points d'en haut du triangle inférieur , qui font conftamment plus grands , & dans la couleur du corcelet. On trouve ces infectes fur les charmilles.

7. COCCINELLA *coleoptris rubris punctis tredecim nigris ; thorace rubro , medio nigro.*

La coccinelle rouge à treize points noirs , & corcelet rouge à bande.

Longueur 2 ½ lignes.   Largeur 2 lignes.

Cet infecte femble d'abord n'être qu'une variété de l'ef-péce précédente , qui a le même nombre de points , mais en l'examinant, on voit que c'eft une efpéce véritablement différente. Sa tête eft toute noire , premiere différence. En fecond lieu fon corcelet eft rouge , avec une bande noire longitudinale au milieu , & deux points noirs , un de chaque côté , ce qui le diftingue effentiellement du dernier. Quant aux étuis, ils font oblongs , rouges, chargés chacun de fix points noirs , formant deux triangles , & un treiziéme point commun à la jonction des étuis. On trouve cette coccinelle fur les plantes.

8. COCCINELLA *coleoptris rubris , punctis undecim nigris ; thorace luteo , nigro punctato.*

La coccinelle rouge à onze points & corcelet jaune.

Longueur 1 ½ , 2 lignes.   Largeur 1 , 1 ½ ligne.

La grandeur de ce petit infecte varie. Ses yeux font noirs ; fa tête eft jaune , bordée feulement en arriere d'un peu de noir. Son corcelet eft pareillement jaune avec cinq points noirs à fa partie poftérieure , dont quatre font rangés en demi-cercle , & le cinquiéme eft au milieu de cet efpace. Chacun des étuis a cinq points noirs , un en haut , un en bas , & trois au milieu rangés fur une ligne tranf-verfale : de plus il y a un autre point noir à l'origine des étuis , commun à tous les deux , ce qui fait en tout onze points noirs. Cet infecte fe trouve fur l'orme.

N. B. Cette efpéce varie quelquefois , & au lieu de

onze points, elle en a treize, le bas de chaque étui se trouvant chargé de deux points noirs, au lieu d'un seul.

9. COCCINELLA *rubra, punctis undecim nigris ; thorace rubro immaculato.*

La coccinelle argus.
Longueur 3 lignes. Largeur 2 ⅓ lignes.

On peut regarder cette coccinelle comme une des plus grandes de ce Pays-ci. Elle est toute rouge, tant en dessus qu'en dessous. Ses yeux seulement sont noirs : du reste la tête & le corcelet n'ont aucune tache. Sur chacun des deux étuis, on voit cinq grands points noirs, ronds & égaux, ce qui fait dix points, & un onziéme à l'origine des étuis, commun à tous les deux : mais ce qui fait reconnoître au premier coup d'œil cet insecte, c'est que ces points noirs & ronds sont entourés d'un cercle jaunâtre, différent de la couleur rouge des étuis, ce qui les fait paroître comme autant d'yeux semés sur le corps de l'animal : c'est par cette raison qu'on lui a donné le nom d'argus. Cet insecte singulier est rare, je l'ai trouvé sur des buissons à la campagne.

10. COCCINELLA *coleoptris rubris, punctis novem.decim nigris.*

La coccinelle rouge à dix-neuf points noirs.
Longueur 2 lignes. Largeur 1 ½ ligne.

Sa tête est rouge, excepté vers sa partie postérieure, où elle a une bordure noire, mais déchiquetée & irréguliere. Le corcelet est aussi rouge, chargé de six points noirs, trois de chaque côté, rangés en triangle. Les étuis sont de la même couleur rouge, ayant chacun neuf points noirs, outre un point commun aux deux étuis, placé au haut de la suture, ce qui fait en tout dix-neuf points. Les neuf points de chaque étui sont rangés trois à trois, & forment sur chacun des étuis trois triangles ; un supérieur, dont la pointe eſt tournée en haut ; un au milieu pareillement la pointe en haut ; & un inférieur, dont la pointe regarde le bas.

11. COCCINELLA *coleoptris rubris, punctis viginti-quatuor nigris, quibuſdam connexis. Linn. faun. ſuec. n.* 402.

Linn. ſyſt. nat. edit. 10, *p.* 366, *n.* 17. Coccinella viginti-quatuor punctata.

La coccinelle rayée.
Longueur 1 ½ *ligne.   Largeur* 1 *ligne.*

On peut regarder cette coccinelle comme une des plus petites de ce Pays-ci, où elle eſt aſſez rare. Sa couleur eſt rouge, ſeulement ſes machoires & ſes yeux ſont noirs, & il y a auſſi une petite tache de même couleur ſur ſon corcelet. Quant à ſes étuis, la deſcription qu'en donne M. Linnæus eſt juſte. Ils ſont rouges, & on voit ſur chacun douze points noirs, ſçavoir trois en haut ſéparés & diſtincts, enſuite quatre autres, dont les deux du milieu tiennent enſemble ; plus bas trois autres qui ſont joints & forment une eſpéce de raie ; & enfin deux au bas plus petits & ſéparés l'un de l'autre. On trouve ce petit inſecte ſur les fleurs.

12. COCCINELLA *coleoptris rubris, punctis plurimis nigris, quibuſdam connexis ſuturâ longitudinali nigra. Linn. faun. ſuec. n.* 403.

Linn. ſyſt. nat. edit. 10, *p.* 366, *n.* 19. Coccinella conglobata.
Raj. inſ. 87, *n.* 5. Scarabæus hemiſphæricus flavus, maculis nigris variæ figuræ depictus.
Liſt. loq. 3?3, *n.* 9. Scarabæus luteus, nigris maculis diſtinctus.
Friſch. germ. 9, *p.* 34, *t.* 17, *f.* 6.

La coccinelle à bordure.
Longueur 2 *lignes.   Largeur* 1 ½ *ligne.*

Le corps de cette coccinelle eſt noir & ſes pattes ſont jaunes. Sa tête eſt jaune, bordée d'un peu de noir à ſa partie poſtérieure. Ses yeux ſont noirs. Le corcelet, qui eſt jaune, eſt orné de ſept points noirs : quatre de ces points font plus grands & rangés en demi cercle, autour d'un cinquiéme qui eſt plus petit ; les deux autres points font ſur les côtés du corcelet. Les étuis font rouges, chargés chacun de huit points ; ſçavoir deux en haut tantôt ſéparés, & tantôt joints enſemble ; trois au milieu, dont l'intérieur eſt uni à une raie noire qui borde le côté intérieur des étuis ; & trois en bas, dont les deux extérieurs font unis enſemble. Cette raie noire, que l'on voit au bord intérieur de chaque étui, forme, lorſqu'ils font réunis, une eſpéce de ſuture ou bande noire. Ce petit inſecte eſt commun dans les jardins & à la campagne.

13. **COCCINELLA** *coleoptris rubris, punctis quatuordecim albis. Linn. faun. ſuec. n. 397.*

Linn. ſyſt. nat. edit. 10, *p.* 367, *n.* 22. Coccinella quatuordecim guttata.
Act. Upſ. 1736, *p.* 18, *n.* 5. Coccionella punctis quatuordecim.
Raj. inſ. p. 86, *n.* 3. Scarabæus hemiſphæricus, elytris fulvis, maculis albis pictis.
Liſt. loq. 383, *n.* 10. Scarabæus ſubrufus, cui in humeris binæ maculæ, inque ſingulis alarum thecis ſeptem maculæ albæ ſunt.

La coccinelle à quatorze points blancs.
Longueur 2, 2 ½ *lignes. Largeur* 1 ½, 2 *lignes.*

Sa tête eſt blanche & ſes yeux font noirs. Son corcelet eſt rouge, avec du blanc ſur les côtés & un peu au milieu qui n'eſt guères diſtinct. Sur chacun des étuis qui font rouges, il y a ſept points blancs, ſçavoir un ſeul en haut près de la jonction des étuis, enſuite une rangée tranſverſale de trois, après cela une autre de deux, & enfin un ſeul à l'extrémité inférieure. Quelquefois ces points varient un peu pour leur arrangement. Cet inſecte ſe trouve dans les bois & les jardins.

14. **COCCINELLA** *coleoptris rubris, punctis quatuordecim limboque albis.*

La coccinelle à points & bordure blanche.
Longueur 2 ½ *lignes. Largeur* 2 *lignes.*

Cette efpéce a beaucoup de reffemblance avec la précédente. Sa tête eft de même, & fon corcelet ne diffère, qu'en ce qu'on peut y compter cinq taches blanches, fçavoir trois poftérieurement, dont une au milieu & deux aux côtés, & deux autres antérieurement, une de chaque côté. On compte fur chaque étui fept points blancs, fçavoir trois rangées de deux & un impair à l'extrémité inférieure : outre cela les étuis font bordés extérieurement & même intérieurement de blanc, en quoi cet infecte diffère effentiellement du précédent. On le trouve dans les mêmes endroits.

15. **COCCINELLA** *coleoptris flavis, punctis quadratis nigris, quibufdam connatis.*

Linn. faun. fuec. n. 396. Coccinella coleoptris flavis, punctis quatuordecim nigris, quibufdam connatis.
Linn. fyft. nat. edit. 10, p. 366, n. 13. Coccinella quatuordecim punctata.
Frifch. germ. 9, tab. 17, f. 5, 4.

La coccinelle à l'échiquier.
Longueur 2 $\frac{1}{3}$ lignes.   Largeur 1 $\frac{1}{4}$ ligne.

La coccinelle à l'échiquier approche beaucoup de la précédente pour la grandeur & les couleurs. Sa tête eft jaune de même que fon corcelet, qui eft noir à fa partie poftérieure. Sur les étuis, on voit quatorze points noirs & quarrés, fept fur chacun, outre la future du milieu des étuis, qui forme une bande noire. Cet infecte varie beaucoup. Quelquefois les points noirs font fort grands, & tiennent enfemble, ainfi qu'à la bande du milieu, enforte qu'il ne refte que très-peu de jaune fur les étuis, & ce jaune eft diftribué par taches quarrées : d'autres fois le jaune domine, & même tellement dans quelques-uns, que les points noirs quarrés font très-petits, féparés & diftans les uns des autres. Il eft aifé, malgré ces variétés, de reconnoître cet infecte par la forme de fes points qui font quarrés. On le trouve très-communément dans la campagne & les jardins.

16.

16. COCCINELLA *coleoptris flavis , punctis sexde-*
cim nigris , plurimis connexis , futura nigra.

La coccinelle jaune à future.
Longueur 1 ligne. Largeur ¾ ligne.

Cette coccinelle eft petite : fon corps eft noir & fes
pattes font jaunes. Sa tête eft d'un jaune clair avec les
yeux noirs , & quelquefois une tache noire dans le milieu.
Le corcelet eft de même jaune avec fix taches noires ,
fçavoir quatre au milieu en demi-cercle & deux plus petites aux côtés. La couleur des étuis eft auffi jaune , mais les
bords par lefquels ils fe touchent font noirs , ce qui fait
une raie longitudinale fur le corps de cet infecte. On
compte fur chacun des étuis huit points noirs , fçavoir
quatre diftincts & féparés les uns des autres près de la raie
du milieu , & quatre autres , dont trois fe touchent & font
fouvent unis enfemble près du bord extérieur , ce qui fait
en tout feize points. Ce petit infecte eft fort joli. On le
trouve fur les arbres & fur les plantes.

17. COCCINELLA *coleoptris flavis , punctis viginti*
nigris.

Linn. faun. fuec. n. 401. Coccinella coleoptris flavis , punctis viginti-duobus
nigris.
Linn. fyft. nat. edit. 10 , *p.* 366 , *n.* 16. Coccinella viginti-duo punctata.

La coccinelle jaune fans future.
Longueur 1 ½ *ligne. Largeur* 1 *ligne.*

A la premiere vûe on prendroit cette coccinelle pour la
précédente. Elle eft à peu près de même grandeur , & de
plus elle eft jaune marquée de points noirs : néanmoins
elle en diffère par plufieurs marques bien caractériftiques.
Premièrement fa tête eft prefque noire , ayant feulement
un peu de jaune à fa partie poftérieure. Son corcelet eft
jaune avec fept points noirs , fçavoir trois grands poffé-
rieurement , deux moindres en devant , & deux très-petits
proche les yeux. Chaque étui a dix points noirs fur un fond

Tome I.   T t

d'un jaune citron : fçavoir trois points à la bafe rangés prefque tranfverfalement , dont quelquefois deux fe touchent ; plus bas & fort près une autre rangée tranfverfale de trois : enfuite trois autres plus éloignés , formant un triangle , & enfin un à l'extrémité des étuis. Outre ces points , il y en a encore un de chaque côté fur le milieu du rebord latéral des étuis , qui ne fe voit qu'en regardant l'infecte en deffous. apparemment que M. Linnæus compte ces deux points , puifqu'il parle de vingt-deux dans fa phrafe. Cette note diftingue fur-tout cette efpéce de la précédente , ainfi que la future de fes étuis qui n'eft pas noire. On trouve cet infecte fur les buiffons.

18. COCCINELLA *coleoptris nigris , punctis quatuordecim flavefcentibus.*

Linn. faun. fuec. n. 406. Coccinella coleoptris nigris , punctis quatuordecim rubris.
Linn. fyft. nat. edit. 10 , *p.* 368 , *n.* 32.

La coccinelle noire à quatorze points jaunes.
Longueur 1 ½ *ligne.* *Largeur* 1 ⅓ *ligne.*

Cette petite efpéce eft noire , avec les pattes jaunâtres. Sa tête eft jaune , ainfi que le devant & les côtés de fon corcelet. On compte fept points jaunes fur chacun de fes étuis , rangés deux à deux , fçavoir trois paires , & un impair à l'extrémité inférieure. Quelquefois ces points jaunes font un peu rouges , ce qui forme une variété que M. Linnæus a apparemment voulu défigner dans fa phrafe : mais cette variété eft moins commune que celle à points jaunes. Cette coccinelle eft très-commune ; on la trouve fouvent dans les jardins fur les arbres.

19. COCCINELLA *coleoptris nigris , punctis decem flavefcentibus aut rubris.*

La coccinelle noire à dix points jaunes.

Cette efpéce eft de la grandeur de la précédente , ou très-peu plus grande. Elle varie beaucoup pour les couleurs. Sa tête eſt jaune, ainſi que ſon corcelet, ſur lequel il y a quatre points noirs rangés en demi cercle à la partie poſtérieure. Les étuis ſont noirs, chargés chacun de cinq points jaunes : ſçavoir deux points en haut à côté l'un de l'autre, qui ſouvent ſont unis enſemble, deux autres enſuite ſéparés & diſtinɛts, & un impair à l'angle inférieur des étuis. Ces points quelquefois ſont rouges au lieu d'être jaunes, & d'autres fois ſont blancs. J'ai auſſi trouvé quelques-unes de ces mêmes coccinelles, dont la couleur du fond des étuis étoit d'un brun rouge, au lieu d'être noire, & leurs points étoient d'un jaune pâle : mais ces points dans toutes ces variétés ſont rangés de même. Cet inſeɛte ſe trouve ſouvent dans les jardins.

20. **COCCINELLA** *ovata, coleoptris nigris, punɛtis ſex rubris.*

Linn. faun. ſuec. n. 407. Coccinella coleoptris nigris, punɛtis ſex rubris.
Linn. ſyſt. nat. edit. 10, *p.* 367, *n.* 30. Coccinella coleoptris nigris, punɛtis rubris ſex.
Raj. inſ. p. 87, *n.* 4. Scarabæus hemiſphæricus minor, elytris nigris rubris maculis piɛtis.

N. B. a. *Eadem punɛtis quatuor rubris.*
    b. *Eadem punɛtis duobus rubris.*
    c. *Eadem punɛtis duobus luteis.*

La coccinelle noire à points rouges.
Longueur 1 ½, 2 *lignes.* *Largeur* 1 *ligne.*

Ces quatre différentes coccinelles ne ſont que des variétés l'une de l'autre. La tête dans toutes eſt noire avec deux points jaunes. Le corcelet eſt de même noir, avec un peu de jaune ſur les côtés. Quant aux étuis, ils ſont oblongs & noirs dans toutes, mais leurs taches ſont différentes. Dans la première il y a ſix taches rouges, trois ſur chaque étui, ſçavoir une en haut à l'angle extérieur, une moindre au milieu plus proche du bord intérieur, & une en bas vers la pointe de l'étui. Dans celle à quatre points, c'eſt la tache d'en bas qui manque ; dans celle à deux points, il n'y a que la tache d'en haut qui se trouve , les deux dernieres n'y sont point. Enfin celle à deux points jaunes ne différe que par la couleur des taches, de celle à deux points rouges. Elles se trouvent toutes assez souvent dans les jardins. Cependant la premiere & les deux dernieres sont plus rares que celle à quatre points rouges , qui est la plus commune.

21. COCCINELLA *subvillosa nigra , fasciis duabus transversis rubris.*

La coccinelle velue à bandes.
Longueur 1 *ligne.* *Largeur* ½ *ligne.*

Cette petite espéce est oblongue , luisante & cependant un peu velue. Le fond de sa couleur est noir , & les bandes rouges qui sont dessus , sont d'un brun obscur , qui ne se voit qu'en regardant de près. La tête est rougeâtre avec les yeux noirs. Le corcelet est mêlé de noir & de rouge. Les étuis ont deux bandes transversales rouges assez larges , qui divisent le fond noir en trois autres bandes plus étroites. Ce petit insecte se trouve assez souvent sur les fleurs.

22. COCCINELLA *subvillosa nigra , punctis quatuor luteo - rubris.*

La coccinelle velue à points.
Longueur 1 ¼ *ligne.* *Largeur* ⅓ *ligne.*

Celle-ci seroit-elle une variété de la précédente ? La grande ressemblance de l'une & de l'autre le feroit croire. On apperçoit cependant entr'elles plusieurs différences , comme on va le voir par la description de celle-ci. Sa tête est noire : son corcelet est pareillement noir , avec des points rougeâtres sur les côtés. Ses étuis sont luisans , un peu velus & noirs , chargés chacun de deux points rouges , l'un plus grand placé au milieu de l'étui & très-rond , l'autre plus petit vers la pointe de l'étui. Cette espéce est moins commune que la précédente.

23. COCCINELLA *subvillosa nigra , coleoptrorum basi fascia transversa rubra interrupta.*

Reaum. ins. 3 , pl. 31 , f. 20 , 29.

La coccinelle velue à bande interrompue.
Longueur 1 ligne.   Largeur ½ ligne.

Je regarderois encore celle-ci comme variété des deux précédentes : elle leur ressemble pour la forme & la grandeur. Elle est noire , avec une bande rouge transverse à la base de ses étuis , mais interrompue dans son milieu. Vûe de près , on voit qu'elle est couverte d'un peu de duvet , comme les deux précédentes. Ses pattes sont jaunâtres. L'espéce de larve qui la produit est singuliere. On la trouve assez communément sous les vieilles écorces & sur les feuilles de prunier , où elle vit de pucerons. Elle est toujours couverte d'un long duvet blanc , comme le poil d'un chien barbet , ce qui l'a fait appeller *le barbet blanc des écorces ;* ce duvet s'enleve aisément en touchant l'insecte.

24. COCCINELLA *subvillosa nigra , thorace utrinque macula rubra.*

La coccinelle velue à taches rouges au corcelet.
Longueur ¾ ligne.   Largeur ½ ligne.

Elle est noire , lisse , un peu velue , ce qui donne à ses étuis dans une certaine position , & vûs de côté , une teinte blanchâtre. Le corcelet a de chaque côté une tache rouge , assez grande pour la petitesse de cet insecte. On le trouve sur les fleurs avec les précédens auxquels il ressemble.

25. COCCINELLA *rotunda nigra , coleoptrorum margine reflexo , punctis quatuor rubris.*

Linn. faun. suec. 408. Coccinella coleopteris nigris , punctis quatuor rubris;
Linn. syst. nat. edit. 10 , p. 367 , n. 29. Coccinella coleopteris nigris , punctis rubris quatuor , interioribus longioribus.

La coccinelle tortue à quatre points rouges.
Longueur 1 ½ ligne.   Largeur 1 ⅓ ligne.

26. **COCCINELLA** *rotunda nigra , coleoptrorum margine reflexo , fafcia tranfverfa rubra.*

Linn. faun. fuec. n. 409. Coccinella coleoptris nigris , punctis duobus rubris.
Frifch. germ. 9 , *p.* 34, *t.* 16 , *f.* 6. Coccinella media nigra , punctis duobus rubris dorfalibus.
Linn. fyft. nat. edit. 10 , *p.* 367 , *n.* 28. Coccinella coleoptris nigris , punctis rubris duobus , abdomine fanguineo.
Rofel inf. vol. 2 , *tab.* 3. Scarab. terreftr. claff. 3.

La coccinelle tortue à bande rouge.
Longueur 1 *ligne. Largeur* $\frac{4}{5}$ *ligne.*

Je ferois fort porté à ne faire qu'une feule efpéce de ces deux coccinelles , tant elles fe reffemblent. Toutes deux ont un caractere diftinctif , qui eft d'être plus courtes , plus élevées , plus arrondies que les autres efpéces , & d'avoir à leurs étuis un rebord faillant & aigu , ce qui leur donne l'air de petites tortues. Dans l'une & l'autre , la tête & le corcelet font noirs fans aucune tache. Elles ont auffi leurs étuis noirs , mais elles différent , & par les taches rouges de ces étuis, & par leur grandeur. Sur les étuis de la premiere, il y a quatre points rouges , deux fur chacun ; fçavoir , un plus grand en haut vers l'angle extérieur , & un plus petit & plus bas vers le bord intérieur. Sur la feconde au contraire , on ne voit qu'une raie rouge tranfverfe fur le milieu des étuis , qui vûe de près , paroît formée par deux ou trois points allongés. On trouve ces deux infectes très-fouvent fur les plantes , les arbres & les fleurs , & en particulier fur l'ortie. Leurs larves ont fix pattes , & différent auffi un peu de celles des autres coccinelles , en ce qu'elles ne font pas liffes , mais hériffées.

27. **COCCINELLA** *rotunda nigra , coleoptrorum margine reflexo , thorace utrinque macula nigra.*

La coccinelle noire à points rouges au corcelet.

Il y a très-peu de différence entre cette coccinelle & les coccinelles tortues. Elles fe reffemblent l'une & l'autre pour la grandeur & pour la forme. Les étuis de celle-ci ont pareillement un rebord faillant , & tout l'infecte eft arrondi & élevé. Elle différe feulement en ce que fes étuis font tous noirs fans aucune tache , & que le corcelet a deux taches rouges & rondes, une de chaque côté. Cette efpéce fe trouve avec les coccinelles tortues , mais beaucoup plus rarement.

TRITOMA.

LA TRITOME.

Antennæ extrorfum fenfim craffiores , antennulis longiores.	Antennes plus groffes vers le bout , & beaucoup plus longues que les antennules.
Corpus oblongum.	Corps allongé.

Il eft aifé de diftinguer ce genre du précédent , par la forme de fon corps qui eft allongé , & par celle des antennules qui font plus petites , & plus courtes de beaucoup que les antennes , en quoi ce genre reffemble à la plûpart des autres infectes : du refte il eft jufqu'ici le feul, avec la coccinelle , du moins parmi les infectes à étuis entiers , qui n'ait que trois piéces ou articulations aux tarfes. Cet infecte eft rare. Je n'en ai vû qu'un feul qu'on m'a confié pour en faire le deffein & la defcription , enforte que je ne connois ni fa larve , ni fon genre de vie , ni fes différentes métamorphofes.

1. TRITOMA. Planch. 6 , fig. 2.

La tritôme.
Longueur 2 ½ lignes. Largeur 1 ¼ ligne.

Cet infecte qui eft rare , eft en deffous de couleur fauve. Sa tête eft de la même couleur. Ses antennes , qui font à peu près de la longueur de fon corcelet , vont en groffiffant infenfiblement par le bout. Elles font compofées de

onze articulations prefque triangulaires & courtes. La couleur des antennes eft noire dans leur milieu , & fauve à
leurs deux extrémités. Les antennules font très-courtes &
fauves , & les yeux font noirs. Le corcelet eft noir , affez
large , ponctué irréguliérement & légérement , & un peu
bordé fur les côtés. Au bas on apperçoit deux enfoncemens, un de chaque côté, à peu près comme dans certains
bupreftes. Les étuis font noirs , chargés de ftries longitudinales , & ils ont chacun deux grandes taches fauves , l'une
affez ronde vers la partie fupérieure & extérieure , l'autre
tre plus tranfverfe & moins grande , un peu avant le bas
de l'étui extérieurement. Ces quatre taches forment enfemble les coins d'un quarré un peu long. Tout l'animal
eft allongé & reffemble affez pour le port à un buprefte.
Ses pattes font de couleur fauve , & ont aux tarfes trois
articles , mais nuds & un peu épineux , en quoi la tritôme
différe encore de la coccinelle. Cet infecte a été trouvé ,
au commencement du printems, fous l'écorce d'un vieux
faule , du côté de Vitry près Paris. On l'a appellé tritôme ,
à caufe des trois piéces qui compofent fes tarfes.

ORDRE QUATRIÉME.

Infectes qui ont cinq articles aux deux premieres paires de pattes , & quatre feulement à la derniere.

DIAPERIS.

LA DIAPERE.

Antennæ taxiformes , articulis lentiformibus per centrum perfoliatis.

Antennes en forme d'if , à articles femblables à des lentilles enfilées par leur centre.

Thorax convexus , marginatus.

Corcelet convexe & bordé.

NOUS avons donné à ce nouveau genre le nom de diapere , comme qui diroit *enfilé* , à caufe de la forme finguliere de fes antennes , qui font compofées d'anneaux lenticulaires applatis & enfilés les uns avec les autres par leur centre. Ce caractere fait aifément reconnoitre ce genre parmi tous ceux de cet ordre. Nous n'en connoiffons qu'une feule efpéce , encore l'avons-nous unique , & fa larve nous eft inconnue.

1. DIAPERIS. Planch. *6* , fig. *3.*

La diapere.
Longueur 3 lignes.   Largeur 1 ¼ ligne.

Cet infecte reffemble beaucoup à une chryfomele , mais il en différe par le nombre des piéces de fes tarfes & par fes antennes , qui font tout-à-fait fingulieres. Elles font courtes , de la longueur du corcelet tout au plus , & compofées d'anneaux lenticulaires , applatis & enfilés , à peu près comme on voit les anciens ifs taillés dans quel-

Tome I. V v

ques jardins. Il n'y a cependant que les huit dernieres piéces des antennes qui ont cette forme , les trois premieres font courtes & fphériques , ce qui donne à l'antenne la forme d'une maffue allongée. Tout l'infecte eft trèsliffe , brillant , noir , à l'exception des étuis , qui ont chacun huit ftries longitudinales formées par des points , & trois bandes tranfverfales jaunes. La premiere de ces bandes placée au haut de l'étui , eft large & terminée par un bord ondé. La feconde qui eft au milieu de l'étui , eft plus étroite , & fes bords , tant en haut qu'en bas , font pareillement ondulés. Enfin la troifiéme eft à l'extrémité de l'étui & ne forme guères qu'une large tache à l'extrémité de chaque étui. Cet infecte a été trouvé à Fontainebleau , dans le cœur pourri d'un chêne : il paroît très-rare.

PYROCHROA.
LA CARDINALE.

Antennæ uno verfu pectinatæ.	Antennes en peignes d'un côté.
Thorax inæqualis , fcaber , non marginatus.	Corcelet raboteux , & non bordé.

Rien n'eft plus beau que la couleur de cet infecte ; c'eft proprement celle que l'on appelle couleur-de-feu , nom que nous avons rendu par le mot latin *pyrochroa*. Ce bel infecte différe des cicindeles par le nombre des articles qui compofent fes tarfes , ce qui l'a fait ranger dans cet ordre , & il fe fait remarquer par fes antennes pectinées , ou garnies d'efpéces de barbes d'un feul côté , ce qui lui forme des efpéces de panaches , qui contribuent encore à fa parure. Nous ne connoiffons qu'une feule efpéce de ce genre , dont nous n'avons jamais trouvé la larve.

1. PYROCHROA. Planch. 6 , fig. 4.

La cardinale.
Longueur 5 lignes. Largeur 1 lignes.

Les antennes, les pattes & le deſſous du corps de cet
inſeɛte,ſont noirs. La tête, le corcelet & les étuis ſont d'un
beau rouge couleur - de - feu. Les antennes ont leurs trois
derniers articles pectinés d'un côté. Cet inſecte ſe trouve
en automne ſur les haies.

CANTHARIS.

LA CANTHARIDE.

Antennæ filiformes.   Antennes filiformes.
Thorax inæqualis, ſcaber,   Corcelet raboteux, & non
non marginatus.   bordé.

   Familia 1ᵃ. *Tarſorum articulis*   Famille 1°. A tarſes nuds.
nudis.

  ———— 2ᵃ. *Tarſorum articulis* ———— 2°. A tarſes garnis de
ſpongioſis.   pelottes.

   La cantharide eſt un des inſeɛtes les plus anciennement
connus ; auſſi avons-nous reſtraint ce nom à ce genre ſeul,
dans lequel ſont compris les inſeɛtes que la médecine emploie depuis long-tems ſous le nom de cantharides. Leur
caractere les fait aiſément diſtinguer de tous les autres
genres de cet ordre. Leurs antennes ſont filiformes , &
vont en décroiſſant inſenſiblement vers le bout , comme
celles de quelques genres ſuivans ; mais ils en différent par
leur corcelet qui eſt raboteux & n'a point de rebords ,
& qui eſt ſemblable à celui de la cardinale. Ce qu'il y a
d'aſſez ſingulier , c'eſt que ces inſeɛtes étant aſſez communs ici , je n'ai jamais pû parvenir à trouver leurs larves ,
quelques recherches que j'aie faites : du reſte leurs métamorphoſes doivent être ſemblables à celles des autres inſeɛtes à étuis.

   On voit parmi les eſpéces qui compoſent ce genre , une
petite différence , qui m'a engagé à les partager en deux
familles. Dans les inſeɛtes de la premiere famille , les articulations des tarſes ſont nues , & n'ont point ces petites

broffes ou pelottes , telles que nous les avons remarquées
dans les capricornes , les chryfomeles &c. leurs pieds font
comme ceux des fcarabés , des dermeftes &c. c'eft-à-dire
que les articulations des tarfes font nues , figurées toutes
de même , & vont en décroiffant vers le bout. Il n'en eft pas
de même dans les infectes qui compofent la feconde famille ; ils ont aux piéces ou articles de leurs tarfes , ces
efpéces d'éponges ou de pelottes , & les articles font
de plus en plus larges & fendus dans leur milieu , jufqu'à
l'avant-dernier inclufivement : de plus les efpéces de la
premiere famille ont le corcelet plus étranglé vers le haut,
& enfuite élargi fur les côtés.

La premiere famille ne contient que deux efpéces ;
dont l'une eft la fameufe cantharide que l'on emploie
en médecine , & l'autre eft remarquable par l'étranglement de fes étuis , qui vont en fe retréciffant vers le bas.
Les efpéces de la feconde famille font plus nombreufes. Il
y en a deux qui font remarquables par la groffeur de leurs
cuiffes poftérieures , qui font prefque globuleufes. Les
premieres fois que j'ai vû ces infectes , je penfois d'abord
que ces groffes cuiffes leur avoient été données pour fauter. En examinant ces infectes , je me fuis détrompé. Ils ne
fautent point , & marchent même affez bien malgré la
groffeur de ces cuiffes. Une autre chofe qui me furprit ,
ce fut la variété de la cantharide verte à groffes cuiffes ,
dans laquelle cette groffeur ne fe trouve point. En la
voyant, on cherche d'abord ces cuiffes enflées , & on eft
étonné de les trouver à l'ordinaire , car du refte ces deux
infectes fe reffemblent tout-à-fait , & dans l'un & l'autre
les étuis vont en fe retréciffant. La derniere efpéce de
ce genre eft auffi remarquable par une autre raifon. Son
air & fon port la font reffembler tout-à-fait à une fourmi.
Je n'ai prefque jamais trouvé cet infecte , que je ne m'y
fois d'abord trompé.

PREMIERE FAMILLE.

1. CANTHARIS *viridi - aurata , antennis nigris.*
Planch. 6 , fig. 5.

Linn. mat. medic. Cantharis cœruleo-viridis , thorace teretiufculo.
Linn. fyft. nat. edit. 10 , p. 419 , n. 3. Meloe alatus viridiſſimus.
Raj inf. p. 101 , n. 1. Cantharides vulgares officinarum.
Aldrov. inf. p. 476.
Jonſt. 76. Cantharis major.
Charlet. 47. Cantharis diofcoridis.
Mouff. theat. 144.
Dale pharm. 389.

La cantharide des boutiques.
Longueur 4 , 5 , 8 , 9 *lignes. Largeur* 1 $\frac{1}{2}$, 2 , 3 *lignes.*

La cantharide varie prodigieufement pour la grandeur.
Tout fon corps eſt d'un beau vert doré , à l'exception
de fes antennes qui font noires. Ces antennes font placées
devant les yeux , un peu fur le deffus de la tête. Leur premier anneau feul eſt vert , & les autres font noirs. Les
machoires font faillantes , & couvertes par une petite
lame , comme dans les fcarabés. Le corcelet eſt inégal ,
fort étranglé proche la tête , fe dilatant enfuite , & formant
une pointe mouffe de chaque côté. Vû à la loupe , il paroît un peu pointillé , ainfi que la tête. Les étuis font d'un
beau vert , un peu mols , flexibles , comme chagrinés ,
à caufe des petits fillons irréguliers qui fe joignent & fe
confondent. On diſtingue fur chacun deux raies longitudinales affez apparentes. Les ailes font brunes , & le deffous
de la poitrine a quelques poils. On trouve ces infectes fur
les frênes , fur-tout vers le mois de juin , où ils font accouplés. Lorfqu'ils font en affez grande quantité , ils répandent
une odeur défagréable , qui fe fait fentir quelquefois fort
au loin. Tout le monde connoît leur ufage en médecine.
Ils ont éminemment la propriété , qui fe trouve encore dans
plufieurs autres infectes , d'exciter des veficules & de ronger la peau lorfqu'on les applique fur le corps : pris intérieurement , ils font diuretiques , & agiffent même fi

vivement fur les organes qui féparent l'urine , qu'ils font rendre par cette voie jufqu'au fang.

2. CANTHARIS *nigra , elytris attenuatis , antice luteis.*

La cantharide à bande jaune.
Longueur 5 lignes.   Largeur 1 ⅓ ligne.

Elle eft toute noire , à l'exception du haut de fes étuis qui eft jaune. Cette couleur jaune fe termine tranfverfale- ment. Tout le corps eft finement , mais irréguliérement ponctué. Les étuis vont en fe retréciffant vers le bout , & s'éloignant l'un de l'autre , ils tournent leur pointe vers l'extérieur. Les aîles font noirâtres. Cet infecte n'eft pas fort commun ici. Celui que j'ai , m'a été donné.

SECONDE FAMILLE.

3. CANTHARIS *viridi-cœrulea, elytris attenuatis , femoribus pofticis globofis.*

Raj. inf. p. 100. Cantharis arundines frequentans tertia.   .

La cantharide verte à groffes cuiffes.
Longueur 3 ½ lignes.   Largeur ⅓ ligne.

Cet infecte affez fingulier , eft par-tout de la même cou- leur verte , tirant fur le bleu. Il eft très-aifé à reconnoître par la forme & la groffeur prodigieufe de fes cuiffes poftérieures. Ses antennes font de la longueur de fon corps, & compofées d'articles allongés. Elles font plus brunes que le refte de l'animal , & pofées fur le haut de la tête , immédiatement devant les yeux. Le corcelet eft raboteux, prefque cylindrique & comme étranglé dans fon milieu. Il eft ponctué , ainfi que la tête. Les étuis vont en fe retré- ciffant , & font parfemés de petits points , qui fe confon- dent. Ils ont chacun deux raies longitudinales élevées , mais qui ne parviennent pas jufqu'au bout de l'étui. Les aîles font brunes. On trouve cet infecte dans les prés.

N. B. *Cantharis viridi-cœrulea, elytris attenuatis.*

Raj. inf. p. 102 *, n.* 14.

Celle-ci n'eft qu'une fimple variété de la précédente, à laquelle elle reffemble en tout ; il n'y a de différence que dans les cuiffes poftérieures, qui ne font pas plus groffes que les autres. La couleur eft auffi un peu moins bleuâtre.

4. CANTHARIS *nigra, elytris attenuatis fulvis; femoribus pofticis globofis.*

La cantharide fauve à groffes cuiffes.
Longueur 4 *lignes.* *Largeur* 1 *ligne.*

Cette efpéce eft toute femblable à la précédente pour fa forme ; elle n'en différe que pour fa couleur. Sa tête, fon corcelet & le deffous de fon corps, font d'un noir un peu verdâtre : fes pattes & fes étuis font d'une couleur fauve, pâle & matte. Les cuiffes poftérieures font fort groffes : leurs genoux font noirs & leurs tarfes bruns. Cette cantharide fe trouve dans les fleurs; mais elle eft affez rare.

5. CANTHARIS *flavefcens, fubvillofa, elytris tatenuatis.*

La cantharide jaune veloutée.
Longueur 4 *lignes.* *Largeur* 1 *ligne.*

La tête de cette efpéce eft noirâtre, avec un peu de jaune en deffus : fes yeux & fes antennes font noirs. Celles-ci font un peu moins longues que le corps, & font compofées d'articles allongés. Le corcelet eft affez cylindrique, un peu bordé en haut & en bas, mais nullement fur les côtés : il eft jaune, couvert de poils courts, ainfi que les étuis. Ceux-ci, de même couleur que le corcelet, font allongés, un peu retrécis vers leur extrémité, bordés fur les cotés, & chargés de deux lignes longitudinales élevées, qui, partant du haut, ne vont pas jufqu au bout, mais fe terminent, l'une vers le tiers, l'autre vers le milieu de

l'étui. On voit par-là que cet insecte ressemble beaucoup
à la *cantharide verte à grosses cuisses*. Je l'ai trouvé une
seule fois sur les fleurs.

6. CANTHARIS *subvillosa, nigra, elytris flavis,*
extremo antennarum articulo reliquis triplo majore.

La cantharide noire à étuis jaunes.
Longueur 3 ½ lignes. Largeur 1 ligne.

Elle est toute noire, à l'exception de ses étuis, qui sont
jaunes & transparens. Son corcelet & ses étuis sont un peu
velus, & le dessous de son corps est lisse. En dessus, se
trouvent de petits points desquels partent les poils. Mais
ce qui fait le caractere spécifique de cette cantharide, c'est
la longueur du dernier anneau de ses antennes, qui est au
moins trois fois plus long que les autres. On trouve fréquemment cet insecte dans les bois.

7. CANTHARIS *testacea, elytris apice nigris.*

La cantharide fauve avec la pointe des étuis noire.
Longueur 5 lignes. Largeur 1 ⅓ ligne.

Sa tête, son corcelet, ses étuis, ses antennes & ses jambes sont de couleur fauve, matte & nullement brillante.
Les yeux, l'extrémité des étuis & le dessous du ventre,
sont noirs, ainsi que la plus grande partie des cuisses. Le
corcelet est assez cylindrique & presque uni. Les étuis sont
mols, flexibles, & aussi larges en bas qu'en haut. Les antennes sont de la longueur de la moitié du corps.

8. CANTHARIS *fusca, elytris antice, thoraceque*
elongato rubris.

La cantharide fourmi.
Longueur 1 ¼ ligne. Largeur ⅓ ligne.

La couleur & la forme de cette petite espéce, lui donnent, à la premiere vûe, l'air d'une fourmi. Sa tête est
brune, assez grosse. Ses antennes sont assez rouges, égalent

lent au plus la longueur de la moitié de son corps, & sont
composées d'anneaux assez courts. Le corcelet est cylindrique & allongé. Sa couleur est d'un rouge foncé,
un peu plus brun en devant. Les étuis sont lisses, finement
pointillés, de couleur brune, tirant sur le rouge dans leur
partie antérieure. Les pattes sont d'un brun médiocrement
foncé.

TENEBRIO.

LE TÉNÉBRION.

Antennæ filiformes.	Antennes filiformes.
Thorax planus marginatus.	Corcelet uni & bordé.
Familia. 1ᵃ. *Antennæ articulis globosis, extrorsum crassiores.*	Famille 1°. Antennes à articles globuleux, un peu plus grosses vers le bout.
——— 2ᵃ. *Antennæ articulis longis, ubique æquales.*	——— 2'. Antennes à articles longs, égales par-tout.

Le genre des ténébrions n'est pas difficile à reconnoître. Parmi tous les insectes de cet ordre, qui ont cinq articulations aux tarses des deux premieres paires de pattes,
& quatre à ceux de la derniere, il n'y a que trois genres
dont les antennes soient filiformes; tous les autres les ont
figurées ou en peigne ou en massue, &c. Ces trois genres,
dont les antennes se ressemblent, se distinguent ensuite
aisément par la forme de leur corcelet. Le ténébrion est
le seul des trois, dont le corcelet soit uni & garni d'un rebord. Ainsi ce dernier caractere, joint à la figure des
antennes, rend le ténébrion très-reconnoissable. Nous ne
joignons point à ces marques caractéristiques, un autre
caractere que quelques Auteurs ont admis, quoiqu'il
soit fautif. C'est d'avoir les deux étuis réunis ensemble,
sans qu'il y ait d'ailes sous ces étuis. On remarque à la
vérité cette particularité dans quelques ténébrions, mais
non pas dans tous, comme on le verra aisément dans le
détail des espéces. De plus, d'autres insectes, quoique

fort différens des ténébrions, ont ce caractere. Nous l'avons déja obfervé dans quelques charanfons & dans d'autres. Ainfi, en n'employant que ce feul caractere, il faudroit réunir tous ces infectes avec les ténébrions. C'eft auffi ce qui a induit en erreur & a fait rapporter à ce genre, par différens Naturaliftes, quelques chryfomeles, parce que leurs étuis font réunis enfemble. Cette marque peut donc fervir feulement de note fpécifique, mais nullement de caractere générique.

Les ténébrions, je veux dire ceux qui ont le véritable caractere de ce genre, volent peu la plûpart, plufieurs même manquent d'aîles & ne volent point du tout, mais en récompenfe, ils courent affez vîte. Les larves qui les produifent, fe trouvent difficilement, étant cachées & enfoncées dans la terre, où elles fe métamorphofent.

Nous avons été obligés de partager ce genre en deux familles, à caufe d'un feul infecte, qui s'éloigne un peu des autres. Tous les ténébrions, à l'exception de celui-là, ont leurs antennes un peu plus groffes vers le bout, & compofées d'articles ronds & globuleux : nous en avons compofé la premiere famille. La feconde ne renferme que le feul ténébrion jaune, dont les antennes égales & de même groffeur par-tout, font compofées d'articles allongés.

P R E M I E R E　F A M I L L E.

1. T E N E B R I O *atra, aptera, coleoptris levibus, pone acuminatis.*

Linn fyft. nat. edit. 10, *p.* 418, *n.* 10. Tenebrio apterus coleoptris mucronatis.

Linn. faun. fuec. n. 594. Tenebrio atra, coleopteris pone acuminatis.

Aldrov. inf. p. 499.

Mouffet, p. 139. Blatta fœtida tertia.

Charlet. exercit. p. 48. Blatta fœtida.

Merret. pin. p. 202. Blatta fœtida.

Petiv. gazoph. p. 38, *t.* 24, *f.* 7. Scarabæus impennis tardipes.

Lift. loq. p. 388, *n.* 21. Scarabæus è toto niger, minime nitens, fœtidus.

Raj. inf. p. 89, *n.* 4. Scarabæus niger rotundus lævis, antennis globofis.

Frifch germ. 13, *p.* 27, *t.* 25, Scarabæus terreftris & ftercorarius niger, fœtidus.

Dale pharm. p. 91. Blatta officinarum.
Iter. oel. 62. Tenebrio primus.

Le ténébrion liſſe à prolongemént.
Longueur 10 *lignes. Largeur* 4 *lignes.*

Cette eſpéce de ténébrion, qui eſt aſſez grande, varie
un peu pour la grandeur. Sa couleur eſt d'un noir foncé, &
peu luiſant. Sa tête eſt aſſez allongée. Ses antennes ſont
compoſées de onze articles, dont les derniers ſont lenticulaires. Elles ſont placées devant les yeux, qui ſont fort
petits pour un infeéte de cette grandeur. Ces antennes
égalent le tiers de la longueur de l'animal. Le corcelet eſt
aſſez liſſe, avec des rebords ſur les côtés, & ſa partie poſtérieure eſt un peu retrécie, preſque comme dans les bupreſtes. Les étuis ſont liſſes, recourbés en deſſous, & recouvrent une partie du ventre. Ils ſont joints enſemble,
comme s'ils n'en formoient qu'un ſeul. On voit cependant
la marque de la ſuture, qui, vers le bout, eſt enfoncée &
forme une canelure. Ces étuis ſe prolongent & forment,
vers leur extrémité, une pointe ſemblable à une queue.
On voit par leur conformation, qu'ils ne peuvent ni s'ouvrir, ni ſe lever, auſſi cela n'eſt-il point néceſſaire, puiſ-
que l'infeéte n'a point d'ailes. L'articulation des pattes
avec le corps, a quelque choſe de ſingulier. C'eſt une eſpéce de globe, qui roule dans une cavité, ce que l'on appelle articulation de genou. Ces pattes ſont aſſez longues.
On trouve communément cet infeéte, qui ſent mauvais,
dans les campagnes & les jardins, parmi les ordures.

2. **TENEBRIO** *atra, aptera, coleoptris rugoſis;
pone acuminatis.* Planch. 6, fig. 6.

Le ténébrion ridé.
Longueur 5 *lignes. Largeur* 3 *lignes.*

Cette eſpéce eſt moins allongée que la précédente. Elle
eſt par-tout de la même couleur matte, noire & nullement luiſante. Ses étuis ont quelques rides élevées, lon-

gitudinales , tortueufes , & ils fe terminent par une pointe
ou un prolongement , mais bien moins marqué que dans
la premiere efpéce. Sa tête & fon corcelet vûs à la loupe ,
paroiffent trè-joliment chagrinés. J'ai trouvé cet infecte
à terre , dans le fable.

3. TENEBRIO *nigra , aptera , elytrorum ftriis octo
punctatis per paria difpofitis.*

Le ténébrion à ftries jumelles.
Longueur 4 lignes.   Largeur ⅟₂ lignes.

Il eft par-tout d'un noir luifant. Son corcelet eft grand ,
large , peu bordé & fort liffe Ses étuis font chargés chacun
de huit ftries , formées par des points peu enfoncés. Ces
ftries ont un arrangement fingulier. Elles font difpofées
par paires , ou deux à deux , l'une à côté de l'autre , ayant
les intervalles qui les féparent . alternativement plus &
moins larges. Les étuis font arrondis par derriere , fans
prolongement. Ils font unis & foudés enfemble , & il n'y
a point d'ailes deffous , ainfi que dans les deux premieres
efpéces.

4. TENEBRIO *nigro-fufca ovata , elytro fingula
ftriis octo lævibus.*

Le ténébrion à huit ftries liffes.
Longueur 3 ⅟₂ lignes.   Largeur 1 ⅟₂ ligne.

Tout fon corps eft de couleur brune , noirâtre , un peu
plus claire cependant en deffous. Ses antennes , d'un quart
plus longues que le corcelet , font compofées de onze
articles triangulaires , affez courts , fur-tout vers le bout.
Les antennules font faillantes & terminées en maffe. Le
corcelet convexe , uni & bordé , paroît à la loupe finement
pointillé. Les étuis le font auffi , & ont chacun huit ftries
longitudinales , peu profondes , dans le fond defquelles
font des points. Les quatre pattes de devant ont cinq articulations aux tarfes ; favoir , les trois premieres larges , en

cœur & ornées de pelottes en deſſous ; la quatriéme, petite, courte, peu apparente & auſſi en cœur ; & la cinquiéme, qui ſoutient les onglets, longue, étroite & liſſe. Les tarſes des pattes de derriere, n'ont que quatre articles longs & étroits, à l'exception de l'avant-dernier, qui eſt beaucoup plus court: Cet inſecte, à la premiere vûe, reſſemble à un bupreſte. On le trouve courant à terre, dans les campagnes.

5. TENEBRIO *nigro-cuprea, elytro ſingulo ſtriis octo, coleoptris pone acuminatis.*

Le ténébrion bronzé.
Longueur 5 ½ *lignes. Largeur* 2 *lignes.*

La couleur de celui-ci eſt noire ; mais en deſſus il eſt bronzé. Les articles de ſes antennes ſont un peu plus allongés que dans les précédens. Son corcelet eſt pointillé, convexe, avec des rebords bien marqués. Les étuis ſont auſſi finement pointillés, & ont chacun huit ſtries, formées par des points allongés. Leur bout ou extrémité a un prolongement formé par le rebord.

6. TENEBRIO *atra, oblonga, elytris ſtriis novem lævibus.*

Linn. ſyſt. nat. edit. 10, *p* 417, *n.* 1. Tenebrio niger totus.
Linn. faun. ſuec. n. 547. Mordella antennarum articulis lentiformibus, ultimo globoſo.
Act. Upſ. 1736, *p.* 19, *n.* 1. Attelabus ater, oblongus, depreſſus,
Mouffet. lat. p. 254. Vermis farinarius. }
Raj. inſ. p. 4. Vermis farinarius. } *Larva.*

Le ténébrion à neuf ſtries liſſes.
Longueur 7 *lignes. Largeur* 2 ⅓ *lignes.*

On voit par les dimenſions que nous donnons, que cet inſecte eſt fort allongé. Sa largeur eſt à peu près la même par tout. Sa tête & ſon corcelet ſont liſſes, & reſſemblent pour la forme, à ceux de la premiere eſpéce. Les antennes ſont auſſi compoſées d'articles lenticulaires, mais elles ſont aſſez courtes, & n'égalent pas la longueur du corcelet. Les étuis font longs, chargés chacun de neuf ou dix ftries, qui paroiffent liffes, quoique la loupe faffe découvrir une infinité de petits points fur les étuis. Les cuiffes font articulées avec le corps, par le moyen d'une tête ronde, qui forme le genou, comme nous l'avons dit de la premiere efpéce. Tout l'infecte eft noir en deffus, & d'un brun fouvent noirâtre en deffous. On le trouve dans les ordures des maifons. Sa larve, qui eft liffe, longue, de couleur jaune, avec fix pattes à fa partie antérieure, fe trouve dans la farine & dans la pouffiere des bois pourris & vermoulus. L'infecte parfait a des aîles fous fes étuis.

7. TENEBRIO *atra, elytris ftriis quinque utrinque dentatis.*

Linn. faun. fuec. n. 382. Caffida nigra, elytris ftriis quinque utrinque dentatis, clypeo emarginato.

Act. Upf. 1736, *p.* 17. Caffida nigra, clypeo emarginato, elytris punctatis.

Linn. fyft. nat. edit. 10, *p.* 361, *n.* 16. Silpha fufca, elytris lineis elevatis tribus utrinque dentatis, thorace fubemarginato.

Le ténébrion à ftries dentelées.
Longueur 3 *lignes. Largeur* 2 *lignes.*

Cet infecte eft noir, ainfi que les précédens. Sa tête eft courte, & bordée : il la retire en partie fous fon corcelet. Les yeux font petits & placés poftérieurement. Les antennes font compofées d'articles globuleux, plus gros vers l'extrémité ; elles font courtes & n'égalent que la moitié de la longueur du corcelet. Celui-ci eft large, uni & bordé. Les étuis, qui font affez courts, ont cinq ftries longitudinales, élevées, dont il n'y en a que trois qui foient bien marquées. Des deux côtés de ces ftries, font des points élevés, qui fe confondent avec elles, & les rendent dentelées. Sous les étuis, font des aîles courtes, dont il ne paroît pas que l'infecte faffe ufage. On trouve ordinairement cet animal par terre, & quelquefois dans les charognes, qui font le domicile ordinaire de fa larve.

8. TENEBRIO *nigra , tota lævis , coleoptris pone rotundatis.*

Le ténébrion noir liſſe.
Longueur 3 lignes. Largeur 1 ½ ligne.

Celui-ci eſt tout noir & liſſe , au moins à la vûe ſim‑ ple ; car la loupe le fait paroître un peu pointillé , avec quelques commencemens de ſtries. Son corcelet eſt large & grand , & ſes étuis ſont arrondis par le bout , ſans au‑ cun prolongement. Il ſe trouve avec les précédens , dans les terres ſabloneuſes.

9. TENEBRIO *tota ferruginea ſubvilloſa.*

Le ténébrion fauve velu.
Longueur 1 ¾ ligne. Largeur ¾ ligne.

Les antennes de cette eſpéce , ſont compoſées d'articles lenticulaires , fort courts , & plus gros vers l'extrémité. Elles ne ſont que de la longueur du corcelet. Celui-ci eſt aſſez grand & convexe. Tout l'inſecte eſt de couleur ma‑ ron-clair : ſa tête , ſon corcelet & ſes étuis , ſont légére‑ ment velus. Il eſt arrondi par le bout poſtérieur.

10. TENEBRIO *tota ferruginea lœvis.*

Le ténébrion fauve liſſe.
Longueur 1 ½ ligne. Largeur ⅓ lignes.

Cette eſpéce ne différe de la précédente , que par la grandeur , & parce qu'elle eſt très-liſſe , ſans aucuns poils. Du reſte , ſa couleur eſt la même , ſeulement un peu plus claire. Ses yeux ſeuls ſont noirs. Ses antennes ſont com‑ poſées d'anneaux courts & lenticulaires ; elles ſont plus groſſes vers le bout , qui eſt preſque formé en maſſue. Tout l'inſecte eſt moins allongé que le précédent.

SECONDE FAMILLE.

11. TENEBRIO *lutea.*

Le ténébrion jaune.
Longueur 3 ½ lignes. Largeur 1 ¼ ligne.

Sa couleur est par-tout d'un jaune clair. Sa tête est un peu allongée ; avec les machoires avancées & les antennules saillantes. Les yeux sont noirs. Les antennes sont composées d'articles allongés, en quoi cette espéce différe des précédentes. Elles sont plus longues que la moitié du corps, & un peu noires vers leur extrémité. Le corcelet oblong & retréci, a des rebords sur les côtés, & ressemble à celui des buprestes. Les étuis ont chacun neuf stries longitudinales peu enfoncées. On trouve cet insecte assez souvent sur les fleurs.

La différence de ses antennes & de celles des espéces précédentes, m'auroit engagé à en faire un genre à part, si leur position, la forme des yeux, celle du corcelet, & l'articulation des pattes, ne l'eussent pas rapporté aux ténébrions. D'ailleurs, cette espéce est la seule de sa famille. C'est la raison pour laquelle je l'ai jointe à ce genre, me contentant d'en faire une famille à part.

N. B. On peut ajouter aux ténébrions de la premiere famille, une belle espéce, qui approche des deux premieres, & que je n'ai point trouvée aux environs de Paris, mais qui m'a été envoyée du Languedoc, par M. l'Abbé de Sauvages.

* **T E N E B R I O** *atra, aptera, rotundata, elytris fulcis tribus elevatis.*

Le ténébrion canelé.
Longueur 7 lignes. Largeur 4 ½ lignes.

Cette espéce n'a point d'aîles, & ses étuis sont soudés ensemble, & n'en forment qu'un seul. Trois canelures élevées regnent sur chaque étui, sans compter celles des bords. L'intervalle qui est entr'elles, est parsemé de points élevés, & comme chagriné.

MORDELLA.

MORDELLA.

LA MORDELLE.

Antennæ subserratæ, articulis triangularibus.	Antennes un peu en scie ; à articles triangulaires.
Thorax antice attenuatus . convexus.	Corcelet convexe , plus étroit en devant.

Nous avons conservé à ce genre le nom de mordelle ; nom qui lui avoit déja été donné , mais en y faisant entrer beaucoup d'autres insectes d'un genre très différent , que nous avons décrit plus haut , sous le nom d'altifes. La mordelle dont il s'agit ici , se distingue aisément des autres genres de cet ordre , par ses antennes , dont les articles triangulaires représentent les dents d'une scie. Ce seul caractere auroit pû suffire. Nous y avons encore ajouté un autre caractere accessoire , c'est la forme de son corcelet , qui est convexe & retréci sur le devant , ce qui forme encore une autre distinction particuliere à ce genre. Les espéces qui le composent , se trouvent ordinairement sur les fleurs ; mais je ne connois point leurs larves.

1. MORDELLA *atra , caudata , unicolor.* Planch. 6 , fig. 7.

Linn. faun. suec. n. 534. Mordella oblonga atra , cauda aculeo terminata ;
Linn. syst. nat. edit. 10 , *p.* 420 , *n.* 1 Mordella aculeata.
Act. Ups. 1736 , *p.* 15 , *n.* 1. Mordella cauda aculeata.

La mordelle noire à pointe.
Longueur 2 *lignes. Largeur* ⅓ *ligne.*

Cette mordelle est toute noire. Sa tête est lisse. Ses antennes , placées devant les yeux , sont composées de onze articles , dont les quatre premiers sont ronds & globuleux , & les sept derniers sont triangulaires & forment un peu la scie. Ces antennes sont de la longueur du corcelet.

Tome I. Y y

Celui-ci eſt convexe ; uni, ſans que ſes bords ſoient relevés. Les étuis ſont auſſi très-liſſes, & moins longs que le
ventre, qui ſe termine en pointe aſſez aigue & longue,
mais qui ne pique point. Les pattes ſont longues, ainſi
que les tarſes, dont les articles ſont allongés, & vont en
décroiſſant ; enſorte que le premier eſt le plus gros, & le
dernier, qui termine la patte, le plus petit. Je ne ſais ſi
cet inſecte ſaute ; je l'ai cependant trouvé ſouvent ſur les
fleurs.

N. B. J'ai auſſi obſervé une variété toute ſemblable,
mais plus petite des deux tiers, & dont les antennes ſont
moins en ſcie. Peut-être ne différe-t-elle que par le ſexe.

2. M O R D E L L A *atra, caudata, faſciis villoſo-
aureis.*

La mordelle veloutée à pointe.
Longueur 3 lignes. Largeur 1 ¼ ligne.

Sa grandeur varie ; il y en a de plus grandes & de plus
petites. Du reſte, elle eſt tout-à-fait ſemblable à la précédente pour la forme, mais elle en différe par les poils,
dont elle eſt joliment ornée. Ces poils couvrent preſque
tout le deſſous du corps, qui paroît jaune & comme doré,
vû à un certain jour. Le tour du corcelet a de ſemblables
poils. Les étuis ont deux larges bandes tranſverſes de
ſemblables poils, qui paroiſſent d'un jaune doré, & dont
la couleur forme l'iris, & change ſuivant qu'on tourne
l'animal en différens ſens. On trouve cet inſecte avec le
précédent.

3. M O R D E L L A *nigra, elytris fulvis ſtriatis.*

La mordelle à étuis jaunes ſtriés.
Longueur 4 lignes. Largeur 1 ⅓ ligne.

Cet inſecte eſt beau & aſſez ſingulier. Ses antennes,
bien formées en ſcie & compoſées d'articles triangulaires
allongés, ont au moins les deux tiers de la longueur du

corps. Elles font placées devant les yeux. Les antennules font compofées de trois piéces, dont la derniere eft fort groffe. Les yeux font affez faillans. Le corcelet convexe & liffe, va en fe retréciffant par-devant, enforte que fon articulation avec la tête, paroît comme étranglée. Par derriere, il eft coupé tranfverfalement, de façon cependant que fes côtés forment des angles un peu pointus. Tout l'infecte eft noir, à l'exception des étuis, qui font d'un jaune fauve. Ces étuis font affez liffes & ont chacun huit ftries longitudinales, formées par des points. On trouve cet infecte dans les bois, fur les arbres.

4. **MORDELLA** *nigra, elytris fulvis lævibus.*

La mordelle à étuis jaunes fans ftries.
Longueur ₃ lignes. Largeur 1 ½ ligne.

Elle reffemble tout-à-fait à la précédente pour la forme, mais elle a plufieurs différences. Ses antennes, qui égalent les deux tiers de la longueur de fon corps, font beaucoup moins en fcie; à peine leurs articles paroiffent ils triangulaires. Ces antennes, fur-tout à leur bafe, font de couleur maron, ainfi que les antennules, les machoires, les pattes & les étuis: le refte de l'animal eft noir. Les yeux font faillans, moins cependant que dans l'efpéce précédente. La tête & le corcelet font d'un noir affez matte. Les étuis font unis, fans ftries, & vûs à la loupe, ils paroiffent couverts d'un duvet court. On trouve cet infecte avec le précédent.

5. **MORDELLA** *fufca, pedibus ferrugineis.*

La mordelle brune à pattes fauves.
Longueur 3 ½ ligne. Largeur 1 ¼ ligne.

On remarque encore dans cette mordelle, la même forme que dans les deux efpéces précédentes, entre lefquelles celle-ci femble tenir le milieu. Ses antennes, prefque auffi longues que le corps, font moins formées en

ſcie que dans la troiſiéme eſpéce, & plus que dans la ſuivante. Leurs baſes, ainſi que les antennules & les pattes,
ſont de couleur fauve : le reſte de l'inſecte eſt brun. Les
yeux ſont ſaillans. Le corcelet & les étuis ſont ſemés de
petits points preſqu'imperceptibles à la vûe, avec un petit
duvet clair-ſemé & court. Sur les étuis, on voit quelques ſtries peu enfoncées & peu apparentes, principalement vers les bords. Les aîles, qui ſont ſous les étuis,
ſont noirâtres. Cet inſecte varie beaucoup pour la grandeur. On le trouve avec les précédens.

NOTOXUS.

LA CUCULLE.

Antennæ filiformes.	Antennes filiformes.
Thorax cucullatus, dente acuto.	Corcelet armé d'une appendice, qui revient en devant, en forme de coqueluchon.

Nous avons donné le nom de *notoxus* à cet inſecte, qui
n'a point encore été décrit, à cauſe d'une pointe qu'il porte
à ſon corcelet, du côté du dos, ce qui lui rend le dos pointu
& aigu ainſi que le porte le nom de l'inſecte. Ce caractere
ſingulier diſtingue aiſément ce genre, dont les antennes
ſont ſimples & filiformes. Comme cette eſpéce de pointe,
qui revient en devant, forme une figure approchante de
celle d'un coqueluchon, nous avons tiré de-là le nom
françois de l inſecte, & nous l'avons appellé la *cuculle*.
Nous n'avons trouvé qu'une ſeule eſpéce de ce genre, encore eſt elle rare, & nous ne connoiſſons point la larve
qui la produit.

1. NOTOXUS. Planch. 6, fig. 8.

La cuculle.
Longueur   lignes.   Largeur $\frac{2}{3}$ *ligne.*

La forme ſinguliere de cet inſecte, le rend très-remar-

quable. Sa couleur est jaunâtre : ses yeux sont noirs & fort
gros : ses antennes sont de la longueur de la moitié de son
corps, & filiformes. Le corcelet a en-dessus une grosse
pointe, qui revient en devant, & recouvre la tête dans son
milieu, s'avançant jusqu'à sa partie antérieure. Cette
pointe forme une espéce de cuculle ou coqueluchon : son
extrémité est un peu noire : le reste du corcelet est d'un
jaune fauve. Les étuis sont de la même couleur, jaunes, avec quatre taches noires, deux sur chaque étui,
une en haut, l'autre en bas, un peu avant l'extrémité de
l'étui. Outre cela, la suture des étuis est noire, & forme
une bande, qui commençant à l'écusson, par une tache
assez large, devient plus étroite, & descend pour se confondre avec les deux taches inférieures, qui par cette jonction, forment une large bande transversale sur les étuis, au
lieu que les taches supérieures sont isolées. Les pattes &
tout le dessous de l'insecte sont d'un jaune fauve. On trouve cet insecte, mais très-rarement, sur les fleurs des plantes ombelliferes.

CEROCOMA.

LA CÉROCOME.

Antennæ ultimo articulo clavato : (masculis complicatæ, in medio pectinatæ).	Antennes dont le dernier article, plus gros, forme la masse : (pliées & pectinées dans leur milieu, dans les mâles.)

Ce genre est encore plus singulier que le précédent, &
il a un caractere qui le distingue de tous les autres insectes
à étuis. Ses antennes sont composées de onze anneaux,
dont les dix premiers sont fort courts, & le dernier plus
gros que les autres, forme lui seul le tiers de la longueur
de l'antenne, ce qui donne à cette antenne la figure d'une
massue. Les antennes des mâles sont encore plus singulieres. Outre ce dernier anneau fort gros, elles sont re-

pliées en forme de S, & de la plûpart des anneaux , partent des appendices, qui les rendent pectinées dans leur milieu. Cette singularité , d'avoir des antennes en mêmetems en peigne & en massue , mérite d'être remarquée. Aussi l'insecte qui les porte, a-t-il quelque chose qui frappe. Il semble que sa tête soit ornée de panaches , & c'est de-là que nous avons tiré son nom. Je ne connois point la larve de ce rare insecte , dont nous n'avons encore qu'une seule espéce.

1. CEROCOMA. Planch. 6 , fig. 9.

Linn. syst. nat. edit. 10 , *p.* 420 , *n.* 7. Meloe alatus viridis, pedibus luteis, antennis abbreviatis clavatis brevibus irregularibus.

La cerocome.
Longueur 4 *lignes. Largeur* 1 *ligne.*

La cerocome ressemble assez à la cantharide des boutiques pour la forme de son corps , elle est seulement plus petite. Sa couleur est d'un vert assez brillant , à l'exception des antennes & des pattes , qui sont d'un jaune citron , encore les cuisses sont-elles vertes en tout ou en partie dans la femelle. Son corcelet est arrondi, n'a aucun rebord , & est un peu raboteux , sur-tout celui du mâle. Ce corcelet est finement pointillé , ainsi que les étuis : mais ce qui rend cet insecte singulier & très-aisé à reconnoître , ce font ses antennes. Nous n'avons qu'une seule espéce de genre singulier. Je la dois à M. Duplessis , qui l'a trouvée en automne.

ARTICLE II

DE LA PREMIERE SECTION.

Infectes à étuis durs qui ne couvrent qu'une partie du ventre.

ORDRE PREMIER.

Infectes qui ont cinq articles à toutes les pattes.

STAPHYLINUS.

LE STAPHYLIN.

Antennæ filiformes.	Antennes filiformes.
Alæ tectæ.	Aîles cachées fous les étuis.
Abdomen inerme.	Extrémité du ventre nue & fans défenfe.

L E ftaphylin eft aifé à reconnoître, & de plus il a beaucoup de caracteres qui le diftinguent. D'abord parmi tous
les genres renfermés dans ce fecond article, celui-ci eft
le feul qui ait cinq piéces aux tarfes de toutes les pattes,
enforte qu'il conftitue à lui feul un ordre particulier : de
plus fes antennes fimples & filiformes le diftinguent du
profcarabé ; fes ailes cachées fous fes étuis, empêchent de
le confondre avec la necidale ; & l'extrémité de fon ventre qui eft nue, différe de celle du perce-oreille, qui
eft armée de pinces. Le corps des ftaphylins eft fort allongé du moins dans la plûpart des efpéces. Leurs étuis font
fort courts, & dans quelques-uns ils font fi petits, qu'en
les regardant avec peu d'attention, on ne les apperçoit pas

d'abord, & qu'on eſt tenté de les prendre pour des larves : auſſi les larves de ces inſectes différent - elles peu de l'animal parfait : elles n'ont point d'étuis, & leur corcelet n'eſt point écailleux, à cela près, la figure de l'un & de l'autre eſt très-reſſemblante. Ces inſectes ont une particularité qui ſe rencontre dans preſque toutes les eſpéces de ce genre : c'eſt qu'ils relevent ſouvent en l'air leur queue ou l'extrémité de leur ventre ; ſur-tout ſi on vient à les toucher, on voit auſſitôt le queue ſe relever, comme ſi l'inſecte vouloit ſe défendre & piquer. Ce n'eſt point cependant à cet endroit, que ſont les armes offenſives de cet inſecte. Sa queue ne pique point, mais en récompenſe il mord & pince fortement avec ſes machoires, & on doit y prendre garde, ſur-tout en prenant les groſſes eſpéces. Leurs machoires ſont fortes, débordent leur tête, & cet animal s'en ſert pour prendre & pour dévorer ſa proie. Il ſe nourrit des autres inſectes qu'il peut attraper ; ſouvent même deux ſtaphylins de même eſpéce ſe mordent & ſe déchirent réciproquement. Quoique cet inſecte ait des étuis très-petits, ſes aîles cependant ſont grandes, mais elles ſont artiſtement repliées & cachées ſous les étuis. L'inſecte les déploye & les étend lorſqu'il veut voler, ce qu'il fait fort légérement. Parmi les petites eſpéces de ce genre, il y en a pluſieurs dont les couleurs ſont vives & ſinguliérement entrecoupées : nous allons entrer dans le détail de ces eſpéces.

1. **S T A P H Y L I N U S** *ater, extremo antennarum articulo lunulato.* Planch. 7, fig. 1.

Linn. faun. ſuec. n. 603. Staphylinus ater glaber, maxillis longitudine capitis.
Linn. ſyſt. nat. edit. 10, p. 421, *n.* 3. Staphylinus maxilloſus.
Jonſt. inſ. t. 16. ord. infim. *f.* 1, 2, 3. Staphylinus.
Mouffet. lat. p. 197. Staphylinus.
Liſt. loq. p. 391, *n.* 2. Scarabæus majuſculus niger, forcipibus infeſtis.
Raj. inſ. p. 109, *n.* 1. Staphylinus major, totus niger.
Act. Upſ. 1736. p. 15, *n.* 2, 3. Forficula collari nigro, elytris nebuloſis.

Le grand ſtaphylin noir liſſe.
Longueur 11 *lignes.* **Largeur** 2 ¼ *lignes.*

Ce

Ce ſtaphylin , le plus grand de ceux de ce Pays - ci , eſt
tout noir , tant en deſſus qu'en deſſous. Sa tête , ſon corcelet & ſes étuis ſont d'un noir matte. Ses machoires ſont aigues , dures & de la longueur de la tête pour le moins. Ses
antennes implantées ſur le deſſus de la tête , ſont compoſées de onze anneaux , dont le premier eſt long , droit
& double des autres , ce qui eſt commun à tous ceux de ce
genre , & fait paroître leurs antennes comme coudées.
Dans cette eſpéce , elles vont en diminuant , ſe terminent
en pointe , & leur dernier article eſt échancré & comme
taillé en croiſſant , dont un des côtés eſt plus long. Ces antennes ſont d'un tiers plus longues que la tête. Le corcelet
eſt uni , convexe & un peu bordé. Les étuis couvrent le
tiers du ventre. Celui-ci eſt un peu velu ſur les côtés , & eſt
ſouvent terminé par deux touffes de poils. Les pattes ſont
aſſez longues , & leurs pieds ou tarſes ſont compoſés de
cinq articles qui vont en diminuant également , tous en
général aſſez courts & chargés de broſſes ou de pelottes en
deſſous. On trouve cet inſecte dans les bois & les jardins.
Il eſt fort vorace , & mange les autres inſectes & même
ſes ſemblables.

2. *STAPHYLINUS atro - cœruleſcens , extremo
antennarum articulo lunulato.*

Le ſtaphylin bleu.
Longueur 7 lignes. Largeur 1 ½ ligne.

Cette eſpéce reſſemble beaucoup à la premiere , à la
grandeur & à la couleur près. Sa tête , ſon corcelet & ſes
étuis ſont pointillés & bleuâtres. Ses antennes , ſes pattes
& ſon ventre ſont noirs.

3. *STAPHYLINUS ater , extremo antennarum
articulo ſubgloboſó , elytris thorace brevioribus.*

Le petit ſtaphylin noir.
Longueur 6 lignes. Largeur 1 ⅓ ligne.

Celui - ci eſt tout noir. Sa tête , ſon corcelet & ſes étuis

Tome I.   Z z

font pointillés. Ses antennes qui font prefque de la longueur de la tête & du corcelet, n'ont point le dernier article formé en lunule, comme dans les deux efpéces précédentes, mais arrondi.

4. STAPHYLINUS *ater, elytris thorace duplo longioribus.*

Le ftaphylin noir à longs étuis.
Longueur 2 lignes. Largeur 1 ligne.

Il eft par-tout de couleur noire, un peu brune. Ses antennes fort déliées, font prefque de la longueur de la moitié de fon corps. Sa tête eft applatie : fon corcelet arrondi
& un peu bordé. Les étuis qui font affez longs, couvrent
les deux tiers du ventre. Ces étuis, ainfi que le corcelet,
font finement pointillés.

5. STAPHYLINUS *niger, elytris abdomineque cinereo-nebulofis.*

Le ftaphylin nébuleux.
Longueur 8 lignes. Largeur 2 lignes.

Sa tête & fon corcelet font noirs, liffes, & un peu luifans. Les étuis ont une bande tranfverfale velue & comme
nébuleufe, formée par des poils gris. Sur chaque étui,
il y a quelques points enfoncés rangés longitudinalement. Le ventre en deffous eft prefque tout couvert de
poils gris, & en deffus il a plufieurs plaques de femblables poils, fur-tout fur les côtés. Les tarfes font femblables
à ceux de la premiere efpéce, mais il n'en eft pas de même
des antennes. Elles ont à la vérité de même une premiere
piéce fort longue, qui fait le tiers de la longueur de toute
l'antenne, mais les autres articles font très-courts, & vont
en groffiffant vers l'extrémité de l'antenne, qui eft plus
groffe que fon commencement. On trouve cet infecte dans
les bouzes de vache.

6. STAPHYLINUS *villofus, è fufco cinereoque viridi-teffellatus.*

Le staphylin velouté.
Longueur 5 ½ lignes. Largeur 1 ¼ ligne.

Cette espéce, sans être fort brillante, est très-jolie
& bien travaillée. Sa tête, son corcelet, ses étuis, &
même le dessus de son ventre,sont couverts d'un duvet fin
& serré, dont le fond est d'un gris verdâtre, avec des taches & des raies brunes qui forment plusieurs quarrés. L'é-
cusson est enfoncé, & a une tache noire en forme de cœur.
Le dessous de l'insecte est noir, les pattes sont brunes,
avec leurs genoux ou articulations plus claires. La base
des antennes est de couleur fauve, & leur extrémité noire.
Ces antennes vont en grossissant vers le bout, un peu
moins cependant que dans l'espéce précédente ; elles sont
d'un bon tiers plus longues que la tête.

7. STAPHYLINUS *niger villosus , capite thorace
anoque pilis fulvo - aureis.*

Le staphylin bourdon.
Longueur 10 lignes. Largeur 3 lignes.

Ce beau staphylin est velu & ressemble au premier aspect
à un bourdon. Sa tête, son corcelet, & les trois derniers
anneaux de son ventre, sont couverts de poils d'un jaune
doré , le reste du corps en dessus est chargé de poils noirs.
Ces poils colorés , joints à la maniere dont cet insecte
releve sa queue, comme les autres de ce genre , lui donnent tellement l'air d'un bourdon , qu'on n'ose d'abord
le prendre avec la main. En dessous cet animal est d'un
noir bleuâtre , & moins velu qu'en dessus. Ses antennes
sont assez courtes , & égalent à peine la longueur de la
tête. Il a été trouvé par terre du côté de Bondy. Il est
rare aux environs de Paris.

8. STAPHYLINUS *pubescens , capite flavo , thorace
elytrisque fusco nigroque nebulosis , punctis impressis.*

Le staphylin à tête jaune.
Longueur 5 ¼ lignes. Largeur 1 ¼ ligne.

La tête de ce ſtaphylin eſt jaune avec les yeux noirs. Le bout des machoires & l'extrémité des antennes ſont auſſi noirâtres. Ces antennes vont en groſſiſſant vers le bout. Le corcelet & les étuis ſont d'un noir matte., avec quelques taches de poils roux. On voit ſur les uns & les autres de larges points enfoncés. Le ventre a auſſi quelques poils roux en deſſus , & en deſſous il eſt tout velouté & chargé de poils gris , comme argentés. L'écuſſon a une tache noire en forme de cœur. J'ai trouvé pluſieurs fois cet inſeſte à terre : il court vîte & vole très bien.

9. **S T A P H Y L I N U S** *ater non nitens , elytris pedibuſque rufis.*

Linn. faun. ſuec. n. 604. Staphylinus ater elytris pedibuſque rufis.
Linn. ſyſt. nat. edit. 10 , p. 422 , *n.* 4. Staphylinus erytropterus.
Aſt. Upſ. 1736 , *p.* 15 , *n.* 6. Forficula collari nigro , ventre atro , elytris teſtaceis.
Friſch. germ. 5 , *p.* 49 , *t.* 25. Scarabæus rapax , elytris brevibus.

Le ſtaphylin à étuis couleur de rouille.
Longueur 6 ½ lignes. Largeur 1 ½ ligne.

Sa tête & ſon corcelet ſont d'un noir matte. Le ventre eſt pareillement noir , & a ſur chaque anneau deux taches triangulaires , une de chaque côté , formées par quelques poils dorés. On voit quelques poils ſemblables ſous le ventre. Les étuis ſont d'une couleur rouſſe , matte , ainſi que les pattes , les antennules , & les antennes ſur tout à leur baſe. L'écuſſon eſt tout noir.

10. **S T A P H Y L I N U S** *niger nitens , pedibus , elytriſque lævibus teſtaceis.*

Le ſtaphylin noir à étuis fauves & liſſes.
Longueur 2 , 3 , 3 ½ lignes. Largeur ½ , ¾ ligne.

Il y a pluſieurs différences conſidérables entre cette eſpéce & la précédente , quoique leurs couleurs approchent un peu ; 1°. celle-ci eſt beaucoup plus petite , & n'approche pas de l'autre , quoiqu'elle varie pour la grandeur ; 2°. l'eſpéce précédente eſt d'une couleur matte ,

celle-ci eſt liſſe & brillante. Sa tête & ſon corcelet ſont
d'un noir de jayet, ſon ventre eſt auſſi noir & luiſant. Les
étuis ſont liſſes, d'une couleur fauve brillante & comme
dorée. Les pattes ſont brunes, ainſi que les antennes :
enfin on ne voit point ſur celle-ci les poils dorés qui ſont
ſur le ventre de l'eſpéce précédente.

N. B. *Staphylinus niger, nitens, pedibus elytriſque lævi-*
bus teſtaceis, thoracis punctis per ſtrias digeſtis.

Le ſtaphylin noir à étuis fauves & corcelet ſtrié.

Cette variété eſt tout-à-fait ſemblable à l'eſpéce ci-deſſus, elle n'en différe que parce que le haut de ſes antennes
eſt noir, & que le corcelet eſt chargé de points, qui
par leur arrangement forment quatre ſtries longitudinales.
Elle eſt plus petite que l'eſpéce ci-deſſus preſque de
moitié.

11. S T A P H Y L I N U S *niger, nitens, pedibus*
coleoptriſque teſtaceis, elytris punctatis.

Le ſtaphylin à étuis marons pointillés.
Longueur 3 lignes. Largeur ⅔ ligne.

Cette eſpéce a la tête & le corcelet d'un noir très-liſſe.
Ses antennes, ſes pattes & ſes étuis ſont de couleur
maron. Ses étuis ſont pointillés, en quoi principalement
cette eſpéce différe de la précédente. Le ventre eſt d'un
noir brun.

12. S T A P H Y L I N U S *niger, nitens, pedibus*
elytriſque fuſcis punctatis, thorace plano marginato.

Le ſtaphylin à étuis très-courts.
Longueur 3 lignes. Largeur 1 ligne.

Cette eſpéce eſt moins allongée & plus large que la plûpart des autres ſtaphylins. Ses antennes ſont groſſes &
courtes, & n'égalent pas la longueur du corcelet. Elles
ſont compoſées d'anneaux larges & triangulaires. Le cor-

celet eſt large , un peu convexe , avec des rebords aigus.
Les étuis ſont extrêmement courts. Vûs a la loupe , ils
paroiſſent pointillés , ainſi que le corcelet. Ces étuis & les
pattes ſont de couleur brune , le reſte du corps eſt noir.

13. S T A P H Y L I N U S *niger , nitens , antennis ,*
pedibus , elytris , anoque teſtaceis , thorace marginato.

Le ſtaphylin applati à étuis bruns.
Longueur 1 *ligne. Largeur* ⅓ *ligne.*

Ce petit inſecte eſt liſſe & luiſant. Sa tête eſt noire ;
mais les machoires & les antennes ſont de couleur fauve ,
un peu brune. Le corcelet eſt auſſi noir , avec les rebords
fauves. Les étuis ſont d'une couleur fauve claire , avec
quelques taches longues de couleur brune. Le ventre eſt
noirâtre , à l'exception des deux derniers anneaux , qui ſont
d'un jaune fauve. Cette couleur eſt auſſi celle des pattes.
Ce qui caractériſe cette eſpéce , eſt ſa forme applatie ,
& les rebords aſſez ſaillans de ſon corcelet.

N. B. *Idem ; antennis clavatis.*

Celui-ci paroît n'être qu'une variété du précédent. Il lui
reſſemble pour la forme & les couleurs ; ſeulement il eſt
moitié plus petit , & les ſept derniers anneaux de ſes
antennes , qui ſont beaucoup plus gros que les quatre premiers , forment une maſſue très - aiſée à appercevoir. C'eſt
le plus petit ſtaphylin que je connoiſſe : peut-être que
s'il étoit plus grand , on pourroit découvrir quelque caractere qui en conſtitueroit une eſpéce particuliere & différente de la précédente.

14. S T A P H Y L I N U S *niger , punctatus , antennis*
pedibuſque ferrugineis.

Le ſtaphylin noir à pattes fauves & étuis pointillés.
Longueur 3 ⅓ *lignes. Largeur* ¼ *ligne.*

Il eſt noir , à l'exception des pattes & des antennes qui

font de couleur fauve. Son corcelet eſt allongé , & vû à la
loupe , il paroît finement & irréguliérement pointillé, ainſi
que la tête & les étuis : en regardant ces étuis de près ,
on y découvre quelques taches brunes qui ſe confondent
avec la couleur noire.

15. STAPHYLINUS *niger , thorace marginato*
lævi , pedibus rufis.

Linn. ſyſt. nat. edit. 10 , *p.* 423 , *n.* 18. Staphylinus ater glaber , pedibus rufis.
Linn. faun. ſuec. n. 609.

Le ſtaphylin noir à corcelet liſſe & bordé.
Longueur 1 ½ *ligne. Largeur* ½ *ligne.*

Cette petite eſpéce eſt noire & liſſe. Ses antennes plus
groſſes vers l'extrémité , ſont un peu brunes , principalement vers leur baſe. Les pattes ſont rougeâtres. Le corcelet a un rebord aſſez marqué. Il eſt un peu convexe , & vû
à la loupe , il paroît finement pointillé, ainſi que les étuis.

16. STAPHYLINUS *niger , thorace marginato*
ſulcato , pedibus rufis.

Le ſtaphylin noir à corcelet ſillonné & bordé.
Longueur 1 ½ *ligne. Largeur* ½ *ligne.*

Il reſſemble beaucoup au précédent pour la forme &
la grandeur. Il eſt tout noir , à l'exception des pattes qui
ſont rougeâtres , enſorte cependant que les cuiſſes ſont
plus foncées & les jambes plus pâles & plus claires. Les
antennes ſemblables à celles de l'eſpéce précédente , ſont
toutes noires. Le corcelet , qui eſt applati avec des rebords
aſſez ſaillans , a de plus quatre canelures longitudinales
élevées , entre leſquelles ſont des ſillons profonds. On
trouve cet inſecte dans le ſable avec le précédent.

17. STAPHYLINUS *niger , elytris nigro-æneis.*

Le ſtaphylin à étuis bronzés.
Longueur 4 *lignes. Largeur* 1 *ligne.*

Ce ſtaphylin eſt tout noir & luiſant : ſes étuis ſont bron-

zés , & vûs à la loupe , ils paroiſſent finement chagrinés.
On découvre auſſi à l'aide de la loupe, dix points enfoncés
ſur le corcelet ; ce qui ſe voit auſſi dans pluſieurs autres
eſpéces , & ne conſtitue point un caractere ſpécifique particulier , comme le prétend M. Linnæus , au ſujet d'une
eſpéce , n°. 605 , *Faun. ſuec.*

18. STAPHYLINUS *niger , thorace , elytris ,
pedibuſque ſubteſtaceis. Linn. faun. ſuec. n.* 614.

Linn. ſyſt. nat. edit. 10 , *p.* 425 , *n.* 15. Staphylinus chryſomelinus.

Le ſtaphylin couleur de paille.
Longueur 1 *ligne.   Largeur* ⅓ *ligne.*

La figure & le port de cet inſecte ſont différens de ceux
des autres eſpéces de ce genre. Il eſt court & ovale.
Sa tête eſt noire , & ſes antennes , qui vont en groſſiſſant ,
ſont de couleur brune & de la longueur du corcelet.
Celui-ci eſt large , liſſe , brillant , de couleur jaune , claire ,
un peu fauve. Les étuis ſont de la même couleur , il y a
ſeulement un peu de noir ſur le devant. Le ventre eſt large , court , de couleur noire , & couvert de quelques poils.
Ce qui fait le caractere diſtinctif de cette eſpéce , c'eſt la
forme de ſon corcelet , qui eſt auſſi large pour le moins
que les étuis , qui eux-mêmes ont beaucoup de largeur , ce
qui donne à l'inſecte une forme ovale , au lieu que les autres ſont allongés. On trouve ce ſtaphylin très-ſouvent
dans le ſable & le long des murs.

19. STAPHYLINUS *niger , elytris fuſcis margine
flavo.*

Le ſtaphylin à étuis bordés de jaune.
Longueur 2 *lignes.   Largeur* 1 *ligne.*

La forme de cette eſpéce approche aſſez de celle de la
précédente. Ses antennes , qui vont un peu en groſſiſſant
vers l'extrémité , ſont de la longueur du corcelet. La tête ,
le corcelet & le ventre ſont noirs. Les pattes & les étuis
ſont

sont bruns, mais tous les bords de ceux-ci, principalement
à la partie postérieure, sont jaunes. Je ne sçais si ce seroit
cette espéce que M. Linnæus auroit voulu désigner, *Faun.*
succ. n°. 610 : en tout cas, la sienne seroit beaucoup plus
petite que la nôtre, ce qui donne lieu de douter que
ce soit la même. Tout l'insecte est assez lisse, sans points ni
stries.

20. S T A P H Y L I N U S *niger ; thorace utrinque,*
singuloque elytro, macula flava.

Le staphylin noir à taches jaunes.
Longueur 2 lignes. Largeur 1 ligne.

Celle-ci approche encore des deux précédentes pour la
forme large de son corcelet. Elle est pareillement courte,
ramassée, & ses étuis sont longs & couvrent presque
les deux tiers de son ventre. Sa tête est noire. Son corcelet
est de la même couleur, mais ses bords de chaque côté
sont jaunes. Les étuis sont pareillement noirs & ont chacun à l'extérieur une longue taché jaune de la largeur
de celle du corcelet, dont elle paroîtroit être une con-
tinuation. Cette tache se prolonge & descend jusqu'aux
deux tiers de l'étui. Le ventre est noir & les pattes sont
brunes. Tout l'animal est d'un lisse assez brillant, sans
points ni stries.

21. S T A P H Y L I N U S *rufus, elytris cœruleis ;*
capite abdominisque apice nigris. Linn. faun. suec.
n. 607.

Linn. syst. nat. edit. 10, p. 422, n 7. Staphylinus riparius.

Le staphylin rouge à tête noire & étuis bleus.
Longueur 3 lignes. Largeur ½ ligne.

Le fond de la couleur de ce joli staphylin est d'un rouge
tirant sur le brun. Sa tête & les deux derniers anneaux
de son ventre sont noirs, & ses étuis sont bleus. Ces étuis
vûs à la loupe, sont finement pointillés. Les articulations

Tome I. A a a

des pattes, ainfi que les antennes, font noires. Ces antennes font à peu près d'égale groffeur par-tout, mais les antennules fe terminent en maffe. Le corcelet a quelques points enfoncés, qui par leur arrangement forment quatre ftries longitudinales. On trouve cet infecte dans le fable humide.

22. STAPHYLINUS *flavus, capite, elytris abdomineque pone nigris.*

Linn. faun. fuec. n. 606. Staphylinus rufus, capite elytris abdomineque pone nigris.
Linn. fyft. nat. edit. 10, *p.* 422, *n.* 6. Staphylinus rufus.
Act. Upf. 1736, *p.* 15, *n.* 8. Forficula collari teftaceo, elytris ventreque teftaceis, apicibus nigris.

Le ftaphylin jaune, à tête, étuis & anus noirs.
Longueur 3 *lignes.   Largeur* 1 *ligne.*

Les antennes de cette efpéce font très-jolies, elles vont en groffiffant vers le bout & font découpées en if. Leur couleur eft jaune. La tête eft noire & eft munie de longues machoires. Le corcelet eft jaune, ainfi que le haut des étuis, mais leur partie poftérieure eft noire, & cette couleur noire en couvre les deux tiers. Ces étuis ont dans leur milieu deux bandes longitudinales pointillées & enfoncées, qui font pofées à côté l'une de l'autre. Le refte eft irréguliérement pointillé. Le ventre eft jaune, mais l'anus ou fon extrémité eft noire : enfin les pattes font jaunes.

23. STAPHYLINUS *atro-cœrulefcens, thorace rubro.*

Le ftaphylin noir à corcelet rouge.
Longueur 3 ½ *lignes.   Largeur* ⅐ *ligne.*

Ce ftaphylin eft par-tout d'un noir plus ou moins bleuâtre, à l'exception du corcelet qui eft rouge. Ce corcelet eft très-liffe & les étuis font pointillés. Les antennes ne vont point en groffiffant, mais font égales par-tout. Elles font de la longueur de la tête & du corcelet pris enfemble.

24. STAPHYLINUS *ater, oculis prominentibus crassis.*

N. B. *Idem elytro singulo puncto flavo.*

Linn. *syst. nat. edit.* 10, *p.* 422, *n.* 11. Staphylinus niger, elytris puncto fulvo.

Le staphylin junon.
Longueur 2 ½ *lignes. Largeur* ⅓ *ligne.*

Cette espéce a un air un peu différent des autres. Sa couleur est par tout d'un noir matte. Quelquefois cependant le haut de ses cuisses & de ses jambes a un peu de fauve. La tête, le corcelet, & les étuis vûs à la loupe, paroissent chagrinés. Mais ce qui distingue cet insecte de tous les autres staphylins, ce sont ses yeux, qui sont gros, saillans, & qui occupent les deux tiers de la tête, au lieu que les autres especes les ont très-peu apparens. Cette conformation des yeux rend la tête fort large. Le corcelet est beaucoup plus étroit & allongé. Les étuis sont larges & courts. On trouve souvent un point rond de couleur citron sur le milieu de chaque étui. Ceux qui ont ce point, ont ordinairement deux petites éminences un peu lisses sur le corcelet. Je crois que ce sont les mâles. Le corps de ces staphylins est allongé & se termine en pointe. Leurs antennes sont de la longueur du corcelet, & ont leurs quatre derniers anneaux plus gros & plus courts que les autres. On trouve ce petit insecte dans le sable : il vole très-bien.

25. STAPHYLINUS *antennis subclavatis.*

Le staphylin à antennes en demi - massues.
Longueur ⅓ *ligne. Largeur* ⅕ *ligne.*

Ses antennes vont en grossissant vers le bout, & leur dernier article est gros & globuleux, ensorte qu'elles forment presque la massue. La couleur de l'insecte est noire, à l'exception des étuis qui sont bruns, de couleur matte, renflés & chargés de deux stries ou sillons longitudinaux.

ORDRE SECOND.

Insectes qui ont quatre articles à toutes les pattes.

NECYDALIS.

LA NECYDALE.

Antennæ filiformes.	Antennes filiformes.
Alæ nudæ.	Aîles nues.

LA necydale est rare autour de Paris , & jufqu'ici nous n'en avons trouvé qu'une feule efpéce , qui fournit deux variétés. Ce petit infecte reffemble affez à quelques - unes de nos cicindeles , & je l'aurois rapporté à ce genre , s'il n'en différoit par le nombre des articles de fes tarfes , & par la forme de fes étuis qui font beaucoup plus courts que fon corps , ce qui l'a fait mettre dans ce fecond article des infectes à étuis. Ces étuis font cependant moins courts & moins durs que ceux du ftaphylin , & les aîles de la necydale ne font point cachées deffous , mais les débordent & recouvrent tout fon ventre. Ses antennes font fimples & filiformes.

1. NECYDALIS *elytris apice puncto flavo. Linn. faun. fuec. n.* 598. Planch. 7 , fig. 2.

    a. *Necydalis elytris apice puncto flavo , thorace luteo.*
    b. *Necydalis elytris apice puncto flavo , thorace nigro.*

La necydale à points jaunes.
Longueur 1 lignes. Largeur ½ ligne.

Sa tête eft noire , fes yeux font gros & faillans , fes machoires font d'un brun noirâtre. Ses antennes placées fur le haut de la tête entre les yeux, ont leur premiere articulation qui eſt longue, & s'éleve droit, enſuite les autres ſe courbent & vont de côté. Ces antennes varient pour la longueur & la couleur. Dans les individus à corcelet jaune, elles ſont brunes, & n'ont que les deux tiers de la longueur du corps. Dans ceux au contraire qui ont le corcelet noir, elles ſont noires auſſi, & un peu plus longues que le corps. Le corcelet a un rebord, il eſt jaune dans les uns & plus long, noir dans les autres, plus court & bordé ſeulement d'un peu de jaune. Les étuis ſont noirâtres, un peu plus clairs dans leur milieu, & terminés par un point de couleur jaune citron. Les aîles noirâtres, un peu plus longues que le corps, débordent les étuis d'un tiers & ſont croiſées l'une ſur l'autre. Dans ceux qui ont le corcelet jaune, les pattes & le deſſous du ventre le ſont auſſi ; dans les individus à corcelet noir, les pattes ſont noires, ainſi que le ventre, qui a ſeulement un peu de jaune ſur les côtés. Je ſoupçonne ces derniers d'être les mâles, & les autres les femelles. Je n'en ai qu'un ſeul de chaque façon, cet inſecte n'étant pas bien commun ici. Je l'ai trouvé voltigeant ſur le chêne.

ORDRE TROISIÉME.

Infectes qui ont trois articles à toutes les pattes.

FORFICULA.

LE PERCE-OREILLE.

Antennæ filiformes.	Antennes filiformes.
Alæ tectæ.	Aîles cachées sous les étuis.
Abdomen forficibus armatum.	Extrémité du ventre armée de pinces.

CE genre d'infectes eft un des plus connus , & les pinces qu'ils portent à l'extrémité de leur ventre , forment un caractere bien diftinctif. C'eft cette armure qui a fait donner à ces infectes le nom de *forficula* , & en françois le nom redoutable de *perce oreille* , parce qu'on s'eft imaginé que cet infecte s'introduifoit dans les oreilles , que de-là il pénétroit dans le cerveau & faifoit périr. Ceux qui fçavent l'anatomie , connoiffent l'impoffibilité d'une pareille introduction dans l'intérieur du crâne , attendu qu'il n'y a point d'ouverture qui y communique ; mais la frayeur de quelqu'un , à qui un de ces infectes fera par hafard entré dans le conduit de l'oreille , aura pu donner lieu à cette fable : du refte ces pinces que le perce-oreille porte à fa queue , & avec lefquelles il paroît vouloir fe défendre , ne font pas auffi formidables qu'elles le paroiffent d'abord ; elles ne font pas affez fortes pour pouvoir produire la moindre impreffion fenfible. Je ne fçais fi cet animal en fait ufage pour fe défendre contre d'autres infectes , mais fouvent j'ai vû des perce-oreilles au milieu d'une fourmilliere , chercher à s'enfuir , fans fe fervir

de leurs pinces contre les fourmis. La larve du perce-
oreille différe très-peu de l'infecte parfait.

1. FORFICULA *antennarum articulis quatuordecim.*
Planch. 7 , fig. 3.

Linn. faun. fuec. n. 599. Forficula alis apice macula alba.
Linn. fyft. nat. edit. 10 *, p.* 423 *, n.* 1. Forficula auricularia.
Mouffet. lat. p. 171. *f.* infima. Forficula S. auricularia vulgatior.
Jonft. inf. t. 16 *, f.* 2. Forficula.
Merian. europ. 1 *, t.* 30.
Lift. mut. t. 2 *, f.* 4.
Lift. loq. p. 391 *, n.* 25. Scarabæus fubrufus , cauda forcipata.
Petiv. gazoph. t. 74 *, f.* 5. Forficula vulgaris.
Frifch. germ. 8 *, p.* 31 *, t.* 15 *, f.* 2. maf. *f.* 1. fœmina. Vermis auricularis.

Le grand perce - oreille.
Longueur 7 lignes. Largeur 2 lignes.

Tout le monde connoît affez cette efpéce de perce-
oreille , qui eft très-commune ici. Sa grandeur varie beaucoup , tant au-deffus qu'au deffous des dimenfions que
nous donnons , qui font les plus ordinaires. Sa tête eft
de couleur brune , ainfi que fes antennes , qui égalent la
moitié de la longueur du corps & qui font compofées
de quatorze anneaux. Le corcelet eft plat , noir , avec des
rebords élevés de couleur pâle. Les étuis font d'un gris un
peu fauve , ainfi que le bout des aîles qui déborde les
étuis. On voit fur les bouts d'aîles une tache blanche
arrondie , quelquefois peu marquée. Le ventre eft brun , &
fon dernier anneau eft large avec quatre éminences , une
fur chaque côté , & deux au milieu. Ce dernier anneau
foutient deux longues pinces dures , formées en arc , dont
les pointes fe touchent , & qui font de couleur jaunâtre ,
mais plus brunes à leur extrémité. Ces pinces font applaties à leur bafe , & ont à cet endroit dans leur côté intérieur plufieurs dents , dont deux font plus inférieures &
plus faillantes que les autres. Dans quelques individus,ces
dents ne fe rencontrent pas. On trouve cet infecte par-tout
à la campagne & dans les jardins. La longueur de fes pinces varie confidérablement.

2. FORFICULA *antennarum articulis undecim.*

Linn. faun. fuec. n. 600. Forficula alis elytro concoloribus.
Linn. fyft. nat. edit. 10, *p.* 423, *n.* 2. Forficula elytris teftaceis immaculatis.

Le petit perce - oreille.
Longueur 3 lignes. Largeur ⅓ ligne.

Cette efpéce beaucoup plus petite que la précédente,
eft par tout de couleur jaune un peu fauve , plus claire en
deffous , plus brune en deffus. Ses antennes n'ont que
onze articles , dont la bafe mince eft pâle , ce qui rend les
antennes joliment entrecoupées & panachées. Les aîles
font de la couleur des étuis , & n'ont pas la tache blanche
que l'on voit dans l'efpéce précédente. Une autre différence fe tire de la forme des pinces qui font affez courtes ,
& formées par deux crochets réunis , fans aucune appendice ni dent à leur côté intérieur. L'animal releve fouvent ces pinces en haut. Quant au refte , cette efpéce
reffemble à la grande. On trouve cet infecte à terre dans
le fable humide proche les mares & les ruiffeaux. Il fe rencontre plus fréquemment au printems.

Ordre Quatriéme.

Infectes qui ont cinq articles aux deux premieres paires de pattes, & quatre feulement à la derniere.

MELOE.

LE PROSCARABÉ.

Antennæ à medio ad bafim & apicem decrefcentes.	Antennes groffes au milieu, qui vont en diminuant vers la bafe & vers le bout.
Alæ nullæ.	Point d'aîles.

LES antennes du profcarabé font figurées finguliérement. Elles font compofées d'anneaux ronds, plus gros vers le milieu de l'antenne, plus petits vers les deux extrémités. Au milieu, où ils font plus gros, l'antenne forme une efpéce de coude. C'eft fur-tout dans les mâles que l'on voit mieux cette figure finguliere, qui fait paroître les anneaux du milieu applatis en différens fens. Ce caractere eft particulier à ce genre. On peut encore y ajouter le défaut d'aîles, qui empêche cet infecte de voler : auffi marche-t-il affez lourdement dans les terres labourées, où on le rencontre dès le commencement du printems. La larve de cet infecte reffemble beaucoup à l'animal parfait. Elle eft de même couleur, groffe, lourde, n'ayant que la tête écailleufe & tout le refte du corps mol. On la trouve enfoncée dans la terre, où elle fait fa métamorphofe.

1. **MELOE.** *Linn. faun. fuec. n.* 596. Planch. 7, fig. 4.

Linn. fyft. nat. edit. 10, *p.* 419, *n.* 1. Meloe apterus corpore violaceo.
Mouffet. inf. 162. *f. media.* Profcarabæus.
Jonft. inf. p. 74, *t.* 14. Profcarabæi fœmina.

Tome I. B b b

Charlet. exercit. p. 46. Proscarabæus S. anti-cantharus.
Hoffn. inf. 2 , *t.* 9.
Merret. pin. p. 201. Proscarabæus.
Goed. belg. 2 , *p.* 152 , *f.* 41. *& gall. tom.* 3 , *tab.* 42.
Lift. goed. p. 292 , *f.* 120.
Lift. loq. 392 , *n.* 27. Scarabæus mollis ex nigro viola nitens.
Frisch. germ. 6 , *p.* 14 , *t.* 6 , *f.* 5.
Dale pharmac. p. 391. Proscarabæus.
Schrod. pharm. 5 , *p.* 345. Cantharus unctuosus.

Le proscarabé.
Longueur 10, 11 *lignes.   Largeur* 5 *lignes.*

Cet insecte est tout noir & molasse , & lorsqu'on le touche , il fait sortir de toutes ses articulations une humeur grasse & brune , ce qui l'a fait appeller par quelques-uns *scarabé onctueux*. Sa couleur noire n'est nullement brillante , elle est cependant entre-mêlée d'un peu de violet , surtout vers le dessous du corps. Ses antennes sont placées devant les yeux , qui sont assez petits. La tête qui est grosse , est pointillée , ainsi que le corcelet qui est plus étroit , arrondi & sans rebords. Les étuis sont mols comme un cuir , chagrinés , & ils ne couvrent qu'une partie du ventre. Ils sont comme coupés obliquement du dedans au-dehors , plus courts du côté de la suture , plus longs sur les côtés. Sous ces étuis il n'y a point d'aîles. Le ventre est gros sur-tout dans la femelle , où il déborde de beaucoup les étuis. On trouve cet insecte au printems dans la campagne & les jardins par terre dans les endroits exposés au soleil. L'huile que répand cet insecte , le rend utile pour l'usage de la médecine. Les mâles sont beaucoup plus petits que les femelles.

ARTICLE III.

Insectes à étuis mols & comme membraneux.

Ordre Premier.

Insectes qui ont cinq articles aux deux premieres paires de pattes , & quatre seulement à la derniere.

BLATTA.

LA BLATTE.

Antennæ filiformes.	Antennes filiformes.
Ad ani latera appendices vesiculosi transversim sulcati.	Deux longues vesicules posées aux côtés de l'anus & ridées transversalement.

LA blatte est un de ces insectes domestiques , qui sont bien connus dans les cuisines & les boulangeries. Elle est large , applatie & lisse. Son caractere consiste dans la forme simple de ses antennes , qui sont longues & filiformes , & sur-tout dans deux appendices en forme de longues vesicules , placées à l'extrémité de son corps , aux deux côtés de l'anus , & qui sont chargées de rides & de stries transversales. Cet insecte assez hideux à la vûe , court assez vîte ; quelques espéces outre cela volent, mais je n'ai jamais vû voler la premiere , au moins sa femelle est-elle incapable de voler , puisqu'elle n'a que des moignons d'aîles fort courts , qui ne peuvent lui être d'aucune utilité. La larve des blattes ne différe guères de l'insecte parfait , que par le défaut total d'aîles & d'étuis ; à cela près elle lui ressemble parfaitement. Cette larve se nourrit

B bb ij

de farine, dont elle eſt très-vorace. A ſon défaut, elle ronge à la campagne les racines des plantes. C'eſt de ce même genre qu'eſt le fameux kakkerlac des Iſles d'Amérique, qui dévore ſi avidemment les proviſions des habitans. Cet inſecte, ainſi que nos blattes, fuit le jour & la lumiere, & tous ces inſectes ſe tiennent cachés dans des trous, dont ils ne ſortent que pendant la nuit.

1. BLATTA *ferrugineo - fuſca, elytris ſulco ovato impreſſis, abdomine brevioribus.* Planch. 7, ſig. 5.

Linn. faun. ſuec. n. 617. Blatta ferrugineo-fuſca, elytris ſulco ovato impreſſis.
Linn. ſyſt. nat. edit. 10, *p.* 424, *n.* 7. Blatta orientalis.
Mouffet. inſ. p. 138, *fig.* 2, 3. Blatta molendinaria & piſtrina.
Column. ecphr. 1, *p.* 40, *t.* 36. Scarabæus alter teſtudinatus minor atque alatus.
Jonſt. inſ. t. 13, *f.* A. Grylli.
Liſt. tab. mut. t. 1, *f.* 2. Fœmina.
Barthl. act. 1671, *p.* 107, *t.* 108. Gryllus alatus (& repens) vermis in ſaccharo.
Raj. inſ. p. 68. Blatta prima ſive mollis mouffeti.
Friſch. germ. 5, *p.* 11, *t.* 3. Blatta lucifuga ſive molendinaria.

La blatte des cuiſines.
Longueur 9 lignes. Largeur 4 ½ lignes.

Cet inſecte eſt par-tout de couleur brune, comme brûlée. Ses antennes longues & unies, ſurpaſſent d'un tiers la longueur du corps. Elles ſont compoſées d'un nombre infini d'anneaux courts. J'en ai compté dans une juſqu'à quatre-vingt-quatorze. La tête eſt petite & preſqu'entiérement cachée ſous la platine du corcelet qui eſt large & ovale. Les étuis de la même couleur que le reſte du corps, ſont tranſparens, membraneux & plus courts d'un tiers que le ventre. Du haut de chacun, partent trois ſtries principales, preſque toutes trois du même point. Celle du milieu eſt élevée dans une partie de ſa longueur, & va en ſerpentant juſqu'au bout de l'étui vers l'angle extérieur. L'extérieure eſt enfoncée, tire ſur le côté, & après un chemin fort court, ſe termine vers le milieu du bord extérieur de l'étui. L'intérieure pareillement enfoncée, forme une courbure, & va prendre fin au bord inté-

rieur de l'étui , un peu plus bas que le milieu , vis à-vis fa
correspondante fur l'autre étui. Les efpaces que renferment entr'elles ces deux ftries femblables fur les deux
étuis , forment une efpéce d'ovale. On voit outre cela fur
les étuis , beaucoup de ftries ferrées & diverfement arran-
gées , qui fuivent la direction de ces trois principales. La
femelle n'a ni étuis , ni aîles , mais feulement deux moignons ou commencemens des uns & des autres. Aux deux
côtés du dernier anneau du ventre , font des appendices
veficulaires pointues , débordant le ventre , longues d'une
ligne , qui paroiffent ftriées tranfverfalement , à caufe des
anneaux dont elles font compofées. Les jambes font très-
épineufes. On trouve communément cet infecte dans les
cuifines autour des cheminées , & dans les fours des bou-
langers , dont il mange la farine & la pâte.

2. BLATTA *fufco-flavefcens , elytris fulco ovato
impreffis , abdomine longioribus.*

La grande blatte.
Longueur 15 lignes. Largeur 5 lignes.

Sa couleur eft brune , mais d'un brun plus jaune que
dans l'efpéce précédente , fur-tout fur les pattes & le corcelet. L'animal eft auffi beaucoup plus grand , comme on
voit par les dimenfions que nous donnons ; du refte fa forme eft la même. Seulement les appendices de la queue
font plus longues & recourbées en dehors , & les aîles
& les étuis débordent le corps , au lieu que dans l'efpéce
précédente ils ne le couvrent pas en entier. Cet infecte
fe trouve rarement ici. Ceux que j'ai , ont été trouvés à
Orléans.

3. BLATTA *flavefcens , elytris ad angulum acutum
ftriatis.*

Linn. faun. fuec. n. 618. Blatta flavefcens , elytris nigro-maculatis.
Linn. fyft. nat. edit. 10 , *p.* 425 , *n.* 8. Blatta lapponica.
Act. Upf. 1736 , *p.* 35 , *n.* 2. Lampyris alis fuperioribus ad angulum acutum
ftriatis.

Raj. inf. p. 69. Blatta parva alata.

La blatte jaune.
Longueur 3 ½, 4 ½ lignes.　Largeur 2 lignes.

Les antennes de celle-ci font de la longueur du corps au plus. Ses yeux font noirs. Son corcelet eft large , membraneux & diaphane. Ses étuis font pareillement tranfparens , d'une couleur jaune pâle , avec une feule ftrie longitudinale élevée dans leur milieu, de laquelle partent, comme d'une arrête , nombre de ftries obliques , qui vont en defcendant fe terminer aux deux côtés de l'étui. Ces ftries obliques qui partent de la ftrie du milieu , repréfentent à peu près les barbes d'une plume , qui naiffent de fon tuyau. On voit quelquefois différens points noirs irréguliérement femés fur les étuis , fouvent auffi il n'y en a pas. Quant à la couleur , les femelles , à l'exception des yeux , font d'une feule couleur jaunâtre ; les mâles au contraire ont leur corcelet noir bordé de jaune , les étuis plus bruns , les pattes & le ventre noirs. Une autre diftinction , c'eft que les étuis débordent le ventre d'un bon tiers dans les mâles , & ne le débordent point du tout dans les femelles. Les aîles font tranfparentes & membraneufes ; les jambes font épineufes , & cette blatte a , comme les précédentes , deux appendices aux côtés de l'anus, qui ne débordent que de moitié le dernier anneau. On trouve cet infecte dans les boulangeries. Il eft vorace , & mange très-bien la farine.

ORDRE SECOND.

Infectes qui ont deux articles à toutes les pattes.

THRIPS.

LE TRIPS.

Antennæ filiformes.	Antennes filiformes.
Os rimula longitudinali.	Bouche formée par une simple fente longitudinale.
Tarfi veficulofi.	Tarfes garnis de veficules.

LES infectes de ce genre font les plus petits de tous les infectes à étuis ; quelques-uns femblent même échapper à la vùe : auffi eft-il difficile de bien diftinguer le vrai caractere de ces infectes , & j'ai été long-tems incertain pour fçavoir à quelle fection je les rapporterois. Le principal caractere des infectes à étuis , eft d'avoir la bouche garnie de machoires pofées tranfverfalement , caractere que je n'ai pu découvrir. Au lieu de bouche , on ne voit en deffous de la tête , qu'un point long , une petite fente longitudinale , dans laquelle les machoires pourroient bien être renfermées. Néanmoins , quoiqu'on ne voye point de machoires aux infectes de ce genre , la forme de leurs antennes , leur pofition , celle des pattes , dont les deux premieres tiennent au corcelet , & les quatre autres au-deffous de la poitrine , & la confiftence des étuis qui font moins flexibles que les aîles , m'ont porté à les ranger parmi les infectes à étuis. C'eft une de ces nuances , qui font le paffage d'une fection à une autre. Les trips tiennent une efpéce de milieu entre les infectes à étuis & la fection fuivante.

Outre le caractere que fournit la bouche du trips , fes

tarfes , qui font compofés feulement de deux piéces , en fourniffent encore un autre. Le fecond article de ces tarfes forme une veficule affez groffe , que Bonani a remarquée dans fes obfervations fur les infectes.

Les trips vivent dans les fleurs & fous les écorces. C'eft dans ces endroits que l'on rencontre auffi les larves de ces infectes , qui n'en différent que par le manque d'aîles & d'étuis : du refte , il n'eft pas aifé d'obferver ces différences dans ces petits animaux , qu'on prendroit plutôt pour des atômes , que pour des êtres vivans : ainfi , fans nous arrêter davantage , nous allons examiner les différentes efpéces de trips.

1. **THRIPS** *elytris albidis , corpore nigro , abdominali feta.* Planch. 7 , fig. 6.

Linn. fyft. nat. edit. 10 , *p.* 457 , *n.* 3. Thrips elytris niveis , corpore fufco.

Le trips à pointe.
Longueur 1 *ligne.* *Largeur* ¼ *ligne.*

Cette efpéce , la plus grande de ce genre , eft noire & luifante. Ses antennes font jaunâtres , & compofées de fept articles , trois plus longs & d'une couleur plus claire , & les quatre derniers plus courts & plus foncés. Sa tête eft allongée. On voit en deffous une petite fente longitudinale qui forme la bouche. Le corcelet eft noir , ainfi que le ventre qui eft allongé , & qui fe termine par une pointe affez vifible. Les aîles & étuis font blanchâtres , étroits , un peu croifés vers le bout , & chargés vers la pointe de quelques petits poils. Le ventre des deux côtés déborde ces aîles & ces étuis. Les pattes ont leurs cuiffes & leurs jambes noires , & leurs tarfes jaunâtres , comme les antennes. Ces tarfes ont deux articles , un long , l'autre gros , formant une veficule. Ce trips ne vole guères , mais il court affez vîte. On le trouve fous les écorces des vieux arbres.

2. THRIPS *elytris glaucis, corpore atro. Linn. faun. fuec. n. 726.*

Linn. fyft. nat. edit. 10, p. 457, n. 1. Thrips phyfapus.
Bonani microg. cur fig. 38.
De Geer. act. Stockh. 1744, p. 3, t. 4 f. 4. Phyfapus ater, alis albis.

Le trips noir des fleurs.
Longueur ¼ ligne.   Largeur 1/10 ligne.

La forme de ce petit infecte reffemble affez à celle du précédent. Il eft noir : fes étuis font bleuâtres, ou couleur de gorge de pigeon, & il n'a point, à l'extrémité du ventre, cette pointe qu'on remarque dans celui que nous avons décrit. On trouve très - communément cette petite efpéce fur les fleurs, principalement fur les fleurs compo-fées & à fleurons.

3. THRIPS *elytris albis nigrifque fafciis, corpore atro. Linn. faun. fuec. n. 727.*

Linn. fyft. nat. edit. 10, p. 457, n. 4. Thrips fafciata.

Le trips à bandes.

Cette efpéce reffemble à la précédente pour la grandeur : elle n'en différe que par la couleur des étuis, qui ont trois bandes blanches tranfverfes, fur un fond noir, favoir, une en haut, une au milieu & une au bas de l'étui. On trouve ce trips fur les fleurs, avec le précédent.

ORDRE TROISIÉME.

Infectes qui ont trois articles à toutes les pattes.

GRYLLUS.

LE GRILLON.

Antennæ filiformes.	Antennes filiformes.
Cauda bifeta.	Deux filets à la queue.
Ocelli tres.	Trois petits yeux liffes.

LE grillon eft appellé dans quelques endroits *cri-cri*, à caufe du bruit ou efpéce de cri que fait cet infecte. On le diftingue aifément par un caractere effentiel; ce font les deux files qui font à fa queue. On peut joindre à ce caractere la forme de fes antennes, qui font fimples, filiformes & affez longues, & ces trois petits yeux liffes, dont nous avons parlé dans la defcription générale des infectes, qui ne fe trouvent que dans très-peu d'infectes à étuis, au lieu qu'ils font fort communs dans les infectes à deux & à quatre ailes nues. Le grillon dont il s'agit ici, a ces yeux liffes placés entre les grands yeux à refeau. Ces trois petits yeux font pofés tranfverfalement, & forment une efpéce de bande, dont l'œil du milieu eft plus allongé de gauche à droite, que les autres. Nous donnerons un détail des efpéces que renferme ce genre, dans les defcriptions particulieres que nous en ferons. Il nous fuffit de dire ici, que ces infectes vivent ordinairement fous terre, dans des trous qu'ils fe forment. C'eft-là qu'ils fubiffent leur métamorphofe, qui eft affez fimple. La larve ne différe de l'infecte parfait, que par le défaut d'ailes & d'étuis; du refte, elle faute & coure auffi aifément. Ainfi, quand cette

larve, qui eft d'abord fort petite, a acquis toute fa grandeur, il ne lui refte, pour parvenir au dernier degré de
perfection, qu'à acquérir ces ailes & ces étuis. C'eft ce
qui lui arrive dans le développement que produit la métamorphofe. Pour lors, le grillon eft en état de s'accoupler
& de pondre fes œufs. Il les dépofe dans la terre, dans les
trous qu'il a pratiqués, & qui doivent fervir de retraite aux
petits qui naîtront. Ces jeunes grillons fe trouvent dans cet
endroit, à portée des racines, dont ils doivent fe nourrir;
ils les déchirent & les dévorent, & fouvent ils caufent
beaucoup de dégât. La premiere efpéce fur-tout, qu'on
nomme *taupe-grillon* ou *courtilliere*, eft redoutée dans les
potagers.

Vers le coucher du foleil, les grillons fortent plus volontiers de leurs habitations fouterraines, & c'eft-là le
tems où les prairies retentiffent le plus de leur cri, fur-tout
dans les beaux jours de l'été. Quant aux grillons domefti-
ques, qui fe font adonnés à nos maifons, ils choififfent
ordinairement pour leurs demeures, les fours & les environs des cheminées des cuifines, où la chaleur les attire,
& fouvent ils font fort incommodes, par leur cri continuel
& ennuyeux. Malgré cette incommodité, un préjugé po-
pulaire empêche fouvent de les chaffer & de les détruire.
Le peuple s'imagine que leur préfence porte un certain
bonheur à la maifon dans laquelle ils fe trouvent, & penfe
qu'il y auroit du rifque à les faire périr; tant il eft vrai que
les chiméres les plus abfurdes trouvent des fectateurs parmi les efprits foibles ou ignorans.

1. GRYLLUS *pedibus anticis palmatis. Linn. faun.
fuec. n.* 619. Planch. 8, fig. 1.

Linn. fyft. nat. edit. 10, *p.* 418, *n.* 19. Gryllo-talpa, feu gryllus-acheta, tho-
race rotundato, alis caudatis elytro longioribus, pedibus anticis palmatis
tomentofis.
Imper. alt. p. 692. Talpa infectum.
Aldr. inf. p. 571. Talpa ferrantis imperati.
Mouff. t inf. p. 164. Gryllo talpa.
Jonft. inf. t. 12, *f. ultim.* Gryllo-talpa.

Goed. belg. 1 , p. 168 , t. 76. Gryllo-talpa. Et Gall. tom. 2 , tab. 76.
Lift. gned. p. 28 , *f.* 11. Gryllo-talpa.
Bartu. act. 4 , p. 9 , *f.* 1. Gryllo-talpa.
Char. et exercit p. 11. Gryllo-talpa.
Kaj. inf p. , c. Gryllo-talpa moufeti.
Frifch. germ. 11 , p. 28 , t. 5. Gryllus campeftris , pedibus talpæ.
Rofel. inf 101. , tab. 14 , 15. Locufta germanica.

La courtilliere , ou le taupe-grillon.
Longueur 10 lignes.   Largeur 4 lignes.

On peut regarder cet infecte comme un des plus hideux
& des plus finguliers. Sa tête , proportionnémen: à la grandeur de fon corps , eft petite , allongée avec quatre antennules grandes & groffes , & deux longues antennes
minces comme des fils. Der iere ces antennes , font les
yeux ; & entre ces deux yeux , on en voit trois autres
liffes & plus petits , ce qui fait cinq en tout , rangés fur une
même ligne tranfverfale. Le corcelet forme une efpéce de
cuiraffe allongée , prefque cylindr que , qui paroît comme
veloutée. Les étuis , qui font courts , ne vont que jufqu au milieu du ventre ; ils font croifés l'un fur l'autre ,
& ont de groffes nervures noires ou brunes. Les aîles repliées fe terminent en pointes , qui débordent non - feulement les étuis , mais même le ventre. Celui-ci eft mol ,
& fe term ne par deux pointes ou appendices affez longues.
Mais ce qui fait la principale fingularité de cet infecte , ce
font les pattes de devant , qui font très groffes , applaties ,
& dont les jambes très - larges , fe terminent en dehors par
quatre groffes griffes en fcie , & en dedans , par deux feulement : entre ces griffes , eft fitué , & fouvent caché , le
tarfe ou le pied. Tout fon mal eft d'une couleur brune &
obfcure. Il vit fous terre , principalement dans les couches,
où il fait fouvent beaucoup de ravage , en coupant & ron-
geant les racines. Ses pattes de devant , qui font dentelées en fcie , lui fervent à cet ufage. Les Jardiniers le
connoiffent fous le nom de *courtilliere* , & plufieurs auteurs l'ont nommé *taupe-gryllon* , (*grillo-talpa*) parce qu'il
reffemble aux autres grillons , & qu'il fouit la terre avec

fes pattes , comme les taupes. Tout fon corps eft un peu
velu.

2. G R Y L L U S *pedibus anticis fimplicibus.*

Linn faun. fuec. *n.* 620. Gryllus cauda bifeta , alis inferioribus acuminatis ,
longioribus, pedibus fimplicibus.
Linn fyft. nat. edit. 10 , p 428 , n. 20 & 21.
Mouffet. in p. 135. Gryllus domefticus.
Jon . inf. t. 1 . Grylli moufferi.
Fri ch. germ. tom. 1 , tab. 1.
Charl et ex rcit. p. 44. Gryllus domefticus.
Hoffn. inf. p. 11 , f 4.
Rij. inf. p. 63 Gryllus domefticus.
Roel inf. vol. 2 , tab. 12. Domefticus. & 13 Sylveftris. Locufta germanica.

Le grillon.
Longueur 1 pouce. Largeur 4 lignes.

Le grillon domeftique & celui des champs , ne font que
la meme efpéce , quoique le premier foit plus pâle & plus
jaune , & le fecond plus brun. Ses antennes , minces comme un fil , font prefque de la longueur de fon corps. Sa
tête eft groffe , ronde , avec deux gros yeux & trois autres
plus petits , jaunes & clairs , placés plus haut , fur le bord
de l'enfoncement , du fond duquel partent les antennes.
Le corcelet eft large & court. Dans les mâles , les étuis
font plus longs que le corps , veinés , comme chiffonnés
en deffus , croifés l un fur l'autre , enveloppant une partie
du ventre , avec un angle faillant fur les cotés ; ils ont
auffi à leur bafe , une bande pâle. Dans la femelle au contraire , les étuis laiffent un tiers du ventre à découvert , ne
croifent prefque point l un fur l'autre ; ils font par-tout de
la meme couleur , veinés , fans être chiffonnés , & ils enveloppent moins le deffous du ventre. De plus , la femelle
porte , à l'extrémité de fon corps , une pointe dure , prefqu'auffi longue que le ventre , plus groffe par le bout ,
compofée de deux gaines , qui enveloppent deux lames.
Cet inftrument lui fert à enfoncer & dépofer fes œufs dans
la terre. Le mâle & la femelle ont tous les eux à l'extrémité du ventre , deux appendices pointues & molles.

Leurs pattes poftérieures font beaucoup plus groffes &
plus longues que les autres, & elles leur fervent à fauter.
Ces infectes vivent, ou dans les trous des maifons, principalement dans les murs, proche les cheminées, ou ils
habitent la campagne, s'enfonçant dans des trous fous
terre. Il font un cri fort incommode, qui eft produit par
le frottement de leur corcelet.

ACRYDIUM *Gryllus. Linn. faun. fuec. Locufta aliorum;*

LE CRIQUET.

Antennæ filiformes corpo-re dimidio breviores.	Antennes filiformes, plus courtes de moitié que le corps.
Ocelli tres.	Trois petits yeux liffes.

Le criquet approche infiniment de la fauterelle, qui
forme le genre fuivant, & jufqu'ici ces infectes avoient
été confondus enfemble ; mais malgré leur grande reffemblance, nous avons cru devoir les féparer, à caufe de deux
caracteres différens & très-fenfibles. Le premier confifte
dans la quantité des piéces qui compofent les tarfes. Ces
piéces font au nombre de trois dans le criquet, & de quatre dans la fauterelle. Le fecond fe tire de la forme des
antennes, qui, dans le criquet, font groffes & courtes,
n'égalant pas en longueur la moitié du corps, au lieu que
les antennes de la fauterelle font minces & beaucoup plus
longues que fon corps. Du refte, la forme & les métamorphofes de ces infectes, font les mêmes ; enforte que ce que
nous dirons de l'un, peut s'entendre de l'autre, à très peu
de chofes près. Le criquet a encore un caractere qui lui eft
commun avec la fauterelle ; c'eft d'avoir, outre les deux
grands yeux à refeau, trois petits yeux liffes, dont deux
font placés entre les grands yeux & les antennes, & le troifiéme, plus fur le devant.

Cet infecte faute très-bien. Ce mouvement s'exécute au moyen de fes pattes de derriere, qui font beaucoup plus grandes que celles de devant. La cuiffe & la jambe, qui font fléchies à l'articulation qui les joint enfemble, s'étendent vivement, & ce mouvement eft fi vif, que tout le corps pofant dans cet inftant fur les pieds ou tarfes des pattes de derriere, fe trouve élancé très · haut en l'air. On fent qu'il faut une prodigieufe force pour exécuter un pareil mouvement d'extenfion : auffi les pattes de ces infectes font-elles garnies de mufcles forts, que renferment les cuiffes qui font très-groffes. Outre cette efpéce de faut, que font ces infectes, & qui leur eft commun avec les grillons, ils marchent fur terre, quoique mal & lourdement, à caufe de la longueur de leurs pattes poftérieures qui paroiffent les embarraffer; mais plufieurs efpéces en récompenfe, volent affez bien. Les aîles qui leur fervent à ce dernier ufage, font repliées fous leurs étuis, qui font fort étroits. Lorfque l'infecte déploie ces aîles, on eft étonné de leur grandeur. Quelques-unes font en outre ornées de couleurs vives & brillantes, qu'on n'apperçoit point lorfqu'elles font repliées, & qui feroient prendre volontiers ces infectes, lorfqu'ils volent, pour de beaux papillons.

La larve du criquet eft dans le même cas que celle du grillon; elle ne différe de l'infecte parfait, que par le défaut d'aîles & d'étuis. A leur place, on voit deux efpéces de boutons, fous lefquels font renfermées, comme dans un étui, ces parties qui doivent un jour fe développer. C'eft dans le tems de la métamorphofe, lorfque la larve a acquis tout fon accroiffement, que fe fait ce développement. Pour lors, l'infecte devient un animal parfait. Auparavant il marchoit & fautoit; actuellement il fait plus, il vole & enfin il eft en état de travailler à multiplier fon efpéce. Pour cet effet, il dépofe fes œufs en terre, où la chaleur les fait éclore. Ces petites larves, ainfi que l'infecte parfait, fe nourriffent des herbes & des feuilles, dont elles

font très-voraces, & souvent ces insectes font beaucoup
de dégât dans les campagnes.

1. ACRYDIUM *elytris fuscis, alis subcœruleis.*

Rosel. inf. vol. 2 *, tab.* 22 *, fig.* 3. Locusta germanica.

Le criquet à aîles bleues.
Longueur 1 *pouce. Largeur* 2 ½ *lignes.*

Les antennes de cette grande espéce sont égales par-
tout, & ont environ quatre lignes de long. Elles sont placées devant les yeux, qui sont assez gros. La couleur de
tout l'animal est d'un brun rougeâtre, couleur de rouille.
Les étuis, outre cela, ont souvent trois ou quatre bandes
transversales irrégulieres plus brunes. On voit aussi deux
ou trois bandes semblables sur les cuisses postérieures. Les
aîles sont grandes, veinées, transparentes, presque sans
couleur du côté extérieur, & lavées d'un bleu clair du côté
intérieur, qui regarde le corps. Les jambes postérieures
ont aussi un peu de bleu. Les tarses sont composés de
trois articles, dont le premier & le dernier sont fort longs,
tandis que celui du milieu est très-court. On trouve cet
insecte dans les endroits secs, arides & sablonneux.

2. ACRYDIUM *elytris nebulosis, alis cœruleis*
extimo nigro.

Raj. inf. p. 60. Locusta vulgari similis, sed paulo major.
Frisch. germ. 9 *, tab.* 3.
Rosel. inf. vol. 2. *tab.* 21 *, fig.* 4. Locusta germanica.

Le criquet à aîles bleues & noires.
Longueur 1 *pouce. Largeur* 3 *lignes.*

Ses antennes sont à peine aussi longues que la moitié
de son corps, un peu renflées dans leur milieu, noirâtres
à l'extrémité, & dans tout le reste, de couleur de rouille
matte, ainsi que le corcelet & le corps de l'insecte. Ce corcelet est raboteux, avec une élévation aigue, longitudinale dans le milieu, & deux autres sur les côtés, qui postérieurement s'éloignent l'une de l'autre. Les étuis sont aussi

de

de couleur de rouille , avec trois larges bandes tranſverſes irrégulieres plus obſcures. Ils ſont plus longs que le corps & fort étroits. Les aîles ployées ſous les étuis , ſont bleues du côté intérieur, noires du côté extérieur , avec la pointe preſque ſans couleur. Les pattes poſtérieures ſont longues, & l'animal s'en ſert pour ſauter. Leurs cuiſſes ſont larges , fauves , avec quelques taches noires du côté intérieur ; & leurs jambes garnies d'un double rang de pointes , comme une double ſcie , ſont un peu bleues. Les pattes de devant ſont plus noires. On trouve cet inſecte dans les prés & les bois.

3. A C R Y D I U M *elytris nebuloſis , alis rubris extimo nigris.*

Linn. faun. ſuec. n. 625. Gryllus elytris nebuloſis , alis rubris extimo nigris.
Linn. ſyſt. nat. edit. 10 , *p.* 437 , *n.* 50. Gryllus-locuſta ſtridulus.
Act. Upſ. 1736 , *p.* 34 , *n.* 4. Gryllus alis ſuperioribus umbroſis , inferioribus rubris , apicibus nigris.
Friſch. germ. 9 , p. 4 , *t.* 2. Locuſtæ ſecunda ſpecies.
Leche nov. inſ. ſpec. Gryllus elytris colore cinnamomeo , alis coccineis apice nigris. (Fœmina).
Zinanni obſerv. t. 1 , 2 , 6.
Aldrov. inſ. lib. 4 , *t.* 7 , *ord.* 1 , *f.* 11.
Roſel. inſ. vol. 2 , *tab.* 21 , *fig.* 2. Locuſt. german.

Le criquet à aîles rouges.

Je ne vois aucune autre différence entre cette eſpéce & la précédente , que la couleur des aîles , ſur leſquelles tout ce qui eſt bleu dans la précédente eſpéce , eſt d'un beau rouge dans celle ci. On trouve volontiers cette derniere dans les vignes.

4. A C R Y D I U M *femoribus ſanguineis , alis ſubfuſcis reticulatis.* Planch. 8 , fig. 2.

Linn. faun. ſuec. n. 627. Gryllus incarnatus , femoribus ſanguineis , elytris vireſcenti-ſubfuſcis , antennis cylindricis.
Linn. ſyſt. nat. edit. 10 , *p.* 438 , *n.* 58. Gryllus-locuſta groſſus.
Friſch. germ. 9 , *p.* 5 , *t.* 4.
Raj. inſ. p. 60. Locuſta anglica minor vulgatiſſima.
Roſel. inſ. vol. 2 , *tab.* 20 , *fig.* 6, 7. Locuſt. german.

Tome I.   D d d

Le criquet enfanglanté.
Longueur 5 , 10 , 11 lignes. Largeur 1½ , 3 ligne.

Il y a peu d'efpéces qui varient autant pour la grandeur & les couleurs. Quelques-uns de ces infeétes font le double des autres pour la longueur. Dans tous, les antennes font cylindriques, compofées d'environ vingt-quatre articles, & elles ne font pas plus longues que le quart du corps. Pour la couleur, les petits individus font prefque tous rouges, tachés de noir, avec le deffous du corps feulement, d'un jaune verdâtre. Les grands ont tout le corps verdâtre, & le deffous plus jaune, feulement le dedans des cuiffes poftérieures eft rouge. Mais ce qui caraétérife cette efpéce, c'eft la forme du corcelet, qui a en deffus une élévation longitudinale, & deux autres, une de chaque côté, dont le milieu s'approchant de la premiere, forme une efpéce d'X. De plus, entre les griffes qui terminent les pattes, il y a de petites éponges, beaucoup plus groffes dans cette efpéce que dans les autres. On trouve cet infeéte dans toutes les campagnes.

5. A C R Y D I U M *elytris nullis , thorace produéto abdomini æquali.*

Linn. faun. fuec. n. 613. Gryllus elytris nullis, thorace in elytron longitudinale extenfo , macula utrinque rhombea nigra.
Linn. fyft. nat. p. 427 , *n.* 17. Gryllus-bulla , thoracis fcutello abdominis longitudine.
Raj. inf. p. 60. Locufta minor fufcefcens, cucullo longo rhomboide.
Aét. Upf. 1736 , *p.* 34 , *n.* 9. Gryllus alis fuperioribus nullis , collari produéto
   ad longitudinem abdominis.

Le criquet à capuchon.
Longueur 4 lignes. Largeur 1½ ligne.

Ses antennes font courtes & n'égalent pas le quart de la longueur de fon corps. Sa couleur eft brune & obfcure, femblable à la couleur de capucin; quelquefois cependant l'infeéte eft parfemé de taches plus claires. Mais ce qui rend cette efpéce très-aifée à diftinguer, c'eft la forme de fon corcelet, qui fe prolonge, couvre tout le corps, & va en

diminuant jufqu'au bout du ventre. Ce prolongement du
corcelet tient lieu des étuis, qui manquent à cet animal ;
il a feulement des ailes fous cette avance du corcelet. La
tache du corcelet, dont parle M. Linnæus, dans fa phrafe,
n'eſt pas conſtante, & manque fouvent. Cet infecte, ainfi
que le fuivant, fe trouve par - tout, dans les champs &
les bois.

6. A C R Y D I U M *elytris nullis , thorace producto
abdomine longiore.*

Linn. faun. fuec. n. 624. Gryllus elytris nullis, thorace producto, abdomine
longiore.
Linn. ſyſt. nat. edit. 10, *p.* 428 , *n.* 18. Gryllus-bulla thoracis fcutello abdomine longiore.

Le criquet à corcelet allongé.
Longueur 5 *lignes.   Largeur* 1 ½ *ligne.*

Ses antennes font à peu près de la longueur du quart de
fon corps. Elles font compofées de douze ou treize articles. Sa couleur eſt noirâtre & obfcure : quelquefois il y a
un peu de clair fur le deſſus du corps , avec des taches
rhomboïdales fur les côtés , mais ces taches ne font pas
conſtantes. Ce qui caractérife principalement cet infecte,
c'eſt fon corcelet, qui , de même que dans l'efpéce précédente , fe prolonge , & tenant lieu d'étuis, dont cet animal manque , couvre les ailes qui font deſſous. Ce prolongement du corcelet , eſt plus long que le corps de l'infecte
de près d'un quart, en quoi cette efpéce fe diſtingue de la
précédente , outre que cet allongement du corcelet en
forme d'étui , eſt plus étroit que dans le criquet à capuchon.

ORDRE QUATRIÉME.

Inſectes qui ont quatre articles à toutes les pattes.

LOCUSTA. *Grylli ſpec. linn.*

LA SAUTERELLE.

Antennæ filiformes cor- pore longiores.	Antennes filiformes, plus longues que le corps.
Ocelli tres.	Trois petits yeux liſſes.

ON a vû dans la deſcription du genre précédent, en quoi la ſauterelle différe du criquet, auquel elle reſſemble beaucoup. Son principal caractere conſiſte dans la forme de ſes antennes, qui ſont ſimples, filiformes & beaucoup plus longues que ſon corps. On pourroit ajouter à ce caractere, une note acceſſoire, ce ſont les appendices qui ſe trouvent à la queue des femelles. Du reſte, la ſauterelle a les trois petits yeux liſſes, dont nous avons fait mention dans les genres précédens.

Ces inſectes ſautent, comme le criquet, à l'aide de leurs pattes poſtérieures, qui ſont fortes & beaucoup plus longues que les antérieures ; ils marchent lourdement & volent aſſez bien. Leurs femelles dépoſent leurs œufs dans la terre, par le moyen des appendices qu'elles portent à leur queue, qui ſont compoſées de deux lames. L'œuf, au ſortir de l'ovaire, gliſſe entre ces deux lames, & s'enfonce en terre. Les ſauterelles pondent un aſſez grand nombre d'œufs à la fois, & ces œufs réunis dans une membrane mince, forment une eſpéce de groupe. Les petites larves qui en naiſſent, ſont tout-à-fait ſemblables, à la grandeur près, à l'inſecte parfait, ſi ce n'eſt

qu'elles n'ont ni aîles ni étuis, mais feulement des efpéces de boutons, au nombre de quatre, où font contenus
les uns & les autres, non développés. Ce développement
n'arrive que dans le tems de la métamorphofe, lorfque
l'infecte a pris tout fon accroiffement. L'infecte parfait fe
trouve fréquemment dans les prairies, ainfi que la larve.
L'un & l'autre eft vorace & mange les herbes. Les fauterelles ont plufieurs eftomacs, ce qui a fait penfer à plufieurs auteurs, qu'elles ruminoient comme plufieurs grands
animaux.

1. LOCUSTA *cauda enfifera curva.*

Linn. faun. fuec. n. 622. Gryllus cauda enfifera recurvata.
Linn. fyft. nat. edit. 10 , *p.* 430 , *n.* 37.
Goed. belg. 2 , *p,* 165 , *t.* 4. Sprinckhanen.
Lift. goed. p. 301 , *t.* 121. Acrigoneus.
Frifch. germ. 12 , *tab.* 1 , *n.* 2 , *fig.* 4.
Aldrov. inf. lib. 4 , *t.* 7 , *ord,* 2 , *n.* 7.
Zinanni obferv. t. 7 , *f.* 7.
Rofel. inf. vol. 2 , *tab.* 8. Locuft. german.

La fauterelle à fabre.
Longueur 11 *lignes.* *Largeur* 1 ½ *ligne.*

La couleur de cette efpéce eft par tout d'un vert un peu
pâle. Ses antennes, qui font filiformes, vont en diminuant
vers l'extrémité, & font plus longues que le corps. Le
corcelet a en deffus une furface applatie, qui va en s'élargiffant du côté des étuis. Ceux-ci font un peu nébuleux,
& les aîles font reticulées. Les aîles & les étuis débordent
le corps d'un bon tiers. La femelle porte, à l'extrémité du
ventre, une efpéce de pointe applatie & large, recourbée
en haut, & compofée de deux lames, qui repréfentent
par leur figure la lame d'un fabre. Ces lames lui fervent
à enfoncer fes œufs profondément dans la terre. Le mâle
n'a point de pareille appendice à la queue. Les cuiffes
poftérieures de cet infecte font fort grandes, & auffi longues que les étuis, en quoi on peut diftinguer cette efpéce
de la fuivante.

2. LOCUSTA *cauda ensifera recta.* Planch 8 , fig. 3.

Linn. faun. suec. n. 621. Gryllus cauda ensifera recta , corpore subviridi.
Linn. syst. nat. edit. 10 , p. 431 , n. 38.
Aldrov. ins. p. 404. Locusta offic.
Mouffet. ins. p. 117 , f. 5.
Jonst. ins. p. 62 , t. 11 , f. 1, 2 , 3. Locusta.
Rob. icon. t. 27.
Merian. europ. t. 176.
Eph. nat. cur. dec. 2 , ann. 2 , olf. 15 , p. 40.
Raj. ins. p. 61. Locusta viridis major.
Frisch. germ. 12 , p. 3 , tab. 1 , ic. 2 , fig. 1. Locusta major viridis
Charlet. exercit. p. 44.
Rosel. ins. vol. 2 , tab. 10 & 11. Locust. german.

La sauterelle à coutelas.
Longueur 22 lignes. Largeur 3 lignes.

Cette grande espéce est d'un beau vert. Ses antennes
sont déliées, très-longues, surpassant la longueur du corps,
& composées d'un nombre infini d'anneaux. Le corcelet
applati par dessus, se courbe par un angle aigu , vers les
côtés , & s'avance au milieu, un peu plus bas sur les étuis.
Ceux-ci sont d'un beau vert, & d'un tiers plus longs que
le corps. La femelle porte , à l'extrémité du ventre, une
espéce de coutelas applati, droit, long , formé de deux
lames plattes , qui lui sert à déposer ses œufs. Cette appendice va jusqu'au bout des étuis. Le mâle n'a point cette
queue ; mais on voit à la base de ses étuis, en dessous ,
une large ouverture , fermée par une pellicule mince ,
semblable à la peau d'un tambour , & qui produit le bruit
que fait entendre cet insecte dans les campagnes. Les
cuisses postérieures , quoique longues , ne vont qu'aux deux
tiers des étuis , au lieu que dans l'espéce précédente , elles
sont aussi longues.

ORDRE CINQUIÉME.

Inſectes qui ont cinq articles à toutes les pattes.

MANTES.

LA MANTE.

Antennæ filiformes.   Antennes filiformes.

L E caractere de la mante eſt très-ſimple & facile. C'eſt
le ſeul de tous les inſectes de cet article, qui ait cinq piéces à tous les tarſes de ſes pattes. De plus, la mante a des
antennes ſimples & filiformes. Je ne m'étendrai pas beaucoup ſur cet inſecte, ne l'ayant jamais trouvé autour de
Paris, & ayant reçu ceux que j'ai, de l'Orléannois. M. de
Juſſieu m'a aſſuré qu'on en avoit trouvé des œufs dans ce
pays-ci, & quelques autres perſonnes m'ont dit avoir trouvé quelquefois l'animal aſſez près de Paris : c'eſt ce qui
m'a déterminé à en parler. On verra dans la deſcription
de cette ſeule eſpéce, les particularités qui la concernent.
On l'a appellée *mantes* ou *mantis,* comme qui diroit devin,
parce qu'on s'eſt imaginé que cet inſecte, en étendant ſes
pattes de devant, devinoit & indiquoit les choſes qu'on
lui demandoit.

1. MANTES. Planch 8, fig. 4.

Aldrov. inſ. lib. 4, *t.* 3, *f.* 10, *edit. bonon. & edit.* Francofr. *t.* 7, *f.* 1, 2.
Mouffet. inſ. p. 118, *f.* 3.
Roſel. inſ. vol. 2, *tab.* 2, *fig.* 6. Locuſt. indic. præfat.
Linn. ſyſt. nat. edit. 10, *p.* 426, *n.* 4. Gryllus mantis, thorace ciliato, femori-
    bus anticis ſpina terminatis, reliquis lobo.
Linn. amænit. acad. 1, *p.* 504. Gryllus thorace lineari alarum longitudine,
    margine denticulis ciliato.

La mante.

Longueur 2 *pouces. Largeur* 5, 6 *lignes.*

La figure de cet insecte est singuliere ; il est étroit &
allongé. Sa tête est petite, applatie, avec deux antennes
filiformes assez courtes. Aux deux côtés de la tête, sont
deux gros yeux à reseau, & en dessus, deux petits yeux
lisses ; ce qui fait quatre en total. Le corcelet est long,
étroit, bordé, avec une élévation longitudinale dans son
milieu, & une impression transverse au tiers de sa longueur. Les étuis qui couvrent les deux tiers de l'insecte,
sont veinés, reticulés, croisés l'un sur l'autre, & couvrent des aîles transparentes & veinées. Les pattes de derriere sont très-longues : celles du milieu le sont un peu
moins, & celles de devant sont fort larges & plus courtes.
L'insecte s'appuie assez souvent sur ses quatre pattes de
derriere seulement, & tenant les deux de devant élevées,
il les joint l'une contre l'autre, ce qui l'a fait appeller par
les habitans du Languedoc, où il est très-commun, *prega-
diou*, comme s'il prioit Dieu. Les paysans prétendent de
plus, que cet animal montre les chemins qu'on lui demande, parce qu'il étend ces mêmes pattes de devant, tantôt
à droite, tantôt à gauche. Aussi le regarde-t-on comme
un insecte presque sacré, auquel il ne faut faire aucun mal.
Sa couleur est par-tout d'un vert un peu brun. Les jeunes
sont plus verts, & les vieux plus bruns. Il dépose ses œufs
ramassés en paquet hémisphérique, plat d'un côté. Il y a
dans ce paquet deux rangs d'œufs oblongs, posés transversalement, avec une rangée longitudinale d'écailles, posées
en toît les unes sur les autres, qui couvrent la jonction des
deux rangs d'œufs. Tout ce paquet est léger & comme
composé de parchemin très-mince,

SECTION

SECTION SECONDE.

Infectes à demi - étuis, ou hémiptères.

LES infectes coléoptères ou infectes à étuis, ont formé la premiere fection de cette Hiftoire. La feconde renferme de petits animaux, qui en approchent par quelques-uns de leurs caracteres. Nous appellons ces infectes hémiptères, à caufe de la forme des étuis ou fourreaux de leurs aîles. Ces efpéces de fourreaux, dans la plûpart des genres de cette fection, reffemblent beaucoup à des aîles, feulement ils font un peu moins mols & plus colorés ; il femble que l'infecte ait quatre aîles, dont les fupérieures ont plus de confiftence & moins de tranfparence. La forme de ces fourreaux, qui ont prefque la confiftence des aîles, qui font, pour ainfi dire, moitié aîles & moitié fourreaux, & qui tiennent le milieu entre les uns & les autres ; a fait donner aux infectes qui les portent, le nom d'*hémiptères*, comme qui diroit *demi - aîles*. Il y a néanmoins dans cette fection quelques genres, qui femblent s'écarter de cette forme d'aîles. Le kermès & la cochenille n'ont que deux aîles, encore ces aîles ne fe trouvent-elles que dans les mâles, & les femelles n'en ont point. Le puceron & la pfylle font différens ; ils ont l'un & l'autre quatre ailes, mais ces quatre aîles paroiffent femblables; on ne voit point de différences entre les fupérieures & les inférieures ; ces dernieres ne font pas plus tranfparentes que les premieres. Au contraire, la punaife, qui eft un des premiers genres de cette fection, porte dans fes fourreaux, le caractere d'hémiptère, très-marqué & très-diftinct Ses fourreaux font plus durs & plus écailleux que dans la plûpart des autres genres, mais il n'y a que leur moitié fupérieure qui foit ainfi opaque : toute leur moitié inférieure eft membraneufe & tranfparente, & a la confiftence d'une aile ;

Tome I.   E e e

enforte que ces étuis, moitié écailleux & moitié membraneux, font véritablement des *demi-aîles.* (*Hemiptra.*)

Ces variétés dans la forme des aîles & des étuis, font
voir que ce n'eft point dans ces parties que l'on doit chercher le caractere diftinctif des infectes de cette fection,
quoique nous en ayons tiré le nom, que nous avons cru le
plus convenable pour les diftinguer. Un caractere doit être
uniforme & conftant dans tous les genres.

On peut tirer un caractere de cette nature de la bouche
de ces infectes. Nous avons déja remarqué dans la premiere fection, qui renferme les coleopteres, qu'outre
le caractere tiré de la forme de leurs étuis ; ils en ont un
autre qui n'eft guéres moins effentiel, & qui dépend de la
ftructure de leurs bouches. La bouche des coleopteres eft
armée de machoires dures, écailleufes, pofées latéralement. Les hémipteres ont auffi une forme de bouche, qui
leur eft particuliere, & qui eft effentielle à leur fection. Cette bouche eft une efpéce de *trompe, qui tire fa naiffance
du deffous du corcelet, ou qui eft prolongée le long de la partie inférieure du même corcelet.* C'eft dans cette forme de
trompe, que confifte le caractere diftinctif des hémipteres.

On voit par ce caractere, que les infectes de cette fection ont deux formes de bouche un peu différentes, quoique fort approchantes l'une de l'autre. Dans les uns, la
trompe prend fa naiffance de la tête, comme dans la plûpart
des infectes ; ces petits animaux ont, comme les grands,
la bouche placée à la tête, & cette bouche eft formée par
une trompe fouvent affez longue, quelquefois plus courte,
mais toujours courbée en deffous. Telle eft la forme de la
bouche de la plûpart des infectes de cette fection, mais non
pas de tous. Celle de quelques-autres, eft bien plus finguliere. C'eft une efpéce de trompe courte, qui ne prend point
fon origine de la tête, mais du corcelet, entre la premiere
& la feconde paire de pattes. Qu'on fe figure un quadrupede, dont la bouche feroit placée dans la partie antérieure
de la poitrine, entre les pieds de devant. Telle eft à peu

près la position de la bouche de la psylle, du kermès & de la cochenille : animaux singuliers, par plus d'un endroit.

Cette différente conformation de bouche parmi les insectes de cette section, nous auroit engagé à la partager en deux ordres, si elle eût été plus nombreuse & plus chargée de genres; mais nous avons cru qu'une pareille division devenoit inutile, vû le petit nombre de genres qu'elle renferme.

Les différentes parties qui composent le corps des insectes hémiptères, approchent assez de celles que nous avons remarquées en décrivant les insectes à étuis. Tous ont des antennes, qui, en général, ne manquent dans aucun genre d'insectes; mais dans quelques-uns de ceux de cette section, elles sont très-petites, & quelquefois un peu difficiles à appercevoir. La punaise, la psylle & quelques-autres, en ont qui sont assez grandes & très-visibles; mais celles de la cigale sont très-petites, ce ne sont que de simples filets très-courts. Celles de la naucore, de la punaise à avirons, de la corise, sont encore moins aisées à trouver. Outre leur petitesse, elles sont situées en dessous & plus bas que les yeux; ensorte qu'on a de la peine à les appercevoir, à moins que de renverser l'animal. Le scorpion aquatique a au contraire de très-grandes antennes, figurées en forme de pinces de crabe ou d'écrevisse, & qui lui tiennent lieu en même-tems de pattes & d'antennes : aussi la nature n'a-t-elle donné à cet insecte que quatre pattes, au lieu de six, qui se voyent dans tous les autres de cette section. Outre les yeux à reseau, qui sont au nombre de deux dans tous les insectes hémiptères, quelques - uns ont encore les petits yeux lisses, dont nous avons parlé en traitant le général des insectes; mais le nombre de ces petits yeux n'est pas uniforme : la cigale ou procigale en a deux, ainsi que plusieurs espéces de punaises : la psylle au contraire en a trois : tous les autres genres en manquent absolument, au moins je n'ai pas pû leur en découvrir. Quant à la bouche de ces insectes, elle est ordinairement figurée & terminée en pointe, de laquelle sort une trompe plus

E e e ij

ou moins longue. Cette trompe, dans quelques insectes,
déborde de beaucoup la partie postérieure de leur corps,
sous laquelle elle est reployée; ils la traînent après eux. Les
autres insectes au contraire, dont la trompe part & prend
naissance du dessous du corcelet, n'ont à la partie antérieure de la tête, que quelques tubercules placés à l'endroit où la bouche sembleroit devoir se trouver.

Le corcelet, cette seconde partie du corps de ces insectes,
est dans plusieurs, tout d'une venue avec la tête, & aussi large qu'elle. C'est sur-tout dans les premiers genres de cette
section, dans la cigale, la naucore, la corise & la punaise
à avirons, que l'on peut remarquer cette forme de corcelet. Mais dans la psylle, le puceron & les mâles des cochenilles & des kermès, le corcelet est plus distinct, & séparé de la tête par un étranglement sensible. C'est de la partie supérieure & postérieure de ce corcelet, que prennent
naissance les aîles, qui varient beaucoup dans cette section.
Plusieurs genres en ont quatre, ou du moins ils ont deux
aîles, & par-dessus deux étuis plus ou moins mols. Dans
les punaises, la partie supérieure de ces étuis est assez dure, presque écailleuse : la punaise à avirons a des étuis
semblables. D'autres genres ont les étuis si mols, qu'ils ne
paroissent pas différens des véritables aîles. Parmi ces derniers, les uns ont ces quatre aîles couchées & croisées sur
leur corps; d'autres, comme la psylle, les portent posées
latéralement & en forme de toît. Quelques-uns, comme
le puceron, les portent droites & élevées. D'autres insectes, au lieu de quatre aîles, n'en ont que deux. La cochenille & le kermès sont seuls de ce nombre; mais ces deux
genres ont encore une autre singularité, c'est que leurs femelles n'ont point d'aîles, & semblent même n'avoir
guères de rapport à des insectes & à des animaux, comme nous le verrons en parlant de ces genres. A la suite du
corcelet, se trouve l'écusson, ou cette espèce d'appendice,
qui se trouve dans la plûpart des insectes, entre l'origine
de leurs aîles. Cet écusson manque dans quelques genres,

comme dans la corife : dans d'autres il eſt très-petit. Quelques eſpéces au contraire ont un écuſſon monſtrueux, qui
couvre, ou la plus grande partie du ventre, ou même le
ventre en entier, ainſi que les aîles & les étuis. C'eſt ce
qu'on remarquera dans quelques eſpéces de punaiſes.

Le ventre des hémiptères n'a rien de remarquable, que
la maniere dont ſon extrémité poſtérieure eſt conformée
dans quelques-uns. La cigale porte au bout du ventre, une
eſpéce de pointe cachée entre des écailles, qui lui ſert à
dépoſer ſes œufs. Le puceron a ſur le bout poſtérieur du
ventre, tantôt deux pointes ou cornes, tantôt deux tubercules, que nous examinerons par la ſuite ; enfin la cochenille & le kermès ont cette partie ornée de filets plus ou
moins longs. Quant aux pattes, le ſcorpion aquàtique eſt
le ſeul inſecte de cette ſection, qui n'ait que quatre pattes,
tous les autres en ont ſix. Mais ces différens animaux varient beaucoup entr'eux pour le nombre des articles, dont
eſt compoſé le tarſe ou le pied, qui termine la patte. Dans
les uns, ce tarſe conſiſte en une ſeule piéce ; le puceron, la
corife, le ſcorpion aquatique, ſont de ce nombre : d'autres, comme la pſylle, la naucore & la punaiſe à avirons,
ont deux piéces aux tarſes, tandis que la cigale & la punaiſe ont juſqu'à trois articles à cette même partie.

Toutes ces différences nous ont ſervi à former des caracteres de ces inſectes, plus étendus, & en même - tems
plus ſûrs & plus diſtinclifs. Elles nous avoient porté à
diviſer la ſection précédente en ordres & en articles différens, afin de diſtribuer avec plus de méthode la quantité
nombreuſe d'inſectes qui la compoſent. Nous aurions pû
faire dans celle-ci les mêmes diviſions & ſous-diviſions ;
mais une pareille méthode n'étoit pas néceſſaire pour ranger & caractériſer dix genres, qui ſeuls compoſent la ſection des hémiptères ; mais le nombre des articles des tarſes, qui entre dans leurs caracteres, fera diſtinguer avec
plus de certitude ces différens genres, ſouvent co fon-
dus enſemble par les auteurs, & dont la plûpart ont un

certain air de famille , qui les rapproche les uns des autres.

Ces insectes se métamorphosent tous , c'est-à-dire passent successivement par les différens états de larves , de nymphes & d'insectes parfaits , dont nous avons parlé plus haut , en traitant des insectes en général ; mais la maniere dont s'accomplit & s'exécute ce changement , est différente de celle que nous avons remarquée dans les coléoptères , à l'exception cependant des derniers insectes de la premiere section , qui approchent beaucoup des hémiptères , & dont la métamorpose est à peu près la même. Ces insectes sortis de l'œuf , paroissent d'abord tous la forme de larves ; mais ces larves ne sont point des espéces de vers souvent lourds & pesans ; comme celles des insectes à étuis. Les larves des hémiptères sont semblables à l'insecte parfait , qui leur a donné naissance ; elles paroissent d'abord n'en différer que par la grandeur. Qu'on examine de petites punaises , ou de petites cigales au sortir de l'œuf , ce sont de véritables punaises ou de vraies cigales , seulement elles sont très-petites : si on les examine à la loupe , on y voit toutes les parties qui composent le corps de ces insectes devenus parfaits. Ces larves ont cependant une différence essentielle , qui les distingue des insectes parfaits ; elles n'ont ni aîles ni étuis , leur corps est nud , & elles restent dans cet état jusqu'à ce qu'elles ayent acquis toute leur grandeur. Sous cette forme de larves , ces insectes vont & viennent , courent , quelques-uns même sautent. Ainsi la seule différence consiste dans le défaut d'aîles & d'étuis. A ce premier état , succéde celui de nymphe. Ces larves y parviennent par un dépouillement de leur peau ; elles en changent ; elles muent. Pour lors elles reparoissent encore sous la même forme qu'elles avoient , à une petite différence près ; elles ont sur le dos , au bas du corcelet , à l'endroit précisément où les étuis & les aîles doivent prendre leur origine , deux espéces de tubercules ou boutons. Ces tubercules étoient cachés sous la peau de la larve , ils ne paroissoient point alors. C'est dans ces mêmes tubercules, que font cachés les aîles & les étuis, qui paroîtront développés fur le corps de l'infecte parfait. Actuellement ces parties font repliées & comme chiffonnées dans les tubercules de la nymphe. Lorfque celle-ci quittera fa peau, pour devenir infecte parfait, les aîles fe développeront & paroîtront dans toute leur étendue. C'eft dans ce changement, que confifte la derniere métamorphofe de ces infectes. On doit cependant en excepter quelques-uns, ce font ceux qui n'ont point d'aîles, comme les femelles des cochenilles, des kermès & la punaife des lits, ainfi que plufieurs pucerons. Tout le changement que fubiffent ces derniers infectes, ne confifte que dans différentes mues, dans plufieurs changemens de peau.

Au refte, l'accroiffement de tous ces infectes fe fait tout entier fous leur premiere forme, de même que dans les infectes coléoptères. Avant que les larves fe transforment en nymphes, elles ont acquis toute leur grandeur : depuis ce premier changement, elles ne grandiffent plus ; mais leurs nymphes ont une particularité que n'ont pas celles des coléoptères, c'eft qu'elles marchent & qu'elles ne font point immobiles ; auffi prennent-elles de la nourriture, au lieu que les premieres n'en prennent point pendant tout le tems qu'elles font dans cet état.

Telles font les métamorphofes que fubiffent les infectes hémiptères. Nous verrons dans le détail particulier de chaque genre, les fingularités que fourniffent ces petits animaux, dont les uns habitent l'eau, d'autres volent dans l'air, tandis que quelques-uns, qui femblent plus mal partagés, ou rampent & marchent lentement fur la terre, ou ne s'en élevent que par des fauts réitérés. Nous aurons lieu d'admirer auffi l'utilité de quelques-uns de ces infectes, qui fourniffent des remédes pour la médecine, ou des couleurs brillantes pour les teintures.

Mais avant que d'entrer dans ce détail, nous allons mettre fous un feul point de vûe, dans une table, tous les genres dont eft compofée cette fection, avec les caracteres qui les diftinguent.

SECONDE SECTION
De la classe des Insectes.

INSECTES HÉMIPTERES
O U
A DEMI-ÉTUIS.

GENRES.	CARACTERES.
La Cigale.	Trois articles aux tarses. Antennes plus courtes que la tête. Deux petits yeux lisses. Trompe courbée en dessous. Quatre aîles, celles de dessous croisées.
La Punaise.	Trois articles aux tarses. Antennes plus longues que la tête, composées de quatre ou cinq articles. Trompe courbée en dessous. Quatre aîles, celles de dessus partie écailleuses, partie membraneuses.
La Naucore.	Deux articles aux tarses. Antennes très-courtes, situées au-dessous des yeux. Trompe courbée en dessous. Quatre aîles croisées. Six pattes, les premieres en forme de pinces d'écrevisses. Ecusson.
La Punaise *à avirons.*	Deux articles aux tarses. Antennes très-courtes, situées au-dessous des yeux. Trompe courbée en dessous. Quatre aîles croisées. Six pattes en forme de nageoires. Ecusson.

Un

LA CORISE.
{ Un seul article aux tarses.
Antennes très-courtes, situées au-dessous des yeux.
Trompe courbée en dessous.
Quatre ailes croisées.
Six pattes, les deux premieres en forme de pinces ;
les dernieres en nageoires.
Point d'écusson. }

LE SCORPION *aquatique.*
{ Un seul article aux tarses.
Antennes en forme de pinces de crabes.
Trompe courbée en dessous.
Quatre ailes croisées.
Quatre pattes. }

LA PSYLLE.
{ Deux articles aux tarses.
Trompe naissant du corcelet entre la premiere &
la seconde paire de pattes.
Quatre ailes posées latéralement & formant le toit.
Pattes propres à sauter.
Ventre terminé en pointe.
Trois petits yeux lisses. }

LE PUCERON.
{ Un seul article aux tarses.
Trompe courbée en dessous.
Quatre ailes droites élevées, ou manquant tout-à-
fait.
Pattes propres à marcher.
Extrémité du ventre garnie de deux pointes ou tu-
bercules. }

LE KERMÉS.
{ Trompe sortant du corcelet entre la premiere &
la seconde paire de pattes.
Deux ailes droites élevées, dans les mâles seulement.
Extrémité du ventre garnie de filets.
Femelle qui prend la figure d'une graine ou gousse. }

LA COCHENILLE.
{ Trompe sortant du corcelet entre la premiere &
la seconde paire de pattes.
Deux ailes droites élevées, dans les mâles seulement.
Extrémité du ventre garnie de filets.
Femelle qui conserve la figure d'insecte. }

SECTIO SECUNDA
Claſſis Inſectorum.

INSECTA HEMIPTERA.

GENERA.	CARACTERES.
CICADA. *La cigale.*	Articuli tarſorum tres. Antennæ capite breviores. Ocelli duo. Roſtrum inflexum. Alæ quatuor, inferiores cruciatæ.
CIMEX. *La punaiſe.*	Articuli tarſorum tres. Antennæ capite longiores, articulis quatuor vel quinque. Roſtrum inflexum. Alæ quatuor, ſuperiores ſemi - elytra.
NAUCORIS. *La naucore.*	Articuli tarſorum duo. Antennæ breviſſimæ infra oculos poſitæ. Roſtrum inflexum. Alæ quatuor cruciatæ. Pedes ſex, primi cheliformes. Scutellum præſens.
NOTONECTA. *La punaiſe à avirons.*	Articuli tarſorum duo. Antennæ breviſſimæ infra oculos poſitæ. Roſtrum inflexum. Alæ quatuor cruciatæ. Pedes ſex natatorii. Scutellum præſens.
CORIXA. *La coriſe.*	Articulus tarſorum unicus. Antennæ breviſſimæ infra oculos poſitæ. Roſtrum inflexum. Alæ quatuor cruciatæ. Pedes ſex, primi cheliformes, poſtici natatorii. Scutellum nullum.

HEPA.
*Le scorpion-aqua-
tique.*
{ Articulus tarsorum unicus.
Antennæ cheliformes.
Rostrum inflexum.
Alæ quatuor cruciatæ.
Pedes quatuor.

PSYLLA.
La psylle.
{ Articuli tarsorum duo.
Rostrum pectorale inter primum & secundum par
femorum.
Alæ quatuor laterales.
Pedes saltatorii.
Abdomen acuminatum.
Ocelli tres.

APHIS.
Le puceron.
{ Articulus tarsorum unicus.
Rostrum inflexum.
Alæ quatuor erectæ vel nullæ.
Pedes ambulatorii.
Abdomen bicorne.

CHERMES.
Le kermés.
{ Rostrum pectorale inter primum & secundum par
femorum.
Alæ duæ masculis, erectæ.
Abdomen appendicibus setaceis.
Fœmina folliculi formam induens.

COCCUS.
La cochenille.
{ Rostrum pectorale inter primum & secundum par
femorum.
Alæ duæ masculis, erectæ.
Abdomen appendicibus setaceis.
Fœmina insecti formam servans.

F ff ij

C I C A D A.

L A   C I G A L E.

Articuli tarforum tres.	Trois articles aux tarfes.
Antennæ capite breviores.	Antennes plus courtes que la tête.
Ocelli duo.	Deux petits yeux liffes.
Roftrum inflexum.	Trompe courbée en deffous.
Alæ quatuor, inferiores cruciatæ.	Quatre aîles ; celles de deffous croifées.

Les cigales de ce pays-ci ont été appellées par quelques auteurs *procigales*, pour les diftinguer des véritables cigales dont elles approchent infiniment, mais dont elles différent cependant par quelques endroits, comme nous le ferons obferver dans les remarques ajoutées à la fin de ce genre.

Le caractere de nos cigales fe tire de la réunion de cinq parties ; 1°. elles ont trois piéces aux tarfes, ce qui ne leur eft commun qu'avec les punaifes feules, parmi tous les genres, dont eft compofée cette fection ; 2°. leurs antennes fort courtes ne font compofées que de deux parties ; la premiere eft groffe, courte, & forme comme un gros bouton qui part de la tête ; la feconde eft mince & reffemble à un petit poil, qui part du milieu du bouton ; 3°. ces infectes ont les petits yeux liffes qu'on remarque dans les mouches, & dans les infectes à deux & à quatre aîles : mais au lieu que ces petits yeux font au nombre de trois dans les mouches & dans les grandes cigales de Provence, on n'en apperçoit que deux dans nos petites cigales des environs de Paris ; 4°. un quatriéme caractere qui leur eft commun avec beaucoup de genres de cette fection, eft d'avoir à la bouche une trompe recourbée en deffous ; 5°. enfin ces infectes ont quatre aîles, dont les fupérieures font plus ou moins colorées, tandis que les inférieures,

presque sans couleur & diaphanes, sont croisées l'une
sur l'autre. C'est de la réunion de ces cinq caracteres,
que se tire le caractere générique de notre cigale, ce
genre étant le seul dans lequel ils se trouvent tous
réunis.

La larve qui produit ces insectes, ressemble à un ver à
six pattes. On la rencontre quelquefois sur les plantes.
Quelques-unes de ces larves ont une singularité, c'est de
rendre par l'anus & les pores de leur corps, des petites
bulles, qui, réunies, forment une écume. On seroit tenté
de prendre cette écume pour de la salive que quelqu'un
en passant auroit jettée sur les plantes. On est seulement
étonné d'en trouver une si grande quantité. C'est sous
cette écume qu'est cachée la larve de la cigale, probablement pour être à l'abri de la recherche d'autres animaux
dont elle deviendroit la proie. La nature a accordé cette
espéce de défense à cet insecte, dont le corps nud & mol
pourroit être très-facilement blessé : peut-être aussi cette
écume humide lui sert-elle à le défendre de la chaleur & des
rayons du soleil. Si on écarte cette écume, on découvre
la larve qui est cachée dessous, mais elle ne reste pas long-
tems à nud, elle rend bientôt de nouvelle écume qui
la cache aux yeux de l'Observateur. C'est au milieu de
la même matiere écumeuse, que cette larve se métamorphose en nymphe & en insecte parfait. D'autres larves,
dont le corps est moins mol, courent sur les plantes sans
aucune défense, & n'échappent aux insectes qui pourroient leur nuire, que par l'agilité de leur course & sur-
tout de leurs sauts.

Les nymphes qui proviennent de toutes ces larves,
n'en différent pas beaucoup ; seulement elles ont des commencemens d'ailes, des espéces de boutons à l'endroit où
seront les ailes dans l'insecte parfait : du reste, ces nymphes marchent, sautent & courent sur les plantes & les
arbres, comme la larve & la cigale qu'elles doivent produire. Enfin elles quittent leur enveloppe de nymphes,

elles changent d'une derniere peau , & pour lors l'infecte est dans son dernier état de perfection.

Ces cigales ont ordinairement une tête presque triangulaire , un corps allongé , les aîles posées en toît , & six pattes avec lesquelles elles marchent & sautent assez vivement. A l'extrémité du ventre de leurs femelles , on voit deux grosses lames , entre lesquelles est renfermée , comme dans un étui , une pointe ou lame un peu en scie , qui leur sert à déposer leurs œufs , & probablement à les enfoncer dans la substance des plantes , dont les petites larves doivent se nourrir.

Les espéces que renferme ce genre , sont assez nombreuses , & plusieurs d'entr'elles méritent d'être remarquées , les unes pour leur couleur , d'autres pour leur forme. La *cigale à aîles transparentes* ressemble en petit aux grandes cigales de Provence : la *cigale à taches rouges* est un des plus beaux insectes de ce pays-ci , & si elle étoit plus grande , elle pourroit le disputer aux insectes les plus brillans que nous fournissent les pays étrangers. La cigale *flamboyante* , quoiqu'elle soit des plus petites , n'est pas moins remarquable par cette belle bande en serpentant de couleur de cerise , dont ses étuis sont ornés. La *cigale des charmilles* , la *cigale - moucheron* , & quelques autres petites qui volent légérement & plus aisément que les grandes espéces , ressemblent d'abord à des petites mouches , ou à des petites teignes volantes ; il faut regarder de près ces petits animaux , pour reconnoître que ce sont de vraies cigales.

Quant à la forme extérieure , il y a sur-tout trois espéces de cigales tout-à-fait remarquables par leur singularité. Le *grand diable* porte sur son corcelet deux espéces d'aîles , ou larges cornes arrondies , qui lui donnent une figure hideuse. Le *petit diable* est encore plus singulier : outre deux cornes pointues dont les côtés de son corcelet sont armés , il en a une troisiéme au milieu , qui va , en serpentant , gagner l'extrémité de son corps. Cette derniere cor-

ne se trouve , mais toute droite dans le *demi - diable* , qui
n'a point de cornes latérales sur son corcelet.

Toutes ces diversités de formes & de couleurs, rendent
ce genre un des plus intéressans. Nous allons entrer dans le
détail des espéces qu'il contient.

1. CICADA *fusca , alis aqueis fusco maculatis , nervis
punctatis. Linn. faun. suec. n. 632.*

Linn. syst. nat. edit. 10 , n. 25. Cicada nervosa.

La cigale à aîles transparentes.
Longueur 3 lignes.   Largeur 1 ¼ ligne.

La couleur de cette cigale est brune. Sa tête est jaunâtre , avec deux points noirs sur le haut : elle est large &
fort courte , un peu saillante en devant vers son milieu. Le
corcelet aussi jaunâtre est si court , qu'il semble n'être
qu'une petite écaille transversale posée derriere la tête ;
mais l'écusson est large & tient la place du corcelet. Il est
d'un brun noirâtre , avec une raie ou ligne longitudinale
élevée , formant une crête aigue sur le milieu de cet écusson. Aux deux côtés de cette crête , on en voit deux
autres un peu obliques , qui s'éloignent en descendant , ce
qui fait trois en tout. Les étuis sont blancs , transparens ,
avec des points sur toutes les nervures , & de plus quelques taches brunes qui forment deux bandes transverses ,
une à la base , l'autre vers le milieu de l'étui ; mais
ces bandes ne sont pas constantes , car j'ai quelques-unes
de ces cigales où elles manquent. Dans celles-là les pattes
sont blanchâtres , dans les autres elles sont brunes. Dans
toutes le ventre est brun , & les aîles sont transparentes &
veinées. Ces aîles sont plus courtes que les étuis , ce qui
n'est pas ordinaire dans les autres espéces , & qui rapproche celle-ci des vraies cigales de Provence auxquelles elle
ressemble un peu.

2. CICADA *fusca , elytris fascia duplici interrupta
transversa albida.*

Linn. faun. fuec. n. 636. Cicada fufca, elytris maculis binis albis lateralibus, falcia duplici interrupta tranfverfa albida.
Linn. fyft. nat. edit. 10, *p.* 437, *n.* 24. Cicada fpumaria.
Raj. inf. p. 67. Locufta pulex fwammerdamio, nobis cicadula.
Raj. cantabrig. 112.
Swamm. quart. p. 83. Locufta-pulex.
Swammerd. gall. p. 86.
Swamm. lib. nat. 1, *p.* 215.
Pouzart. act. acad. R. S. 1705, *p.* 162.
Petiv. gazoph. t. 61, *fig.* 9. Ranatra bicolor, capite nigricante.
Frifch germ. 8, *p.* 26, *f.* 12. Vermis fpumans.
De geer. act. ftockh. 1741, *p.* 221, *t.* 7. Cicada fufca, alis fuperioribus maculis albis, in fpumâ quadam vivens.
Rofel. inf. vol. 2, *tab.* 23. Locufta germanica.

La cigale bedeaude.
Longueur 4 *lignes. Largeur* 1 $\frac{1}{2}$ *ligne.*

Parmi les efpéces de ce pays-ci, celle-ci eft une des plus grandes. Elle eft d'une couleur brune, fouvent un peu verdâtre. Sa tête, fon corcelet & fes étuis font finement pointillés. Sur ces derniers on voit deux taches blanches, oblongues & tranfverfes, qui partent du bord extérieur des étuis, l'une plus haut, l'autre plus bas, mais qui ne vont pas tout-à-fait jufqu'au bord intérieur, enforte que les bandes qu'elles forment fur les étuis, font interrompues dans leur milieu. Le deffous de l'infecte eft d'un brun clair.

Avant que l'infecte ait fubi fa métamorphofe, la larve qui le doit produire, habite fur les plantes, mais on ne la voit point, à moins qu'on ne fache où elle eft. Elle rend par l'anus & par tout fon corps, des bulles écumeufes, qui produifent une écume femblable à la falive, que l'on voit fouvent dans les prés fur les plantes, & qu'on n'imagineroit jamais être le féjour d'un infecte. Si l'on écarte cette écume, on voit au milieu la larve de couleur verte, qui bientôt fe recouvre d'une nouvelle écume.

3. **CICADA** *nigra, elytrorum lateribus albis. Linn. faun. fuec. n.* 639.

Linn. fyft. nat. edit. 10, *p.* 437, *n.* 29. Cicada lateralis.

Act.

Act. Upf. 1736. *p.* 35 , *n.* 13. Gryllus fufcus , alarum margine albo.
Raj. inf. p. 68 , *n.* 2. Locufta-pulex fufca.

La cigale à bordure.
Longueur 3 *lignes. Largeur* 1 ¼ *ligne.*

Celle-ci eft toute noire en deffus , à l'exception du bord
extérieur des étuis , qui a une bordure blanche affez large ,
Les yeux font auffi un peu blanchâtres : prefque tout le
deffous du corps eft blanc , il n'y a que le milieu du
ventre qui foit noir.

4. CICADA *fufco - pallida , elytris membranaceis*
venofis , fcutello macula duplici triangulari.

La cigale à aîles membraneufes.
Longueur 2 ¼ *lignes. Largeur* 1 *ligne.*

Sa tête eft large , applatie , avec les yeux à refeau gros
& faillans fur les côtés. Le deffus de la tête eft pâle , & on
y remarque les deux petits yeux liffes de couleur noire.
Le corcelet eft large , affez court , de couleur fauve pâle ,
avec deux points noirs à fa partie antérieure. L'écuffon
affez apparent , eft de la même couleur , & a auffi antérieurement deux taches triangulaires noires. Les étuis
font membraneux , tranfparens , peu colorés , avec quelques veines un peu fauves vers le bas. Sous ces étuis font
les aîles auffi tranfparentes. Le deffous du corps & les pattes font un peu fauves.

5. CICADA *elytris viridibus , capite flavo punctis*
nigris. Linn. faun. fuec. n. 630.

Linn. fyft. nat. edit. 10 , *p.* 438 , *n.* 38. Cicada viridis.
Act. Upf. 1736 , *p.* 34 , *n.* 11. Gryllus alis fuperioribus viridibus , inferioribus
  fufcis , capite flavo.
Petiv. gazoph. 73 , *t.* 47 , *f.* 6. Ranatra viridefcens.
Raj. inf. p. 68 , *n.* 3. Locufta-pulex tertia.

La cigale verte à tête panachée.
Longueur 2 ⅓ *lignes. Largeur* 1 *ligne.*

Ses étuis font d'un vert foncé , mais leur extrémité eft
fouvent tranfparente. Le corcelet & l'écuffon font verts.

Tome I. G g g

La tête eft jaune , avec deux points noirs bien marqués fur le deffus & quelques petits fur les côtés. On voit auffi deux points noirs fur l'écuffon. Les aîles font de couleur obfcure plombée, ainfi que le deffus du ventre. Les pattes font jaunâtres & le deffous du ventre a des bandes jaunes.

6. **CICADA** *nigra , elytris maculis fex rubris.* Planch. 8 , fig. 5.

La cigale à taches rougés.
Longueur 4 lignes. Largeur 2 lignes.

Cette efpéce , la plus belle de toutes celles que nous avons , eft d'un noir luifant , tant en deffus qu'en deffous. Ses étuis feuls ont chacun trois grandes taches d'un beau rouge ponceau ; favoir, une à la bafe, attenant l'écuffon, qui eft demi-circulaire ; une autre ronde , placée plus bas près du bord extérieur ; & une troifiéme fituée un peu avant la fin des étuis, & formant une efpéce de croiffant dont les pointes regardent le haut. Cette derniere s'unit avec fa correfpondante fur l'autre étui. Le bout des étuis eft noir , & les aîles font noirâtres , lavées d'un peu de rouge à leur bafe. Cet infecte faute peu & fe prend aifément , mais il eft rare autour de Paris. Il varie un peu pour la grandeur de fes taches rouges.

7. **CICADA** *fufco - viridis reticulata , alarum bafi dilatata.*

La cigale boffue.
Longueur 3 ½ lignes. Largeur 1 ¾ ligne.

Sa couleur eft la même par-tout fon corps : elle eft brune , avec une légere teinte de vert. Sa tête eft affez groffe, avec les yeux faillans. Ses aîles ont beaucoup de nervures, tant longitudinales que tranfverfes , ce qui fait une efpéce de refeau à mailles ferrées. Ces aîles à leur partie antérieure proche leur bafe , font une efpéce de boffe ou de dilatation vers le bord extérieur , & vont enfuite en fe retréciffant des côtés vers le bout , mais en s'élevant dans leur milieu , ce qui rend l'extrémité du corps arrondie. Cette cigale est aisée à reconnoître par cette forme singuliere. Elle n'est pas commune ici.

8. CICADA *flavo-pallida , thorace punctis sex impressis.*

Elle donne les variétés suivantes.

    a. *Cicada flavo-pallida , oculis nigricantibus.*
    b. *Cicada flavo - pallida , dorsi linea longitudinali nigra.*
    c. *Cicada flavo - pallida , thoracis postica , scutelli antica parte , fuscis.*

La cigale pâle.
Longueur 3 lignes. Largeur 1 ¼ ligne.

Cette cigale est par - tout de la même couleur jaunâtre pâle. Il y a des variétés qui ont les yeux noirâtres ; d'autres ont une raie brune longitudinale , qui partant de la tête , traverse le milieu du corcelet , & descend le long du milieu du corps de l'insecte : dans ceux-là l'écusson & le côté intérieur des étuis qui se trouvent dans le chemin de cette ligne , sont bruns : enfin d'autres variétés ont une tache brune sur la partie postérieure du corcelet & le devant de l'écusson. Dans toutes , la tête , le corcelet & les étuis sont très-finement pointillés. Le devant du corcelet est chargé de six points enfoncés , posés transversalement & rangés par paires ; savoir , deux au milieu & deux à chaque côté. Les ailes sont membraneuses , sans couleur , si ce n'est à la base qui est d'un brun noirâtre. Les pieds ou tarses sont aussi noirs.

9. CICADA *elytris flavis , linea abrupta duplici longitudinali nigra. Linn. faun. suec. n.* 631.

Linn. syst. nat. edit. 10 , *p.* 438 , *n.* 32. Cicada interrupta.
Petiv. gazoph. 61 , *f* 10. Ranatra bicolor ex fusco & pallido striata.

La cigale jaune à raies noires obliques.
Longueur 2 lignes. Largeur 1 ligne.

Sa tête eſt noire avec quelques taches jaunes , & le bord
poſtérieur de même couleur. Le corcelet eſt auſſi noir ,
terminé poſtérieurement par une raie jaune , dont le
milieu un peu plus large forme une tache. L'écuſſon jaune
au milieu eſt noir ſur les côtés. Les étuis ſont jaunes. Du
haut de chacun , part une raie noire , qui en deſcendant
obliquement , s'étrécit & finit en pointe vers les deux
tiers de l'étui près la ſuture. Du bas de l'étui , part une
autre raie noire qui ſe rétrécit en montant , & s'approchant du bord extérieur , ſe termine en pointe vers la
moitié de l'étui , enſorte qu'entre ces deux raies noires , le
fond forme une raie jaune oblique. Le deſſous de l'inſecte eſt jaune , ſeulement le ventre a un peu de noir au
milieu.

10. **CICADA** *fuſca , capitis thoraciſque faſcia*
tranſverſa flava.

La cigale à diadême.
Longueur 2 ½ *lignes. Largeur* 1 ¼ *ligne.*

Cet inſecte eſt d'un jaune brun. Sa tête & ſon corcelet ont chacun une bande tranſverſe jaune un peu ſinuée ,
& terminées l'une & l'autre à leurs bords par des lignes
un peu plus brunes que le reſte du corps.

11. **CICADA** *fuſco - nebuloſa , ſcutelli cavitate*
rotunda , thorace punctis luteis impreſſis tranſverſim
poſitis.

La cigale à collier jaune.
Longueur 2 ½ *lignes. Largeur* 1 ½ *ligne.*

Tout le corps de cette eſpéce eſt finement varié de
brun & de jaune , ce qui forme une eſpéce de couleur
brune , quand on ne voit pas l'inſecte de près. Le corcelet
a cependant quelques taches jaunes enfoncées plus marquées , ſur-tout on en diſtingue cinq ou ſix poſées tranſverſalement à ſa partie antérieure. Les étuis à leur bord infé-

rieur, ont auſſi trois taches pâles un peu marquées. Les pattes ſont de couleur pâle. On voit ſur l'écuſſon un enfoncement ou une cavité ronde aſſez grande, qui peut ſervir à diſtinguer cette eſpéce de la ſuivante.

12. CICADA *fuſco-nebuloſa, ſcutello tranſverſim ſulcato, tibiis poſticis, elytrorumque limbo è flavo fuſcoque variegatis.*

La cigale à pattes bigarées.
Longueur 3 ½ lignes. Largeur 1 ½ ligne.

La couleur de celle-ci reſſemble beaucoup à celle de la précédente ; mais cette eſpéce en différe par ſa tête qui eſt moins aigue, par l'écuſſon qui a un ſillon tranſverſal enfoncé, mais dont les côtés vont un peu obliquement en deſcendant, par ſon corcelet qui n'a point les taches jaunes de l'eſpéce précédente, & par le bord extérieur du bas des étuis, qui, de même que les jambes poſtérieures, eſt varié de jaune & de brun. On voit auſſi ſur les étuis, deux taches un peu blanchâtres, l'une vers le milieu, l'autre un peu plus haut.

13. CICADA *fuſco-nebuloſa ; capite, thoracis antica parte, elytrorumque limbo flavis.*

La cigale à tête & bordure jaune.
Longueur 2 ½ lignes. Largeur 1 ligne.

On trouve encore dans celle-ci la même couleur que dans les précédentes. Sa tête eſt d'un jaune ſale, ainſi que le devant de ſon corcelet. La partie poſtérieure de ce même corcelet & l'écuſſon ſont d'un brun finement panaché de jaune. Les étuis ſont de cette même couleur brune, mais leurs bords ont une aſſez large bordure jaune. Le deſſous de l'inſecte eſt jaunátre.

14. CICADA *fuſco-nebuloſa punctata, nervis elytrorum albidis.*

La cigale à veines blanches.
Longueur 1 ½, 2 lignes. Largeur ⅓ ligne.

La couleur de celle-ci eſt brune par-tout, & formée par un amas de points noirs ſur un fond jaunâtre. Ce qui la diſtingue, ce ſont les nervures des étuis qui ſont blanches. Elle varie un peu pour la grandeur & encore plus pour la nuance des couleurs. Quelquefois elle eſt fort brune, d'autres fois fort pâle, & pour lors les nervures ſont plus blanches, plus grandes, plus apparentes, & ce qui eſt entre ces nervures forme des eſpéces de petits deſſeins ; dont le contour eſt brun & le milieu plus pâle. L'animal eſt brun en deſſous, varié cependant d'un peu de jaune, ſur-tout aux pattes.

15. CICADA *tota nigra.*

La cigale noire.
Longueur 2 lignes.   Largeur 1 ¼ ligne.

Je ne ſais ſi ce ſeroit cette eſpéce que M. Linnæus auroit voulu déſigner, n°. 638 du *Fauna ſuecica.* La mienne eſt toute d'un brun noir & luiſant, & ſes yeux qui ne ſont point ſaillans, ſont d'un brun noirâtre. En la regardant de près, on voit ſur l'écuſſon quelques points enfoncés. Je l'ai trouvée aſſez communément dans les bois ſur le châteignier. Elle eſt très-difficile à attraper.

16. CICADA *nigra, thorace elytriſque faſcia crocea.*

La cigale noire à bande jaune ſur le corcelet.
Longueur 2 lignes.   Largeur 1 ligne.

La couleur & la figure de cette eſpéce, reſſemblent à celles de la précédente. Celle-ci a ſur le corcelet une large bande tranſverſe d'un jaune fauve, & ſur les étuis une autre bande plus pâle & moins marquée pareillement tranſverſe, & placée vers le milieu de l'étui. Tout le reſte de l'inſecte eſt noir.

17. CICADA *thorace obtuſe bicorni.* Planch. 9, fig. 1.

Linn. ſyſt. nat. edit. **10**, *p.* 435, *n.* 11. Cicada thorace biaurito, capitis clypeo antrorſum dilatato rotundato.

Le grand diable.
Longueur 7 lignes. Largeur 2 lignes.

Cette efpéce & les deux fuivantes ont des figures tout-à-fait fingulieres & hideufes. Celle-ci eft d'une couleur brune verdâtre, pointillée de noir & lavée d'un peu de rouge : les nervures des étuis fur-tout font pointillées d'un peu de rouge brun. Sa tête eft applatie, faillante en devant, en pointe mouffe, avec trois élévations, une au milieu, & deux fur les côtés. Son corcelet, qui eft finguliérement conformé, a deux efpéces de cornes ou aîles larges, qui s'élevant de chaque côté, fe portent un peu obliquement en dehors, & fe terminent par une crête arrondie. Les pattes font verdâtres & les yeux font noirs. Cet infecte eft très-rare.

18. CICADA *thorace acute bicorni, pone producto.*
Planch. 9, fig. 2.

Linn. faun. fuec. n. 641. Cicada thorace bicorni, pone producto, alis nudis.
Linn. fyft. nat. edit. 10, p. 435, n. 10. Cicada cornuta.
Petiv. gazoph. t. 47, f. 2, 3. Ranatra cornuta.

Le petit diable.
Longueur 4 lignes. Largeur 1 ½ ligne.

Le petit diable eft d'une couleur brune, noirâtre & obfcure. Sa tête eft écrafée, peu faillante, & comme recourbée en deffous. Son corcelet, qui eft affez large, a deux cornes aigues, qui fe terminent en pointes affez longues fur les côtés. Sur le milieu du corcelet, eft une crête, qui fe prolongeant en une efpéce de corne finuée & tortue, va fe terminer en pointe fort aigue, un quart avant l'extrémité des étuis. Sous cette corne, eft l'écuffon. Les étuis font obfcurs, veinés de brun, & les aîles plus courtes que les étuis, font affez tranfparentes. On trouve cet infecte dans les bois, arrêté fur les hautes tiges de fougere, de *cirfium* & *d'afclepias*. Il faute très-bien, & il n'eft pas aifé de le prendre.

19. CICADA *thorace inermi pone producto.*

Le demi-diable.
Longueur 2 lignes. Largeur $\frac{2}{3}$ ligne.

Cette efpéce reffemble beaucoup à la précédente, particuliérement pour la couleur. Elle eft, comme elle, brune & obfcure. Elle en différe d'abord par fa grandeur qui eft un peu moindre, & fur-tout par la forme de fon corcelet. Ce corcelet affez large, eft liffe, n'a point de cornes latérales, & la pointe aigue affez longue qui le termine poftérieurement, eft droite, & non pas finuée & ondée, comme celle du petit diable. Cet infecte eft très-rare autour de Paris. On le trouve affez communément en Champagne.

20. CICADA *elytris albido nigroque ftriatis ad angulum acutum futuræ dorfalis. Linn. faun. fuec. n. 642.*

Linn. fyft. nat. edit. 10, p. 437, n. 30. Cicada ftriata.
Raj. inf. p. 68, n. 1. Locufta-pulex prima.

La cigale rayée.
Longueur 1 $\frac{1}{2}$ ligne. Largeur $\frac{1}{3}$ ligne.

La tête de cette cigale eft d'un vert pâle, avec deux points noirs tout à la pointe, fur le devant, & quatre autres plus en arriere. Le corcelet eft de la même couleur que la tête, avec quelques points noirs fouvent peu marqués, mais fur l'écuffon, on en voit deux très-diftincts, enfoncés, entourés d'un cercle pâle, ce qui forme comme deux yeux féparés l'un de l'autre par une ligne noire longitudinale qui fe dilate aux deux bouts. Sur les étuis, on apperçoit des raies alternativement noirâtres & blanchâtres, qui defcendent obliquement de dehors en dedans, & vont fe terminer au bord intérieur des étuis. Le deffous de l'infecte eft brun, & fes pattes font tantôt noires & tantôt pâles.

21.

21. CICADA *fufca , elytris albidis , fafciis tribus tranfverfis fufcis.*

La cigale à trois bandes brunes.
Longueur 1 ½ ligne. Largeur ⅟ ligne.

Sa tête , fon corcelet & fon écuffon font d'un brun jaunâtre. Sur le derriere de la tête , on voit les deux petits yeux liffes noirs. Au devant du corcelet , fe trouve une bande tranfverfe de points noirs interrompue dans fon milieu. Sur l'écuffon , font deux points noirs , & derriere ces points deux taches blanches. Les étuis font blancs , tranfparens , avec deux bandes tranfverfes brunes , & une troifiéme qui termine l'étui , de plus les nervures des étuis font un peu brunes.

N. B. *Eadem elytris unicoloribus , thorace antice punctorum nigrorum fafcia tranfverfa.*

Cette variété de l'efpéce précédente , paroît approcher beaucoup de la *cigale à aîles membraneufes.*

22. CICADA *flava , elytrorum fafciis duabus tranfverfis fufcis.*

La cigale à deux bandes brunes.
Longueur 1 ⅟ ligne. Largeur ⅟ ligne.

Ses yeux font noirs , tout le refte de fon corps eft jaune ; feulement fes étuis font d'un jaune verdâtre. Ils font chargés de deux bandes brunes tranfverfes affez larges , l'une vers le milieu de l'étui , l'autre tout au haut à fa bafe. Le bord inférieur du corcelet eft auffi un peu brun , & fa couleur brune fe confond avec la bande fupérieure des étuis. Je l'ai trouvée en automne fur les charmilles.

23. CICADA *flava , compreffa , oculis nigris.*

La cigale jaune aux yeux noirs.
Longueur 1 ⅟ ligne. Largeur ⅟ ligne.

Tome I. H h h

Cette cigale eſt d'un jaune pâle : les yeux ſeuls ſont noirâtres , ainſi que le deſſus du ventre.

24. CICADA *flava , faſcia duplici longitudinali rubra
undulata.*

La cigale flamboyante.
Longueur 1 ½ ligne. Largeur ½ ligne.

Ce petit inſecte eſt charmant. Il eſt par-tout d'une couleur ſoufrée ou jaune pâle , à l'exception de l'écuſſon qui
eſt un peu brun. Au milieu de ſa tête & de ſon corcelet , eſt
une raie longitudinale d'un rouge couleur de ceriſe. Le
long de chaque étui dans le milieu , eſt une bande de
la même couleur qui va en ſerpentant. Les aîles ſont blanchâtres , faiſant l'iris ou la gorge de pigeon. Je n'ai trouvé
qu'une ſeule fois dans ma chambre ce joli animal.

25. CICADA *viridi·flava , elytris punctis tribus
nigris , apice fuſcis.*

La cigale verte à points noirs.

Pour la grandeur , elle eſt ſemblable à la précédente &
à la ſuivante. Sa tête , ſon corcelet , ſon écuſſon & ſes
étuis ſont d'un vert jaunâtre ; ſur la tête , on voit deux taches noires à côté l'une de l'autre entre les yeux. Il y en a
deux ſemblables aux côtés du corcelet vers le haut. L'é-
cuſſon a pareillement vers ſa partie antérieure deux points
noirs quarrés. Enfin chaque étui a trois petites taches de
même couleur poſées en triangle ; ſavoir , deux ſur le
bord extérieur , & une vers le bord intérieur. Le bout des
étuis eſt brun. Le ventre de l'inſecte eſt noir , & ſes pattes
ſont jaunes.

N. B. J'en ai une variété où la tête & le corcelet ſont
tous noirs , & l'écuſſon eſt jaune vers la pointe. Cet inſecte voltige ſur les feuilles. On y rencontre auſſi ſa
larve.

26. **CICADA** *viridis , elytris maculis plurimis fuscis ovatis.*

La cigale géographie.

Cette petite espéce est de la grandeur des précédentes & se trouve de même sur les feuilles. Sa tête est jaune , avec deux points noirs l'un à côté de l'autre sur le devant, & un troisiéme plus en arriere & plus gros , qui quelquefois est à moitié divisé en deux. Le corcelet a quatre taches pareilles , rangées de front à sa partie antérieure , mais celles - ci se prolongent , & vont se perdre dans une tache brune assez grande qui est à la partie postérieure du corcelet. L'écusson a aussi sur le devant deux taches noires. Les étuis ont sur le milieu du bord extérieur deux petits points noirs placés à côté l'un de l'autre , & de plus nombre de taches brunes ovales , posées dans les intervalles qui sont entre les nervures. Ces taches ont les bords plus bruns , & le milieu plus pâle. Il y a quelques endroits des étuis qui en sont peu chargés. Ces espéces de taches & de figures ressemblent un peu aux desseins irréguliers d'une carte de géographie. Le ventre est brun , & les pattes sont d'un vert pâle. Les étuis & les aîles sont presque de moitié plus longs que le ventre.

27. **CICADA** *alis viridi-luteis , apicibus nigricantibus deauratis. Linn. faun. suec. n. 644.*

Linn. syst. nat. edit. 10 , p. 439 , n. 41. Cicada ulmi.

La cigale-moucheron verte.

Elle ressemble aux précédentes pour la grandeur. Sa tête , son corcelet & ses étuis sont d'un vert pâle un peu jaunâtre. Le bout des étuis est un peu brun , & à un certain jour paroît doré. Les pattes & les étuis sont jaunâtres. On trouve souvent cette espéce voltigeant sur les feuilles des arbres.

H h h ij

28. **CICADA** *flava, alis albis apicibus membranaceis.*
Linn. faun. fuec. n. 645.

Linn. fyft. nat. edit. 10 , *p.* 439 , *n.* 42. Cicada rofæ.
Frifch. germ. 11 , *p.* 13 , *t.* 20. Pulex foliorum.
Reaum. inf. 5 , *t.* 20 , *f.* 10, 11, 13 , 14. Procigale.

La cigale des charmilles.
Longueur 1 ½ *ligne.   Largeur* ¼ *ligne.*

Cette efpéce , la plus petite de toutes nos cigales , eft
fort femblable aux trois ou quatre précédentes. Elle eft
toute jaune , quelquefois un peu verdâtre , d'autres fois
prefque blanche , mais toujours d'une feule couleur fans
aucune tache. Sa forme eft allongée & prefque cylindrique , parce que fes étuis qui font croifés enveloppent le
corps. On la trouve prefque par-tout , fur-tout fur les
charmilles qu'on ne peut toucher , fans voir une quantité
de ces petites cigales fauter ou voltiger. Elle dépofe fes
œufs fur les rofiers , où on la trouve auffi affez fréquemment.

REMARQUE. Nous n'avons point parlé , parmi les
cigales que nous avons décrites , de la grande cigale fi
commune en Provence , en Languedoc , & dans le midi
de la France , parce que nous ne l'avons jamais trouvée
autour de Paris. Quelques perfonnes affurent cependant
qu'on l'y a rencontrée. Dans ce cas , on pourroit la rapporter à ce genre. Elle en différe cependant par deux endroits : le premier , c'eft que fes antennes font compofées
de cinq articles , qui vont en diminuant proportionnément,
au lieu que les antennes de nos petites cigales ne font
compofées que de deux , le premier gros & fort court ,
femblable à un bouton , & le fecond mince , repréfentant
un poil qui fortiroit de ce bouton. La feconde différence ,
c'eft que les grandes cigales ont fur le derriere de la
tête les trois petits yeux liffes qui fe trouvent dans les
infectes à quatre aîles & à deux aîles , tandis qu'on n'en
trouve que deux dans nos petites cigales. Si ces différen-

ces paroiſſent aſſez conſidérables pour ſéparer ces inſectes & en former deux genres , on pourra conſerver aux
grandes cigales le nom de *cicada* , & appeller les petites
tetigonia , nom que leur ont donné quelques auteurs , &
en françois *procigales* , comme les a appellées M. de
Reaumur : pour lors on aura ces deux genres avec les
caracteres ſuivans.

CICADA.

LA CIGALE.

*Antennæ capité breviores
ſetaceæ, articulis quinque.*

Ocelli tres.
Roſtrum inflexum.
Alæ quatuor laterales.
Articuli tarſorum tres.

TETIGONIA.

LA PROCIGALE.

*Antennæ capité breviores ,
articulis duobus globoſo &
ſetaceo.*

Ocelli duo.
Roſtrum inflexum.
Alæ quatuor , inferiores cruciatæ,
Articuli tarſorum tres.

Les deux eſpéces les plus communes en France du
genre des cigales , ſeront les deux ſuivantes , qu'on trouve
ſouvent en Provence.

1. CICADA *fuſca, thoracis & ſcutelli margine flavo ,
alis nervoſis.*

La cigale à bordure jaune.

2. CICADA *fuſca , thorace ſcutelloque flavo variegatis ,
alis nervoſo - punctatis.*

La cigale panachée.

Quant aux procigales , il y en a beaucoup d'étrangeres
qui ont des formes tout-à-fait ſingulieres. Parmi celles de
notre pays , nous n'avons que le grand diable , le petit , &
le demi-diable , dont la figure ſoit extraordinaire ; mais les
pays étrangers fourniſſent la *mouche porte - lanterne* , le
lucifer de la Chine , & nombre d'autres. En général , ce

genre eſt un de ceux dont les eſpéces ont les formes les plus bizarres & les plus ſingulieres.

CIMEX.

LA PUNAISE.

Articuli tarſorum tres.	Trois articles aux tarſes.
Antennæ capite longiores articulis quaiuor vel quinque.	Antennes plus longues que la tête, compoſées de quatre ou cinq articles.
Roſtrum inflexum.	Trompe courbée en deſſous.
Alæ quatuor, ſuperiores ſemi-elytra.	Quatre aîles, celles de deſſus partie écailleuſes, partie membraneuſes.
Familia 1ᵉ. *Antennarum articulis quatuor.*	Famille 1°. Quatre articles aux antennes.
⸺ 2ᵉ. *Antennarum articulis quinque.*	⸺ 2°. Cinq articles aux antennes.

Le ſeul nom de punaiſe prévient contre les inſectes qui le portent. On ne regarde qu'avec une certaine répugnance ces petits animaux, & on ne peut concevoir comment un Naturaliſte peut s'en occuper. La raiſon de cette répugnance vient principalement de la mauvaiſe odeur que répandent ces inſectes ; on n'eſt frappé que des eſpéces qui ſont les plus incommodes par leur puanteur ; la punaiſe des lits, quelques punaiſes des bois nous indiſpoſent contre le genre nombreux des punaiſes, dont le plus grand nombre ne pue point, & dont pluſieurs méritent notre attention par leurs ſingularités. Eſſayons donc de réconcilier les lecteurs avec ces inſectes, après que nous aurons détaillé le caractere de ce genre.

Ce caractere des punaiſes ſe tire ; 1°. du nombre des piéces des tarſes qui eſt le même que dans les cigales. Ces deux genres ſont les ſeuls de toute cette ſection, qui

ayent trois piéces à cette partie du pied ; 2°. de la forme
des antennes des punaifes, par laquelle on les diftingue
aifément des cigales, & de la plûpart des autres genres
qui en approchent. Ces antennes font ordinairement affez
minces, beaucoup plus longues que la tête, & compofées
ou de quatre ou de cinq piéces, qui fouvent forment
entr'elles des coudes & des angles. Cette différence, par
rapport au nombre de piéces qui compofent les antennes,
nous a fourni un caractere bien naturel, pour divifer ce
genre déja très-nombreux en deux familles, dont l'une
renferme les punaifes dont les antennes font compofées de
quatre piéces, tandis que celles qui ont cinq piéces aux
antennes, font renfermées dans la feconde famille ; 3°. le
troifiéme caractere des punaifes confifte dans leur trompe
qui eft recourbée en deffous, comme celle de beaucoup
d'infectes de cette fection ; 4°. enfin la forme de leurs ailes
nous a fourni le dernier caractere. Ces aîles font au nombre de quatre. Les inférieures font ordinairement membraneufes & peu colorées ; mais celles de deffus dans la
plûpart font compofées de deux parties différentes. La
partie fupérieure eft dure, colorée, femblable aux étuis
des infectes coleoptères, tandis que le bas de l'aîle eft
membraneux & peu coloré. Dans quelques efpéces néanmoins, comme dans la *punaife-mouche*, on n'apperçoit
pas cette derniere différence auffi bien marquée. Quelques-
autres, comme la punaife des lits n'ont point d'aîles :
mais ces différences ne nous empêchent pas de réunir ces
efpéces à ce genre. Le principal caractere confifte dans la
réunion des trois premiers ; favoir, les piéces des tarfes au
nombre de trois ; la forme des antennes ; & celle de la
trompe. Ce font ces caracteres que l'on trouve conftamment dans toutes les punaifes. Le dernier qui confifte
dans les aîles & dans leur conformation, n'eft pas auffi
conftant, & peut être regardé comme furabondant.

Les larves des punaifes font comme celles des autres
infectes de cette fection, c'eft-à-dire, que ces larves ne

différent de l'insecte parfait , que par le défaut d'aîles. On
voit tous les jours les plantes couvertes de ces petites
punaises naissantes & sans aîles , qui d'ailleurs ont la
forme , les couleurs & même tous les caracteres des punaises parfaites. Ces petites larves courent sur les plantes , y
croissent & passent à l'état de nymphes sans paroître changer beaucoup. On voit seulement le commencement de
leurs aîles paroître. Enfin un dernier changement développe ces aîles , & l'insecte devient animal parfait: du reste
la larve & la nymphe courent & se nourrissent , comme
la punaise parvenue à son dernier état de perfection ; seule-
lement dans ces deux premiers tems de leur vie , elles ne
peuvent s'accoupler & travailler à la propagation de leur
espéce: mais lorsqu'elles sont devenues punaises parfaites,
elles s'accouplent & pondent. Cet accouplement du mâle
& de la femelle se fait de deux manieres différentes : tantôt le mâle est monté sur sa femelle , & d'autres fois
ils sont posés sur le même plan , ayant leurs têtes opposées ,
& ne se touchant que par leurs parties postérieures qui
sont accouplées ensemble. Les femelles ainsi fécondées ,
pondent une très-grande quantité d'œufs , que l'on trouve
souvent sur les plantes posés les uns à côté des autres , &
dont plusieurs , vûs à la loupe , offrent des variétés de
figure singulieres. Les uns sont couronnés en haut par
un rang de petits poils , d'autres ont une bordure en
cercle ; presque tous ont une partie qui forme une espéce
de calotte , & que la petite punaise naissante fait sauter
pour sortir de l'œuf ; c'est une espéce de couvercle qui
semble légérement soudé au reste de l'œuf. A peine ces
petites punaises sont-elles nées , que toutes ces larves
se répandent sur la plante dont elles doivent se nourrir , &
en tirent le suc qui leur convient , par le secours de la
trompe aigue dont leur bouche est armée. Toutes cependant
dant ne sont pas aussi paisibles. Plusieurs espéces sont carnassieres & voraces ; elles se nourrissent du sang & des
sucs d'autres animaux. Nous ne connoissons que trop l'humeur

meur fanguinaire de la punaife commune , dont la piqûre nous importune , ainfi que fa mauvaife odeur. Plufieurs punaifes des bois ne font pas moins avides de fang. Elles tuent & fuccent avec leur trompe des chenilles , des mouches & d'autres infectes. J'ai même vû des punaifes qui étoient parvenues à percer avec leur trompe les étuis durs & écailleux de quelques infectes coleoptères , qu'elles avoient fait périr & qu'elles fuccoient. On n'en fera pas étonné , fi on confidere la dureté de cette trompe & la fineffe de fon extrémité , que ces punaifes font quelquefois reffentir aux Naturaliftes qui ne les prennent pas avec affez de précaution.

Les efpéces que renferme ce genre , font très-nombreufes : nous ne nous arrêterons ici qu'aux plus fingulieres. La *punaife des lits* différe de la plûpart des autres, par le manque d'aîles. Quelques perfonnes ont prétendu que cette punaife devenoit aîlée , & qu'il n'y avoit que les larves qui n'euffent point d'aîles. Ce fait demanderoit une exacte obfervation pour être confirmé. D'ailleurs fi ces punaifes n'étoient que des larves , avant que de devenir infectes parfaits , elles pafferoient par l'état de nymphes , & nous trouverions fouvent quelques-unes de ces nymphes qui auroient des commencemens d'aîles & d'étuis , fans cependant pouvoir encore voler ; c'eft ce que perfonne n'a obfervé : peut-être auffi fe pourroit il faire qu'elles ne devinffent que rarement aîlées , à peu près comme la punaife rouge des jardins , qu'on trouve fouvent fans aîles & feulement avec des efpéces de demi-étuis , ou des étuis qui manquent abfolument de la partie inférieure membraneufe , & qui cependant font parfaites & s'accouplent fous cette forme , qui eft celle qu'elles offrent le plus ordinairement. D'autres punaifes préfentent une autre fingularité. Elles ont des aîles & des étuis mols & membraneux qui pourroient bien leur être inutiles. Les uns & les autres font recouverts par l'écuffon qui couvre tout le deffus du ventre de l'infecte , & qui paroît devoir empêcher les aîles d'agir & de se déployer. On voit cette conformation dans la *punaise cuirasse*, & dans la *punaise tortue*. Dans d'autres, cet écusson qui tient lieu d'étui, est un peu plus étroit ; il s'étend bien jusqu'à l'extrémité du ventre, mais des deux côtés il laisse appercevoir une portion des aîles & des étuis, comme on le voit dans les *punaises porte-chappes* & dans la *siamoise*. Au contraire, les *punaises mouches* ont leurs étuis presqu'aussi délicats & transparens que leurs aîles ; aussi volent-elles avec agilité. Ces dernieres piquent aussi très-fort. Nous avons une espéce de punaise qui saute légérement : c'est la seule de ce pays qui m'ait paru avoir cette propriété. Je l'ai appellée par cette raison la *punaise sauteuse*. Quelques-autres ont des formes singulieres. Une des plus remarquables, est la punaise leviathan, dont la tête est armée de pointes & le corcelet garni d'espéces d'aîlerons. On verra aussi dans le détail des espéces, la *punaise à bec*, la *punaise à pattes de crabe*, la *punaise à fraise antique*, la *punaise culiciforme*, & plusieurs autres qu'il seroit trop long de décrire ici. Nous finirons par faire remarquer que ce genre fournit quelques insectes d'eau. La *punaise nayade* & la *punaise aiguille*, sont l'une & l'autre aquatiques, sans cependant vivre dans l'eau, mais sur sa surface. Ces insectes courent légérement sur les eaux dormantes, comme sur un corps solide, sans s'enfoncer dans l'eau, & souvent on les voit accouplées sur cette même superficie.

PREMIERE FAMILLE.

1. CIMEX *apterus. Linn. faun. suec. n. 646.*

Mouffet. ins. th. p. 269. F. superiores. Cimex domesticus.
Matth. dios. p. 257, t. 257. Cimices.
Merret. pin. p. 202. Cimex lectularius.
Bonan. micro. t. 65.
Raj ins. p. 7. Cimex.
Charlet. exerc. p. 49. Cimex.
Aldrov. ins. p. 211. Cimex.
Jonst. ins. p. 89. Cimex.

La punaise des lits.

Nous ne nous arrêterons pas à décrire cette punaise , qui n'est que trop commune dans les maisons & que l'on connoît suffisamment. On peut cependant regarder cette espéce comme fort singuliere , puisque c'est la seule de tout ce genre , qui n'aît ni aîles ni étuis. Quelques personnes ont soupçonné que peut-être elle pouvoit dans certains tems de l'année devenir aîlée , & que celle que nous trouvions sans aîles , étoit encore imparfaite. L'analogie porteroit à le croire , mais l'observation si nécessaire dans l'histoire naturelle n'a point encore prouvé ce fait.

2. CIMEX *hemisphæricus nigro - æneus , scutello totum abdomen tegente , amplissimo.*

La punaise cuirasse.
Longueur 1 ½ *ligne. Largeur* 1 ½ *ligne.*

Cette singuliere punaise est hémisphérique , elle paroît même un peu plus large que longue , sur-tout vers le ventre. Sa couleur est par-tout d'un noir bronzé. Ce qui la caractérise , c'est son écusson qui est si grand , qu'il couvre tout le corps , faisant en même tems l'office des étuis. Ceux-ci sont cachés dessous l'écusson & sont tout-à-fait membraneux & veinés. Plus en dessous encore sont les aîles blanches & courtes. Ses antennes ont réellement cinq piéces , ainsi cette espéce devroit être mise dans la seconde famille , mais le second article est si court & si petit , qu'il est presqu'impossible de l'appercevoir , & que souvent on n'en compte que quatre. C'est à Fontainebleau, sur la vece (*vicia multiflora*), que s'est trouvé ce singulier insecte.

3. CIMEX *fuscus , scutello totum abdomen tegente , amplissimo.*

La punaise tortue brune.
Longueur 3 *lignes. Largeur* 2 ½ *lignes.*

Elle reffemble beaucoup à la précédente , dont elle différe d'abord par fa couleur qui eft toute brune & livide , fecondement par fa forme qui eft ovale , plus allongée & moins large que celle de la *punaife cuiraffe* : du refte fon écuffon couvre de même tout le ventre , & fi on tire les étuis qui font deffous , on voit qu'ils font membraneux comme les aîles. Cet infecte a été trouvé dans le parc de S. Maur.

4. **CIMEX** *oblongus niger , roftro arcuato , antennis apice capillaceis , elytris membranaceis.* Planch. 9 , fig. 3.

Linn. faun. fuec. n. 647. Cimex roftro arcuato , antennis apice capillaceis , corpore oblongo nigro.
Linn. fyft. nat. edit. 10 , p. 446 , n. 48. Cimex perfonatus.
Frifch. germ. 10 , p. 22 , t. 20. Cimex ftercorarius major oblongus.
Raj. inf. p. 56 , n. 3. Mufca cimiciformis tertia graviter olens.
Lift. loq. p. 397 , n. 38. Cimex maximus pullus feu atratus , alis nudis ex toto membranaceis.

La punaife mouche.
Longueur 7 , 8 lignes.　Largeur 2 lignes.

La tête de cette efpéce eft petite , occupée pour la plus grande partie par deux yeux gros & ronds. Sur le devant , fe voit une trompe groffe , courbée en arc & réfléchie en deffous avec laquelle cet animal pique très - fort. Devant les yeux font les antennes compofées de quatre articles , tous les quatre affez longs. Le premier eft le plus gros ; le fecond eft plus mince , & les deux derniers font comme des filets très - déliés , dont on a même peine à reconnoître l'articulation. Sur le derriere de la tête , un peu après les gros yeux reticulés , font deux yeux liffes très - apparens. Il y a très-peu d'efpéces de ce genre où ces petits yeux liffes fe trouvent. Le corcelet inégal & prefque triangulaire , a fur le devant deux gros tubercules , & va en s'élargiffant poftérieurement. Les étuis tout-à-fait membraneux font fort croifés l'un fur l'autre & recouvrent les aîles. Le ventre déborde un peu fur les côtés comme dans la plûpart des punaifes. Les pattes font longues &

les premieres font plus courtes que les autres. Tout l'infecte eft liffe & noir par-tout ; il vole très-bien & on le
trouve fouvent dans les maifons. Il a de l'odeur & pique
vivement. Lorfqu'on le tient dans les doigts , il fait un
bruit qui reffemble à une efpéce de cri ; ce bruit s'exécute par le frottement de fon corcelet fur fon corps.

C'eft auffi dans les maifons, que l'on rencontre la larve
qui produit cet infecte. On ne fait d'abord ce que c'eft.
Couverte de pouffiere & d'ordures , elle reffemble à une
araignée mal-propre , ou à une petite motte de terre
qui marcheroit. Cependant fes antennes & fa trompe ,
femblables à celles de l'infecte parfait , aident à la reconnoître. Si enfuite on la touche avec une plume , la pouffiere & les ordures tombent aifément , & on reconnoît
toute la forme & les parties de notre punaife , aux aîles
& aux étuis près. Les pattes font auffi un peu plus groffes
que dans l'infecte parfait. Cet animal eft vorace , il mange
les autres infectes qu'il rencontre , & même les punaifes
des lits.

5. **CIMEX** *oblongus niger , roftro arcuato , elytris
membranaceis , pedibus abdomineque rubro nigroque
variegatis.*

Linn. fyft. nat. edit. 10 , *p.* 447 , *n.* 49. Cimex roftro arcuato , antennis apice
capillaribus , corpore oblongo , fubtus fanguineo maculato.

La punaife-mouche à pattes rouges.
Longueur 5 ½ *lignes. Largeur* 1 ½ *ligne.*

Il n'y a de différence entre cette efpéce & la précédente,
que dans la couleur & les antennes. Ces antennes ont les
deux derniers articles moins fins & moins déliés. Quant à
la couleur , cette efpéce eft noire comme la précédente ,
mais fon ventre eft varié de rouge & de noir , fur-tout aux
côtés qui débordent les étuis. Il en eft de même des pattes
où le rouge & le noir font diftribués alternativement par
anneaux , fur-tout fur les cuiffes , car les jambes font toutes rouges , à l'exception de leurs extrémités : les pieds ou

tarſes ſont noirs. Cette eſpéce ſe trouve dans les bois.
Elle eſt belle & aſſez rare ; elle vole très-bien & pique
très-fort , d'autant que ſa trompe pointue eſt encore plus
forte & un peu plus longue que dans l'eſpéce précédente.

6. CIMEX *longus , fuſcus , roſtro arcuato , thorace
ſubtus antice bidentato.*

La punaiſe porte-épine.
Longueur 6 lignes.   Largeur 1 ligne.

Cette eſpéce eſt allongée , étroite , brune & de couleur obſcure. Sa trompe eſt recourbée comme celle des
deux eſpéces précédentes : mais il y a bien des ſingularités
dans cette eſpéce qui la font facilement reconnoître ; 1°.
le corcelet en deſſous a deux pointes aigues dreſſées en
devant , une de chaque côté ; 2°. le deſſous de la tête
a des appendices ramifiées & branchues fort ſingulieres.
On trouve cette punaiſe ſur les plantes ; mais elle eſt
rare.

7. CIMEX *oblongus , fuſco-niger , pedibus pallidis ,
elytris pellucidis apice fuſco.*

La punaiſe brune à étuis tranſparens.
Longueur 2 lignes.   Largeur ½ ligne.

Sa tête eſt noire , ronde , avec deux gros yeux rougeâtres. Le corcelet a deux boſſes ſur le devant , & eſt relevé
en arriere , comme celui de la *punaiſe-mouche.* Ses étuis
ſont tranſparens , preſque membraneux , avec une petite
tache noire au bout de la partie , qui doit être écailleuſe.
Le deſſous de l'inſecte eſt noir , ainſi que ſes antennes : ſes
pattes ſont jaunâtres.

8. CIMEX *oblongus , luteo nigroque marmoratus , oculis
craſſiſſimis.*

La punaiſe marbrée aux gros yeux.
Longueur 1 ½ ligne.   Largeur ½ ligne.

Les yeux de cette petite efpéce font finguliers ; ils font
fi gros, qu'ils rendent fa tête beaucoup plus large que fon
corcelet, & comme anguleufe. Ses antennes font fi fines,
qu'à peine les voit-on, quoiqu'elles ayent près d'une ligne
de long. Le corcelet, la tête & les étuis, font marbrés de
jaune & de brun noir ; mais le brun domine beaucoup fur
le corcelet, au lieu que les étuis font plus clairs. Ce corcelet eft fort rétréci en devant, & dilaté en arriere, prefque comme celui de la *punaife - mouche*. Les pattes font
pâles, tachetées d'un peu de brun. Pour la figure, cette punaife repréfente un ovoïde pointu par un bout, qui eft
l'extrémité poftérieure, tandis que l'autre pointe feroit
enfoncée dans une bande tranfverfe, que forme la tête.

9. **CIMEX** *planus, fufcus, thorace elytrifque alatis ;
capite antice cornuto, antennis brevibus craffis.*

La punaife leviatan.
Longueur 2 lignes. Largeur 1 ligne.

C'eft dommage que cet infecte foit fi petit ; car il eft
un des plus finguliers de ce pays-ci. Ses antennes noires
font compofées de quatre gros articles courts. Sa tête, qui
eft brune, large & quarrée, a fur les côtés, des yeux faillans qui femblent en fortir ; en devant, elle a une trompe
groffe & affez courte placée entre les deux antennes, &
fur les deux côtés, des pointes aigues. Le corcelet brun
& applati, a fur les côtés, des angles redreffés & obtus,
qui forment des aîlerons, prefque comme dans l'efpéce
de cigale, que nous avons appellée le *grand diable*. Ce
corcelet a outre cela cinq canelures profondes dans fa
longueur. Les étuis nébuleux & parfemés de taches brunes, fur un fond moins obfcur, ont fur le côté, vers le
haut, une appendice en forme d'aîle, qui déborde le corps.
Les pattes font d'un brun plus clair, que le refte de l'animal.

10. **CIMEX** *oblongus niger, thorace elytrifque rubris ;
elytrorum extremo macula triangulari nigra.*

La punaise rouge à taches triangulaires.
Longueur 3 ½ lignes.　Largeur 1 ¼ ligne.

Cette espéce a le dessous du corps, la tête, l'écusson, les antennes & les pattes noires, à l'exception des jambes, dont le milieu tire sur le brun, & est moins noir. Le corcelet est rouge, avec une bande noire transverse & comme festonnée sur le devant. Les étuis, qui sont aussi rouges, ont un peu avant leur extrémité, une espéce d'étranglement, où l'on voit une tache noire triangulaire, dont une des pointes regarde la tête. Les aîles sont noires, sans aucune tache. J'ai trouvé cette espéce fréquemment sur le chardon-roland.

11. C I M E X *oblongus , rubro nigroque variegatus , elytris macula rotunda, punctuloque nigris.* Planch. **9**, fig. 4.

Linn. *syst. nat. edit. p.* 447, *n.* 55. Cimex **oblongus rubro nigroque varius,** elytris rubris punctis duobus nigris.
Ibid. Cimex apterus.
Raj. ins. p. 55, *n.* 3.

La punaise rouge des jardins.
Longueur 3 ⅓ lignes.　Largeur 1 ½ ligne.

On trouve cette punaise en quantité & par tas dans les jardins, aux pieds des arbres. Ce qu'il y a de singulier, c'est que parmi ce grand nombre, il est rare d'en trouver qui ayent des aîles. Cette partie manque à presque toutes, ainsi que la portion membraneuse des étuis ; elles ont seulement la partie écailleuse. Malgré cette défectuosité, elles sont parfaites pour la forme & la grandeur, puisqu'elles s'accouplent. C'est ce qui m'a fait croire pendant long-tems, que cette espéce manquoit toujours d'aîles, jusqu'à ce que j'en aye trouvé quelques-unes aîlées. Il paroît donc que c'est une variété, mais des plus singulieres. La tête de cet insecte est noire, ainsi que les antennes, les pattes & l'écusson. Le corcelet est rouge dans tout son contour, & noir au milieu, par le moyen d'une
grande

grande tache de cette couleur, qui, dans fa partie inférieure, eft à moitié divifée en deux, par un trait rouge.
Les étuis font rouges, avec une tache noire, grande &
très-ronde dans leur milieu, & un point noir vers le haut:
Les aîles, quand elles fe rencontrent, font noires. Le
deffous de l'infecte eft noir, bordé de rouge, outre un peu
de rouge qui fe trouve à l'origine des pattes & à l'anus.
Cette punaife ne fent point mauvais.

12. **C I M E X** *oblongus, rubro nigroque variegatus,*
fcutelli nigri apice rubro.

Linn. faun. fuec. n. 665. Cimex oblongus, rubro nigroque variegatus, alis
fufcis immaculatis.
Linn. fyft. nat. edit. 10, *p.* 447, *n.* 53. Cimex hyofciami.
Bauh. hellon. p. 212, *f.* 4. Scarabæus parvus.
Petiv. gazoph. t. 62, *f.* 2. Cimex hyofcyamoides ruber, maculis nigris.
Lift. tab. mut. t. 2, *f.* 21.
Lift. loq. p. 397, *n.* 39. Cimex miniatus nigris maculis notatus hyofciamo
fere gaudens.
Raj. inf. p. 55. Cimex Sylveftris minor, corpore oblongo angufto, colore
defuper rubro nigris maculis picto.

La punaife rouge à croix de Chevalier.
Longueur 4 lignes. Largeur 1⅓ ligne.

Celle-ci a la tête rouge, avec les yeux noirs & deux taches noires derriere les yeux, fur lefquelles font placés les
petits yeux liffes. Ses antennes & fes pattes font noires.
Son corcelet eft rouge, avec une bande tranfverfe noire
fur le devant, & deux taches noires affez grandes & quarrées fur le derriere, une de chaque côté. L'écuffon antérieurement, eft noir; mais fa pointe poftérieure eft rouge.
Les étuis font rouges, avec une grande tache ovale, quelquefois un peu angulaire, fur leur milieu, & deux petits
points noirs en haut, proche l'écuffon. Les aîles font toutes brunes. Les taches des deux étuis réunis, femblent
former une croix de Chevalier. Le deffous de l'infecte eft
rouge, avec un peu de noir vers l'origine des pattes, &
trois points noirs fur chaque anneau du ventre. On trouve

cette punaife fur les feuilles des plantes, & en particulier
fur celles de la jufquiame.

13. C I M E X *oblongus, rubro nigroque variegatus ,*
centro crucis albo.

Raj. inf. p. 55, n. 2.

La punaife rouge à bafe des aîles blanches.
Longueur 4 lignes.   Largeur 1 ⅓ ligne.

Sa tête eft toute noire, ainfi que l'écuffon, les antennes
& les pattes. L'écuffon eft noir, mais fon bord en devant &
fes côtés font rouges, & il y a fur fon milieu, une raie
longitudinale de même couleur. Les étuis font rouges &
n'ont qu'une grande tache noire dans leur milieu, qui partant du bord extérieur, s'avance prefque jufqu'à l'intérieur. Les ailes font noires. A la jonction de la partie membraneufe & de la partie écailleufe des étuis, dans l'endroit
qui fait le centre de la croix fur l'infecte, on voit une tache blanche triangulaire. Le deffous de l'animal eft rouge,
avec quelques taches noires ; il y a trois de ces taches fur
chaque anneau du ventre. On trouve cet infecte dans les
jardins.

14. C I M E X *oblongus , rubro nigroque variegatus,*
elytris fafcia nigra , alis fufcis maculis albis.

Linn. faun. fuec. n. 664. Cimex oblongus , rubro nigroque variegatus, alis
fufcis maculis albis.
Linn. fyft. nat. edit. 10 , p. 447 , n. 54. Cimex equeftris.
It. oeland. 155. Cimex oblongus &c. *Idem.*

La punaife rouge à bandes noires & taches blanches.
Longueur 5 lignes.   Largeur 1 ¼ ligne.

La tête de celle-ci eft rouge; les yeux feulement font
noirs, avec quelque peu de noir derriere ces yeux. Les antennes & les pattes font auffi noires. Le corcelet eft rouge,
fi ce n'eft fur le devant, où il a une affez large bande noire
tranfverfe, terminée poftérieurement par deux appendices
de même couleur. Les étuis font rouges, avec une bande

noire tranfverfe & finuée dans leur milieu. Cette bande eft
d'un noir plus foncé vers le bord extérieur de l'étui, & fe
prolonge vers le bord intérieur, jufqu'à une tache noire,
qui eft un peu plus haut vers l'écuffon. La partie membraneufe des étuis eft chargée de plufieurs taches blanches;
favoir, une ronde vers le milieu, & plufieurs oblongues
vers le haut, qui partent de la jonction de cette membrane, avec la partie écailleufe. En deffous, l'infecte eft noir
vers le haut. Son ventre feul eft rouge, avec quatre points
noirs fur chaque anneau.

15. C I M E X *oblongus, rubro nigroque variegatus,*
elytris punctulo nigro, alis fufcis maculis albis.

Raj. inf. p. 55, n. 4.

La punaife rouge à point noir & taches blanches.
Longueur 3 lignes. Largeur 1 ¼ ligne.

Sa tête eft toute noire, les petits yeux liffes paroiffent
feulement un peu rougeâtres. Les antennes & les pattes
font noires, ainfi que l'écuffon. Le corcelet eft rouge,
avec deux larges taches noires en demi-cercle, qui partent du bord poftérieur, & s'avançant vers le devant &
l'intérieur, ne font féparées l'une de l'autre que par une
petite raie rouge. Les étuis font tous rouges, avec un petit
point noir feulement vers leur milieu. Les aîles font noires. La partie membraneufe des étuis eft chargée de quelques taches blanches, une ronde fur le milieu, & une
longue fur le côté, qui part de la partie écailleufe. Le
deffous de l'infecte eft noir, feulement le milieu de fon
ventre eft rouge.

16. C I M E X *oblongus, thorace nigro lineis tribus*
rubris, elytris rubro nigroque teffelatis, limbis nigris.

La punaife rouge à damier.
Longueur 4 lignes. Largeur 1 ½ ligne.

Sa tête eft noire, avec une bande rouge dans fon milieu.

Ses antennes & ses pattes font noires. Le corcelet eft noir, avec trois raies rouges longitudinales, une au milieu & une fur chaque côté. L'écuffon eft noir. Les étuis font variés de taches noires & rouges. En haut, aux deux côtés de l'é-cuffon, font deux longues taches rouges, & à côté, vers le bord extérieur de chaque étui, eft une tache triangu-laire noire. A la pointe de l'écuffon, eft une grande tache noire, pareillement triangulaire, moitié fur chaque étui, & aux côtés de celle-là, vers l'extérieur, eft une tache quarrée rouge. Plus bas, au deffous de celle-là, vers le bord extérieur, il y a une tache quarrée noire, & vers l'in-térieur, une rouge. Enfin les étuis fe terminent par une tache rouge, à l'intérieur de laquelle il y en a une autre noire. Tout le bord des étuis eft noir. Les ailes font bru-nes, fans aucune tache blanche. Le deffous de l'infecte eft pareillement varié de noir & de rouge, fur-tout vers le ventre, qui eft rouge, avec une bande & trois points noirs fur chaque anneau. Cette belle punaife eft fort rare ici, mais elle eft très-commune en Champagne.

17. *CIMEX croceus, elytrorum apice rubro, alis nigris, antennarum articulo fecundo clavato.*

Elle donne les variétés fuivantes.

a. *Cimex niger, pedibus rufis, antennarum articulo fecundo clavato.*

b. *Cimex niger, capite thorace pedibufque rufis, anten-narum articulo fecundo clavato.*

La punaife fafranée.
Longueur 3 lignes.   Largeur 1 ⅓ ligne.

Cette punaife eft par-tout d'une couleur affez uniforme jaune & fafranée. Les anneaux de fes antennes font mi-partie de cette couleur & de noir. Le fecond de ces an-neaux eft fort long & fe termine en maffe, & les deux der-nieres piéces font fort fines. Les bords de l'écuffon font un peu noirâtres, & les extrémités des étuis ont une tache plus rouge que le reſte, précédée & ſuivie d'un peu de noir. La partie membraneuſe des étuis eſt noire, ainſi que les yeux. Le deſſous du corps a auſſi du noir en quelques endroits : tout le reſte eſt d'une couleur de ſafran.

18. C I M E X *oblongus, fuſco-ruber, elytris apice ſan-*
guineis, antennarum articulo ſecundo longiſſimo incar-
nato.

Linn. ſyſt. nat. edit. 10, *p.* 447, *n.* 51. Cimex antennis apice capillaribus, corpore oblongo nigro, ſcutello, elytrorumque apicibus coccineis.

La punaiſe rougeâtre à antennes incarnat.
Longueur 3 ½ *lignes. Largeur* 1 ¼ *lignes.*

En deſſus, cette punaiſe eſt d'un rouge brun, ſeulement le bout de ſes étuis a une tache d'un rouge ſanguin. Le deſſous de l'inſecte & les pattes ſont d'un jaune un peu verdâtre ; mais ce qui la caractériſe, ce ſont les antennes, dont la premiere piéce plus groſſe, eſt d'un rouge brun, & la ſeconde fort longue, qui à elle ſeule fait les deux tiers de l'antenne, eſt d'un rouge incarnat, excepté vers le bout, où elle eſt noire. La troiſiéme & la quatriéme, plus courtes de beaucoup, ſont jaunes vers leur origine, & noires vers le bout.

19. C I M E X *oblongus niger, thoracis lateribus ſcutelloque*
flavis, elytris antennis pedibuſque flavo variegatis.

La punaiſe à brocard jaune.
Longueur 4 ¼ *lignes. Largeur* 2 *lignes.*

Sa tête eſt petite, avec les yeux ſaillans ; elle eſt noire, à l'exception de la baſe de la trompe. Cette trompe eſt auſſi longue que la tête, le corcelet & l'écuſſon pris enſemble. Le corcelet eſt noir, bordé de jaune des deux côtés. L'écuſſon eſt petit & tout jaune. Les étuis ſont variés de noir & de jaune. D'abord, le bord extérieur des étuis, vers la baſe, eſt jaune, & cette bordure, vers le milieu de l'étui, communique à une bande tranfverfe jaune irréguliere, qui s'étend vers le bord intérieur. Enfuite, après une large & grande bande noire, fuit une grande tache jaune, prefque triangulaire; puis vient une autre tache noire, qui termine l'étui. Le premier anneau des antennes eft court & de couleur jaune; le fecond eft fort long, jaune à fa bafe, noir vers l'autre extrémité, qui eft un peu renflée. Les deux derniers anneaux font noirs & fort courts. Les cuiffes font noires, & les jambes ont des anneaux noirs & jaunes alternativement. Tout le deffus de l'infecte eft finement & irréguliérement pointillé.

20. **CIMEX** *oblongus, fufcus, immaculatus, thorace utrinque obtufe angulato, capite prope antennas externè, denticulato.*

Linn. fyft. nat. edit. 10, p. 443, n. 20. Cimex oblongo-ovatus grifeus, thorace obtufe fpinofo, antennis medio rubris.
Linn. faun fuec. n. 662. Cimex oblongus rufus immaculatus, thorace utrinque angulato.
Act. Upf. 1736, p. 35, n. 1. Cimex alis teftaceis, abdomine rubro.

La punaife à ailerons.
Longueur 6 lignes. Largeur 2 ½ lignes.

La couleur de cette punaife eft par-tout d'un brun rougeâtre, matte, plus foncé en deffus, un peu plus clair en deffous. Ses antennes font compofées de quatre articles, dont le dernier eft plus gros, ainfi que le premier; il y a des efpéces de pointes ou épines placées au-devant de la tête, près la bafe des antennes, du côté extérieur. Le corcelet eft large, avec des rebords relevés, formant des angles faillans, mais arrondis, qui imitent des moignons d'ailes. L'écuffon n'eft pas grand. Le ventre eft affez large & déborde fur les côtés, les étuis.

21. **CIMEX** *oblongus, fufcus immaculatus, thorace utrinque obtufe angulato, capite inter antennas bidentato.*

La punaife à bec.
Longueur 5 ½ lignes. Largeur 2 ½ lignes.

Je ne vois d'autre différence entre cette punaife & la précédente, que la forme du devant de la tête. Celle-ci a la tête terminée en devant par deux petites dents placées entre l'origine des antennes, qui fe touchent par le bout, au lieu que la précédente a deux dents femblables, mais pofées au côté extérieur des antennes. Celle-ci eft auffi un peu plus large, & les angles de fon corcelet font moins faillans.

22. CIMEX *oblongus rufus immaculatus , thorace utrinque acute angulato , margine lævi.*

La punaife brune à corcelet pointu & liffe.
Longueur 6 lignes.   Largeur 2 lignes.

La couleur de celle-ci eft un peu plus rougeâtre que celle de la précédente. Du refte, elle lui reffemble beaucoup, mais les angles de fon corcelet ne font pas fi relevés, & font beaucoup plus pointus.

23. CIMEX *oblongus rufus immaculatus , thorace utrinque acute angulato , margine fpinofo.*

La punaife brune à corcelet pointu & épineux.
Longueur 3 ½ lignes.   Largeur 1 ½ ligne.

Je regarderois celle-ci comme la même que la précédente, à laquelle elle reffemble en tout, fi fon corcelet n'étoit pas raboteux, avec les bords très-épineux & comme frangés. Les pattes, principalement les cuiffes, font auffi épineufes, & les antennes font un peu plus groffes & plus courtes que dans l'efpéce précédente. Celle-ci eft auffi plus petite.

24. CIMEX *oblongus fufcus ; pedibus primi paris cheliformibus.*

La punaife à pattes de crabe.
Longueur 3 lignes.   Largeur 1 ½ ligne.

On ne peut rien voir de plus fingulier que cette efpéce,

Sa couleur eſt brune , ſemblable à celles des dernieres. Sa tête eſt petite , avec des antennes compoſées de quatre articles ; le premier très - court , & le dernier gros , ce qui fait paroître les antennes comme figurées en maſſe. Le corcelet eſt large , avec des rebords élevés ; il va poſtérieurement en s'évaſant. On y voit des cannelures au nombre de cinq , élevées & enfoncées alternativement , & le bord où elles aboutiſſent , eſt godronné ; enſorte que ce corcelet , vû de près , reſſemble à ces coquilles des pelerins de S. Jacques. Le ventre enfoncé & courbé en nacelle , avec des rebords élevés , eſt beaucoup plus large que les étuis ; mais la plus grande ſingularité de cet inſecte , conſiſte dans ſes pattes de devant , qui ſont courtes , larges , avec un crochet ou une pince au bout , ſans onglets , ſemblable aux pattes de crabe. Ce ſeul caractere ſuffit pour reconnoître cette punaiſe , qu' on trouve dans les bois.

25. CIMEX *oblongus ; viridi - fuſcus , elytrorum nervis puncſatis , antennis rufis.*

La punaiſe à nervures pointillées.
Longueur 3 lignes.   Largeur 1 ligne.

Cette eſpéce varie beaucoup pour la grandeur & pour la couleur. Cette couleur eſt obſcure , brune , un peu verdâtre , tantôt plus , tantôt moins claire. La tête & le corcelet ont ordinairement quelques raies longitudinales peu diſtinctes & un peu plus claires. Ce qu'il y a de plus conſtant , c'eſt que les antennes ſont de couleur fauve , avec le dernier article en fuſeau , plus gros que les autres. Tout le deſſous de l'inſecte eſt finement pointillé , & les nervures des étuis ſont tachetées de noir , ce que l'on voit , en les regardant de près. La partie membraneuſe des étuis , eſt tout-à-fait tranſparente & ſans couleur. Le deſſous de l'inſecte & ſes pattes , ſont de la même couleur que le deſſus , mais un peu plus clairs.

26.

26. **C I M E X** *oblongus , fuſcus; antennis , pedibus , abdominiſque marginibus nigro luteoque variegatis.*

La punaiſe brune à antennes & pattes panachées.
Longueur 5 lignes. Largeur 1 ⅓ ligne.

Elle eſt par-tout de couleur brune , tant en deſſus qu'en deſſous ; il y a ſeulement un très-petit point jaune à l'extrémité de la pointe de l'écuſſon , & deux au bout de chaque étui , à la jonction de la partie écailleuſe avec la membraneuſe ; mais les antennes , les pattes & le bord du ventre , ſont alternativement tachés de noir & de jaune. Le corcelet eſt de forme triangulaire allongée , ſans pointes ni avances ſur les côtés. Cette eſpéce varie un peu pour la grandeur.

27. **C I M E X** *oblongus , cinereo nigroque variegatus , alis glaucis.*

La punaiſe griſe panachée de noir.
Longueur 3 lignes. Largeur 1 ligne.

Sa tête eſt toute noire : ſon corcelet eſt noir antérieurement ; & poſtérieurement , il eſt d'un gris verdâtre. L'écuſſon eſt noir , avec la petite pointe griſe. Les étuis ſont gris , avec une petite tache noire vers l'extrémité. Les aîles & la partie membraneuſe des étuis , ſont de couleur d'eau un peu bleuâtre. Le deſſous de l'inſecte eſt noir , mais ſes antennes , ſes pattes & les bords de ſon ventre ſont tachés alternativement de noir & de gris. Cette couleur griſe eſt un peu verte , & le deſſus du corps , vû à la loupe , paroît finement ponctué. On trouve cet inſecte ſur pluſieurs plantes à fleurs labiées , & ſur-tout ſur la grande eſpéce d'*herbe à chat.* (*Cataria major.*)

28. **C I M E X** *oblongus niger , thorace poſtice cinereo , elytris cinereis , macula nigra , aliſque nigris.*

La punaiſe griſe porte-croix.

Tome I.   L l l

Sa grandeur eſt la même que celle de l'eſpéce précédente, dont elle approche beaucoup ; elle a, comme elle,
la tête & le devant du corcelet noirs : la partie poſtérieure
de ce corcelet eſt griſe. L'écuſſon eſt noir, avec la pointe
griſe. Les étuis ſont gris, avec une tache noire ovale ſur
leur milieu. Ces deux taches des étuis, avec le noir de
l'écuſſon, & les aîles, qui ſont noirâtres forment une eſpéce de croix noire, derriere laquelle le bout de l'étui eſt
quelquefois blanc ou gris. Le deſſous de l'inſecte, ſes antennes & ſes pattes ſont noirs, ſeulement les jambes antérieures ſont brunes. J'ai toujours trouvé cette eſpéce
dans les endroits ſecs & arides.

29. C I M E X *oblongus niger , thorace poſtice cinereo ,*
elytris fuſcis apice albo.

La punaiſe brune à pointe des étuis blanche.
Longueur 2 lignes.　　Largeur ⅔ ligne.

Il y a beaucoup de reſſemblance entre cette eſpéce &
les deux précédentes. Sa tête & le devant de ſon corcelet
ſont d'un noir liſſe , & la partie poſtérieure de ce corcelet,
eſt griſe. L'écuſſon eſt tout noir. Les étuis ſont d'un brun
fauve , avec une petite tache blanche triangulaire à la
pointe de leur partie écailleuſe. Les aîles ſont brunes, &
le deſſous de l'inſecte eſt noir. Ses pattes ſont jaunâtres,
avec les genoux noirs. Enfin ſes antennes ſont fauves &
noires vers leur extrémité.

30. C I M E X *oblongus , pallide - virideſcens , femoribus*
nigro - punctatis.

La punaiſe verdâtre à cuiſſes pointillées.
Longueur 1 ½ ligne.　　Largeur ½ ligne.

Sa tête , ſon corcelet, ſon écuſſon, ſes étuis & ſes pattes ſont d'une couleur pâle , tirant ſur le vert. Ses aîles
ſont tranſparentes & claires. Le deſſous de ſon corps eſt
plus brun. Les cuiſſes ſeules ſont pointillées de noir.

31 **CIMEX** *oblongus, niger, elytris antice rufis, alis albo maculatis.*

La punaise noire à taches fauves & aîles panachées.
Longueur 1 ½ ligne.   Largeur ⅓ ligne.

Cette espéce est fort petite; elle est noire & luisante. La partie antérieure de ses étuis est fauve, de même que les genoux ou articulations des cuisses avec les jambes. La partie membraneuse des étuis est brune, avec trois taches blanchâtres; une en haut, vers l'angle, & deux un peu plus bas, sur les côtés. On trouve assez souvent cette petite punaise sur les troncs d'arbres, courant sur l'écorce.

32. **CIMEX** *oblongus, atro-fuscus punctatus, alis venosis.*

La punaise brune ponctuée.
Longueur 1 ligne.   Largeur ½ ligne.

La couleur de cette petite espéce, est d'un brun foncé, matte & obscur; elle est parsemée de petits points serrés. Ses aîles ont des nervures un peu blanchâtres.

33. **CIMEX** *griseus, scutello macula cordata flava, elytris apice puncto fusco. Linn. faun. suec. n. 666.*

Linn. syst. nat. edit. 10, p. 448, n. 59. Cimex pratensis.

La punaise gris-fauve porte-cœur.
Longueur 3 lignes.   Largeur 1 ligne.

Sa tête & son corcelet sont gris, entre-mêlés de couleur fauve & verdâtre. Sur le derriere de sa tête, on voit une petite raie transverse noire. L'écusson a une tache d'un jaune citron, bien formée en cœur, & entourée de noir. Les étuis sont de la même couleur que le corcelet; mais ils ont un peu plus bas que leur milieu, en tirant vers le bout, une tache fauve, plus ou moins grande & plus ou moins marquée, après laquelle est une tache jaunâtre, & ensuite

la pointe de l'étui, qui eſt brune. Les aîles ſont auſſi un
peu brunes. Le deſſous de l'inſecte eſt jaunâtre, avec un
peu de fauve. Ses pattes & ſes antennes, ſont de la même
couleur.

34. CIMEX *oblongus, viridis, ſcutello macula cordata
viridi, elytris macula ferruginea. Linn. faun. ſuec.
n. 667.*

Linn. ſyſt. nat. edit. 10, p. 448, n. 60. Cimex campeſtris.

La punaiſe verte porte-cœur.
Longueur 1 ½ ligne. Largeur ⅔ ligne.

Le vert jaunâtre domine dans cette eſpéce. Sa tête &
ſon corcelet ſont de cette couleur, avec un peu de brun;
ſur-tout vers la partie poſtérieure du corcelet. L'écuſſon
a une tache d'un jaune vert, figurée en cœur, & bien terminée par un peu de brun, qui eſt ſur les bords des étuis,
qui touchent cet écuſſon. Ces étuis ſont verdâtres, avec
une tache brune bien marquée, un peu plus bas que leur
milieu, tirant vers la pointe. Les antennes ſont un peu
brunes. Les pattes & le deſſous de l'inſecte ſont jaunes.
Cette eſpéce, qui eſt très-commune ſur les fleurs, donne
la variété ſuivante.

N. B. *Cimex oblongus, fuſco-luteus, ſcutello macula cordata
viridi, elytris faſcia duplici fuſca.*

Sa tête & ſon corcelet ont peu de jaune vert, mais
ſont plus ou moins bruns. Il y a ſur les étuis, deux larges
bandes tranſverſes brunes; l'une aux côtés de l'écuſſon,
qui tient lieu de ce peu de brun, qui dans l'eſpéce précédente, accompagne l'écuſſon; l'autre plus bas, à la place
de la tache brune des étuis. Outre cela, il y a encore
ſouvent un petit point brun, tout à la pointe des étuis.
Le deſſous de celle-ci a un peu de brun, ſur-tout au
ventre. & ſa couleur jaune ne tire point ſur le vert, mais
ſur le ſafran.

35. CIMEX *oblongus , fufco-ruber , fcutello macula cordata lutea , elytris apice luteis.*

La punaife porte - cœur à taches jaunes au bout des étuis.
Longueur 2 ½ lignes.   Largeur ½ ligne.

On voit par les dimenfions de celle-ci, qu'elle eft fort étroite & allongée. Ses antennes font auffi fort longues, furpaffant un peu la longueur de fon corps ; elle les porte en devant : leur couleur eft noire, à l'exception du premier anneau, qui eft de couleur fauve. La tête eft noire , avec un petit point jaune fur le derriere, au milieu. Le corcelet a une bande jaune , étroite fur le devant ; fon milieu eft noir, & fa partie poftérieure eft fauve. L'écuffon noir en devant, a une tache jaune en cœur bien marquée fur fa pointe. Les étuis font d'un fauve rougeâtre. Leur origine eft un peu noire, avec un petit point jaune peu fenfible, fur le bord extérieur ; mais à leur extrémité, il y a une tache jaune triangulaire bien marquée. Le deffous de l'infecte eft noir, & fes pattes font fauves, fi ce n'eft vers leur naiffance, où elles font jaunes.

36. CIMEX *oblongus , flavefcens, thorace fafciis duabus nigris , fcutello maculis flavis , antennis antice porrectis.*

La punaife jaune à antennes droites.
Longueur 3 ½ lignes.   Largeur 1 ligne.

La forme de celle-ci approche de celle de la précédente ; elle eft pareillement fort allongée. Ses antennes font noires & auffi longues que fon corps ; elle les porte droites en devant l'une contre l'autre. Sa tête eft noire, avec cinq taches jaunes ; une en devant, une à côté de chaque œil, & deux derriere ces dernieres. Les yeux font bruns : le corcelet eft jaune, & a deux larges bandes noires longitudinales, qui prennent naiffance derriere les yeux, & vont jufqu'à l'écuffon. Celui - ci eft noir fur les côtés ,

& cette couleur semble être la suite des bandes noires du
corcelet. Le milieu de cet écusson a une petite raie jaune,
qui se termine à la pointe par une tache assez large. Quelquefois il y a aussi, sur les côtés de l'écusson, deux petits points jaunes, qui ne font pas constans. Les étuis,
plus longs de beaucoup que le corps, font d'un jaune un
peu fauve, avec une bande longitudinale assez large,
posée dans leur milieu, & plus ou moins brune. Quelquefois cette bande ne paroît presque pas. Les aîles font obfcures. Le dessous de l'insecte est entre-mêlé de jaune & de
noir, & ses pieds font noirâtres.

37. **CIMEX** *oblongus niger, thorace fasciis tribus
flavis, scutello elytrorumque apice maculis luteis.*

La punaise à trois taches.
Longueur 3 lignes.　Largeur 1 ⅓ ligne.

　　Cette espéce, qui ressemble beaucoup à la suivante, a
la tête noire, avec deux petites raies jaunes proche les
yeux. Son corcelet, qui est noir, a le bord antérieur jaune, & trois bandes jaunes longitudinales; une sur le milieu, les autres sur les côtés. L'écusson est de même noir,
avec une tache en losange, mi-partie de jaune & de couleur safranée. Les étuis noirs ont leur bord extérieur jaune, & sur leur pointe, une tache jaune triangulaire, quelquefois en partie safranée. Les antennes, les pattes, les
aîles & le dessous de l'insecte font noirs.

38. **CIMEX** *oblongus niger, thorace fasciis tribus
flavis, scutello nigro, elytris lineis flavis, apice fulvo.*

Linn. faun. suec. n. **680.** Cimex oblongus niger, elytris luteo fuscoque variis,
　pedibus rubris.
Linn. syst. nat. edit. 10, *p.* 449, *n.* 70. Cimex striatus.

La punaise rayée de jaune & de noir.
Longueur 3 lignes.　Largeur 1 ligne.

　　Sa tête & ses antennes font noirs, & ses yeux bruns. Son
corcelet est noir, avec trois bandes jaunes longitudinales;

une au milieu, & deux fur les côtés. Outre cela, le bord
poftérieur du corcelet, & fouvent fon bord antérieur,
font un peu jaunes. L'écuffon eft noir. Les étuis ont des
bandes longitudinales, un peu obliques, jaunes & noires,
& fur leur pointe, eft une tache jaune triangulaire. Le deffous du corps eft noir, & les pattes font d'un brun rougeâtre.

39. CIMEX *oblongus viridi-flavus, capite thoracequa
nigro maculatis, elytris viridibus.*

La punaife jaune à corcelet tacheté & étuis verts.
Longueur 3 lignes. Largeur 1 ligne.

Ses antennes font noires. Sa tête eft jaune, avec une
tache noire oblongue dans fon milieu, & quelques petits
points noirs, d'où partent des poils. Le corcelet a fur le
devant, deux taches noires un peu en croiffant, placées à
côté l'une de l'autre, dont les pointes regardent la tête,
& quatre poftérieurement pofées fur la même ligne, dont
les deux du milieu forment auffi un peu le croiffant, mais
dont les pointes regardent la partie poftérieure du corps.
L'écuffon eft auffi jaune, avec deux petits points noirs fur
le devant, & deux taches oblongues fur les côtés. Les
étuis font verts, fans aucune tache. Les pattes & le deffous
de l'infecte, font d'un jaune verdâtre.

40. CIMEX *oblongus viridis, elytrorum macula fufca.*

La punaife verdâtre à tache brune.
Longueur 2 ½ lignes. Largeur 1 ⅓ ligne.

Sa couleur eft par-tout d'un vert pâle. Ses yeux font
bruns, & fes étuis ont, vers leur milieu tirant vers le bas,
une tache brune. Leur pointe eft auffi un peu brune, de
même que le bord qui touche l'écuffon.

41. CIMEX *oblongus viridis, elytrorum apice albido,
fcutello lineola fufca.*

La punaife verdâtre à tache blanche.
Longueur 3 lignes. Largeur 1 ligne.

Elle eſt, comme la précédente, d'un vert pâle. Ses yeux ſont bruns. Son corcelet a un peu de brun & de fauve au bord poſtérieur. Sur le milieu de l'écuſſon, il y a une petite ligne longitudinale brune, qui paroît compoſée de deux petites raies ſituées l'une à côté de l'autre. Les étuis ſont verts, avec leur extrémité blanche, qui forme comme une eſpéce d'appendice. Quelquefois il y a ſur les étuis, une petite nuance en longueur plus brune. Le deſſous du corps, les pattes & les antennes ſont verdâtres. Les pattes ſont fort longues.

42. CIMEX *oblongus viridis, thorace ſcutelloque lineis quatuor nigris, elytris interne fuſcis.*

La punaiſe verdâtre à bande brune.
Longueur 3 ½ ligne. Largeur 1 ligne.

La figure de cette eſpéce eſt aſſez allongée. Sa tête antérieurement, eſt noire; poſtérieurement, elle eſt verte, avec trois bandes noires longitudinales. Le corcelet eſt un peu anguleux ſur les côtés : ſa couleur eſt verte : il a ſur le milieu, quatre raies longitudinales noires, ſans en compter une, qui ſe trouve de chaque côté. L'écuſſon a pareillement quatre bandes noires, qui ſont la ſuite de celles du corcelet. Les étuis ſont verts, maïs leurs bords, proche la ſuture, ſont bruns, ce qui forme une bande brune ſur le dos de l'inſecte. Les antennes, les pattes & le deſſous du corps, ſont d'un vert pâle. Les antennes cependant ſont un peu brunes à leur baſe & à leur extrémité. Les pattes ſont fort longues.

43. CIMEX *oblongus, totus viridis, oculis fuſcis.*

La punaiſe verte aux yeux bruns.
Longueur 3 lignes. Largeur 1 ¼ ligne.

La grandeur & la couleur de celle-ci varient. Elle eſt quelquefois d'un beau vert; d'autres fois, d'un vert plus ſale. Ses yeux ſont bruns plus ou moins foncés. Sa tête

&

& les bords, tant antérieurs que postérieurs de son corcelet sont ou pâles ou jaunes. Tout le reste est vert.

44. CIMEX *oblongus viridis , elytrorum lineis sanguineis.*

La punaise verte ensanglantée.
Longueur 3 ¼ lignes.   Largeur 1 ½ ligne.

Elle est verte , & ses yeux sont de la même couleur. Le corcelet, qui est assez large , a deux bandes longitudinales rougeâtres , qui partent des yeux & descendent jusqu'aux étuis. L'écusson est tout vert. Il y a sur chaque étui attenant l'écusson, une raie rouge couleur de sang , & plus bas , deux autres petites raies longitudinales de même couleur, assez courtes , placées l'une à côté de l'autre. Les pattes sont vertes , mais le bout des cuisses est rougeâtre. Pour la forme , celle-ci ressemble beaucoup à la précédente.

45. CIMEX *oblongus , pallido-viridis , antennis setaceis rufis.*

La punaise verte à antennes fauves.
Longueur 2 ½ lignes.   Largeur ½ ligne.

Celle-ci est longue, pâle, verdâtre , sans mélange d'aucune autre couleur : ses yeux sont aussi verdâtres. Ses antennes seules sont de couleur plus ou moins fauve. Elles sont très-déliées & aussi longues que le corps.

46. CIMEX *longus albidus , oculis nigris.*

Linn. faun. suec. n. 679. Cimex oblongus exalbidus, lateribus albis.
Act. Upf. 1736 , p. 35 , n. 9. Cimex oblongus albus.

La punaise blanchâtre aux yeux noirs.
Longueur 3 ½ lignes.   Largeur ⅓ ligne.

Cette punaise est très-allongée ; elle est par-tout de la même couleur, pâle, blanchâtre , tirant un peu sur le vert. Ses yeux sont noirs. Son corcelet a souvent deux ban-

des longitudinales brunes fur les côtés, qui prennent naiffance derriere les yeux.

47. C I M E X *longus totus viridis , antennis antice*
porrectis.

La punaife verte à antennes droites.
Longueur 4 lignes.   Largeur ⅓ ligne.

Celle - ci eft très-allongée & par-tout de la même couleur verte, en deffus, en deffous, aux yeux, aux antennes
& aux pattes. Ce vert eft pâle. Ses antennes, qu'elle porte
droites en avant, l'une à côté de l'autre, font au moins de
la longueur de fon corps. Ses pattes font auffi fort longues.

48. C I M E X *longus , albidus , oculis fufcis , fcutello*
macula nigra.

La punaife pâle à tache noire fur l'écuffon.
Longueur 3 ½ lignes.   Largeur ⅓ ligne.

Sa couleur eft pâle & blanchâtre : fes antennes font très-
déliées , & fes yeux font bruns. Sur le milieu de fa tête,
eft une bande longitudinale noire , au bout de laquelle
font les deux petits yeux liffes rougeâtres. Le corcelet a
fur le devant trois raies longitudinales noires ; mais de ces
trois, il n'y a que celle du milieu qui aille jufqu'au bout
du corcelet ; les deux des côtés finiffent à une efpéce de
fillon finué & crénelé, qui traverfe le corcelet d'un côté à
l'autre. L'écuffon a dans fa longueur une bande noire,
qui eft la fuite de la raie du milieu du corcelet, qui, dans
cet endroit, eft plus large & forme une tache. Les pattes,
le deffous du ventre & les étuis, font d'une couleur pâle,
égale par-tout, & fans aucune tache.

49. C I M E X *oblongus conicus , fufco - cinereus , oculis*
prominentibus , elytris nervofis.

La punaife grife conique.
Longueur 3 lignes.   Largeur   ligne.

Cette efpéce fort commune , eft d'un brun pâle , tirant

fur le gris. Sa tête eft longuette, avec deux yeux bruns très-faillans. Le corcelet eft long, étroit antérieurement, plus large poftérieurement. Ses étuis ont des nervures fortes. Ses pattes font un peu jaunâtres, & fes antennes font très-fines.

50. CIMEX *oblongus niger, capite, elytrorum apice, genubufque ferrugineo-rubris.*

La punaife noire à pointe des étuis rouge.
Longueur 3 *lignes. Largeur* 1 ⅓ *ligne.*

Sa tête eft d'un jaune rouge, avec les yeux bruns, & une tache noire longue fur le milieu. Ses antennes font noires. Le corcelet eft tout noir & liffe. L'écuffon a un petit point rougeâtre à fa pointe. Les étuis ont une grande tache rouge à leur extrémité, & un peu de rouge en haut, fur le bord extérieur. Le deffous de l'infecte eft noir, ainfi que fes pattes, dont les articulations font rougeâtres. Le deffus de l'animal, vû à la loupe, paroit finement ponctué.

51. CIMEX *oblongus atro-fufcus, alarum macula flava.*

La punaife couleur de fuie à aîles jaunes.
Longueur 3 *lignes. Largeur* 1 *ligne.*

Elle eft toute noire, mais d'un noir matte, brun, obfcur & nullement luifant. Son corcelet eft affez large & quarré. La portion membraneufe de fes étuis a dans fa partie fupérieure, une grande tache jaune. Cette efpéce eft très-aifée à reconnoître.

52. CIMEX *oblongus niger, pedibus viridi nigroque variegatis.*

La punaife noire à pattes panachées.
Longueur 1 ⅓ *lignes. Largeur* ⅓ *ligne.*

Cette petite efpéce eft en deffus d'un noir luifant. Ses aîles font auffi noires. Ses pattes font panachées & entrecoupées de noir & de vert pâle.

53. CIMEX *oblongus totus ater, alis atris.*

La punaife toute noire.
Longueur 3 *lignes.*   Largeur 1 ½ *ligne.*

Sa couleur eft par-tout d'un noir matte , même fur les
aîles. Son corcelet eft large , plat , prefque quarré &
échancré fur le devant.

54. CIMEX *oblongus ater , antennis feta terminatis.*
Linn. faun. fuec. n. 677.

Linn. *fyft. nat. edit.* 10 , *p.* 447 , *n.* 50. Cimex antennis apice capillaribus
corpore oblongo nigro.

La punaife à groffes antennes terminées par un fil.
Longueur 1 ½ *lignes.*   Largeur ⅓ *l gne.*

Sa forme eft allongée. Tout fon corps eft noirâtre , à
l'exception des pattes , qui font d'un jaune pâle. Mais ce
qui fait le caractére diftinctif de cette e'péce , ce font fes
antennes , dont les deux premiers articles font fort gros ,
fur-tout le fecond , qui eft confidérable & allongé en fu-
feau , tandis que les deux derniers articles font plus fins
que des cheveux & de couleur jaunâtre. On trouve cette
efpéce affez fréquemment dans les bois.

55. CIMEX *oblongus , infra niger , fupra albo-lacteus ,*
antennis craffis antice porrectis , capite pedibus anten-
nifque nigris.

La punaife chartreufe.
Longueur 2 *lignes.*   Largeur ¾ *ligne.*

Cette petite efpéce eft noirâtre en deffous. Tout le
deffus de fon corps eft finement & irréguliérement pointillé , & il eft d'un blanc de lait , à l'exception de fa tête,
qui eft noire. Sur le corcelet , on apperçoit trois fillons
longitudinaux élevés. De plus , on ne voit aucune diftinction entre le corcelet & l'écuffon , qui font tout-à-
fait joints enfemble. Les pattes font noires : les anten-

nes pareillement noires , ont près de la moitié de la longueur du corps. Elles sont grosses , composées de quatre
articles ; les deux premiers courts , & le troisième fort long.
On trouve cette punaise quelquefois en grande quantité
sur le chardon - roland.

56. CIMEX *ex albo fuscoque cinereus , elytrorum ,*
thoracisque margine punctato antennis subclavatis.

Linn. faun. suec. n. 687. Cimex antennis clavatis , elytris thoracisque margine
reticulato-punctatis.
Linn. syst. nat. edit. 10 , *p.* 442 , *n.* 12. Cimex elytris abdomen occultantibus
reticulato-punctatis antennis clavatis.
Reaum. ins. 3 , *tab.* 34 , *fig.* 1 , 2 , 3 , 4.

La punaise tigre.
Longueur 1 ⅓ *lignes. Largeur* ⅓ *ligne.*

La forme de celle-ci approche de celle de la précédente,
mais ses antennes sont très-différentes. Sa tête & le dessous
de son corps sont noirs , & ses pattes sont brunes. Le corcelet est noir au milieu , & blanc sur les côtés. Outre cela,
on voit sur la longueur de ce corcelet , trois sillons élevés,
comme dans l'espéce précédente ; mais les deux des côtés
ne vont pas jusqu'à la tête. Les étuis sont blancs , diaphanes , imitans le reseau , avec leurs bords ponctués de noir.
Les antennes ont leurs deux premiers articles courts ; le
troisième très - long , & le quatriéme court & fort gros ,
ce qui donne à l'antenne la figure d'une massue. La larve
de cette punaise habite l'intérieur des fleurs du *chamæ-*
drys , qui avant de s'ouvrir , paroissent plus grosses & plus
gonflées qu'à l'ordinaire , lorsque cette larve y est renfermée.

57. CIMEX *antennis clavatis , thorace elytrisque corpore*
multò latioribus , diaphanis , reticulatis , fascia duplici
transversa.

La punaise à fraise antique.
Longueur 1 ⅓ *ligne. Largeur* 1 *ligne.*

Rien n'est plus singulier que cette espéce , qui approche

un peu des précédentes. Sa tête est brune & petite. Son
corcelet, semblable à celui de la précédente, a des rebords
larges, diaphanes, membraneux, reticulés, qui forment
des aîlerons sur les côtés, & vont même recouvrir la tête.
Les étuis pareillement larges, débordent aussi le corps,
& font de même membraneux, reticulés, & de plus chargés de deux bandes brunes transverses. Les antennes ressemblent à celles de l'espéce précédente, si ce n'est qu'elles
font plus fines & plus longues, égalant au moins les deux
tiers du corps. Les appendices des étuis de cet insecte, &
sur-tout ceux de son corcelet, forment une espéce de
fraise autour du col de l'animal, telles que nous en voyons
dans les anciens tableaux de femmes.

58. **CIMEX** *linearis pedibus anticis brevissimis, cœte-*
ris antennisque filiformibus longissimis, albo fuscoque
variis.

Linn. faun. suec. n. 683. Cimex linearis, pedibus quatuor, antennisque lon-
    gissimis, albo fuscoque variis.
Linn. syst. nat. edit. 10, *p.* 450, *n.* 83. Cimex linearis, pedibus anticis bre-
    vissimis crassis inflexis.
Frisch. germ. 7, *p.* 11, *t.* 6. Cimex arborum oblongus, alarum signatura alba.

La punaise culiciforme.
Longueur 2 *lignes. Largeur* ⅓ *ligne.*

Cette punaise a l'air d'un coussin ou d'une petite tipule.
Son corps est long & très-étroit. Sa tête est assez grande,
avec une trompe un peu en arc recourbée en dessous. Son
corcelet est allongé & cylindrique. Les étuis, qui font fort
longs, ont leur partie écailleuse fort petite, & la partie
membraneuse très-grande. Les pattes de devant font
courtes & plus grosses que les autres. Les quatre de derriere & les antennes, font plus fines qu'un fil de soie, &
très-longues, ayant deux fois la longueur du corps. Tout
l'insecte est entrecoupé & panaché de blanc & de brun.
Cette espéce se trouve sur les arbres, où elle vacille & se
balance perpétuellement, comme les tipules, à cause de

la fineffe de fes pattes , qui femblent pouvoir à peine porter fon corps.

59. CIMEX *linearis fupra niger , pedibus anticis bre-viffimis. Linn. faun. fuec. n. 684.*

Linn. fyft. nat. edit. 10 , *p.* 450 , *n.* 81. Cimex lacuftris.
Frifch. germ. 7 , *t.* 20.
Bradl. natur. t. 26 , *f.* 2. D.
Bauh. ballon. p. 213 , *f.* 1. Infectum tipula dictum.
Lift. tab. mut. t. 4 , *f.* 4.
Raj. inf. p. 57 , *n.* 1. Cimex aquaticus figuræ longioris.

La punaife nayade.
Longueur 4 *lignes. Largeur* ⅔ *ligne.*

Ses antennes noires font prefque de la longueur de la moitié de fon corps. Ses yeux font gros & faillans. Son corcelet eft allongé, avec trois fillons un peu élevés en deffus. Il eft d'un noir matte , ainfi que les étuis. En regardant l'infecte à la loupe, on voit un peu de pouffiere jaune fur ces étuis. Le deffous de l'infecte , vû à un certain jour , paroît blanchâtre. Les pattes de devant font courtes , & les quatre autres fort longues. On voit cet infecte courir fort vîte fur la furface des eaux tranquilles des mares & des baffins. Ce qu'il y a de fingulier, c'eft qu'il s'accouple fouvent avant que d'être parfait , n'ayant encore ni ailes ni étuis.

60. CIMEX *linearis nigricans compreffus , capite cylin-draceo , pedibus anticis breviffimis.*

Linn. faun. fuec. n. 685. Cimex linearis nigricans, compreffus , pedibus anticis breviffimis.
Linn. fyft. nat. edit. 10 , *p.* 450 , *n.* 82. Cimex ftagnorum.
Petiv. gaz. 15 , *t.* 9 , *f.* 12. Tipula londinenfis anguftiffima.

La punaife aiguille.
Longueur 5 *lignes. Largeur* ⅕ *ligne.*

On voit par les dimenfions de cette punaife , qu'elle eft longue & très-étroite ; elle reffemble à une aiguille un peu groffe. Sa tête , qui fait prefque le tiers de fa lon-

gueur, eſt étroite, cylindrique, un peu plus groſſe ſeulement vers les deux bouts, avec des yeux aſſez petits, ſaillans ſur les côtés, & poſés vers le milieu de ſa longueur.
Les antennes, auſſi longues que la tête, ſont très-fines.
Il en eſt de même des pattes toutes aſſez longues, à l'exception des premieres, qui ſont courtes, moins cependant
que dans l'eſpéce précédente. Le ventre long, & un peu
plus large que le reſte du corps, eſt applati. Tout l'inſecte
eſt d'un brun noirâtre ; on voit ſeulement des petits points
blanchâtres de diſtance en diſtance ſur les côtés du ventre.
Cette punaiſe marche ſur l'eau comme la précédente, mais
elle coure moins vîte.

S E C O N D E   F A M I L L E.

61. CIMEX *ſubrotundus viridis.*

*L*inn. *faun. ſuec. n.* 648. Cimex ſubrotundus viridis , margine undique flavo.
Linn. *ſyſt. nat. edit.* 10 , *p.* 445 , *n.* 37. Cimex juniperinus.
Raj. inſ. p. 53. *n.* 1. Cimex ſylveſtris viridis.

La punaiſe verte.
Longueur 5 ½ lignes.   Largeur 3 ½ lignes.

La forme de cette punaiſe eſt ovale. Quant à ſa couleur,
elle eſt toute verte, mais le deſſus de ſon corps eſt d'un
beau vert, & le deſſous d'un vert jaunâtre. Ses antennes
ſont compoſées de cinq articles, dont le premier eſt très-
court, & les quatre autres ſont aſſez longs. Le dernier
article eſt d'une couleur un peu fauve, les autres ſont
d'un vert pâle. La trompe éfilée & pointue, eſt couchée
ſous le ventre, entre les pattes, & va juſqu'à la derniere paire. Elle eſt formée de deux filets, compoſés
chacun de quatre piéces, & entre ces deux filets, vers
le haut, ſe trouve la langue de l'animal, plus courte des
deux tiers que la trompe. La tête eſt platte, plus longue
que large, avec les deux yeux à reſeau ſur les côtés, &
poſtérieurement, deux petits yeux liſſes. Ce corcelet eſt
large, avec des angles obtus, qui avancent ſur les côtés.
L'écuſſon eſt grand, & ſa pointe déborde le côté intérieur
de

de la partie écailleufe des étuis. La tête, le corcelet, l'é-
cuffon & les étuis font finement & irréguliérement pointillés, & le fond de ces points eft noirâtre. La partie
membraneufe des étuis eft tranfparente & fans couleur. Les
aîles font plus brunes, fur-tout au côté extérieur. Le deffus
du ventre, fous les aîles, eft brun. Tout le deffous, ainfi
que les pattes, eft d'un vert jaunâtre. On apperçoit auffi
un peu de cette même couleur fur les bords du corcelet
& à la pointe de l'écuffon. Cet infecte pue très-fort. On le
trouve à la campagne & dans les jardins, fur-tout fur les
grofeliers.

62. **CIMEX** *ovatus, thorace obtufe angulato, è viridi
rubroque nebulofus.*

La punaife verte lavée de rouge.
Longueur 6 lignes. Largeur 3 ½ lignes.

Ses antennes font toutes noires. Sa tête eft allongée, &
fon corcelet eft large, avec des angles faillans, mouffes à
leur extrémité. L'écuffon eft auffi long que les étuis. Ceux-
ci, ainfi que le corcelet, l'écuffon & la tête font verts,
lavés plus ou moins de rouge. Le deffous de l'infecte eft
d'un vert pâle, & fes pattes font rougeâtres.

63. **CIMEX** *fubovatus viridis, angulis thoracis acutis
rubris apice nigris, abdomine fubtus acuto.*

Raj. inf. p. 54, *n.* 3. Cimex fylveftris leucophæus, corpore paulo longiore &
anguftiore, fcapulis acutioribus, macula in centro crucis pallidiore.

La punaife verte à pointes du corcelet rouges.
Longueur 6 lignes. Largeur 3 lignes.

Elle approche de la précédente ; elle eft cependant plus
allongée, & fa couleur eft d'un vert plus pâle. De plus, fa
tête, fon corcelet, fon écuffon & fes étuis, font ponctués
plus fortement. Le corcelet de celle-ci eft large, avec des
angles aigus, faillans & très-pointus fur les côtés. Ces
pointes font d'un beau rouge, & leur extrémité eft noire.

Tome I. N n n

L'écuffon eft grand; il ne va cependant que jufqu'au commencement de la partie membraneufe des étuis. Le deffous de l'infecte eft jaunâtre, lavé en quelques endroits d'un peu de rouge; mais le deffus du ventre eft affez chargé de cette derniere couleur, qui paroît à travers les aîles & la membrane des étuis. Sur la tête, on apperçoit très-diftinctement deux petits yeux liffes, outre les yeux à refeau.

64. CIMEX *fufcus, antennis abdominifque margine nigro croceoque variegatis.*

Linn. faun. fuec. n. 650. Cimex grifeus, abdominis margine nigro maculatos
Linn. fyft. nat. edit. 10, *p.* 445, *n.* 34. Cimex baccarum.
Raj. inf. p. 54, *n.* 2. Cimex fylveftris, corpore breviori, fufcus, fcapulis magis extantibus, macula è flavo rubente in centro crucis dorfalis.
Jonft. inf. t. 17, *f.* 9.
Lift. tab. mut. t. 2, *f.* 19.
Lift. loq. p. 396, *n.* 36. Cimex è luteo virefcente infufcatus, corniculis maculatis fimiliter ad alvi margines nigris maculis eleganter interftinctus.

La punaife brune à antennes & bords panachés.
Longueur 6 lignes. Largeur 3 lignes.

La couleur & la grandeur de cette efpéce varient; elle eft fouvent un peu plus petite que nous ne l'avons marquée. Quant à la couleur, le brun y domine. Quelquefois ce brun eft un peu jaunâtre & uniforme : d'autres fois l'infecte paroît d'un brun nébuleux, par un mêlange de taches jaunes & brunes. Les aîles & la partie membraneufe des étuis varient auffi, tantôt elles font tranfparentes & nullement colorées, tantôt elles font parfemées de taches noires; mais ce qui eft conftant dans toutes, c'eft que les antennes, ainfi que les bords du ventre, qui paffent les étuis, font variés & panachés alternativement de deux couleurs, noire & jaune fauve. Le bout du corcelet, qui eft affez long, eft auffi ordinairement un peu jaunâtre. Le deffous de l'infecte eft pâle, fouvent tacheté de noir. Le corcelet eft large, quelquefois un peu bronzé, & fe termine fur les côtés, par des angles mouffes. Cette punaife pue très-fort.

Elle vient fur les arbres & fouvent fur les grofeliers. Elle
mange les autres infectes, même les coléoptères, dont elle
perce les étuis avec fa trompe, les fucçant enfuite. Ses pattes font brunes, & on voit fur fa tête deux petits yeux liffes.

65. CIMEX *fufcus , pedibus abdominifque limbo luteo
fufcoque variegatis.*

La punaife brune à pattes panachées.
Longueur 3 lignes.   Largeur 1 $\frac{2}{7}$ ligne.

La couleur de cet infecte eft la même que celle du précédent, fi ce n'eft qu'il eft plus brun ; il n'y a que le
milieu de fon corcelet qui ait un peu de jaune. Ce corcelet eft grand, ainfi que l'écuffon. Les antennes font noires , & le deffous de l'infecte eft un peu moins brun que le
deffus : mais ce qui caractérife cette efpéce, c'eft la couleur du bord de fon ventre & de fes pattes. Le ventre a le
petit bord panaché de jaune & de brun , & les pattes
paroiffent auffi panachées , quoique le noir y domine. Le
commencement ou le haut des cuiffes eft jaune , ainfi que
le milieu des jambes , qui a un anneau de cette couleur.

66. CIMEX *nigro-ferrugineus , fcutello ad anum ufque
produclo.*

La punaife porte-chappe brune.
Longueur 5 $\frac{1}{2}$ lignes.   Largeur 3 $\frac{1}{2}$ lignes.

Cette punaife eft par-tout d'un brun couleur de fuie,
fes pattes feules font jaunâtres. Ce qu'elle a de particulier , c'eft que fon écuffon eft fort long , & va jufqu'au
bout de fon corps, qu'il déborde même un peu par le bas.
Sur les côtés , il eft étroit & laiffe voir une portion des
étuis qui eft de couleur pâle , & le bord du ventre qui eft
noir. On trouve cette efpéce fur les feigles , vers le mois
de juillet.

N. B. Il y en a une plus petite que je crois fimple
variété de celle-ci , & qui n'en différe qu'en ce que ; 1°.

elle est un peu plus petite ; 2°. sa couleur est plus claire ; 3°. les bords du corps, au lieu d'être noirs, sont entrecoupés de brun & de couleur pâle : du reste elle ressemble parfaitement à l'espéce ci-dessus.

67. CIMEX *ater punctatus, scutello ad anum usque producto.*

La punaise porte-chappe noire.
Longueur 5 ½ lignes.   Largeur 3 lignes.

Sa couleur est noire par-tout & paroît matte, à cause des petits points qui sont en dessus, & qui la rendent comme chagrinée ; du reste cette espéce ressemble tout-à-fait à la précédente pour la grandeur, la forme, & en particulier pour le volume de son écusson qui est aussi long que son corps, mais plus étroit. Celle-ci a été trouvée au milieu de la ville.

68. CIMEX *rotundatus ruber, supra fasciis longitudinalibus, infra punctis nigris, scutello amplo totum fere abdomen tegente.*

La punaise siamoise.
Longueur 4 lignes.   Largeur 3 lignes:

C'est une des plus belles & des plus singulieres espéces de ce genre. Sa tête, son corcelet & son écusson, sont rayés dans leur longueur, par des bandes alternativement rouges & noires, comme l'étoffe que l'on appelle siamoise. Le corcelet est large & un peu bossu. L'écusson est très-grand ; il va jusqu'au bout du ventre, & couvre les étuis dont il ne paroît que le bord. Les étuis sont rouges, avec leur partie membraneuse brune. Le dessous de l'insecte est rouge, ponctué de taches noires, & les bords du ventre sont panachés de taches alternativement noires & rouges. Les antennes sont noires. La même couleur domine sur les pattes qui ont un peu de rouge, principalement aux jambes.

69. **CIMEX** *rotundato - ovatus , nigro rubroque variegatus , capite alifque nigris. Linn. faun. fuec. n. 661.*

Linn. fyft. nat. edit. 10 , *p.* 446 , *n.* 43. Cimex ornatus.

La punaife rouge du choux.
Longueur 4 ½ *lignes. Largeur* 3 *lignes.*

Ses antennes font noires , ainfi que fa tête , qui a quelquefois un peu de rouge devant les yeux. Le corcelet eft rouge , avec quatre taches noires prefque quarrées , pofées l'une à côté de l'autre vers le milieu de fa longueur. Ces quatre taches s'avançant vers le devant , fe réuniffent fouvent en deux proche la tête. L'écuffon eft noir , avec une tache rouge , longue , fourchue du côté du corcelet , & il eft terminé par une tache plus large du côté de la pointe. Les étuis font rouges , avec trois taches ou plaques noires fur chacun ; favoir , une petite & ronde vers la pointe des étuis , une plus grande & ovale fur le bord extérieur , & une troifiéme quarrée , plus grande que les deux autres , placée fur le bord intérieur de l'étui , s'avançant entre les deux autres taches , & repréfentant avec celle de l'autre étui une large bande tranfverfe placée fur le milieu de l'infecte. Outre cela , les bords de l'étui qui touchent l'écuffon font noirs. La partie membraneufe des étuis eft noire , de même que le deffous de l'infecte & les pattes. Les bords du ventre font panachés alternativement de noir & de rouge. Cette punaife fe trouve très-communément fur le choux & la plûpart des plantes cruciferes. Ses œufs font en quantité confidérable fur les feuilles de ces plantes. Ils y font rangés par bandes ferrées , & en les examinant de près , ils paroiffent très-jolis. Ils imitent pour la forme un petit baril , dont le haut & le bas feroient entourés de bandes brunes , tandis que le milieu de l'œuf eft gris , avec des points bruns très-ronds. La face inférieure , ou le fond de l'œuf eft collé fur la feuille , & fa face fupérieure eft brune , avec un cercle gris étroit ,

& un point gris dans son centre. Cette partie supérieure se leve , comme un couvercle , quand la petite punaise sort de son œuf.

70. CIMEX *ovatus , totus niger , alis pallidis.*

La punaise noire.
Longueur 4 lignes.   Largeur 1 $\frac{2}{3}$ ligne.

Cette punaise est par-tout d'un noir foncé ; ses aîles seules sont pâles , & les extrémités membraneuses de ses étuis, blanches & transparentes. Ses jambes sont très-épineuses.

71. CIMEX *ovatus , fusco - niger alis pallidis.*

La punaise brune luisante.
Longueur 1 $\frac{1}{2}$ ligne.   Largeur 1 ligne.

Je ne vois d'autres différences entre celle-ci & la précédente , que la grandeur qui est beaucoup moindre , & la couleur qui n'est pas absolument noire , mais d'un brun foncé & luisant, au lieu que l'espéce ci-dessus est d'un noir plus matte. L'écusson est aussi proportionnément plus grand dans celle - ci : du reste les autres parties sont semblables.

72. CIMEX *ovatus niger , elytrorum limbo exterior* *albo.*

La punaise noire à bordure blanche.
Longueur 2 lignes.   Largeur 1 ligne.

Celle - ci encore semblable aux précédentes , est toute noire & luisante ; il n'y a que les étuis qui sont bordés extérieurement d'un peu de blanc. Leur partie membraneuse est pâle & blanchâtre , & l'écusson est assez grand.

73. CIMEX *ovatus niger , thoracis lateribus , elytro-* *rumque maculis quatuor albis.*

Linn. faun. fuec. n. **655.** Cimex ovatus niger , elytris nigro alboque variegatis, alis albis.
Linn. fyſt. nat. edit. 10 , *p.* 446 , *n.* 42. Cimex bicolor.
Petiv. gazoph. p. 22 , *t.* 14 , *f.* 7. Cimex niger noſtras albo maculatus.
Liſt. loq. p. 396 , *n.* 37. Cimex niger maculis candidis notatus.
Raj. inf. p. 54 , *n.* 5. Cimex ſylveſtris parvus , corpore rotundiore, colore nigro ſplendente , maculis albis picto.

La punaiſe noire à quatre taches blanches.
Longueur 3 lignes. Largeur 2 lignes.

La couleur de celle-ci eſt d'un noir bleuâtre. Les bords de ſon corcelet ſont terminés ſur les côtés par une bande blanche. Les étuis ont chacun deux taches de même couleur, l'une oblongue & irréguliere placée en haut , l'autre plus bas à la pointe de la partie écailleuſe, moins longue , mais auſſi peu réguliere que l'autre. La partie membraneuſe des étuis eſt brune. Le deſſous du corps eſt tout noir. Les pattes le ſont auſſi avec un peu de blanc aux articulations.

74. C I M E X *ovatus , cærulefcenti-æneus , thorace lineola , ſcutelli apice , elytriſque puncto albo rubrove. Linn. faun. ſuec. n.* 654.

Linn. fyſt. nat. edit. 10 , *p.* 446 , *n.* 40. Cimex oleraceus.
Raj. inſ. p. 54 , *n.* 6. Cimex ſylveſtris cærulefcens , paulo reliquis minor , & magis depreſſus.
Sloan. hiſt. 2 , *p.* 203 , *t.* 237 , *f.* 36 , 37. Cimex minor cœruleus , lineis albis varius , teſtudinis forma.

Raj. inſ. p. 54 , *n.* 7. Cimex ſylveſtris cærulefcens paulo reliquis minor & magis depreſſus , area ſcapularum rubra.

La punaiſe verte à raies & taches rouges ou blanches.
Longueur 3 lignes. Largeur 2 lignes.

Tout le deſſus de cette eſpéce eſt d'un noir bleuâtre ou verdâtre , un peu cuivreux , avec différentes taches ou raies , tantôt blanches , tantôt rouges. Il y a d'abord une raie longitudinale ſur le milieu du corcelet , une tache ſur la pointe de l'écuſſon , & une ſur chaque étui à côté de la précédente ; enfin une petite bande ſur les bords extérieurs du corcelet & des étuis. Le corps en deſſous eſt noir ,

ainſi que les pattes & les antennes. M. Linnæus prétend
que la différence de la couleur des taches vient du ſexe ,
que les mâles portent ces taches blanches , tandis qu'elles
ſont rouges dans les femelles. Il eſt vrai qu'on trouve
quelquefois des mâles tachés de blanc , & des femelles
avec les points rouges ; mais j'ai auſſi trouvé préciſément
le contraire. J'ai vû auſſi des mâles & des femelles accouplés enſemble , les uns & les autres avec des taches
rouges : àinſi c'eſt une ſimple variété de couleur , qui ne
dépend point de la différence du ſexe.

75. CIMEX *ovatus , viridi - cœruleus æneus.*

Linn. ſyſt. nat. edit. 10 , *p.* 445 , *n.* 38. Cimex ovatus cœruleus immaculatus.

La punaiſe verte bleuâtre.
Longueur 3 lignes.　Largeur 1 ⅓ ligne.

Ses antennes & ſes pattes ſont noires , tout le reſte
de ſon corps eſt d'un bleu verdâtre , bronzé & brillant. Ses
étuis , ſon corcelet & ſon écuſſon ſont ponctués , & ſes
aîles ſont brunes.

76. CIMEX *rotundato - ovatus niger , capite genubuſque*
ferrugineis , pedibus ſaltatoriis.

La punaiſe ſauteuſe.
Longueur 1 ½ ligne. Largeur 1 ligne.

Sa tête eſt ovale , d'une couleur jaune rougeâtre en
deſſus , avec les yeux & les machoires brunes ; ſes antennes ſont longues , fines & jaunâtres. Ses pattes de devant
ſont de la même couleur. Le corcelet aſſez cylindrique &
noir. Le reſte du corps eſt rond & tout noir , ſeulement les
genoux des pattes poſtérieures ſont d'un rouge brun. Les
dernieres pattes & ſur - tout leurs cuiſſes ſont plus groſſes
que les autres , & ſervent à l'inſecte à ſauter.

77. CIMEX *ovatus , antice attenuatus , faſciis longi-*
tudinalibus cinereo - exalbidis , antennis extremo rufis.
Linn.

Linn. faun. fuec. n. 656. Cimex ovatus , antice attenuatus , cinereo-candi-
dus , antennis incarnatis.
Lift. tab. mut. t. 2 , f. 20.
Raj. inf. p. 56 , n. 6. Mufca cimiformis fexta willughby.

La punaife à tête allongée.
Longueur 3 ½ *lignes. Largeur* 1 ⅔ *ligne.*

Cette efpéce n'a rien de bien fingulier pour fa couleur ,
qui eft d'un jaune pâle & blanchâtre , mais fa forme
eft extraordinaire. Sa tête eft allongée , & finit en pointe
comme un coin , ou comme la trompe d'une des groffes
efpéces de charanfons. Le corcelet eft large , & fait
une fuite continue avec la tête , allant en s'élargiffant vers
fa partie poftérieure. Le refte du corps eft ovale. L'écuffon
eft affez grand. La tête , le corcelet & les étuis , font couverts de petits points noirs. Du fommet de la tête , partent
deux raies brunes , qui parcourent le corcelet dans fon milieu , & qui ne font féparées l'une de l'autre que par
une petite raie jaunâtre. Ces mêmes raies vont jufques fur
l'écuffon , vers le milieu duquel elles difparoiffent. Les antennes font compofées de cinq articles , dont les deux premiers font fort courts. Les deux derniers font les plus
longs & leur couleur eft d'un rouge brun.

NAUCORIS. *Nepæ fpec. linn.*

LA NAUCORE.

Articuli tarforum duo.	Deux articles aux tarfes.
Antennæ breviffimæ infra oculos pofitæ.	Antennes très courtes , fituées au-deffous des yeux.
Roftrum inflexum.	Trompe courbée en deffous.
Alæ quatuor cruciatæ.	Quatre ailes croifées.
Pedes fex , primi cheliformes.	Six pattes , les premieres en forme de pinces d'écreviffes.
Scutellum præfens.	Ecuffon.

La naucore a bien de la reffemblance avec les punaifes ,
dont cependant elle différe par beaucoup d'endroits , com-

me le fait voir la différence de ſes caracteres. Ils conſiſtent ; 1°. dans la forme de ſes tarſes, qui n'ont que deux piéces , ce qui ne ſe rencontre que dans la punaiſe à avirons & dans la pſylle , parmi tous les inſectes de cette ſection ; 2°. dans la forme de ſes antennes qui ſont très-courtes , & tellement cachées ſous les yeux , qu'elles ſont difficiles à appercevoir, en quoi elle différe de la punaiſe ; 3°. dans ſes pattes , au nombre de ſix , dont les premieres ont la figure ſinguliere de pinces , caractere qui lui eſt commun avec la coriſe ſeule ; 4°. dans ſon écuſſon , qui la diſtingue de la coriſe qui n'en a point ; 5°. & 6°. enfin dans la forme de ſes quatre aîles croiſées & de ſa trompe recourbée en deſſous. La réunion de ces ſix caracteres empêche de confondre la naucore avec tous les autres genres de cette ſection.

Les différentes métamorphoſes de cet inſecte approchent beaucoup de celles des punaiſes. On voit courir dans l'eau ſa larve & ſa nymphe. C'eſt auſſi dans l'eau que la naucore devient inſecte parfait. Ce petit animal eſt vorace ; il ſe nourrit d'autres inſectes aquatiques , qu'il perce avec ſa trompe , dont l'extrémité eſt très‑aigue. Nous ne connoiſſons qu'une ſeule eſpéce de ce genre.

1. **NAUCORIS.** Planch. 9 , fig. 5.

Linn. faun. ſuec. n. 691. Nepa abdominis margine ſerrato.
Linn. ſyſt. nat. edit. 10 , *p.* 440, *n.* 6. Nepa cimicoides.
Friſch. germ. 6 , *p.* 31 , *t.* 14. Cimex aquaticus latior.
Roſel. inſ. vol. 3 , *ſupplem. tab.* 28. Cimex aquaticus.

La naucore.
Longueur 4 , 5 *lignes.   Largeur* 3 *lignes.*

Cet inſecte eſt ovale , & ſon dos eſt arrondi. Sa couleur eſt verte , panachée de brun. Sa tête eſt large , applatie , avec une eſpéce de bec pointu recourbé en deſſous. Aux deux côtés de cette pointe , ſont les antennes , placées en deſſous proche les yeux. Elles ſont très‑courtes , difficiles à voir , & elles paroiſſent compoſées de trois piéces. Le corcelet eſt large. Son fond eſt verdâtre , avec quatre ou cinq bandes brunes longitudinales. L'écuſſon eſt aſſez grand. Les étuis ſont larges, flexibles & croiſés l'un ſur l'autre. Le ventre eſt applati & forme preſque le rond. Ses bords, qui débordent les étuis, comme dans les punaiſes, ſont entrecoupés de vert & de brun, & paroiſſent figurés en ſcie, parce que les anneaux débordent & avancent les uns ſur les autres. Les pattes ſont au nombre de ſix. Les premieres naiſſent du corcelet en deſſous, & ſont ſinguliérement figurées. Il y a d'abord un gros moignon court qui tient lieu de cuiſſe ; enſuite une piéce large, applatie & aſſez courte, qui tient la place de la jambe ; & enfin une troiſiéme, compoſée de deux articles minces, crochue & pointue, ſemblable aux pinces des crabes, qui eſt le tarſe. Les quatre autres pattes ſont plus minces, plus longues, de couleur verte, & elles n'ont rien de ſingulier. Cet inſecte vit dans l'eau. Il pique très-fort avec ſa trompe aigue.

NOTONECTA.

LA PUNAISE A AVIRONS.

Articuli tarſorum duo.	Deux articles aux tarſes.
Antennæ breviſſimæ infra oculos poſitæ.	Antennes très-courtes, ſituées au-deſſous des yeux.
Roſtrum inflexum.	Trompe courbée en deſſous.
Alæ quatuor cruciatæ.	Quatre aîles croiſées.
Pedes ſex natatorii.	Six pattes en forme de nageoires.
Scutellum præſens.	Ecuſſon.

La punaiſe à avirons a été ainſi nommée, parce qu'elle reſſemble beaucoup aux punaiſes, & qu'en nageant dans l'eau, elle ſe ſert de ſes pattes, principalement de celles de derriere, comme d'avirons pour ſe conduire. La maniere dont nage cet inſecte eſt aſſez ſinguliere ; il eſt ſur le dos & préſente en haut le deſſous de ſon ventre. C'eſt par cette raiſon qu'on lui a donné le nom latin de *notonecta*.

Les fix articles qui compofent le caractere de ce genre , le font aifément reconnoître & diftinguer de tous les autres infectes de cette fection. Celui dont il approche le plus, eft le genre précédent, dont il ne différe que par la forme de fes pattes , qui font toutes figurées en nageoires , applaties & bordées de petits poils fur un de leurs côtés.

1. N O T O N E C T A *capite luteo , elytris fufco croceoque variegatis , fcutello atro.* Planch. 9 , fig. 6.

Linn. faun. fuec. n. 688. Notonecta grifea , elytris grifeis , margine fufco punctatis.
Bradl. natur. t. 26 , *f.* 2. E.
Linn. fyft. nat. edit. 10 , *p.* 439 , *n.* 1. Notonecta glauca.
Mouffet. inf. p. 321 , *fig. ord.* 3.
Hoffn. inf. t. 12 , *f.* 19.
Petiv. gazoph. t. 72 , *f.* 6. Notonecta vulgaris nigro pallidoque mixta.
Frifch. germ. 6 , *p.* 28 , *t.* 13. Cimex aquaticus anguftior.
Rofel. inf. vol. 3 , *fupplem. tab.* 27. Cimex aquaticus.

La grande punaife à avirons.
Longueur 6 *lignes.*   *Largeur* 2 *lignes.*

Cet infecte a une tête affez arrondie , dont fes yeux paroiffent former la plus grande partie. Ces yeux font bruns & fort gros , & le refte de fa tête eft jaune. Au-devant , elle a une trompe pointue , qui defcend & fe recourbe entre les premieres jambes. Sur les côtés , on apperçoit les antennes , qui font fort petites , jaunâtres , & qui partent du deffous de la tête. Le corcelet qui eft large , affez court & liffe , eft jaune antérieurement & noir à fa partie poftérieure. L'écuffon eft grand , d'un noir matte & comme velouté. Les étuis affez grands & croifés , font mêlés de couleur brune & jaune , femblable à la rouille , ce qui les rend nébuleux. Le deffous du corps eft brun , & au bout du ventre , on voit quelques poils. Les pattes au nombre de fix , font d'un brun clair. Les deux poftérieures ont à la jambe & au tarfe , des poils qui leur donnent la forme de nageoires , & elles n'ont point d'onglets au bout. Les quatre antérieures font un peu applaties & fervent à l'animal pour nager , mais elles ont au bout des onglets & n'ont point de poils. On voit cet infecte dans les eaux tranquilles , où il nage fur le dos. Ses deux pattes de derriere , plus longues que les autres , lui fervent d'avirons. Il eft très-vif & s'enfonce quand on veut le prendre , après quoi il remonte à la furface de l'eau. Il faut le prendre avec précaution pour n'en être pas piqué , car la pointe aigue de fa trompe pique très-fort.

2. NOTONECTA *cinerea anelytra.*

Linn. faun. fuec. n. 690. Notonecta arenulæ magnitudine.
Linn. fyft. nat. edit. 10 , *p.* 439 , *n.* 3. Notonecta elytris cinereis , maculis fufcis longitudinalibus.
Act. Upf. 1736 , *p.* 37 , *n.* 3. Notonecta cinerea vix confpicua,

La petite punaife à avirons.
Longueur 1 ligne. Largeur ½ ligne.

A peine apperçoit-on dans l'eau ce petit infecte , qui paroit comme un point gris. Ses yeux font bruns , le deffus de fon corps l'eft auffi un peu ; tout le refte eft d'un gris cendré. Ce qu'il y a de fingulier , c'eft qu'on trouve toujours cet infecte fans étuis & fans aîles , enforte qu'il reffemble plutôt à une nymphe qu'à un infecte parfait : du refte fa forme eft , en petit , précifément la même que celle de l'efpéce précédente , & il nage pareillement fur le dos.

CORIXA. *Notonectæ fpec. linn.*
LA CORISE.

Articulus tarforum unicus. — Un feul article aux tarfes.

Antennæ breviffimæ infra oculos pofitæ. — Antennes très-courtes , fituées au-deffous des yeux.

Roftrum inflexum. — Trompe courbée en deffous.

Alæ quatuor cruciatæ. — Quatre aîles croifées.

Pedes fex , primi cheliformes , poftici natatorii. — Six pattes , les deux premieres en forme de pinces , les dernieres en nageoires.

Scutellum nullum. — Point d'écuffon.

La corife a été confondue par quelques auteurs avec la

punaife à avirons. Il eft vrai qu'elle vit dans l'eau comme elle , & qu'elle lui reffemble affez pour la forme & le port extérieur : mais fes différens caracteres font voir qu'elle en différe beaucoup , & que ces genres ne doivent pas être confondus. Les antennes , la bouche , les aîles font à la vérité les mêmes que dans la plûpart des genres précédens , mais outre que la corife n'a qu'une feule piéce aux tarfes , en quoi elle différe de la punaife à avirons , outre qu'elle n'a point d'écuffon , ce qui la diftingue encore de ce genre & du fuivant , fes pattes fourniffent de plus un caractere effentiel. Elles font au nombre de fix , dont les deux premieres font figurées comme les pinces des écreviffes , à peu près comme celles de la naucore , & les quatre dernieres repréfentent des nageoires , comme celles de la punaife à avirons. Toutes ces différences obligent de faire un genre particulier de la corife.

Nous ne connoiffons qu'une feule efpéce de ce genre , qui vit dans l'eau comme les infectes précédens , & fe métamorphofe comme eux.

1. CORIXA. Planch. 9 , fig. 7.

Linn. fyft. nat. edit. 10 , *p.* 439 , *n.* 2. Notonecta ftriata.
Linn. faun. fuec. n. 689. Notonecta elytris pallidis , lineolis tranfverfis undulatis ftriata.
Petiv. gazoph. t. 72 , *f.* 7. Notonecta vulgaris compreffa fufca.
Rofel. inf. vol. 3 , *fupplem. tab.* 29.

La corife.
Longueur 5 ½ *lignes.   Largeur* 2 *lignes.*

Le corps de cet infecte eft affez applati. Sa tête eft large & courte , & elle eft de couleur jaune , à l'exception des yeux qui font bruns. Sa trompe eft aigue & recourbée en deffous. Son corcelet eft noir & luifant , chargé de beaucoup de raies tranfverfales d'un jaune pâle. Ses étuis font fléxibles , liffes , & finement travaillés pour la couleur. Quand on les regarde de près , on voit des raies noires & jaunes un peu pâles , ondulées , & la plus grande partie tranfverfales qui les recouvrent. Les pattes font jaunes , &

le deffous du ventre eft d'un brun jaunâtre. Ces pattes
font très-fingulieres. Les premieres font très-courtes &
compofées de trois parties, une platte qui fert de cuiffe,
une feconde groffe & longuette, qui eft la jambe, & une
troifiéme courte & globuleufe qui repréfente le tarfe.
Cette derniere foutient deux onglets longs, pofés l'un fur
l'autre, dentelés du côté par lequel ils fe regardent,
& pointus par le bout, comme les pinces des crabes.
Les fecondes pattes plus longues n'ont rien de fingulier,
fi ce n'eft que leurs onglets font délies, longs & parallèles:
mais les dernieres pattes font larges & plus longues que
les autres. Leur derniere piéce ou tarfe, & l'onglet lui-
même, font barbus des deux côtés, & repréfentent une
nageoire large : auffi cet infecte nage-t-il très-bien dans
l'eau, mais fouvent fur le ventre, ce que ne fait pas
la punaife à avirons, qui nage toujours fur le dos. On
trouve la corife dans les ruiffeaux & les mares : elle fent
mauvais & pique très-fort.

H E P A.

LE SCORPION AQUATIQUE.

Articulus tarforum unicus.	Un feul article aux tarfes.
Antennæ cheliformes.	Antennes en forme de pinces de crabes.
Roftrum inflexum.	Trompe courbée en deffous.
Alæ quatuor cruciatæ.	Quatre aîles croifées.
Pedes quatuor.	Quatre pattes.

Le fcorpion aquatique a été ainfi appellé, à caufe de la
forme finguliere de fes antennes, qui reffemble à des pinces de crabe ou de fcorpion. Parmi les caracteres de ce
genre qui le diftinguent des autres de cette fection, cette
forme d'antennes, ainfi que le nombre de fes pattes, fervent principalement à le reconnoître. La plûpart des infectes ont fix pattes, & ce nombre eft conftant dans tous

les autres genres de la section que nous traitons. Le scorpion aquatique est le seul qui n'ait que quatre pattes. Il est vrai que ses antennes en forme de pinces, lui servent en quelque façon de pattes, & lui tiennent lieu de celles qui lui manquent ; il s'en aide pour marcher : aussi quelques Naturalistes les ont-ils pris pour de véritables pattes. Mais ce qui prouve qu'ils se sont trompés, c'est que ces prétendues pattes ne partent point du corcelet, comme les véritables, mais naissent de la tête, comme les antennes. D'ailleurs, si on les regardoit comme des pattes, où seroient les antennes de cet insecte ? Le scorpion aquatique seroit le seul, qui manqueroit de cette partie si essentielle à tous les insectes.

Nous n'avons que deux espéces de ce genre, qui toutes deux se trouvent dans l'eau, où elles vivent, ainsi que leurs larves & leurs nymphes, qui sont semblables en tout à celles des genres précédens. C'est aussi dans l'eau que se trouvent les œufs des scorpions aquatiques. Ces œufs qui sont allongés, ont à une de leurs exttémités deux ou plusieurs fils ou poils. L'insecte enfonce son œuf dans la tige d'un *scirpus*, ou de quelqu'autre plante aquatique, de façon que l'œuf y est caché, & qu'il n'y a que ces poils ou fils qui sortent & qu'on apperçoive. On peut aisément conserver dans l'eau ces tiges chargées d'œufs, & l'on voit éclore chez soi les petits scorpions aquatiques, ou du moins leurs larves. Ces insectes sont voraces, & se nourrissent d'autres animaux aquatiques, qu'ils percent & déchirent avec leur trompe aigue, tandis qu'ils les retiennent avec les pinces de leurs antennes. Ils volent très-bien, principalement le soir & la nuit, & ils vont d'une mare à une autre, sur-tout quand celle où ils sont commence à se sécher.

1. HEPA *corpore lineari*. Planch. 10, fig. 1.

Linn. syst. nat. edit. 10, *p.* 441, *n.* 7. Nepa linearis, manibus spina laterali pollicatis.

Mouffet. inf. p. 321, *f.* Superior.

Raj.

Raj. inf. p. 59. Locusta aquatica mouffeti.
Frisch. germ. 7 , tab. 16.
Swammerd. bib. nat. 1 , t. 3 , f. 9.
Jonst. inf. t. 25. Locusta mouffet. & cantharis aquatica aldrovand.
Rosel. inf. vol. 3 , supplem. tab. 23. Cimex aquaticus.

Le scorpion aquatique à corps allongé.
Longueur 13 lignes. Largeur 1 ligne.

On voit par les dimensions de cet insecte, qu'il est fort
allongé & très-étroit. Il le paroît encore davantage, ayant à
l'extrémité de son corps, deux appendices longues de neuf
lignes, ce qui fait près de deux pouces de longueur en tout,
sur une seule ligne de largeur. Sa couleur est brune, un peu
verdâtre. Sa tête est fort petite, uniquement composée de
deux yeux ronds, fort saillans, & d'une trompe pointue &
fort aigue, qui n'est pas longue, & que l'insecte recourbe
souvent en dessous. Le corcelet est fort long, cylindrique,
cependant un peu plus retréci vers son milieu, & plus
renflé proche les étuis. De la jonction du corcelet avec la
tête, partent deux espéces d'antennes, qui font en même
tems l'office de pattes, composées de trois piéces, dont la
derniere est courte, crochue, & se replie comme les
pinces des crabes. Les étuis longs & étroits, font croisés &
couvrent les deux tiers du ventre ; sous ces étuis sont les aîles. Le ventre en dessus est rouge. Les pattes au nombre de
quatre, partent de dessous le corcelet, proche les unes des
autres. Elles font fort longues, minces, comme celles des
faucheurs, très-unies, & composées de trois piéces, la
cuisse, la jambe & le tarse ou pied, qui est terminé par deux
petites griffes. On trouve cet insecte dans les mares.

2. HEPA *corpore ovato.*

Linn. faun. suec. n. 691. Nepa abdominis margine integro.
Linn. syst. nat. edit. 10 , p. 440 , n. 5. Nepa cinerea, thorace inæquali, corpore
   ovato.
Bauh. ballon. p. 212 , f. 2. Araneus aquaticus.
Mouffet. inf. p. 321. Scorpio aquaticus. *fig. ord. 2.*
Hoffn. inf. t. 11 , f. 2 , edit. alt. 3 , t. 4.
Jonst. inf. t. 25 , f. 1, 2. Scorpiones aquatici mouffeti. & *tab. 26.*
Bradl. natur. t. 26 , f. 2. C.

Tome I.   P p p

Petiv. gazoph. t. 74 *, f.* 4. Scorpio vulgaris aquaticus.
Frifch. germ. 7 *, t.* 15.
Raj. inf. 58. Scorpio paluftris ad cimices referendus.
Swamerd. bib. 1 *, t.* 3 *, f.* 4. Ova. *fig.* 7 *,* 8.
Rofel. inf. vol. 3 *, fupplem. tab.* 22. Cimex aquaticus.

Le fcorpion aquatique à corps ovale.
Longueur 8 *,* 9 *lignes.   Largeur* 3 *lignes.*

Sa couleur eft brune, noirâtre, quelquefois un peu jaunâtre. Sa tête eft petite, femblable en tout à celle de l'efpéce précédente, mais comme enfoncée dans les épaules,
étant placée dans une échancrure du corcelet. Celui - ci eft
large, prefque quarré, un peu plus étroit cependant
antérieurement. A cette partie antérieure, font comme
deux gros moignons, qui s'avancent, débordent la tête,
& foutiennent des antennes applaties larges, qui fe terminent par un crochet replié comme dans les pattes de
crabes. L'écuffon eft grand & brun. Les étúis larges
fe croifent & couvrent prefque tout le ventre, à l'exception
d'une petite partie. Dans les femelles feulement, le ventre
eft terminé par deux appendices, qui égalent les trois
quarts de fa longueur. Les pattes au nombre de quatre,
font plus groffes & moins longues que dans l'efpéce précédente. Cet infecte eft commun dans l'eau.

PSYLLA. *Chermes linn.*

LA PSYLLE.

Articuli tarforum duo.	Deux articles aux tarfes.
Roftrum pectorale inter primum & fecundum par femorum.	Trompe naiffant du corcelet entre la premiere & la feconde paire de pattes.
Alæ quatuor laterales.	Quatre aîles pofées latéralement & forment le toît.
Pedes faltatorii.	Pattes propres à fauter.
Abdomen acuminatum.	Ventre terminé en pointe.
Ocelli tres.	Trois petits yeux liffes.

La pfylle a été ainfi appellée, à caufe de la propriété de

sauter qu'ont la plûpart des espéces qui composent ce genre. Elle se distingue aisément des insectes précédens par la forme de sa bouche, dont la trompe ne part point de la tête, mais sort du corcelet, entre la premiere & la seconde paire de pattes. De tous les genres qui composent cette section, il n'y a que le kermès & la cochenille qui ayent ce caractere commun avec la psylle : mais celle-ci se fait assez reconnoître par ses ailes qui sont au nombre de quatre, au lieu que le kermès & la cochenille n'en ont que deux. De plus, la psylle a encore un autre caractere qui lui est particulier ; ce sont les trois petits yeux lisses qu'on remarque sur le derriere de sa tête. La cigale & quelques espéces de punaise, sont les seuls insectes de cette section où l'on trouve les mêmes petits yeux, encore ces punaises & les cigales de notre Pays n'en ont-elles que deux, au lieu que la psylle en a trois. Tous ces différens caracteres donnent la facilité de reconnoître surement & sans se tromper les différentes espéces de psylles.

La larve de cet insecte a six pattes. Elle ressemble à l'insecte aîlé, elle est allongée & marche assez lentement. Sa nymphe en différe par deux boutons applatis, qui partent du corcelet, & qui renferment les aîles qu'on voit par la suite sur l'insecte parfait. On rencontre souvent sur les plantes ces nymphes, auxquelles les deux plaques de leur corcelet donnent une figure large, singuliere & un air lourd. Lorsque ces petites nymphes veulent se métamorphoser, elles restent immobiles sous quelques feuilles, auxquelles elles s'attachent : pour lors leur peau se fend sur la tête & le corcelet, & l'insecte parfait sort avec ses aîles, laissant sur la feuille la dépouille de sa nymphe ouverte & déchirée dans sa partie antérieure. On trouve souvent de semblables dépouilles sous les feuilles du figuier.

L'insecte parfait a quatre aîles, grandes pour son corps, veinées & posées en toît, avec lesquelles il vole. De plus, il a la propriété de sauter assez vivement, par le moyen de fes pattes poſtérieures , qui jouent comme une eſpéce de reſſort. Lorſqu'on veut prendre la pſylle , elle s'échappe plus volontiers en ſautant qu'en volant.

Quelques-uns de ces inſeƈtes ont des manœuvres dignes de remarque. Pluſieurs eſpéces ſont pourvues à l'extrémité de leur corps , d'un petit inſtrument pointu , mais caché , qu'elles tirent pour dépoſer leurs œufs , en piquant la plante qui leur convient. C'eſt par ce moyen, que la pſylle du ſapin produit cette tubéroſité monſtrueuſe & écail-leuſe , qu'on trouve aux ſommités des branches de cet arbre , & qui eſt formée par l'extravaſation des ſucs que cauſent les piqûres. Les petites larves ſe trouvent à l'abri dans les cellules que contient cette tubéroſité. Il paroît que c'eſt à peu près de la même maniere qu'eſt produit le duvet blanc , ſous lequel on trouve ordinairement les larves de la pſylle du pin. Celle du buis ne produit point de pareils tubercules , mais ſes piqûres font courber & creuſer en calotte les feuilles de cet arbre , ce qui , par la réunion de ces feuilles recourbées , produit à l'extré-mité des branches des eſpéces de boutons dans leſquels les larves de cet inſeƈte ſe trouvent à l'abri. Cette pſylle du buis , ainſi que quelques-autres , a encore une autre ſingula-rité ; c'eſt que ſa larve & ſa nymphe rejettent par l'anus une matiere blanche ſucrée , qui s'amollit ſous les doigts & qui reſſemble en quelque ſorte à la manne. On trouve cette matiere en petits grains blancs dans ces boules que forment les feuilles de buis , & ſouvent on voit un filet de cette même matiere au derriere de l'inſeƈte.

1. PSYLLA *fuſca , antennis craſſis piloſis , alarum nervis fuſcis.* Planch. 10 , fig. 2.

Reaum. inſ. 3 , *t.* 29 , *f.* 17, — 24.

La pſylle du figuier.
Longueur 2 *lignes. Largeur* ½ *ligne.*

Cette eſpéce , une des plus grandes de ce genre , eſt brune en deſſus , verdâtre en deſſous. Ses antennes pareillement brunes , font groffes , velues , & furpaffent d'un tiers la longueur du corcelct. Ses pattes font jaunâtres. Ses aîles font grandes , deux fois auffi longues que fon ventre. Elles font placées verticalement fur les côtés , un peu inclinées & forment enfemble un toît aigu. Leur membrane eft claire & fort tranfparente , mais elles ont des veines brunes bien marquées , fur-tout vers le bout. La trompe de cette pfylle eft noire & prend naiffance de la partie inférieure du corcelet entre la premiere & la feconde paire de pattes.

On trouve cet infecte en grande quantité fur le figuier. Il faute très-bien. On voit auffi fur les feuilles du même arbre la larve qui le produit. Elle eft large , fur-tout vers le ventre qui eft ovale. Son corps qui eft applati, a fix pattes , & fa couleur eft verte. Sur les côtés de fa poitrine , on voit deux appendices rondes,dans lefquelles font renfermées les aîles de l'infecte qui en doit fortir. Sa tête a deux petites antennes , qui fouvent font cachées fous les fourreaux des aîles. Cette tête paroît peu , étant recourbée fous le corcelet, & en devant elle fe termine par une pointe fine , d'où part la trompe , qui s'étend plus loin que les jambes de la premiere paire. De cette trompe , fort un filet que l'infecte dirige où il veut , & dont il fe fert pour piquer & fuccer les feuilles. Cette larve change plufieurs fois de peau. Lorfqu'elle eft devenue nymphe & qu'elle veut fe métamorphofer pour la derniere fois , elle s'attache à une feuille , où elle refte immobile , & au bout de quelques jours , la pfylle fort de cette efpéce de chryfalide , comme d'un fourreau. C'eft dans les mois de mai & de juin , que fe fait cette derniere transformation.

2. **PSYLLA** *viridis , antennis fetaceis , alis fufco-flavefcentibus.*

Reaum. inf. 3 , t. 29 , f. 1 , — 13.

La pfylle du buis.

Longueur 2 lignes, Largeur ½ ligne.

Sa couleur eft verte , mais fes yeux font bruns ; & les petits yeux liffes font faillans & rougeâtres , comme dans l'efpéce précédente. Sur le corcelet , il y a auffi quelques taches rouges. Ses aîles , d'un grand tiers plus longues que le ventre , forment un toît aigu , & font d'une feule couleur rouffe claire. Elles laiffent la partie antérieure du ventre à découvert , ne fe rencontrant & ne fe touchant que vers leur milieu. Les femelles ont à la queue une pointe groffe & affez longue.

Cette pfylle qui faute très-bien , fe trouve fur le buis , le filaria & les arbres toujours verds. La larve qui la produit , habite ces feuilles concaves & creufes qui forment des efpéces de boutons au bout des branches du buis. Quand on fépare ces feuilles , il eft aifé de trouver ces larves au nombre d'environ une vingtaine à la fois , dans un duvet blanc. Les plus petites font rougeâtres avec la tête & les jambes noires. Elles deviennent enfuite ambrées , avec la tête , les antennes , les jambes , & deux rangs de points noirs fur le corps. Enfin , quand elles ont pris la forme de nymphes , elle font vertes avec les fourreaux des aîles rougeâtres.

3. **PSYLLA** *viridis , antennis fetaceis , alis aqueis.*

La pfylle de l'aûne.

Je regarderois volontiers celle - ci comme une fimple variété de la précédente , tant elle lui reffemble. Ses aîles font plus claires. Les taches du corcelet ne paroiffent prefque point : du refte , elle eft tout-à-fait femblable à la pfylle du buis. Les femelles ont la pointe de la queue un peu plus brune. C'eft fur l'aûne que j'ai trouvé cette efpéce.

4. **PSYLLA** *nigro , luteoque variegata ; alarum oris in apice fufcis.*

Linn. faun. fuec. n. 703. Chermes fraxini.

La pſylle du frêne.
Longueur 1 ⅓ ligne.   Largeur ½ ligne.

Sa tête eſt brune & ſes antennes ſont fines & ſétacées.
Le corcelet eſt brun , un peu noirâtre , avec une bande
tranſverſe jaune antérieurement , & dans le milieu une
raie jaune longitudinale , coupée par pluſieurs petites raies
ou points tranſverſes , auſſi de couleur jaune. Le ventre eſt
noirâtre. Les pattes ſont entre-mêlées de brun & de jaune.
Les aîles ont leur bord ſupérieur un peu brun , mais vers le
bout , tout le bord eſt de cette couleur , de même que
quelques taches qui viennent s'y joindre. Ces aîles ſont au
moins de la moitié plus longues que le ventre. On trouve
cet inſecte communément ſur le frêne.

5. P S Y L L A *pallide flaveſcens , oculis fuſcis , aliſ*
aqueis.

Linn. faun. ſuec. n. 700. Chermes abietis.
Friſch. germ. 11 , *p.* 10 , *t.* 2 , *f.* 3. Infectum tuberculi muricati arboris taxi.
Flor. lapp. p. 118 , *n.* 347. E.
Cluſ. pannon. p. 20 , 21. Picea pumila.
Hoffman. fl. altd. 1. Picea pumila.

La pſylle du ſapin.
Longueur 1 ⅓ ligne·   Largeur ½ ligne.

Sa couleur eſt jaunâtre , ſes yeux ſont bruns , & entre
les deux yeux , on voit un petit point noir. Ses antennes
ſont longues & ſétacées. Ses aîles , vûes à un certain jour ,
paroiſſent de couleur bleuâtre plombée.

On trouve cet inſecte ſur le ſapin. Il produit au bout
des branches de cet arbre une monſtroſité particuliere. Le
bout de la branche piqué par l'inſecte mere qui y a dépoſé
ſes œufs , s'étend & forme une tubéroſité écailleuſe ,
comme une petite pomme de pin. Sous les écailles de
cette pomme , ſont des cellules , dans leſquelles ſe trouvent les petits inſectes qui doivent produire l'animal parfait & aîlé. Ils ſont enveloppés d'un duvet blanc qui ſort
de leur anus. On trouve ſouvent ces tubéroſités ſur les

fapins , mais il n'eft pas auffi aifé d'avoir l'infecte parfait, qui faute & vole très-bien.

6. PSYLLA *lanata pini.*

Linn. faun. fuec. n. 699. Chermes pini.

La pfylle du pin.

Je n'ai point trouvé l'infecte aîlé ; mais fouvent j'ai rencontré les feuilles du pin couvertes de touffes d'un duvet blanc , & fous ce duvet la larve de cette pfylle. Elle a fix pieds , en deffous elle eft liffe , fa couleur eft brune , & de fon dos fort ce duvet blanc. Quoique j'aye confervé plufieurs branches chargées de ces larves , je n'ai jamais pu avoir l'animal parfait & aîlé.

7. PSYLLA *fufca , nigro punctata , antennis corpore longioribus , alis nervofis fufco maculatis.*

La pfylle des pierres.
Longueur 1 ¼ ligne.　Largeur ¼ ligne.

Elle eft par-tout d'une couleur brune claire , avec quelques points noirs en deffus. Ses pattes font longues , & fes antennes qui font fines & déliées , le font encore davantage. Elles furpaffent la longueur de fon corps , & égalent prefque celles des aîles , qui , elles-mêmes , font d'un tiers environ plus longues que le corps. Ces aîles font claires , tranfparentes , chargées de nervures noires & de plufieurs taches brunes. Il y a fur-tout trois de ces taches plus grandes & plus remarquables ; favoir, deux pofées le long du bord intérieur & fupérieur de l'aîle , une en haut , l'autre en bas , & une autre fituée au bord extérieur vers le bas , vis-à-vis la derniere des deux précédentes. Ces taches font oblongues.

On trouve cet infecte en très-grande quantité , pendant l'automne , fur les vieilles pierres des maifons. Il paroît qu'il fe nourrit d'un petit *lichen* qui couvre ces pierres & les rend vertes. Souvent elles font couvertes de ces
infectes

infectes & de leurs larves , qui ne diffèrent de l'infecte parfait , que par le défaut d'aîles.

8. P S Y L L A *fufca , antennis fetaceis lævibus , alis nervofis.*

La pfylle brune à antennes fétacées & aîles nerveufes.
Longueur 1 ½ ligne. Largeur ⅓ ligne.

Cette efpéce eft toute d'un brun châtain. Ses antennes fines & déliées , ont les deux tiers de la longueur de fon corps. Ses aîles font jaunâtres , avec quelques nervures un peu brunes ; elles font pofées en toît aigu , & elles ont trois fois la longueur du ventre. Je ne fais quel arbre ou quelle plante habité cet infecte , l'ayant trouvé errant en plufieurs endroits.

9. PSYLLA *rubra , alis nervofis.*

La pfylle rouge.
Longueur 1 ½ ligne. Largeur ⅓ ligne.

Cette jolie efpéce a tout le corps rouge , ainfi que les pattes. Si on la regarde à la loupe , on voit que fa tête , fon corcelet & fon écuffon ont des bandes longitudinales encore plus rouges. Les aîles font très-diaphanes , avec des nervures bien marquées. Je ne fais fur quelle plante vient cette efpéce.

A P H I S.

L E P U C E R O N.

Articulus tarforum unicus.	Un feul article aux tarfes.
Roftrum inflexum.	Trompe courbée en deffous.
Alæ quatuor erectæ vel nullæ.	Quatre aîles droites élevées ou manquant tout-à-fait.
Pedes ambulatorii.	Pattes propres à marcher.
Abdomen bicorne.	Extrémité du ventre garnie de deux pointes ou tubercules.

Parmi les différens caracteres qui font reconnoître le
Tome I.   Q q q

genre des pucerons , il y en a un qui ne lui eft commun
qu'avec la corife & le fcorpion aquatique ; c'eft de n'avoir
qu'un feul article aux tarfes. Un autre caractere effentiel à
ce genre & qui eft propre à lui feul , eft d'avoir fur l'extrémité du ventre deux efpéces de pointes ou cornes plus ou
moins longues. Dans quelques efpéces , ces cornes font
longues , droites , dures ; dans d'autres , elles font groffes ,
courtes & femblables à des tubercules : mais elles fe trouvent dans toutes les efpéces.

Il y a peu d'infectes auffi communs que ces animaux.
On les trouve fur un grand nombre de plantes , prefque
toujours en fociété , & fouvent en nombre très-confidérable. Ces petits infectes ont tous fix pattes grefles & me-
nues. Leur corps eft gros , maffif & lourd , & ils ne marchent qu'avec peine. Beaucoup reftent très long-tems immobiles fur les tiges & les feuilles des plantes , & quelquefois cachés fous ces mêmes feuilles recourbées & comme
figurées en calotte. Les aîles de ceux qui en ont, font grandes & plus longues que leur corps. Leur trompe fouvent
très-longue , prend fon origine du corcelet entre les pattes
de la premiere paire , mais il y a fouvent un ftilet qui part
de la tête , & qui eft couché fur la bafe de cette trompe ,
enforte qu'elle paroît naître de la tête ; peut-être ce ftilet
conduit-il à la tête une partie de la nourriture que prend
cet infecte.

Le puceron , quoique très-commun , eft cependant un
des infectes qui offrent le plus de fingularités furprenantes
pour un Naturalifte. On en trouve qui font aîlés , & d'autres qui n'ont point d'aîles. On eft tenté d'abord de prendre ceux qui font aîlés pour les mâles , & les autres pour les
femelles , comme nous l'avons déja vû dans plufieurs
autres infectes. Il eft vrai que les mâles en fe métamorphofant , deviennent aîlés , mais ils ne font pas feuls ;
on trouve auffi des femelles aîlées , tandis que d'autres
femelles reftent toujours fans aîles & font cependant parfaites , puifqu'elles s'accouplent & font des petits. D'ail-

leurs, il eſt aiſé de diſtinguer les larves & les nymphes des pucerons qui doivent devenir aîlés, d'avec les pucerons ſans aîles. Ces larves ont de chaque côté, à la partie poſté-rieure du corcelet, un bouton ou paquet qui renferme les aîles qui doivent ſe développer par la ſuite. Ces individus ſont imparfaits, on ne les voit point engendrer : mais pour les autres ils s'accouplent & font des petits, ſoit qu'ils ſoient aîlés ou non. Voilà donc une premiere ſingularité dans ce genre d'avoir des femelles aîlées & ſans aîles, également parfaites les unes & les autres. Une ſeconde ſingularité, c'eſt que ces inſectes ſont ovipares & vivipares tout-à-la-fois : tantôt ils rendent des œufs oblongs, gros pour leur corps, d'où ſortent par la ſuite des petits, tan-tôt & plus ſouvent, on les voit faire des petits vivans. Il paroît que ces animaux ſont vivipares pendant tout l'été, & qu'ils ne pondent des œufs que dans l'automne, tems où ſe fait l'accouplement. Ces animaux périſſant l'hiver, il étoit néceſſaire qu'il reſtât des œufs fécondés pour perpé-tuer leur eſpéce. Les petits qui naiſſent vivans, ſortent du ventre de la mere le derriere le premier, & quelquefois la même mere en fait quinze & vingt en un jour ſans paroî-tre moins groſſe qu'auparavant. Si on prend une de ces meres & qu'on la preſſe doucement, on fait ſortir de ſon ventre encore un plus grand nombre de pucerons de plus en plus petits, qui filent comme des grains de chapelet. Enfin, une derniere particularité & la plus ſinguliere de toutes, c'eſt qu'il ſemble qu'un ſeul accouplement fécon-de les femelles pour pluſieurs générations. Qu'on prenne un petit puceron dans l'inſtant qu'il ſort du ventre de ſa mere, qu'on l'enferme en particulier, ayant ſoin ſeule-ment de lui fournir la nourriture qui lui convient, ce pu-ceron, s'il eſt femelle, fera bientôt des petits. On peut de même prendre un de ces petits venus de ce puceron non accouplé, de ce puceron vierge, s'il eſt permis de ſe ſervir de ce terme, & en répétant la même expérience, on voit ce petit en faire encore d'autres. Quelques Naturaliſtes ont répété la même observation jusqu'à la troisiéme & quatriéme génération de ces insectes ; & Bonnet en a observé jusqu'à neuf consécutives, toutes de cette nature, dans l'espace de trois mois. Un pareil fait paroîtroit incroyable , s'il n'étoit attesté par les meilleurs observateurs & par des personnes les plus dignes de foi. Comment expliquer un fait aussi singulier ? Nous avons vû jusqu'ici que les insectes, ainsi que les grands animaux, ne peuvent produire qu'après un accouplement du mâle & de la femelle. Cette loi paroît constante dans la nature pour tous les animaux parfaits. Le puceron seroit-il excepté de cette loi ? Engendreroit-il sans s'être accouplé ? Ou seroit-il fécondé sans accouplement ? Tout ce que l'on peut dire de plus probable sur cet article , c'est que la fécondation que produit l'accouplement se transmet à plusieurs générations de suite , qui produisent jusqu'à ce que cette vertu prolifique s'épuise peu à peu dans les générations suivantes.

Tous les pucerons, tant aîlés que sans aîles, changent plusieurs fois de peau. C'est à la suite de ces changemens, que les aîles se développent dans les premiers. Sous leur forme de larve , à peine distinguoit-on les endroits où les aîles devoient paroître , tandis que dans leur état de nymphes , on voit de chaque côte une espéce de bouton qui renferme les aîles futures. Il n'en est pas de même des pucerons, qui restent toujours sans aîles : toutes leurs métamorphoses se terminent aux changemens différens de peau: du reste , la forme de la larve , de la nymphe & de l'insecte parfait, est précisément la même , & il est impossible de les distinguer.

Plusieurs de ces insectes sont couverts d'une poudre blanche , & quelques-uns même d'une espéce de duvet cotoneux & blanc. L'un & l'autre est plus abondant, lorsque l'insecte est prêt à changer de peau. Cette poudre & ce duvet ne tiennent que légérement à l'insecte & paroissent transpirer de son corps. Outre ce duvet , souvent on voit des petites gouttes d'eau à l'extrémité des deux cornes,

que le puceron porte fur fon derriere. Cette eau fuinte &
fort de ces cornes, qui font creufes en dedans. Elle eft
douce & fucrée. Les pucerons en rendent auffi une affez
grande quantité par l'extrémité de leur corps. C'eft cette
eau mielleufe qui attire un fi grand nombre de fourmis fur
les arbres chargés de pucerons, ce que quelques anciens
Naturaliftes avoient attribué à une certaine amitié & fympathie, que la fourmi avoit pour le puceron. Ils croyoient
qu'elle le recherchoit & qu'elle lui faifoit des careffes,
n'ayant pas approfondi la caufe phyfique de cette efpéce
de fympathie, qui eft toute fimple.

Nous avons déja dit qu'on trouvoit ces infectes en grand
nombre fur les tiges, les feuilles & même fur les racines
de plufieurs arbres & plantes. Les arbres les plus chargés
de ces infectes, en fouffrent beaucoup. Les pucerons enfoncent leur trompe aigue dans la fubftance de la feuille,
pour en tirer leur nourriture, ce qui fait contourner les
tiges & les feuilles, & caufe dans ces dernieres des cavités en deffous, des tubérofités en deffus, & même dans
quelques-unes, des efpéces de galles creufes, remplies de
ces infectes, comme on le voit fouvent fur les feuilles
d'orme, ainfi que nous le ferons remarquer dans le détail
des efpéces. Il paroît étonnant que la piqûre légére d'un
fi petit animal, puiffe autant défigurer une plante. Mais
il faut fe fouvenir que les pucerons font toujours en grande compagnie, qui croît même à vûe d'œil, par la fécondité prodigieufe de ces infectes. Ainfi, quoique chaque
piqûre foit légére, le nombre en eft fi grand, fi répété,
qu'il n'eft plus étonnant que les feuilles en foient défigu-
rées. Auffi les amateurs du jardinage & des plantes, cher-
chent-ils à délivrer & à nétoyer les arbres de cette ver-
mine; mais fouvent leurs foins font inutiles, cet infecte
eft fi fécond, qu'il reproduit bientôt une autre peuplade.
Le meilleur & le plus fûr moyen de l'exterminer, c'eft de
mettre fur les arbres qui en font attaqués, quelques larves
du *lion des pucerons*, ou des *mouches aphidivores*, dont

nous parlerons plus bas. Ces larves voraces détruifent tous les jours une grande quantité de ces infectes, d'autant plus facilement, que ceux-ci reftent tranquilles & immobiles auprès de ces dangereux ennemis, qui fe promenent fur les tas de pucerons, qu'ils diminuent peu à peu.

1. A P H I S *ulmi. Linn. faun. fuec. n.* 705. Planch. 10, fig. 3.

Reaum. inf. 3, *t.* 25, *f.* 4, 5, 6, 7.

Le puceron de l'orme.

Ce puceron de la groffeur d'un grain de millet, eft brun & couvert d'un petit duvet blanc. Son corps eft allongé. Ses antennes font groffes pour fa grandeur, & les deux pointes de fa queue, font fort courtes. Entre ces deux pointes, on voit fouvent une petite veficule, qui fort de l'anus. Ses aîles ont le triple de la longueur de tout le corps. Elles font claires, tranfparentes, avec une petite tache brune au milieu de leur bord extérieur.

On trouve ce puceron en grande quantité fur l'orme; il pique la fubftance des feuilles, pour y dépofer fes œufs, & le fuc venant à s'extravafer, forme des veficules fouvent très-groffes, creufes en dedans, qui tiennent à la feuille par un pédicule quelquefois affez étroit. Au bout de quelque tems, les petits pucerons éclofent dans l'intérieur de cette efpéce de nid, & après être groffis, ils font une ouverture à la veficule, dont ils fortent. Si on ouvre ces veficules avant qu'elles foient percées, on les trouve remplies de jeunes pucerons enveloppés dans un duvet blanchâtre. Ces petits font verts, mais én groffiffant, ils changent de couleur & deviennent bruns.

2. A P H I S *fraxini, nigro viridique variegata.*

Le puceron du frêne.

Le mâle a la tête & le corcelet noir. Le ventre eft vert, avec des anneaux noirs. Les antennes & les pattes font panachées de vert pâle & de noir. Les aîles font grandes, diaphanes, fans aucune autre couleur. Ce puceron a les deux appendices du bout du ventre bien marquées. Sa femelle eft toute noire.

3. APHIS *fambuci tota cœruleo-atra.*

Linn. faun. fuec. n. 707. Aphis fambuci.
Frifch. germ. 11, *p.* 14, *t.* 18.
Reaum. inf. 3, *t.* 21, *f.* 5, 15.
Lift. loq. p. 397, *n.* 40. Cimex exiguus cœfius, cui alæ ex toto membranaceæ
   prægrandes.

Le puceron du fureau.

Cette efpéce eft toute d'un noir matte bleuâtre. Souvent les tiges du fureau en font couvertes.

4. APHIS *quercus atro-fufca.*

Le puceron du chêne.

Celui-ci eft affez gros. Sa couleur eft d'un brun noirâtre & matte. Les appendices de fon ventre font courtes & ne paroiffent prefque point. Ses pattes font fort longues, & celles de devant font d'un brun un peu plus clair que le refte du corps. Je n'en ai point trouvé d'aîlés.

5. APHIS *aceris, viridis, maculis nigris.*

Linn. faun. fuec. n. 709. Aphis aceris.
Reaum. inf. 3, *t.* 22, *f.* 7.

Le puceron de l'érable.

Ce puceron eft grand & large. Sa couleur eft verte, mais le milieu de fa tête & de fon corcelet font noirs. Le deffus du ventre a quelques tubérofités, & fur fa partie poftérieure, on voit une tache brune formée en cœur, divifée en deux antérieurement. Les appendices de fon ventre font fort courts, ce ne font que deux boutons. Les antennes font déliées. On trouve cet infecte fous les feuilles d'érable.

6. APHIS *tiliæ, alis, antennis, pedibufque nigro punctatis.*

Linn. faun. fuec. n. 712. Aphis tiliæ.
Frifch. germ. 11 , p. 13 , t. 17. Pediculus arboreus in tilia.
Reaum. inf. 3 , t. 23 , f. 7 , 8.

Le pucceron du tilleul.

Le corps de cette efpéce eft allongé. Sa couleur eft verdâtre ; mais des deux côtés de fon corcelet , on voit des
raies noires. Le deffus du ventre a auffi quatre raies longitudinales de points noirs. Les antennes & les pattes font
entrecoupées de blanc & de noir , & les aîles bordées de
noir ont outre cela , vers le bord extérieur , fept ou huit
taches ou points noirs.

7. A P H I S *betulæ , marginibus incifurarum abdominis
punctis nigris.*

Linn. faun. fuec. n. 717. Aphis betulæ.
Reaum. inf. 3 , t. 22 , f. 2.

Le puceron du bouleau.

Ce puceron eft un des plus petits. Sa couleur eft verdâtre. On voit fur les bords des anneaux de fon ventre , des
points noirs. La loupe peut à peine faire découvrir les appendices de fa queue, J'ai toujours trouvé cette efpéce
fans aîles.

8. A P H I S *tanaceti fufca , abdomine nigro - cæruleo
antice viridi.*

Le puceron de la tanaifie.

La couleur de la plus grande partie de fon corps , eft
brune , fon ventre eft d'un noir bleuâtre ; mais en devant, il
eft vert. Les deux pointes de fa queue font affez marquées.

9. A P H I S *acetofæ , atra , fafcia tranfverfa viridi.*

Reaum. inf. 3 , p. 286.

Le puceron de l'ofeille.

Il eft tout noir , à l'exception d'une large bande verte
transverfale ,

transverfale , qui eft fur le milieu de fon corps.

10. APHIS *pruni.*

Reaum. inf. 3 , p. 296.

Le puceron du prunier.

11. APHIS *populi nigræ lanata.*

Reaum. inf. 3 , t. 26 , f. 8 , 9 , t. 27 , f. 9 , 10 , 11 , t. 28 , f. 3 , 4.

Le puceron du peuplier noir.

Ce puceron eft couvert d'un duvet cotonneux blanc ; fort long, dont il eft comme hériffé. Lorfqu'on l'a dépouillé de ce duvet , fon corps paroît vert. Il dépofe fes œufs fur les tiges , les pédicules des feuilles , & même dans la fubftance des feuilles du peuplier noir. Le fuc s'extravafant autour de ces œufs, produit des excroiffances allongées, pointues comme des petits cornets roulés , qui ont fur le côté, une fente qu'on ne voit qu'en les preffant.

12. APHIS *fagi lanata.*

Reaum. inf. 3 , t. 26 , f. 1.

Le puceron du hêtre.

Celui-ci reffemble beaucoup au précédent ; il eft pareillement couvert d'un duvet cotonneux fort long , dont on peut le dépouiller, & pour lors , il paroît vert. Quoiqu'il fe trouve fur un arbre différent , il pourroit bien être le même que celui du peuplier noir.

13. APHIS *fonchi caudata.*

Reaum. inf. 3 , t. 22 , f. 3 , 4 , 5.

Le puceron du laiteron.

La couleur des pucerons de cette efpéce varie ; il y en a de noirs & d'autres bronzés. Ces derniers fe trouvent moins fréquemment que les autres ; & il pourroit fe faire que leur couleur différente ne vînt que de maladie. En effet, j'ai souvent observé que ces pucerons bronzés périssoient, & que de leurs corps sortoient des petites mouches à tarieres, qui y avoient déposé leurs œufs. Nous parlerons dans la suite de ces mouches. Ce que cette espéce a de particulier, c'est qu'entre les deux appendices du ventre, qui sont grandes, elle porte une petite queue recourbée vers le haut.

14. A P H I S *fusca, proboscide corpore triplo longiore.*

Reaum. ins. 3, t. 28, f 5 — 10.

Le puceron des écorces à longue trompe.

C'est sous les écorces des arbres, que l'on trouve ce puceron. Sa couleur brune approche de celle du caffé. On n'apperçoit point les appendices de son ventre. Mais ce qu'il y a de singulier, c'est la longueur de sa trompe, qui est trois fois au moins plus longue que son corps. L'insecte la fait passer entre ses jambes, & elle déborde de beaucoup par derriere. Il peut cependant la raccourcir & la retirer quand il veut.

CHERMES. *Coccus. linn.*

LE KERMÈS.

Rostrum pectorale inter primum & secundum par femorum.	Trompe sortant du corcelet, entre la premiere & la seconde paire de pattes.
Alæ duæ maculis, erectæ.	Deux aîles droites élevées, mais dans les mâles seulement.
Abdomen appendicibus setaceis.	Extrémité du ventre garnie de filets.
Fœmina folliculi formam induens.	Femelle qui prend la figure d'une graine ou gousse.

Nous avons rendu à ce insecte le nom de *chermès*, sous lequel il est connu, le kermès, qui sert à la teinture, &

que l'on nomme aussi graine d'écarlate, étant de ce genre.
Je ne sais pourquoi quelques auteurs avoient voulu transf-
férer ce nom à la pfylle que nous avons décrite plus haut.
Divers auteurs françois ont aussi appellé les insectes de ce
genre *galle-insectes*, parce que ces petits animaux, lorsf-
qu'ils sont immobiles & attachés aux arbres, ainsi que
nous le dirons, ressemblent à ces excroissances connues
sous le nom de galles ou noix de galles. Le caractere de ce
genre est aisé à reconnoître. La position singuliere de sa
trompe ne lui est commune qu'avec la cochenille & la
pfylle, & le kermès se distingue aisément de la derniere
par tous ses autres caracteres, & principalement par les
filets qui sont à l'extrémité de son ventre. Il n'y auroit donc
que la cochenille, avec laquelle on pourroit confondre le
kermès. Tous les caracteres de ces deux genres sont les
mêmes, à l'exception d'un seul. Aussi quelques Naturalistes ont-ils joint ensemble ces insectes. Nous avons cependant cru devoir les distinguer, moins à cause des mâles, qui sont difficiles à trouver & encore plus à examiner, qu'à cause des femelles. Ces dernieres sont fort différentes dans ces deux genres. Cette différence se tire de la
forme que prennent ces femelles. Lorsqu'elles sont jeunes, elles sont semblables dans les deux genres, elles courent sur les feuilles & les tiges, & elles ressemblent, pour
la figure, à des petits cloportes blancs, qui auroient six
pattes ; mais au bout de quelque tems, la femelle du kermès se fixe à un endroit de l'arbre ou de la plante, sur lesquels elle vit ; elle reste dans ce même endroit, y devient
parfaitement immobile ; enfin son corps parvient à se gon-
fler, sa peau se tend, devient lisse ; elle se féche, les anneaux s'effacent & disparoissent ; en un mot, elle perd tout-
à-fait la forme & la figure d'un insecte, & elle ressemble
aux galles ou excroissances, qu'on trouve sur les arbres.
C'est de-là qu'on lui a donné le nom de galle insecte. La
peau du kermès, ainsi féchée, ne sert plus que de coque
ou couverture, sous laquelle sont renfermés les œufs de

R r r ij

ce petit animal, comme nous l'expliquerons plus bas. Il
n'en eſt pas de même de la cochenille. Outre que les femelles des inſectes de ce genre ſe fixent beaucoup plû-
tard ſur les plantes ; lorſqu'elles ſe ſont fixées & arrêtées,
elles ne changent point de forme : on reconnoît toujours
la figure de l'inſecte ; ſes anneaux & ſes différentes parties
ſont encore reconnoiſſables, lors même qu'il n'eſt plus
vivant, & qu'il a péri dans l'endroit qu'il s'étoit fixé.

Examinons maintenant les kermès, & voyons en détail
les parties dont ſont compoſés les mâles & les femelles. Ces
dernieres, les plus aiſées à trouver, & ſouvent très-com-
munes ſur certaines plantes, reſſemblent dans leur jeuneſſe
à des petits cloportes, comme nous l'avons déja dit. Elles
ont deux antennes, ſix pattes, & leur corps qui eſt blanchâtre & comme poudreux, eſt compoſé de cinq anneaux.
Leur bouche part du corcelet en deſſous, entre la premiere paire de pattes. Elle eſt compoſée d'un mamelon ou
tuyau charnu fort court, duquel naît un filet blanc & dé-
lié, plus long ſouvent que la moitié du corps de l'inſecte.
C'eſt par ce tuyau ou filet, que le petit animal pompe ſa
nourriture, en l'enfonçant profondément dans l'écorce.
A l'extrémité du ventre, ſont des filets blancs au nombre
de quatre ou de ſix, ſuivant les différentes eſpéces ; mais
ces filets ne s'apperçoivent aiſément, qu'en preſſant un
peu le corps de l'inſecte pour les faire ſortir. Pendant les
premiers tems, ces petites femelles nouvellement écloſes,
courent avec agilité ſur les plantes, où on les trouve ſouvent en très-grand nombre ; mais bientôt après, elles ſe
fixent & s'arrêtent ſur un endroit de la plante. Alors elles
reſtent immobiles, & ne quittent plus cette place, où elles
doivent pondre & terminer enſuite leur vie. Ce n'eſt pas
que dans le commencement ces inſectes ſoient hors d'état
de marcher ; ils pourroient encore le faire pendant pluſieurs mois après s'être fixés, comme on peut s'en aſſurer,
en les détachant légérement ; mais ces inſectes ne le peuvent plus au bout d'un certain tems. Si on détache, vers

la fin de l'hiver, ceux qu'on a vûs se fixer pendant l'automne, on ne les voit plus marcher ni faire de mouvement, & ils périssent sans donner aucun signe de vie. Lorsque ces femelles sont ainsi fixées, elles tirent leur nourriture de l'endroit de la plante, où elles sont attachées, par le moyen du filet de leur trompe, qu'elles y ont introduit. Pour lors, elles changent de peau ; elles la quittent par morceaux, sans pourtant paroître faire aucun mouvement. C'est aussi, dans ce même tems, après que ces insectes sont devenus immobiles, qu'ils croissent beaucoup ; ils étoient auparavant très-petits, en peu de tems ils acquiérent la grosseur d'un grain de poivre & davantage, & même dans quelques espéces, celle d'un pois. Leur peau s'étend, devient lisse & brune, de blanche qu'elle étoit auparavant, & ils ressemblent à des tubercules de l'écorce de l'arbre. Aussi quelques Naturalistes les ont-ils pris pour de véritables tubercules, ne pensant pas qu'un corps immobile, qui paroît insensible, & qui ressemble si peu à un animal, pût être un insecte. La figure de ces espéces de tubercules ou galles, que représente l'insecte, varie suivant les différentes espéces. Les unes sont plus arrondies & figurées en demi-boules ; d'autres sont oblongues & ressemblent à une nacelle renversée. Lorsque les femelles ont pris cette forme, au bout de quelque tems, elles pondent. Leurs œufs sortent de la partie postérieure de leur corps par une ouverture placée de façon que ces œufs, en sortant du derriere, repassent sous le ventre de la mere qui les couve. Avant la ponte, le ventre du kermès étoit immédiatement appliqué contre l'écorce. A mesure que ces œufs sortent, le ventre est moins tendu ; les œufs poussés entre l'insecte & l'écorce de l'arbre, repoussent la peau inférieure du ventre contre celle de dessus, ensorte que lorsque toute la ponte est faite, & que le ventre est tout-à-fait vuide, les deux membranes de cette partie se touchent ; la mere en mourant ne forme plus qu'une espéce de coque solide, sous laquelle les œufs sont renfermés.

On trouve souvent en été les arbres chargés de ces coques. Si on les leve, on trouve dessous une grande quantité d'œufs. D'autres coques sont creufes & vuides, ce sont celles dont les petits sont éclos. Ces coques, soit séches, soit fraîches, ne reffemblent nullement à des insectes. Dans ces kermès, qui sont fixés & qui vivent encore, on n'apperçoit ni antennes ni jambes, ni anneaux; mais lorfqu'on les preffe légérement, on fait encore très-bien sortir les filets de l'extrémité du ventre.

Lorfque les petits sont fortis de leurs œufs, ils reftent d'abord quelque tems après être éclos, sous la coque formée par le cadavre de leur mere, & enfuite ils en sortent par une fente, qui eft à la partie poftérieure de cette coque. C'eft ordinairement dans le commencement de l'été. Ils se fixent sur la fin de cette faifon, reftent immobiles pendant l'hiver, & pondent & meurent dans le printems, enforte que ces insectes vivent environ pendant un an.

Le mâle de cette finguliere femelle ne lui reffemble guéres que dans les commencemens, lorfqu'il eft encore sous fa premiere forme. Pour lors, on ne peut diftinguer ce mâle d'avec fa femelle. Bientôt après il se fixe comme elle; il devient immobile, mais fans grandir & prendre d'accroiffement. La peau de cette petite larve, ainfi fixée, se durcit & forme une efpéce de coque, sous laquelle vient la nymphe. Lorfque cette nymphe eft métamorphofée, & qu'elle eft devenue insecte parfait, l'animal fort de fa coque, le derriere le premier, en foulevant fa partie ou peau supérieure. Cet animal parfait eft très-différent de fa femelle. C'eft un animal aîlé, fort petit, dont le corps & les fix pattes font rougeâtres, & couverts souvent d'une farine ou poudre blanche. Il a deux aîles fort grandes pour fa taille, de couleur blanche, & bordées d'un rouge vif femblable à du carmin, du moins dans plufieurs efpéces. A fa queue, on voit deux filets blancs, quelquefois du double de la longueur des aîles; & entre ces filets, une efpéce d'aiguillon un peu courbe, moins long qu'eux au moins des deux tiers. Les larves de ces mâles avoient des trompes femblables à celles que nous avons décrites dans les femelles ; mais les infectes aîlés & parfaits, qui fortent de leurs coques & de leurs nymphes, n'en ont point ; on voit feulement à la place de la trompe, deux grains ou mamelons hémifphériques, qui femblent en tenir lieu. Peut-être l'infecte prend-t-il fa nourriture par le moyen de ces mamelons : peut-être auffi n'a-t-il pas befoin de bouche ni de trompe, femblable en cela à plufieurs autres infectes, qui, lorfqu'ils font devenus parfaits, ne prennent aucune nourriture, & ne vivent fous cette derniere forme, que le tems qui eft néceffaire pour féconder leurs femelles. Cette fécondation paroît être le principal but de la nature dans fes ouvrages ; elle prend toutes les voies propres à la faciliter. C'eft pour cette raifon, qu'elle a accordé aux mâles des kermès, des ailes, pour qu'ils puffent chercher & trouver leurs femelles immobiles, qui les attendent patiemment dans l'endroit où elles fe font fixées.

A peine le mâle s'eft-il métamorphofé, qu'il fe fert de fes aîles pour voler vers les femelles. Ces dernieres font beaucoup plus grandes que lui : il fe promene plufieurs fois fur quelqu'une d'elles, va de fa tête à fa queue, peut-être pour l'exciter à entr'ouvrir la fente deftinée à recevoir la partie du mâle. Cette femelle, qui paroît immobile & fans vie, n'eft pas cependant infenfible à ces careffes ; elle paroît y répondre, & pour lors le mâle introduit dans la fente, qui eft à la partie poftérieure de la femelle, cet aiguillon courbe, que nous avons dit fe trouver entre les filets de l'extrémité du ventre.

Feu de tems après cet accouplement, la femelle pond des milliers d'œufs, qui paffent fous fon ventre à mefure qu'ils fortent de fon corps. Ces œufs font durs, luifans, rougeâtres, fouvent enveloppés fous le corps de la mere dans une efpéce de duvet cotonneux, qui fuinte à travers la peau de l'infecte, fous la forme d'une poudre blanche & gluante.

On verra dans le détail des espéces que nous allons donner, que plusieurs plantes de ce pays sont habitées par des kermès. Peut-être en aurions-nous trouvé un plus grand nombre, si nous eussions pû rencontrer aisément les mâles, dans lesquels nous aurions remarqué plus de différences spécifiques que dans les femelles, qui toutes se ressemblent beaucoup. Les pays étrangers donnent aussi plusieurs kermès; mais celui qui mérite le plus d'attention, est le kermès ou la graine d'écarlate, qui sert à la teinture, & dont on tire une belle couleur rouge, la plus estimée autrefois, avant qu'on se servît de la cochenille. Ce kermès vient sur le chêne verd, où on le ramasse avec soin. Outre son usage pour la teinture, on s'en sert aussi dans la médecine, & il entre dans la composition d'un sirop cordial, connu sous le nom d'alkerme. Les Polonois ont aussi une espéce de kermès, commun dans leur pays, mais rare autour de Paris, qui sert pareillement dans la teinture; on l'appelle *coccus polonicus, coccus infectorius*. Nous en parlerons dans un instant. L'utilité de ces insectes & de quelques-autres, fait voir qu'on peut souvent retirer des avantages de la connoissance de ces petits animaux, & que cette étude, qui ne paroît d'abord qu'un simple amusement, n'est pas cependant à négliger.

1. CHERMES *radicum purpureus.*

Linn. faun. suec. n. 720. Coccus radicum purpureus.
Cornar. dioscor. l. 4, *c.* 39. Granum zschinbitz.
Scaliger. exercit. 325, *n.* 13.
Camer. epit. 691. Polygonum cocciferum.
C. Bauhin. pin. 281. Polygonum cocciferum.
J. Bauhin. hist. 3, *p.* 378. Polygonum polonicum cocciferum.
Paulin. quadrip. 113. Ova insecti incogniti.
Raj. hist. pl. 186. Polygonum polonicum cocciferum.
Ruppi. jen. 86. Knawel folio & flore albicante.
Breyn. act. physico-medic. N. C. vol. 3, *app.* 5, *t.* 1. Coccus tinctorius radicum.
Frisch. germ. 5, *p.* 6, *t.* 2. Cochinella germanica.
Reaum. ins. 4, *mem.* 2, *p.* 1, *n.* 143. Progall-insecte de la graine d'écarlatte de Pologne.

Le kermès des racines.

Je

Je n'ai jamais trouvé cet infecte autour de Paris , où il eft fort rare , mais j'en ai vû quelques-uns qu'on y avoit rencontrés & ramaffés. Il fe trouve à la racine d'une efpéce de *polygonum* , appellé *knawel* , où il forme un grain rond de couleur brune rougeâtre. On le trouve auffi à la racine de quelques-autres plantes.

2. CHERMES *hefperidum*.

Linn. faun. fuec. n. 711. Coccus hefperidum.
La Hire. act. ac. R. fc. 1692 , p. 14, t. 14.
Frifch. germ. 11 , p. 12.
Reaum. inf. 4 , t. 1 , f. omnes.
Act. Upf. 1736 , p. 37 , n. 9. Pediculus clypeatus.

Le kermès des orangers.

On trouve fouvent les orangers tout couverts de cet in-fecte , que quelques-uns ont appellé la punaife des oran-gers. Il eft ovale , oblong , de couleur brune , & couvert d'une efpéce de vernis qui le rend luifant ; il a fix pattes en-deffous , & une échancrure à fa partie poftérieure. C'eft un peu avant cette échancrure que font les filets au nombre de *quatre* , qui fortent pour peu que l'on preffe l'infecte , ces filets font blancs. Celui que nous venons de décrire eft la femelle. Son mâle doit être aîlé , mais je ne l'ai jamais trouvé. Lorfque la femelle eft jeune , elle court fur l'oranger , mais bientôt elle fe fixe à une place où elle s'attache , & elle groffit en fucçant le fuc de la feuille , par le moyen de fa trompe qui eft en-deffous. Enfin , à mefure que fon corps augmente , elle perd tout mouve-ment & même la forme d'infecte , fes anneaux s'effacent , ce n'eft plus qu'une efpéce de pellicule feche formée en calotte , attachée fur la feuille , fous laquelle eft renfer-mé un nombre infini d'œufs. Le corps de la mere leur fait une enveloppe , de deffous laquelle fortent les petits lorfqu'ils éclofent. Les orangers , les citroniers , les li-mons & les autres arbres de cette famille , font également attaqués par ces infectes , dont le nombre confidérable les fait quelquefois languir.

Tome I. S ff

3. CHERMES *clematitis oblongus.*

Le kermès de la clematite.

Il eſt plus grand que le précédent , auquel il reſſemble pour ſa forme allongée & ſa couleur brune. Je ſoupçonnerois beaucoup qu'il ne différe pas de celui des orangers , d'autant qu'il porte auſſi quatre filets à ſa queue : mais pour en être aſſuré , il faudroit connoître les mâles de l'une & de l'autre eſpéce.

4. CHERMES *perſicæ oblongus.* Planch. 10 , fig. 4.

Reaum. inſ. 4 , *t.* 1 , *ſ.* 1 , 2.

Le kermès oblong du pêcher.

Le mâle a deux aîles. Son corps eſt d'un rouge couleur de roſe , ou même couleur de chair. Ses aîles ſont d'un blanc gris , bordées d'un peu de rouge. Il porte à l'extrémité du ventre quatre filets longs. La femelle eſt oblongue & brune , & elle approche des précédentes.

N. B. Cette eſpéce & les deux précédentes ſe reſſemblent infiniment , & pourroient bien n'être que des variétés , quoiqu'elles ſe trouvent ſur des plantes différentes.

5. CHERMES *perſicæ rotundus.*

Reaum. inſ. 4 , *t.* 2 , *ſ.* 4 , 5.

Le kermès rond du pêcher.

Celui-ci eſt arrondi & brun. Il porte quatre filets à ſa queue.

6. CHERMES *vitis oblongus.*

Reaum. inſ. 4 , *pag.* 20.

Le kermès de la vigne.

C'eſt ſur le tronc & les branches de la vigne que ſe trouve cette eſpéce , & jamais ſur les feuilles. Elle eſt oblongue , ovale , de couleur canelle brune , avec un peu de duvet blanc en deſſous & ſur les côtés. Elle porte à ſa queue *ſix* filets blancs , qui ſortent ſouvent d'eux-mêmes , mais encore plus quand on preſſe un peu l'animal. Ce kermès s'attache de bonne heure à la vigne , groſſit & périt , renfermant une grande quantité d'œufs ſous ſon corps. Les petits qui en ſortent ſont d'abord d'un brun clair & fort pâle. Je n'ai jamais trouvé le mâle.

7. CHERMES *abietis rotundus.*

Le kermès du ſapin.

Il eſt tout-à-fait rond & ſphérique. Sa couleur eſt maron foncé. On le trouve ſur les branches de ſapin , principalement vers les bifurcations de ces branches.

8. CHERMES *ulmi rotundus.*

Le kermès de l'orme.

Il eſt rond , ſphérique , brun, de la groſſeur & de la couleur des bayes de genievre. Il s'attache aux petites branches de l'orme , qui quelquefois en ſont ſi chargées, qu'elles reſſemblent à des grappes.

9. CHERMES *tiliæ hemiſphæricus.*
Reaum. inſ. 4 , *p.* 43.

Le kermès du tilleul.

Il reſſemble à celui de l'orme : il eſt ſeulement un peu moins gonflé & moins rond.

10. CHERMES *coryli hemiſphæricus.*
Reaum. inſ. 4 , *p.* 43.

Le kermès du coudrier.

Il eſt tout-à-fait ſemblable au précédent.

11. CHERMES *quercûs rotundus fuſcus.*
Reaum. inſ. 4 , *t.* 5 , *f.* 2.

Le kermès rond & brun du chêne.

Il ne paroît pas différer de celui de l'orme.

12. CHERMES *quercûs rotundus , ex albo flavefcente nigroque variegatus.*

Reaum. inf. 4 , t. 5 , f. 3 , 4.

Le kermès du chêne rond & de couleur panachée.

La couleur de celui-ci eft finguliere. Le fond eft d'un blanc jaunâtre , fur lequel font trois raies noires tranfverfes. Entre ces raies , dans les intervalles , il y a des points noirs diftribués auffi tranfverfalement.

13. CHERMES *quercûs reniformis.*

Reaum. inf. 4 , t. 6 , f. 1.

Le kermès reniforme du chêne.

Sa forme différe de celle de tous les autres , elle approche de la figure d'un rein. Quant à fa couleur , elle eft brune.

14. CHERMES *quercûs oblongus ferico albo.*

Le kermès ovale & cotonneux du chêne.

Il eft de couleur brune , foncée & piquée d'un brun plus clair.

15. CHERMES *carpini ferico albo.*

Reaum. inf. 4 , p. 62 , t. 6 , fig. 5 , 9 , 11.

Le kermès cotonneux du charme.

Sa couleur eft d'un rouge brun. En-deffous & fur les côtés , il a un duvet cotonneux blanc affez confidérable.

16. CHERMES *mefpili ferico albo.*

Le kermès cotonneux du néflier.

Il ne paroît pas différer du précédent.

17. CHERMES *arborum linearis.*

Reaum. inf. 4, t. 5, f. 5, 6, 7.

Le kermès en écaille de moule.

Celui-ci vient fur les arbres. Il eft long, étroit & formé prefque comme une écaille de moule.

18. CHERMES *aceris ovatus.*

Le kermès ovale de l'érable.

Cette petite efpéce eft affez applatie & ovale. Elle eft d'un brun clair, & a dans fon milieu une bande longitudinale brune foncée, aux deux côtés de laquelle font des bandes de couleur blanche cendrée. Elle fe trouve fur les feuilles de l'érable du côté du revers de la feuille.

N. B. On peut ajouter à ces efpéces le *kermès du chêne vert ; chermes ilicis ,* appellé aufli graine de kermès ou graine d'écarlatte & qui s'employe dans la teinture. Mais cette belle & utile efpéce ne fe trouve pas aux environs de Paris.

COCCUS.

LA COCHENILLE.

Roſtrum pectorale inter primum & ſecundum par femorum.	Trompe fortant du corcelet, entre la premiere & la feconde paire de pattes.
Alæ duæ maſculis , erectæ.	Deux aîles droites élevées , dans les mâles feulement.
Abdomen appendicibus ſetaceis.	Extrémité du ventre garnie de filets.
Fœmina inſecti formam ſervans.	Femelle qui conferve la figure d'infecte.

Nous avons vû, en parlant du kermès, que la cochenille en approche infiniment, que fes caracteres font femblables, & qu'elle paroît n'en différer que par la forme de la femelle. Celle du kermès prend la figure d'une efpéce de tubercule , au lieu que la cochenille conferve toujours celle d'un véritable infecte , dans lequel on diftingue les anneaux & les autres parties de l'animal. Cette reffemblance de la cochenille avec le kermès , auquel quelques perfonnes ont donné le nom de galle-infecte, l'a fait appeller par ces mêmes auteurs , *pro-galle-infecte*. Nous avons mieux aimé lui conferver le nom de cochenille fous lequel elle eft connue.

La forme & la maniere de vivre de la cochenille , reffemblent auffi beaucoup à celles du kermès , enforte que nous nous étendrons peu fur cet articles , pour ne pas tomber dans des redites inutiles.

Les femelles des cochenilles font oblongues , elles ont deux antennes & fix pattes. Leur corps eft blanchâtre à caufe d'une efpéce de farine blanche dont il eft couvert. Leur trompe eft pofée fous le corcelet, entre la premiere paire de pattes , comme celle du kermès. Leur corps eft compofé de plufieurs anneaux ; j'en ai compté jufqu'à quatorze fur quelques efpéces. A la queue font quatre filets blancs , qu'on ne voit guères , qu'en preffant un peu le corps de l'infecte. Cette femelle , après avoir d'abord couru fur les plantes , fe fixe & devient immobile , comme celle du kermès , mais fans changer de forme ; feulement elle groffit beaucoup & de fon corps fort un duvet cotonneux blanchâtre , qui lui fert comme de nid , pour faire fa ponte.

Le mâle de cette femelle eft beaucoup plus petit. Dans les commencemens il lui reffemble , mais par la fuite il devient aîlé en fe métamorphofant. Il a deux antennes affez longues ; fon corps & fes pattes font rougeâtres , & couverts d'une farine blanche. A fa queue font quatre filets , & il a deux aîles fort grandes pour fon corps.

Ces infectes m'ont tous paru ovipares , quoique quelques auteurs ayent affuré qu'ils étoient vivipares. Je n'en ai trouvé que peu d'efpéces dans ce pays-ci , encore la premiere que je décris , quoique commune dans nos ferrҽs, eſt-elle originairement étrangere. Les autres pays en fourniſſent auſſi, mais l'Amérique ſur-tout, nous donne l'eſpéce de cochenille qui vient ſur l'*Opuntia* ou la raquette, avec laquelle on fait la belle teinture d'écarlatte infiniment ſupérieure pour l'éclat à celle des anciens. Peut-être pourrions nous tirer auſſi quelque belle couleur de la cochenille de l'orme, qui eſt très-commune dans ce pays-ci, & qui reſſemble infiniment à celle d'Amérique. C'eſt ce que les curieux pourroient eſſayer.

1. COCCUS *adonidum corpore roſeo, farinaceo, alis ſetiſque niveis.*

Linn. faun. ſuec. n. 1169. Pediculus adonidum.
Aɛ̃t. Upſ. 1736, *p.* 37, *n.* 8. Pediculus hypernaculorum arboreus villoſus.

La cochenille des ſerres.

Cette cochenille, étrangere à ce pays-ci, ne ſe trouve point à la campagne, mais ayant été apportée des pays chauds avec les plantes de ces climats, elle s'eſt naturaliſée dans nos ſerres chaudes, où elle couvre quelquefois tous les arbuſtes, ſans qu'on puiſſe la détruire, quelque ſoin que l'on prenne.

Le mâle eſt petit, ſes antennes ſont longues pour ſa grandeur; ſes pattes & ſon corps ſont rougeâtres, preſque de couleur de roſe, & couverts d'un peu de farine blanche. Ses deux aîles & les quatre filets de ſa queue ſont d'un blanc de neige. De ces quatre filets, deux ſont plus longs, & les deux autres un peu plus courts. Sa femelle n'a point d'aîles & reſſemble pour la forme à un petit cloporte. C'eſt ce qui l'a fait ranger au nombre des poux par M. Linnæus, qui ne connoiſſoit point le mâle. Cette femelle ovale oblongue, eſt toute couverte d'une farine blanche; elle a des antennes un peu moins grandes que celles du mâle. En-deſſous elle a ſix pieds. Son corps eſt compoſé de quatorze anneaux, qui ont ſur les côtés des appendices, dont les deux dernieres qui terminent la queue, ſont plus longues que les autres, enforte que cette queue

paroît comme bifurquée. C'eſt entre ces deux dernieres
appendices plus longues, que ſont les quatre filets de la
femelle, plus courts que ceux du mâle, peu apparens &
que l'on ne voit guères ſans preſſer un peu le corps de l'a-
nimal. Cette femelle court ſur les plantes, juſqu'à ce que
étant prête de dépoſer ſes œufs, elle s'arrête & forme un
nid qui reſſemble à un petit floccon de coton blanc, dans
lequel elle s'enveloppe pour faire ſa ponte. Très-peu de
tems après, on voit les petits ſortir de cette eſpéce de
nid, dans lequel la mere a péri. Pour lors tous ſont ſans
aîles, mais peu après les mâles deviennent aîlés. Les
ſerres du Jardin du Roi ſont pleines de ces inſectes, qui
ſont très-communs dans nos Iſles & au Sénégal.

2. COCCUS *graminis corpore roſeo.* Planch. 10, fig. 5.

Linn. faun. ſuec. n. 721. Coccus phalaridis.

La cochenille du chiendent.

Je ne connois que la femelle de cette eſpéce, qui reſſemble
beaucoup à celle des ſerres. Elle eſt de même blanchâtre,
un peu couleur de chair ; couverte d'une pouſſiere fari-
neuſe, avec deux antennes courtes & ſix pattes en-deſſous.
On la trouve ſur l'eſpéce de *gramen* que M. Linnæus appelle *phalaris.* Elle forme le long des tuyaux de ce chiendent, des petits nids de matiere cotonneuſe blanche,
dans leſquels elle dépoſe ſes œufs. Les petits filets de ſa
queue ne paroiſſent preſque point. Son mâle doit beaucoup reſſembler à celui de l'eſpéce précédente.

3. COCCUS *ulmi, corpore fuſco, ſerico albo.*

Reaum. inſ. 4, *t.* 7, *f.* 1, 2, 6, 9.

La cochenille de l'orme.

C'eſt ſur les branches de l'orme, que l'on trouve communément cette cochenille, qui eſt fort ſemblable à la
belle cochenille de l'opuntia, dont on tire la précieuſe couleur du carmin. Celle-ci eſt brune, ovale & ſe termine

en

en pointe par les deux bouts. Elle fe fixe de bonne heure fur l'arbre, & forme en-deffous & fur les côtés, un duvet blanc & cotonneux dans lequel elle paroît enfoncée. Elle conferve jufqu'à la fin fa forme d'infecte, & l'on diftingue toujours les anneaux de fon corps, quoiqu'elle meure fur la place. M. de Reaumur prétend qu'elle eft vivipare, & qu'on trouve des petits fous fon corps, mais en petit nombre, parce qu'ils s'échappent à mefure qu'ils éclofent. Il établit même cette différence entre la cochenille ou pro-galle-infecte, & le kermès ou galle-infecte, regardant comme un caractere de la premiere, d'être vivipare, & du fecond, d'être ovipare. Pour moi j'avoue que je n'ai jamais trouvé de petits, mais des œufs fous le corps de cette cochenille, enforte qu'elle eft ovipare, comme les deux premieres efpéces de ce genre que M. de Reaumur n'a point connues, ou du moins, dont il ne parle pas. Quant au mâle de cette efpéce, je ne l'ai point trouvé.

Fin du Tome premier.

TABLE ALPHABETIQUE

Des noms françois des Insectes, contenus dans le premier Volume.

Les noms en caracteres romains font ceux des genres, & ceux des efpéces font en italiques.

Fin de la Table des noms françois.

TABLE ALPHABETIQUE

Des noms latins des INSECTES, contenus dans le premier Volume.

Les noms italiques font ceux des citations.

Ttt ij

Fin de la Table des noms latins.

EXPLICATION

D E S Planches contenues dans le premier Volume.

PLANCHE PREMIERE.

Fig. I. LE CERF-VOLANT, de grandeur naturelle. On en trouve quelquefois qui font encore beaucoup plus grands.

a. Antenne du cerf-volant feparée.

Fig. II. La panache.

b. La panache de grandeur naturelle.

c. La même, vûe au microfcope.

d. Sa patte féparée pour faire voir le nombre des articles des tarfes.

Fig. III. Le fcarabé *phalangifte.*

e. L'animal de grandeur naturelle.

f. Son antenne féparée, dont la maffe eft compofée de trois feuillets.

n. Antenne féparée du fcarabé *foulon*, dont la maffe eft compofée de fept feuillets *très-longs.*

o. Antenne féparée du *hanneton*, dont la maffe eft pareillement compofée de fept feuillets, mais plus courts.

Fig. IV. L'efcarbot.

g. L'animal de grandeur naturelle, vû en-deffus.

h. Le même, vû en-deffous.

j. L'efcarbot vû en-deffous & plus grand que le naturel.

k. Patte de l'infecte féparée.

l. Sa tête féparée pour faire voir fes machoires & la pofition des fes antennes.

m. Antenne de l'efcarbot, groffie à la loupe.

Fig. V. Le dermefte *à point de hongrie.*

p. L'animal de grandeur naturelle.

q. r. Son antenne féparée & plus groffe que le naturel.

Fig. VI. La vrillette.

s. L'animal de grandeur naturelle.

t. Le même, groffi à la loupe.

u. Son antenne aggrandie.

x. Sa patte féparée.

Fig. VII. L'anthrêne.

y. L'animal dans fa groffeur naturelle.

z. Le même, groffi au microfcope.

&. Le même, groffi & vû en-deffous.

a a. Son antenne féparée.

b b. Sa patte féparée & groffie.

Fig. VIII. c c. La ciftele de grandeur naturelle.

d d. Son antenne féparée.

e e. Sa patte féparée & vûe au microfcope.

PLANCHE II.

Fig. I. **L**E Bouclier.
a. L'animal de gran-
deur naturelle.
b. Sa patte groffie à la loupe.
c. Son antenne.
d. La patte encore plus groffie, que dans la Figure *b.*

Fig. II. e. Le richard *doré à ftries.*
f. Sa patte.
g. Son antenne.

Fig. III. h. Le richard *rulis*, vû à la
loupe.
j. Le même, de grandeur
naturelle.
k. Son antenne.

Fig. IV. Le taupin.
l. L'infecte groffi & vû en-
deffous.
m. Le même, en-deffus.
n. Son antenne.
o. Une de fes pattes.
A côté de la figure, eft
l'échelle de la grandeur
naturelle de l'infecte.

Fig. V. Le buprefte.
p. L'animal de grandeur naturelle, vû en deffus.

q. Le même groffi, & vû
en-deffous ; on apper-
çoit dans cette figure,
l'appendice qui eft à l'origine de fes pattes, fur-
tout des dernieres.

Fig. VI. La bruche.
r. L'animal de grandeur naturelle.
f. Le même, vû à la loupe.
t. Sa patte féparée.

Fig. VII. Le ver-luifant.
u. La femelle, vûe en-deffus.
x. La même, vûe en-deffous.
y. Le mâle.
z. L'antenne du ver-luifant
féparée & groffie.
&. Sa patte.

Fig. VIII. La cicindele.
A. L'animal groffi, l'é-
chelle de fa grandeur na-
turelle eft à côté.
B. Sa patte féparée.

Fig. IX. L'omalife.
C. L'infecte de grandeur naturelle.
D. Le même, groffi au
microfcope.

PLANCHE III.

Fig. I. **L**'Hydrophile.
a. L'infecte de gran-
deur naturelle, vû en-
deffus.
b. Le même, vû en-deffous.
c. Son antenne féparée.

Fig. II. Le ditique.

Fig. III. Le tourniquet.
d. L'animal groffi & vû en-
deffus.
e. Le même, en-deffous.
f. Son antenne féparée.
g. Sa patte féparée.

Fig. IV. La melolonte.
h. L'infecte groffi.
j. Son antenne féparée.
k. Sa patte.

Fig. V. Le prione de grandeur
naturelle.

Fig. VI. Le capricorne *rofalie.*
l. L'animal de grandeur naturelle.
m. Sa tête & son corcelet
féparés, pour faire voir
fes machoires & la pofi-
tion de fes antennes.

PLANCHE IV.

Fig. I. **L**E STENCORE.
a. L'animal vû de côté.
b. Le même, en-deſſus.
c. Sa tête & ſes antennes ſé-
parées.
d. Sa patte groſſie.

Fig. II. Le lupere.
e. L'animal de grandeur naturelle.
f. Le même, groſſi.

Fig. III. Le gribouri.
g. L'animal de grandeur naturelle, & vû en-deſſus.
h. Le même, groſſi & vû
de côté.
j. Sa patte ſéparée.
k. Son antenne ſéparée.

Fig. IV. L'altiſe.
l. L'inſecte groſſi ; l'échelle
de ſa grandeur naturelle
eſt à côté.
m. Son antenne.
n. Sa patte poſtérieure, dont
la cuiſſe eſt fort groſſe &
ronde.

Fig. V. Le criocere.
o. L'inſecte de grandeur naturelle.
p. Sa tête & Son antenne ſéparés.

q. L'antenne ſeule & groſſie.
r. Sa patte ſéparée.
ſ. La même patte groſſie.

Fig. VI. La galeruque.
t. L'inſecte un peu groſſi.
v. Son antenne.
x. Sa patte.

Fig. VII. La chryſomele.
y. L'animal de grandeur naturelle.
ʒ. Sa patte.
&. Son antenne & ſa tête.

Fig. VIII. Le charanſon.
A. Le charanſon un peu
groſſi.
B. Son antenne ſéparée.
C. La tête & les antennes
du becmare.
Nous n'avons fait graver
que ces parties de cet inſecte, qui reſſemble au
charanſon, & n'en differe
que par la forme de ſes
antennes, comme on le
voit par cette figure.
D. La patte du charanſon.

Fig. IX. Le mylabre.
E. L'inſecte groſſi.
F. Son antenne.
G. Sa patte.

PLANCHE V.

Fig. I. **L**E BOSTRICHE.
a. L'inſecte de gran-
deur naturelle, vû en-
deſſus.
b. Le même, groſſi & vû en-
deſſous.
c. Son antenne.
d. Sa patte.

Fig. II. L'antribe *noir ſtrié*.
e. L'animal groſſi.
f. Son antenne.

g. Sa patte.

Fig. III. L'antribe *marbré*.
h. L'animal groſſi.
j. Son antenne.
k. Sa patte.
l. Le tarſe ſéparé.

Fig. IV. Le clairon.
m. L'inſecte de grandeur naturelle.
n. Son antenne.
o. Sa patte.

Fig. V.

Fig. V. Le fcolite.
  p. L'infecte groffi.
  q. Son antenne.
  r. Sa patte groffie.
  ſ. Le tarſe féparé.

Fig. VI. La caffide.
  t. L'infecte de grandeur na-
    turelle.
  u. Le même, groffi.
  x. Son antenne.

  y. Sa patte.
  z. Sa larve de grandeur na-
    turelle.
  A. Sa nymphe de grandeur
    naturelle, vûe en-deſſus.
  B. La même nymphe, grof-
    fie & vûe en-deſſous.

Fig. VII. L'anaſpe.
  C. L'infecte groffi.
  D. Sa patte féparée.

PLANCHE VI.

Fig. I. LA COCCINELLE.
  a. L'infecte de gran-
    deur naturelle.
  b. Sa tête groffie, pour faire
    voir les antennes & les
    antennules.
  c. Son antenne féparée.
  d. Sa patte.

Fig. II. La tritôme.
  e. L'infecte groffi.
  f. Sa patte.

Fig. III. La diapere.
  g. L'animal de groffeur na-
    turelle.
  h. Le même, aggrandi.
  i. Son antenne féparée &
    groffie.

Fig. IV. La cardinale.
  k. L'animal groffi, on voit
    à côté l'échelle de fa
    grandeur naturelle.
  l. Son antenne féparée.
  m. Une de fes pattes anté-
    rieures, dont le tarſe eſt
    compoſé de cinq arti-
    cles.
  n. Une des pattes poſtérieu-
    res, qui n'a que quatre
    articles au tarſe.

Fig. V. La cantharide.
  o. L'animal de grandeur na-
    turelle.
  p. Sa tête féparée, pour faire
    voir les antennes.

  q. Une des pattes poſtérieu-
    res.
  r. Une des pattes antérieu-
    res.

Fig. VI. Le ténébrion.
  ſ. L'animal très-peu groffi.
  t. Son antenne.
  u. Une des pattes poſtérieu-
    res.
  x. Une des pattes antérieu-
    res.

Fig. VII. La mordelle.
  y. L'infecte groffi, l'échelle
    de fa grandeur eſt à côté.
  ʒ. Son antenne, vûe au mi-
    crofcope.
  A. Une de fes pattes anté-
    rieures.
  B. Une des pattes poſtérieu-
    res.

Fig. VIII. La cuculle.
  C. L'animal groffi & vu par
    le dos.
  D. Le même, vû de côté.

Fig. IX. La cerocome.
  E. L'animal mâle, de gran-
    deur naturelle.
  F. Son antenne groffie.
  G. Tête de la femelle, dont
    les antennes différent de
    celles du mâle.
  H. Une des pattes antérieu-
    res.
  J. Une des pattes poſtérieu-
    res.

Tome I.   V v v

PLANCHE VII.

Fig. I. LE STAPHYLIN.
a. L'infecte un peu groſſi.
b. Son antenne.
c. Sa patte ſéparée.

Fig. II. La necydale.
d. L'animal groſſi.
e. Son antenne.
f. Sa patte.

Fig. III. Le perce-oreille.
g. L'infecte très-groſſi.
h. Son antenne vûe au microſcope.
i. Sa patte.

Fig. IV. Le proſcarabé.
k. L'infecte vû à la loupe.
l. Son antenne.

Fig. V. La blatte.
m. L'infecte mâle.
n. L'infecte femelle, tous deux aggrandis.

Fig. VI. Le trips.
o. L'infecte de grandeur naturelle.
p. Le même, aggrandi.
q. Sa tête ſéparée & groſſie.
r. Sa patte ſéparée & vûe au microſcope.

PLANCHE VIII.

Fig. I. LE GRILLON, appellé *la courtilliere.*
a. L'animal de grandeur naturelle.
b. Sa tête ſéparée pour faire voir les antennes & les petits yeux liſſes.

Fig. II. *c.* Le criquet de grandeur naturelle.
d. Sa patte ſéparée.
e e e. Le tarſe ſéparé.

f. La derniere piéce du tarſe, celle qui ſoutient les onglets.

Fig. III. *g.* La ſauterelle.

Fig. IV. *h.* La mante.

Fig. V. La cigale, ou procigale.
i. L'infecte de grandeur naturelle.
k. Le même, groſſi & vû en-deſſus.
l. Le même, vû en-deſſous.

PLANCHE IX.

Fig. I. LA CIGALE, appellée *le grand diable.*
a. L'infecte de grandeur naturelle, vû en-deſſus.
b. Le même, vû de côté.
c. Le même, en-deſſous.

Fig. II. La cigale, appellée *le petit diable.*
d. L'animal de grandeur naturelle, vû par deſſus.

e. Le même, vû de côté, poſé ſur une branche de *cirſium.*

Fig. III. La punaiſe-mouche.
f. L'infecte vû en-deſſus.
g. Sa tête & ſon corcelet ſéparés.
h. La larve de cet infecte.

Fig. IV. La punaiſe rouge des Jardins.

i. L'animal de grandeur naturelle, vû par deſſus.
k. Le même, vû en-deſſous.

Fig. V. La naucore.
l. L'inſecte de grandeur naturelle, vû en-deſſus.
m. Le même, vû en-deſ-
ſous.
n. La tête groſſie & ſéparée,
pour faire voir les antennes qui ſont en-deſſous.

Fig. VI. La punaiſe à avirons.
o. L'inſecte de grandeur naturelle, vû en-deſſus.
p. Le même, vû en-deſſous.
q. Sa tête ſéparée & vûe
par deſſous.

Fig. VII. La coriſe.
r. L'inſecte de grandeur naturelle, vû en-deſſus.
ſ. Le même, vû en-deſſous.
t. Sa tête ſéparée.

PLANCHE X.

Fig. I. LE SCORPION aquatique.
a. L'inſecte de grandeur naturelle.
b. Morceau de jonc dans lequel l'inſecte place & dépoſe ſes œufs, dont on
voit les aigrettes paroî-
tre.
c. Le même morceau de
jonc ouvert en deux,
pour faire voir dans la
coupe, la poſition des
œufs.
d. L'inſecte petit, nouvellement éclos & ſorti de
l'œuf.

Fig. II. La pſylle.
e. L'inſecte de grandeur naturelle & vû de côté.
f. Le même, groſſi & vû
en-deſſus.
g. Le même, vû en-deſſous.
h. La patte ſéparée.

Fig. III. Le puceron.

i. L'inſecte de grandeur naturelle.
k. Le même groſſi & non
aîlé.
l. Le même aîlé, & vû en-
deſſus.
m. Le même, vû de côté.
n. La tête ſéparée & groſſie,
pour faire voir la trompe
qui eſt poſée en-deſſous.

Fig. IV. Le kermès.
o. L'animal petit & naiſſant.
p. Le même lorſqu'il eſt parvenu à ſa grandeur & s'eſt
fixé, vû en-deſſus.
q. Le même, vû en-deſſous.
r. La figure du mâle qui eſt
aîlé, de grandeur natu-
relle.
ſ. Le même mâle, groſſi &
vû en-deſſous.

Fig. V. La cochenille.
t. Le petit animal ſur le
gramen, où on le trouve.
u. L'animal ſéparé.

FIN de l'explication des Planches du Tome Ier.

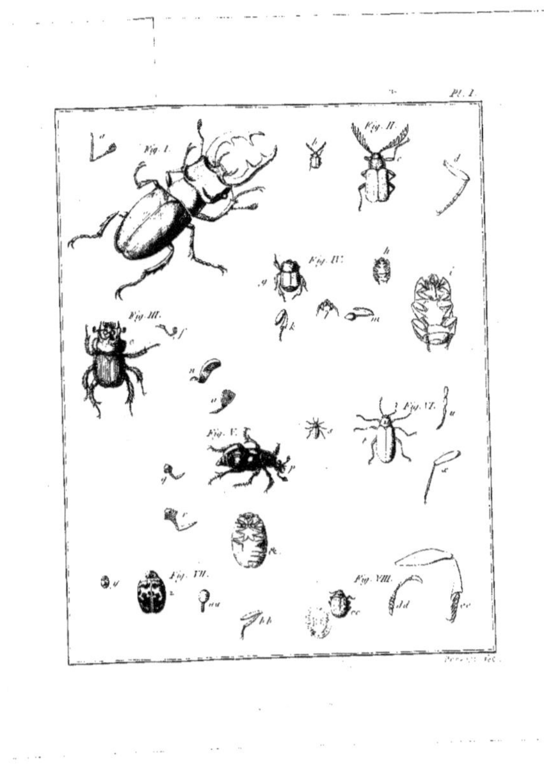

Pl. I.
Fig. I.
Fig. II.
Fig. III.
Fig. IV.
Fig. V.
Fig. VI.
Fig. VII.
Fig. VIII.

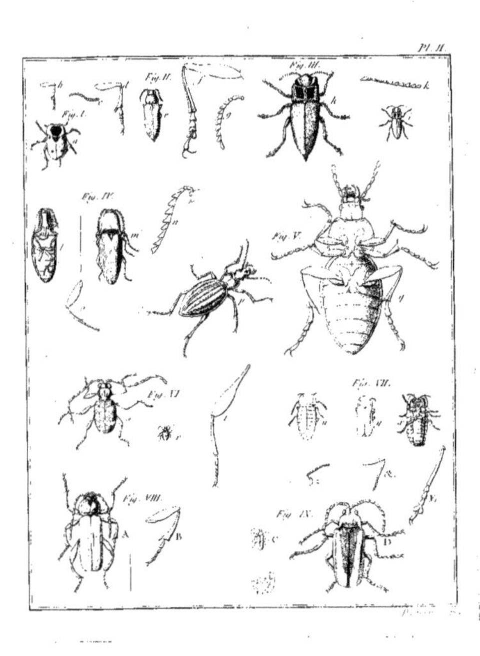
Pl. II.
Fig. I.
Fig. II.
Fig. III.
Fig. IV.
Fig. V.
Fig. VI.
Fig. VII.
Fig. VIII.
Fig. IX.

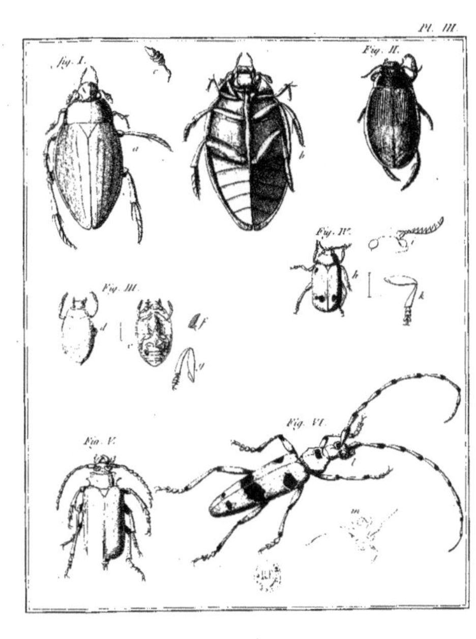

Pl. III.
Fig. I.
Fig. II.
Fig. III.
Fig. IV.
Fig. V.
Fig. VI.

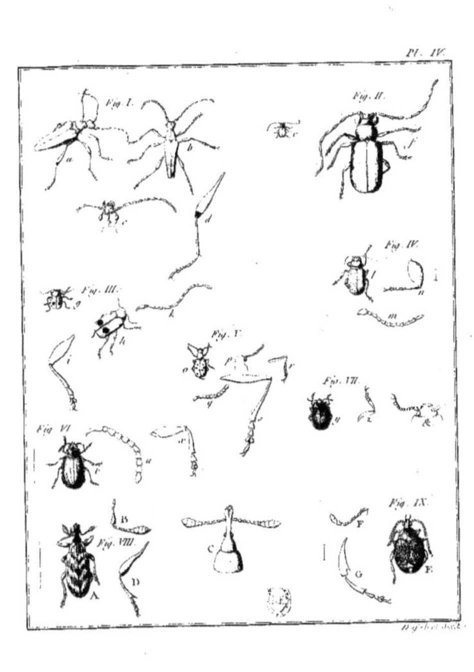

Pl. IV.
Fig. I.
Fig. II.
Fig. III.
Fig. IV.
Fig. V.
Fig. VI.
Fig. VII.
Fig. VIII.
Fig. IX.
A
B
C
D
E
F
G

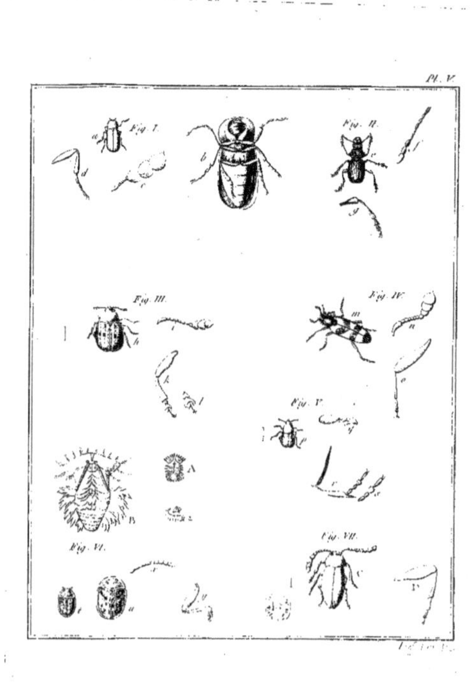

Pl. V.
Fig. I.
Fig. II.
Fig. III.
Fig. IV.
Fig. V.
Fig. VI.
Fig. VII.

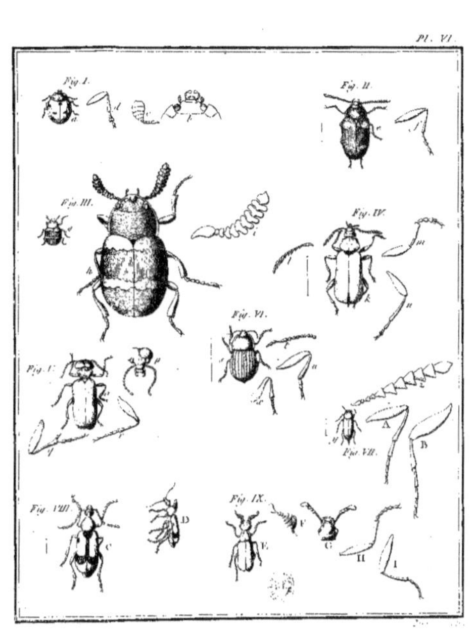

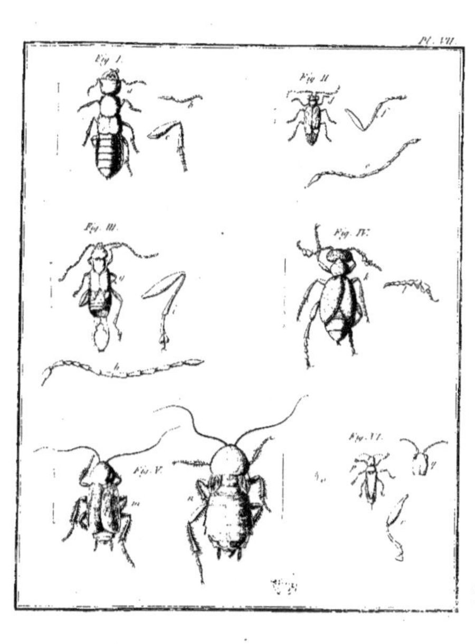
Fig. I.
Fig. II.
Fig. III.
Fig. IV.
Fig. V.
Fig. VI.

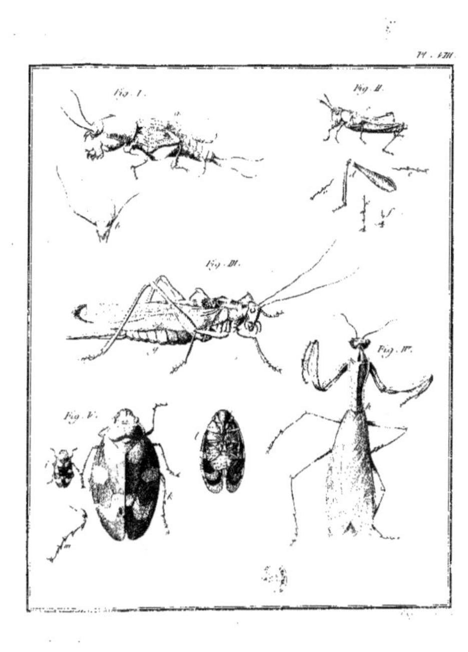

Pl . LIII.
Fig. I.
Fig. II.
Fig. III.
Fig. IV.
Fig. V.

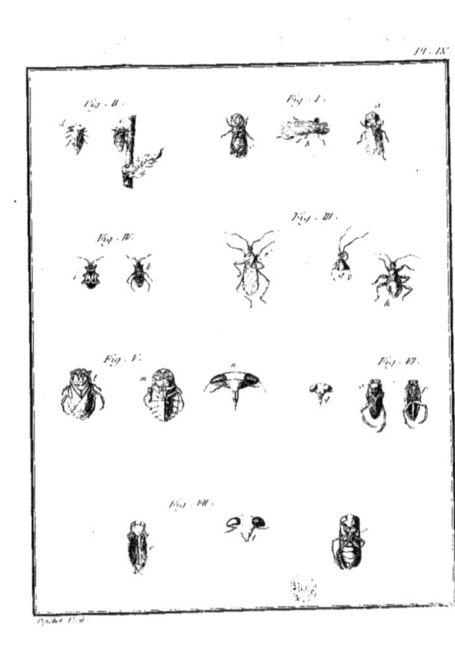

Pl. IX.
Fig. II.
Fig. I.
Fig. IV.
Fig. III.
Fig. V.
Fig. VI.
Fig. VII.

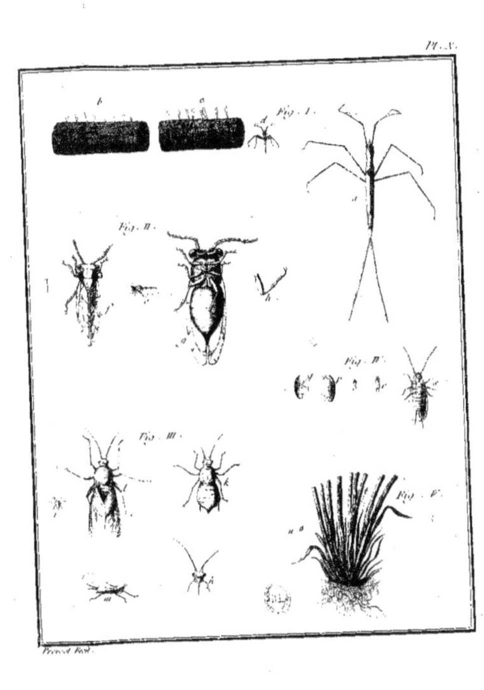

Pl. X.
Fig. I.
Fig. II.
Fig. IV.
Fig. III.
Fig. V.